초보 엄마·아빠를 위한

임신·출산

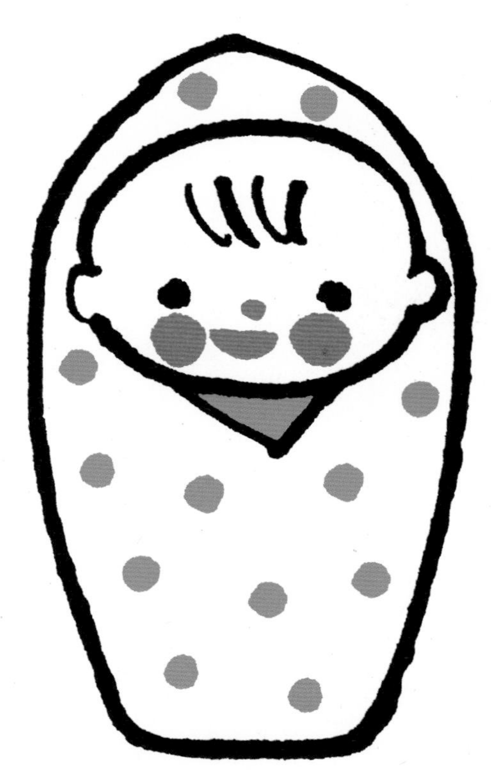

첫머리에

처음 임신 사실을 알았을 때 어떤 기분이 들었나요?
기쁘기도 하고, 부끄럽기도 하고, 두근거리기도 하고,
그리고 한편으로는 불안한 마음이 피어오르기도 하죠.
"아기는 지금 잘 자라고 있을까?"
"감기인데 약을 먹어도 될까?"
걱정거리가 있을 땐 의사에게 물어보면 되지만,
일상적으로 떠오르는 사소한 의문까지 해결하긴 힘들 수 있어요.
부디 9개월의 임신 기간 동안을 보다 행복하게 지내기 위한
힌트를 이 책에서 얻을 수 있기를 바랍니다.
무엇보다 출산하는 그 날을 무사히 맞이하시기를.

임신부가 우선 알아두어야 할 것

1 임신·출산은 사람에 따라 다 다릅니다

임신·출산은 대체적으로 비슷한 부분도 있지만, 개인에 따라 차이가 큽니다. 사람마다 얼굴이 다 다르듯, 몇천 명의 출산을 지켜보았지만 누구도 같은 법이 없었습니다.
임신부의 연령, 체중, 자궁 근종 등의 합병증 여부, 일을 하는지 여부 등 요인이 다양합니다. 다른 사람과 다르다고 너무 불안해하지도 말고, 다른 사람이 괜찮다고 해서 자기도 괜찮을 것이라 과신하지도 말아야 합니다.

2 어떤 출산을 하고 싶은지 스스로 생각해봅시다

출산에 대해 어떻게 생각하는지, 어떤 출산을 하고 싶은지 자신의 희망 사항을 '탄생 플랜'에 써봅시다. '남편이 끝까지 내 곁에 있어줬으면 좋겠다', '아이가 태어나는 순간은 남편이 보지 말았으면 좋겠다' 등. 이 역시 사람에 따라 생각이 다릅니다. 생각처럼 다 이루어지지 않는다고 하더라도 출산을 돕는 의료진 역시 임신부에게 맞춰 제일 좋은 방법을 고려해두고 싶은 법입니다.

3 출산은 종착역이 아닙니다

임신·출산은 종착역이 아니라 육아의 출발점입니다. 태어난 아이는 다음 세대를 이끌어갈 존재이므로 가급적 좋은 상태에서 태어날 권리가 있습니다. '이상적인 출산'을 지나치게 고집하지 말고 '아이에게 무엇이 가장 좋은지'를 생각하는 것도 중요합니다. 육아는 개인차가 매우 크므로 생각대로 아이가 자라주는 일은 없습니다!

한국어판 감수의 글

임신은 큰 축복임과 동시에 책임이 따르는 일입니다. 건강한 아이를 출산하기 위해서 예비 부모는 임신 기간 동안 어떤 것을 배워야 하며 실천해야 할까요?
임신 기간 중에 대부분의 예비 엄마는 어느 정도의 불안감을 갖게 됩니다. 또 임신 중에는 어떤 행동도 조심스럽게 마련이죠. 하지만 임신 중에 어떤 변화가 일어나는지, 무엇을 조심하고 실천해야 하는지를 미리 알아둔다면 불안감을 덜고 행복한 임신 기간을 보낼 수 있답니다.
이 책은 임신 주수별 엄마와 태아의 상태, 임신 중 건강 관리, 임신 중에 생길 수 있는 문제에 대처하는 요령, 출산 이후의 신생아 관리까지를 다루고 있어 처음 아이를 갖는 예비 엄마·아빠의 좋은 가이드가 될 것이라 생각합니다.

전종식(강남미즈메디병원 부원장, 연세대학교 의과대학 산부인과 외래교수)

for 처음 엄마가 되는 분들을 위해

초보 임신부의 고민 베스트 16

임신 중 가장 걱정되는 고민과 그 해결책은 무엇일까요?

임신 초기 (2~4개월) 걱정거리

기쁨도 불안도 망설임도 많은 시기. 모든 것에 두근거리게 됩니다.

Q 입덧은 언제까지 하나요

A 임신 2~3개월이 입덧 때문에 가장 힘듭니다

입덧은 임신 초기에 나타나는, 속 울렁거림 등의 불쾌한 증상으로 원인은 확실히 밝혀지지 않았습니다. 또한 입덧을 전혀 하지 않는 사람이 있는가 하면, 임신 중기까지 계속하는 사람도 있습니다. 이 시기의 태아는 모체에게서 영양을 별로 받지 않아도 되므로 임신부의 몸무게가 좀 줄어도 그다지 영향이 없습니다. 다만 너무 심하게 토해서 탈수 증상이 나타나면 위험하므로 주치의와 상담을 하세요.

자세한 내용은 36쪽

선배 맘 DATA

언제 시작했나요

12주 이후 3%
4~5주 33%
6~7주 28%
8~9주 28%
10~11주 8%

언제쯤 끝났나요

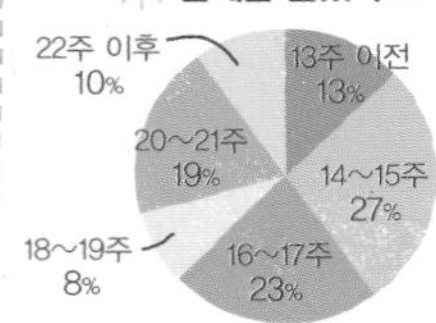

과반수가 임신 2개월(4~7주)에 입덧을 시작하며 입덧이 끝나는 시기는 임신 4~6개월까지 다양합니다. 간혹 임신 후기까지 입덧을 계속하는 사람도 있습니다.

입덧의 종류

1위 냄새 입덧
2위 먹는 입덧
3위 토하는 입덧
4위 졸리는 입덧

임신부 중 약 90%가 입덧을 경험합니다. 50% 정도의 임신부가 음식이나 향신료 냄새에 속이 메슥거리는 '냄새 입덧'을 겪으며 잘 먹지를 못해 불편해합니다. 반면 공복일 때 속이 안 좋아지는 '먹는 입덧'으로 과식하여 체중이 심하게 느는 임신부도 있습니다.

Q 여행은 언제부터 가능한가요

A 안 되는 건 아니지만 임신 5개월 이후여야 안심

임신 초기에 여행을 가는 게 절대 금물은 아니지만, 태반이나 태아의 몸 기관은 4개월이 끝나갈 무렵까지 형성됩니다. 따라서 유산이 일어나기 쉬운 시기이므로 가급적 임신 중기, 16주 이후가 괜찮습니다. 임신 중 어떤 시기에도 장시간 이동은 하지 않도록 하며, 이동할 때에는 여유를 갖고 출발해야 합니다.

자세한 내용은 44쪽

Q 임신 중에 조심해야 할 식품은 무엇인가요

A 날것, 반가열한 가공식품은 피합시다

임신했다고 해서 '절대로 먹어선 안 될 것'은 별로 없습니다. 그러나 임신 중에는 면역력이 떨어져 바이러스나 세균에 감염되기 쉽고, 모체가 감염되면 태아에게 영향을 줄 수도 있으므로 날것이나 가열하지 않은 가공식품은 가급적 피합시다. 비타민 A나 수은 과잉 섭취가 걱정되는 식료품에 대해서는 수치를 알아둡니다. 알코올 섭취는 안 됩니다. 카페인은 소량만 섭취합시다.

자세한 내용은 46쪽

Q 아이에게 장애가 있을까 봐 불안해요

A 기형아 검사로 모두 다 알 수는 없습니다

혼자서 이런 걱정을 끌어안고 있어봐야 아무런 해결이 안 되니 의사에게 의논합시다. 기형아 검사로도 모든 장애를 알 수 있는 것은 아니며 반드시 받아야 하는 검사도 아닙니다. 검사를 받기 위한 조건이나 검사 자체에 위험이 따르는 경우도 있으므로 정말 검사가 필요한지, 혹시 장애가 있으면 어떻게 할 것인지 꼭 의논해둘 필요가 있습니다.

'기형아 검사'란 무엇일까요?

태아에게 염색체 이상이나 선천적 이상이 있는지를 알아보는 검사입니다. 정밀 초음파 검사 외에 융모 검사, 양수 검사, 모체 혈청 마커 검사, 비침습 산전(NIPT) 검사가 있습니다.

'초음파 검사'는 형태적인 기형을 보기 위해 임신 중 정기적으로 시행합니다. '모체 혈청 마커 검사'는 임신 12~16주에 다운증후군 등 선천적 이상 확률을 진단하는 혈액 검사입니다. 이상이 있으면 확정 진단을 위하여 임신 10~13주에 '융모막 검사'나 임신 16주경 배에 바늘을 찔러 자궁 내 양수를 채취하는 '양수 검사'를 시행합니다. 매우 드물지만 두 가지 검사 모두 파수나 감염으로 유산, 조산을 일으킬 위험성이 있습니다. 'NIPT 검사'는 간편하게 모체 혈액 속에 있는 태아의 DNA로부터 다운증후군 같은 염색체 이상 가능성을 진단합니다. 임신 10~13주부터 받을 수 있는데 임신부의 연령이 35세 이상이거나 염색체 이상의 가족력이 있는 등 고위험군인 경우 '양수 검사' 대용으로 주치의와 의논하여 시행할 수 있습니다.

임신 중기 (5~7개월) 걱정거리

입덧은 어느새 가라앉고 배가 슬슬 불러오기 시작하는 이즈음에는 또 다른 걱정거리가 생깁니다.

Q '배 뭉침'이 뭔지 잘 모르겠어요

A 자궁이 딱딱해진 상태를 말합니다

배 뭉침이란 자궁이 수축해서 딱딱해지는 걸 말합니다. 만져보면 딱딱한 게 느껴집니다. 자궁이 커지면서 생기는 걱정할 필요 없는 생리적인 뭉침도 있지만, 통증이나 출혈이 있을 때에는 문제일 가능성이 있으므로 신속히 진찰을 받읍시다.

자세한 내용은 128쪽

선배 맘 DATA

✳ '배 뭉침' 때문에 진찰을 받은 적이 있나요

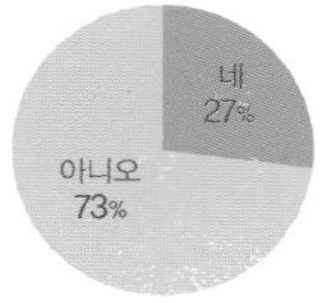

✳ 언제 배가 뭉치기 쉽나요

1위 활동할 때
2위 피곤할 때
3위 잘 때
4위 섹스할 때
5위 추울 때

잠시 쉬는 것으로 좋아진다면 문제가 없습니다. 운동, 피로, 수면 부족, 냉증으로 인한 배 뭉침일 경우에는 충분히 휴식을 취하고 마음을 편안히 먹습니다.

Q 임신 중 섹스는 아이에게 해로운가요

A 몸 상태가 안정되면 문제없습니다

임신 경과가 순조로우면 기본적으로 문제없습니다. 부드럽게 단시간에 한다면 괜찮습니다. 다만 임신 중기라도 중반이 지나면 배가 크게 불러 섹스하기 힘들어지고 격렬한 섹스는 조산 위험성을 높입니다. 배를 압박하지 않는 체위로 하거나 성기 결합이 아닌 상호 작용을 즐기도록 합시다. 또 태아는 자궁이나 양수가 보호하므로 섹스의 자극이나 소리는 전해지지 않으니 걱정하지 마세요.

자세한 내용은 62쪽

Q 운동은 어느 정도가 적당한가요

A 피곤하지 않을 만큼의 유산소 운동이면 OK!

숨이 차지 않고 피곤하지 않을 정도의 적당한 운동은 심신에 좋은 영향을 미칩니다. 임신부에게 좋은 운동은 걷기 등 유산소 운동입니다. 특히 산책은 하기도 쉽고 기분 전환도 되므로 권장할 만합니다. 임신 전부터 일상적으로 하던 운동은 계속해도 좋은 경우가 많지만 만약을 위해 주치의와 의논합시다.

자세한 내용은 114쪽

선배 맘 DATA

✳ 어떤 운동을 했나요

1위 걷기
2위 요가
3위 수영
4위 임신부 에어로빅

아무 때나 편한 시간에 혼자 할 수 있는 걷기가 가장 인기가 높습니다. 요가나 수영 교실 등에 다니면 다른 임신부 친구를 사귈 수 있다는 장점도 있습니다.

Q 자꾸 짜증이 나고, 툭하면 눈물도 나요

A 몸과 마음의 변화를 주변에 알리고 이해를 구하세요

임신 중에는 몸과 마음이 크게 변화할 때입니다. 호르몬 변화도 크고, 배 속에 새로운 생명을 품고 있다는 생각에 기분이 불안정해지는 게 당연합니다. 이 같은 마음을 우선 남편이 이해할 수 있게 합시다. 출산이나 앞으로의 생활에 대해 불안을 느낀다면 혼자 고민하지 말고 이야기하세요.

자세한 내용은 120쪽

✳ 임신하고 나서 짜증이 늘었나요

임신부 중 60% 이상이 '심리적으로 불안정해졌다'고 답했습니다. 불안정한 상태가 스스로 감당이 안 될 때는 의사와의 상담이 꼭 필요합니다.

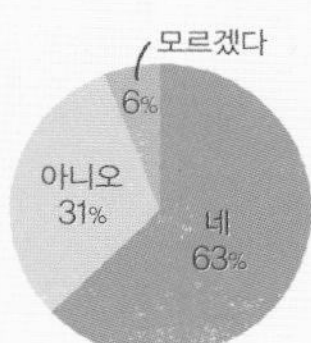

Q 아이가 작다는데 문제가 있는 걸까요

A 큰 편이든 작은 편이든 체중이 늘어나면 괜찮습니다

태아에 따라 27주경부터 크기에 차이가 나타납니다. 검진 때 아이가 크다거나 작다는 의사의 말에 너무 걱정할 필요는 없습니다. 어른들도 체격이 다 다르듯, 배 속의 아이도 저마다 다릅니다. 큰 편이든 작은 편이든 추정 체중이 매월 늘기만 하면 걱정 없습니다. 만약 문제가 있다면 자세한 검사를 받아보라는 지시를 할 것입니다.

자세한 내용은 143쪽

선배 맘 DATA

✳ 아이가 정상보다 크거나 작다는 말을 들었나요

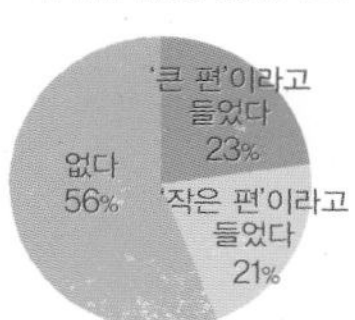

거의 반 정도가 '큰 편', '작은 편'이라는 말을 들은 경험이 있다고 합니다. 다만 추정 체중은 어디까지나 계산상 수치이므로 ±10% 정도 오차는 생길 수 있습니다.

임신 후기 (8~9개월) 걱정거리

조금만 더 지나면 아이를 만날 수 있어요! 하지만 '출산'은 좀 무섭기도 하죠?

✳ **출산은 어떻게 시작됐나요**

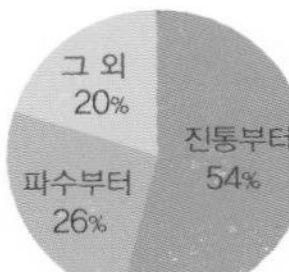

진통부터 시작된 사람이 절반 이상입니다. 그 외에는 '긴급 제왕 절개', '예정일이 많이 지나 진통 촉진제를 투여'한 경우 등 다양합니다.

Q 출산 징조를 초보 임신부도 알 수 있나요

A 진통이 점점 강해지므로 반드시 알 수 있습니다

출산의 시작은 '진통'입니다. 진통이 10분에 1회, 혹은 1시간에 6회 이상 통증을 동반하는 자궁 수축이 나타나면 출산이 시작된 것으로 봅니다. 출산이 다가오면 불규칙한 배의 뭉침(전구 진통)이 일어나고, 또 정기적으로 통증이 점점 강해지면서 간격이 짧아지므로 반드시 알 수 있습니다. 때때로 진통보다 먼저 '파수'가 일어나기도 합니다. 이때 대량으로 나오면 알 수 있지만, 묽은 분비물이 약간 내비치는 경우 요실금과 구분하기 어려우니 확신이 없다면 병원에 연락합시다.

자세한 내용은 164쪽

Q 진통이 얼마나 고통스러울지 너무 두려워요

A 마음을 진정하고 심호흡을 하면서 이겨내요

출산의 고통을 완화시키기 위해서는 마음을 진정하는 게 무엇보다 중요합니다. 그 방법은 사람마다 다르므로 남편이 곁에 있어주거나, 아로마 테라피를 하거나, 음악을 듣는 등 자기가 좋아하는 방법을 생각해두고, 진통이 오지 않을 때에는 몸에서 힘을 빼 편한 자세를 취하세요.

진통은 자궁 수축이므로 아플 땐 태반에 도달하는 산소의 양도 줄어듭니다. 즉, 아이도 괴롭다는 말입니다. 따라서 진통이 밀려오면 엄마는 코로 숨을 잘 쉬어 아이에게 산소를 가득 보내야 합니다.

자세한 내용은 166쪽

선배 맘 DATA

✳ **단도직입적으로 묻습니다! 출산 때 아팠나요**

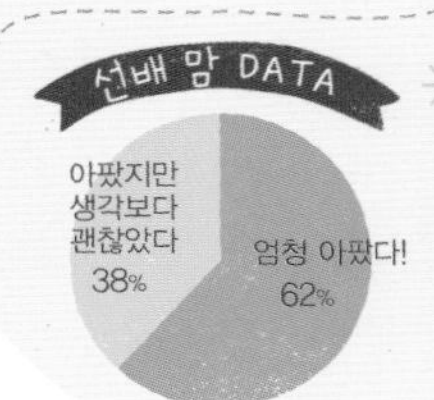

역시 엄청 아팠다는 사람이 60%를 넘었습니다. 한편 호흡이나 자기 암시로 진정하고 남편의 협력 등으로 생각보다 괜찮았다는 대답도 많았습니다.

Q 대체로 예정일에 출산하나요

A 예정일보다 빠른 경우가 많습니다

출산 예정일은 임신 9~10주쯤 초음파로 태아 CRL(머리에서 엉덩이까지 길이)을 재어 산출합니다. 다만 이는 어디까지나 예상 날짜이며, 보통은 예정일보다 빨리 태어나는 경우가 더 많습니다. 따라서 산달이 되면 언제 태어날지 모른다고 생각하는 게 좋으며, 예정일 전 3주~예정일 후 2주 사이에 출산한다면 정상 출산입니다.

✳ **예정일에 출산했나요**

- 예정일보다 10일 이상 늦게 7%
- 예정일보다 10일 이상 빨리 23%
- 예정일보다 좀 늦게 17%
- 거의 예정일대로 16%
- 예정일보다 좀 빨리 37%

예정일을 딱 맞추거나 전후 1일 이내에 태어난 경우는 16%로 생각보다 훨씬 적습니다. 예정일보다 빠른 사람이 반수를 넘고, 10일 이상 빠른 사람도 20% 이상 됩니다.

Q 출산 때 대변이 나오기도 하나요

A 흔한 일이니 걱정하지 않아도 됩니다

출산이 진행되면서 아이를 낳을 땐 대변을 볼 때처럼 힘을 주므로 대변이 나오기도 합니다. 입원 시 관장을 실시하는 병원도 있지만, 그렇게 해도 힘을 주다 보면 묽은 변이 나오기도 합니다. 어쨌든 출산 장면에서는 자주 있는 일이고 의료진이 도와주므로 걱정할 필요는 전혀 없습니다.

✳ **대변이 나왔나요**

- 네 18%
- 아니오 27%
- 모른다 55%

대변이 나왔는지 스스로 느낀 사람이 오히려 소수입니다. 진통이 최고조일 때에는 신경 쓸 여유조차 없을 테니까요.

선배 맘 DATA

✳ **제왕 절개로 출산했나요**

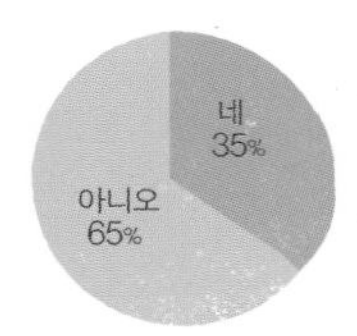

제왕 절개는 매해 증가하는 추세이며 최근에는 35%를 넘는다고도 합니다.

Q 출산 중에 갑자기 제왕 절개를 할 수도 있나요

A 누구에게나 가능성이 있으므로 최소한의 지식을 갖춰둡시다

최근 제왕 절개를 하는 경우가 늘어나는 추세입니다(한국의 제왕 절개 출산율은 35~40% 정도). 역아나 다태아 등의 이유로 미리 제왕 절개를 결정한 경우뿐만 아니라 갑작스런 위험 상황이 발생해 긴급 제왕 절개 수술을 하기도 합니다. 출산 때까지 순조롭더라도 일정한 확률로 발생하는 일이니 어떤 임신부든 경험할 가능성이 있습니다. 만약을 대비해 최소한의 지식을 머리에 담아둡시다.

자세한 내용은 178쪽

Q 회음 절개는 누구나 다 하나요, 또 얼마나 아프나요

A 필수 사항은 아닙니다. 회음 절개는 마취를 하고 시행하므로 생각보다 아프지 않아요

병원 방침이나 의사 생각에 따라서도 다르지만, 회음 절개는 회음의 신축성이 나쁘거나 아이 심장 박동 수가 떨어지는 등 빨리 아이를 꺼내지 않으면 위험하다고 판단할 때 시행합니다. 자연 분만 시에도 회음이 찢어지는 경우가 많고 찢어진 모양에 따라 회음 절개보다 회복 시간이 더 걸리기도 합니다. 그런 이유로 미리 절개하는 편이 낫다고 하는 사람도 있습니다. 절개할 때나 봉합할 때에는 마취하므로 통증은 별로 느껴지지 않습니다.

자세한 내용은 175쪽

선배 맘 DATA

회음 절개를 했나요

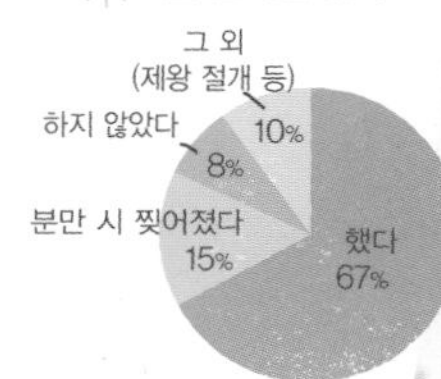

출산 시 약 70%가 회음 절개를 했으며 분만 시 찢어진 경우도 15%나 됐습니다.

회음 절개 시 아팠나요

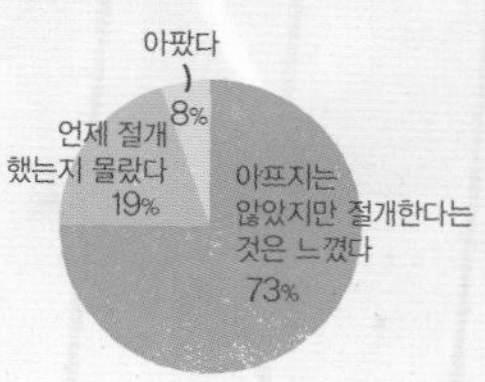

대부분이 아픔을 느끼지 못했다고 합니다. 너무 겁먹을 필요는 없을 것 같습니다.

산후 회음에 통증이나 불편함이 있었나요

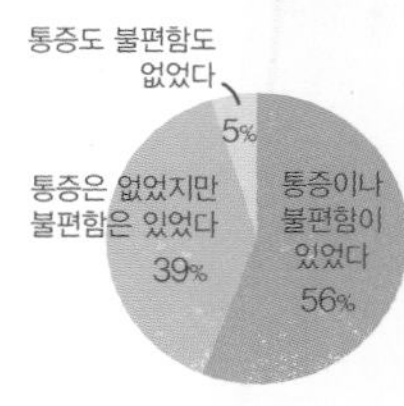

상처 크기나 깊이, 사람에 따라 통증은 다르겠지만 산후 1개월이 지나면 대부분 없어진다고 합니다.

Q 출산 후에 모유가 잘 나올지 걱정이에요

A 모유가 잘 나오게 하려면 자주 젖을 물리세요

출산이 끝나자마자 모유가 나오고 또 아이가 제대로 먹을 수 있는 것은 아닙니다. 모유가 잘 나올 때까지 3일 정도 걸리고 엄마와 아이 모두 노력이 필요합니다. 아이가 젖을 먹을 때 유두를 자극하고 그 자극으로 모유를 나오게 하는 호르몬이 분비되므로 하루 몇 번이든 자주 아이에게 젖을 물리세요. 또 유두를 아이가 잘 물 수 있도록 임신 중에 미리 유두 관리를 하여 유선을 발달시키는 것도 중요합니다. 다만 조산할 기미가 있는 임신부라면 유두 자극 때문에 자궁 수축이 일어나므로 삼가야 합니다.

자세한 내용은 194쪽

산후 1개월, 수유 어떻게 하나요

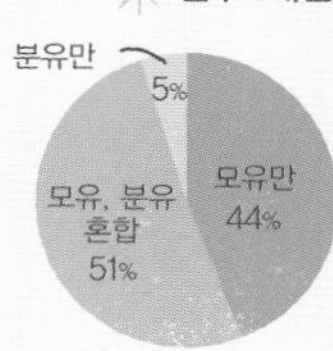

산후 1개월쯤 되면 대체로 안정적으로 수유를 할 수 있습니다. 혼합파 중에도 모유가 메인이고 분유를 약간 더하는 경우, 또는 거의 반반이라는 사람 등 여러 가지입니다.

남편이 해줬으면 좋겠어요!

임신 중 출산 당일 입원 중

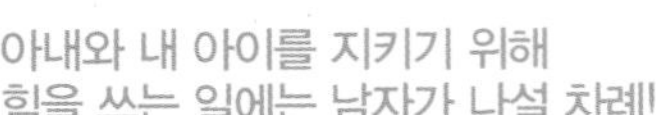

아내와 내 아이를 지키기 위해 힘을 쓰는 일에는 남자가 나설 차례!

임신 초기에 아내의 겉모습은 그다지 변화가 없더라도 몸과 마음은 이미 커다란 변화로 힘든 점이 한두 가지가 아닙니다. 또한 배가 불러오기 시작하면 집안일은 물론 일상생활까지 점점 힘들어집니다. 이때는 장보기, 청소나 빨래 등 힘이 드는 집안일을 적극적으로 도와주세요. 또 마사지, 발톱 깎아주기 같은 작은 일로 아내를 감동시켜보는 건 어떨까요.

임신 중 남편이 해주었으면 하는 일 베스트 10

1위 목욕탕 청소
2위 장보기(특히 무거운 것 들기)
3위 다리나 허리 마사지
4위 빨래 널기
5위 자동차 운전
6위 큰아이 픽업, 돌보기
7위 설거지
8위 일찍 귀가, 술자리는 자제
9위 청소기 돌리기
10위 쓰레기 버리기

임신 중

임신 중 아내에게 해서는 안 되는 말!

1 "이젠 여자가 아니다"
몸 변화에 대해 "수박 같다", "암소 같다", "씨름선수", "볼링 핀", "코끼리" 등 실례되는 발언은 금물!

2 "걱정이 심하다"
임신으로 뭐든지 다 불안한 아내에게 "그렇게 걱정할 필요 없다", "쓸데없는 걱정이다"라고 잘라 말하는 건 금물.

3 "게으름쟁이"
"게으름만 피우고", "매일 뒹굴거려서 좋겠네" 등의 말은 임신으로 심신이 지쳐 있는 아내에게 실례!

4 "결론은?"
"그래서 결론이 뭔데?"라고 남성은 결론을 내리고 싶어 하지만 어떤 얘기든 열심히 들어주는 것이 더 도움이 되는 것임을 명심.

위로하는 마음을 늘 잊지 마세요

배가 불러오고 지방이 늘어나고 신경이 곤두서고……. 임신하고 나서 아내가 변했을지도 모릅니다. 하지만 아내는 지금, 두 사람의 결실인 아이를 키운다는 큰일을 혼자서 짊어졌습니다. 불안한 일도 많은 임신 중에 두서없는 얘기라 할지라도 열심히 들어준다면 아내는 정신적으로 안정감을 되찾습니다. 늘 위로하는 마음을 가지고 "피곤할 텐데 고마워" 하는 식으로 긍정적인 말을 해주세요.

준비 오케이?

출산이 가까워지면 점검해두자!

준비물은
- □ 입원용 준비물
- □ 입원비나 보관 장소, 혹은 출금 방법 등

출산 병원에는
- □ 병원 이동 수단 점검 (택시, 자가용, 도보 등)
- □ 출산 병원 주차장 정보

다른 자녀는
- □ 다른 자녀를 맡길 곳
- □ 다른 자녀의 옷이나 도구 놓는 곳

연락처는
- □ 병원 전화번호
- □ 기타 필요한 전화번호

출산 당일과 입원 중 시뮬레이션을 머릿속에 그려보세요

이제 출산입니다! 그날 남편이 해야 할 일은 함께 있을 땐 아내를 병원에 데려가는 일. 심야 혹은 휴일에 진통이 시작될 경우에 대비해서 다양한 교통수단을 생각해두세요. 필요한 일은 사전에 확인하고 메모해둡시다. 다른 자녀들이 있는 경우 출산 이후에 맡길 곳을 미리 의논해둘 필요가 있습니다. 분만실 입회를 고려 중이라면 직장에서 일을 어느 정도 조정해두는 게 좋습니다.

출산 과정에서 남편이 도와줄 수 있는 일

필요할 때 도와줄 수 있게 출산 예습을 합니다

진통이 시작돼 불안과 통증으로 힘들어하는 아내 옆에서 남편이 놀라서 허둥대거나 자신이 더 아파하거나 하는 식으로 출산에 방해가 되어서는 안 됩니다. 진통으로 괴로워하는 아내 옆에서 스마트폰을 만지작거리거나 게임을 하는 것은 말도 안 되죠! 출산 과정을 머릿속에서 시뮬레이션해서 필요한 도움을 줄 수 있도록 합시다.

'진통'이나 '파수'가 입원하라는 신호입니다

10분 간격으로 규칙적으로 배가 아파오는 게 '진통'입니다. 처음에는 통증이 그다지 강하지 않습니다. 그 전에 아이를 싸는 막이 터져 양수가 나오는 '파수'가 일어나는 경우도 있습니다. 뭐가 먼저 일어나든 당황하지 말고 출산 예정 병원에 연락해서 상황을 보고하고 지시에 따릅니다.

진통에서 분만까지 시간은 사람에 따라 크게 다릅니다

진통 간격이 점차 짧아지고 통증도 강해집니다. 아이가 나올 수 있는 크기(10㎝)로 자궁구가 열리면 드디어 출산입니다. 진통이 올 때에 맞춰 힘을 줍니다. 진통이 시작될 때부터 출산까지 시간은 사람마다 몇 시간~몇십 시간으로 다 다릅니다.

출산 직후에는 아내가 어떤지 살펴봅니다

아이 탄생 후에도 태반을 내보내기 위한 통증을 느끼기도 하는데 이를 '후산'이라고 합니다. 의사나 간호사가 필요한 처치를 한 후에도 이상이 없는지 2시간 정도 지켜봅니다. 아내는 산후 2시간은 움직일 수 없으므로 아이 사진이나 비디오 촬영은 아빠가 할 일이죠.

진통 중에 남편이 해주었으면 하는 일

□ 통증 완화를 위한 마사지 해주기

진통이 왔을 때 아내의 항문 부근을 손이나 테니스 공으로 누르면 통증이 줄어듭니다. 등이나 허리를 지압하는 것도 좋습니다.

□ 수분이나 음식 공급하기

출산 중 진통이 약할 때 등 적절한 시간을 봐서 수분이나 음식을 섭취하도록 해주세요. 단, 마취를 할 경우는 고형 음식은 안 됩니다.

□ 필요한 서류 작성하기

아내를 대신해 서류를 작성합니다. 하지만 아내에게 내용을 물어봐야 한다면 처음부터 손을 대지 않는 게 좋을지도 모르죠.

□ 출산 기록하기

분만실에 입회해 기록을 책임진다면 카메라나 비디오 등 기기의 충전 확인 등 사전 준비도 꼼꼼히 하세요.

출산 당일 → 입원 중 → 퇴원 드디어 본격적인 아빠 생활 시작!

아내가 없어도 집안일은 꼼꼼하게!

서류 관계

□ 가족 건강보험증 등 중요한 서류를 필요할 때 바로 낼 수 있게 챙기기

□ 세금 등 필요한 지출을 늦지 않게 처리하기

다른 자녀 돌보기

□ 다른 자녀를 잘 먹이고 규칙적인 생활을 하게 하기

□ 다른 자녀의 어린이집, 유치원, 학교 행사에 참가하기

집안일

□ 분리수거 방법에 따라 제대로 쓰레기 버리기

□ 냉장고 안 제대로 정리하기

□ 세탁기, 식기세척기, 전자레인지를 바르게 사용하기

□ 의류, 속옷 등을 정해진 곳에 수납하기

□ 소모품이 떨어질 것 같으면 미리 사두기

출생 신고 및 가정 양육 수당 신청

출생 신고, 가정 양육 수당 신청, 출산 장려금 신청 등 산후 처리해야 할 일이 많습니다. 또 출산 관련해서 보험료를 청구해야 할 일도 있을 수 있으니 미리미리 준비해야 할 서류와 절차를 알아보는 것이 좋아요.

출산 신고 및 관련 지원 서비스를 한번에 신청할 수 있는 '행복 출산 원스톱 서비스'를 이용하면 편리한데 출산자 주소지 주민센터 또는 온라인에서 신청할 수 있습니다.

자세한 내용은 28쪽

출산 전후 아빠들에게 도움이 되는 물품

아기띠 & 가방

아빠가 써도 어색하지 않을, 너무 여성스럽지 않은 가방이나 아기띠를 꼭 준비합니다.

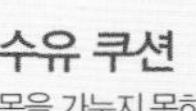

즉석 식품

즉석 식품을 사두면 아내가 입원 중이라도, 혹은 퇴원하고 나서도 요긴하게 쓸 수 있어요.

수유 쿠션

목을 가누지 못하는 신생아라도 쿠션으로 받치면 아빠도 분유를 잘 먹일 수 있답니다.

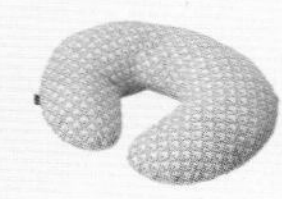

CONTENTS

별지 부록

Happy 임신 라이프 일정표

배 속의 Baby 실물 크기 시트

PART 1

처음이라 몰라요! 임신 판정 후 알아두어야 할 것들

PART 2

태아와 엄마의 9개월 주마다, 달마다 태아는 무럭무럭!

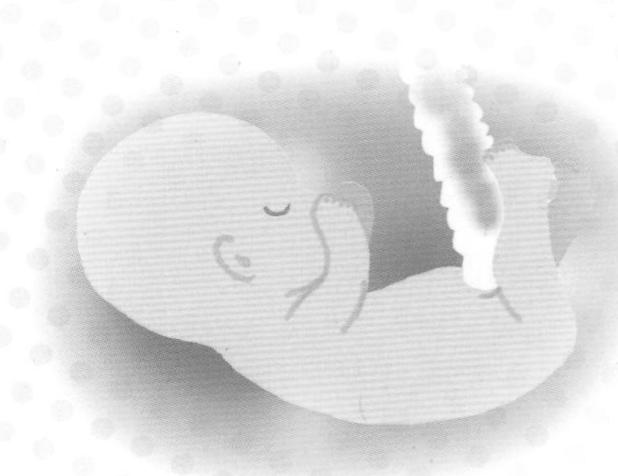

PART 3 순산을 위해 해야 할 일
아름다운 예비 엄마를 위한 뷰티 & 헬스 가이드

PART 4 임신 중 생기기 쉬운 문제와 증상
임신부의 모든 걱정 한 방에 해결하기

PART 5 알아두면 진통도 무섭지 않다 출산의 두려움을 극복하는 요령

PART 6 엄마에게도 아이에게도 중요한 시기 산모의 몸과 마음 가꾸기

PART 7 필수 육아용품 고르기와 아기 돌보기 노하우 육아용품 알아보기 & 신생아 돌보기

누구라도 다 처음이 있습니다.
처음 엄마와 아빠가 되는 여러분은
궁금증도 두려움도 많을 거예요.

모르는 것, 경험해보지 못한 것에 대한
두려움은 당연한 거랍니다.
이 책을 통해 임신·출산의 관련된 지식을 갖추면
두려움은 없어지고 아이를 만날 설렘만 남게 될 거예요.

자, 본격적으로 시작해볼까요?

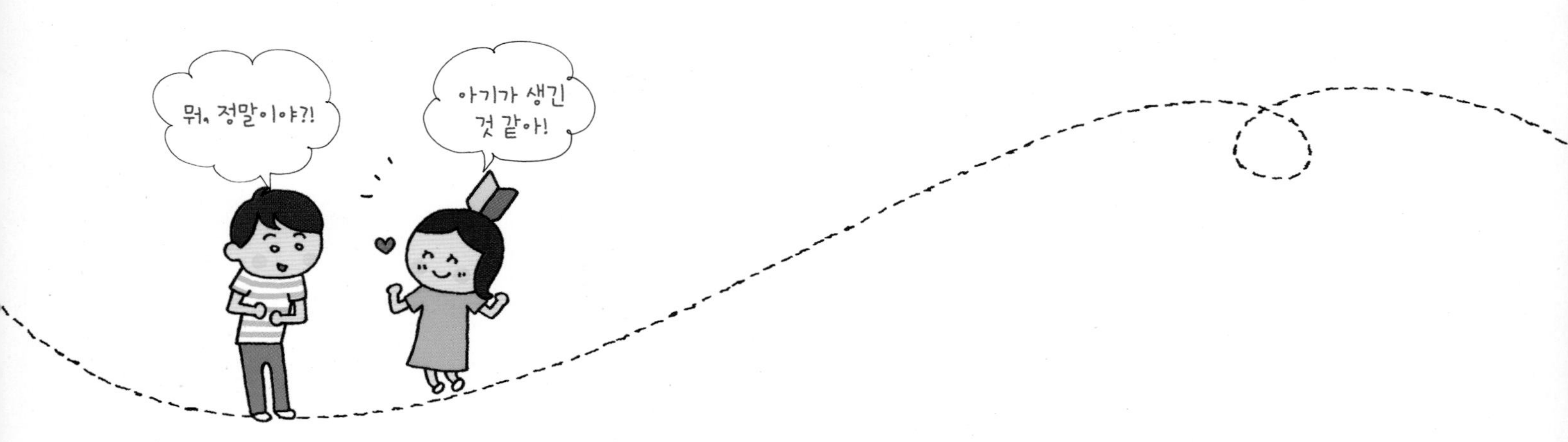

PART

1

처음이라 몰라요!

임신 판정 후 알아두어야 할 것들

임신을 확진하기 전부터 이미 생명은 싹트고 있었습니다.
아이 몸이 만들어지기 시작하는 아주 중요한 이 시기.
임신하면 누구나 궁금해지는 앞으로의 일정과
신체적·정신적 변화, 경제적인 문제 등에 대한 궁금증을 살펴봅니다.

월경이 없어요!

임신 신호를 느꼈다면

월경이 없고 몸 상태가 평소와 다르다고 느껴진다면 산부인과에서 진찰을 받으세요.

몸이 평소와 달라요. 혹시 임신 신호?

이유 없이 짜증이 나요

호르몬 균형이 바뀌므로 이유 없이 짜증이 나고 기분이 상하는 경우도 있습니다.

분비물이 늘고, 피부가 거칠어져요

임신하면 분비물이 느는 경우가 많습니다. 사람에 따라 피부가 거칠어지기도 합니다.

기초 체온 변화

임신하지 않은 경우 기초 체온은 보통 고온이 지속되는 시기(고온기)와 저온이 지속되는 시기(저온기), 두 가지로 분류됩니다. 임신하면 체온을 높이는 작용이 있는 황체 호르몬이 계속 분비되므로 고온기가 보다 길게 지속됩니다. 임신하지 않으면 고온기는 2주일이지만, 고온기가 3주 이상 지속되고 제때 월경이 시작되지 않는다면 임신했을 가능성이 높다고 볼 수 있습니다.

다음 월경이 시작되는 패턴

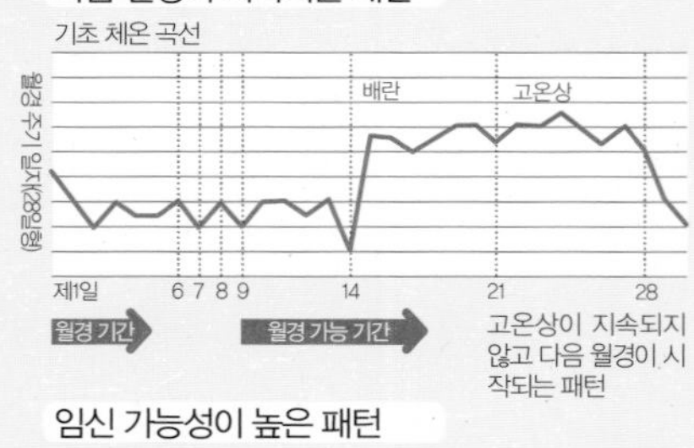

고온상이 지속되지 않고 다음 월경이 시작되는 패턴

임신 가능성이 높은 패턴

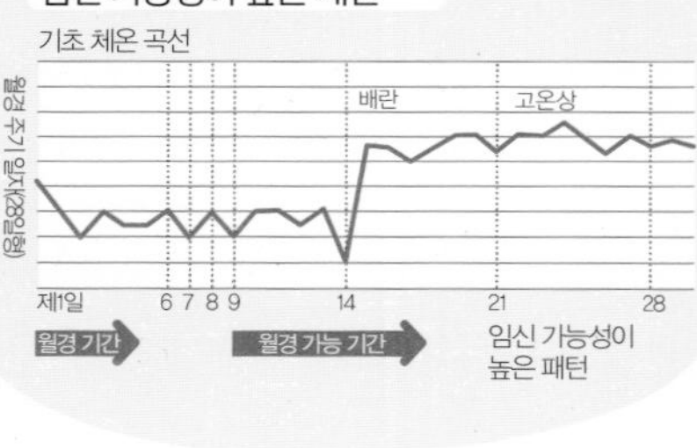

임신 가능성이 높은 패턴

속이 메슥거리고 토할 것 같아요

입덧 증상입니다. 사람마다 다 달라서 전혀 느끼지 않는 경우도 있습니다.

월경을 하지 않아요

월경 주기가 규칙적인 사람인 경우 월경 예정일보다 1주일 이상 늦어진다면 임신했을 가능성이 있습니다.

몸에 미열이 나고 피곤해요

임신 초기에는 '감기인가?' 싶은 정도의 미열이 계속 나거나 몸이 뜨거워지는 경우도 있습니다.

유방이 붓고 유두가 커졌어요

월경이 시작되기 전처럼 유방이 붓거나 유두가 커지며 색깔이 짙어지는 사람도 있습니다.

항상 졸려요

호르몬의 영향으로 정신없이 졸리는 경우도 있습니다. 몸이 휴식을 원하는 것인지도 모릅니다.

평소와 다르다고 느껴지면 산부인과를 찾으세요!

'혹시 임신한 게 아닐까?' 싶을 때 가장 첫 신호로 월경이 늦어집니다. 그러나 여성의 신체 리듬은 환경 변화 등에 좌우되기 쉽습니다. 스트레스를 받아 월경이 늦어지는 경우도 적지 않습니다. 또 평상시 월경 주기가 불규칙하다면 월경이 늦어진다고 곧 임신이라고 확신할 수는 없습니다. 앞에서 설명한 다른 신체 변화를 살펴보며 평소와 좀 다르다 싶을 땐 빨리 산부인과를 찾아가 진찰을 받으세요.

순조롭게 임신이 진행 중인데도 가끔 월경을 시작했다고 착각하게끔 출혈이 생기기도 합니다. 복통이 없다면 이는 일시적인 것이므로 걱정할 필요는 없습니다. 그러나 실제 임신했는데 이런 출혈 때문에 임신임을 늦게 알아채는 경우도 있으니 월경 패턴이 평소와 다를 때에는 임신 가능성을 생각해봅시다.

또 유산의 전조 증상으로 출혈하는 경우도 있습니다. 출혈 시 복통이 동반되거나 평소 월경 양이나 색이 다른 경우에는 주의할 필요가 있습니다.

임신했다 싶은 바로 그날부터 주의해야 할 일

엑스레이

흉부 엑스레이 등은 피하는 편이 좋습니다

임신 초기나 임신 가능성이 있을 때는 가급적 피하는 게 기본입니다. 엑스레이 검사가 필요한 경우에는 의사에게 임신했음을 알리고 복부를 보호하도록 조치를 취합니다. 임신 말기에는 골반 형태를 보기 위해 엑스레이 검사를 하는 경우가 있습니다.

약·영양 보충제

복용 전 반드시 의사와 상담해야 합니다

약 중에는 임신부가 사용하면 안 되는 것도 있습니다. 임신 중 약을 복용하려면 의사와 상담은 필수입니다. 영양 보충제도 만약을 위해 의사에게 얘기해 성분을 확인합니다.

담배·술

태아에게 나쁜 영향을 주므로 당장 그만둡니다!

담배는 태반 기능 부전이나 자궁 내 발육 지연 위험을 높일 가능성이 있습니다. 알코올은 태아 알코올 증후군이나 발육 장애, 중추신경 장애 등을 일으키는 원인이 됩니다. 임신 중에는 담배, 술 모두 절대 안 됩니다!

생활 리듬

일찍 자고 일찍 일어나며 아침 식사를 거르지 않는 게 중요

임신임을 알고 나서는 규칙적인 생활을 하도록 합시다. 태아를 위해서도 일찍 자고 일찍 일어나며 아침 식사를 거르지 않는 게 중요합니다. 임신 중에는 신경질적이 되기도 하지만 생활 리듬을 잘 조절하면 마음의 안정을 찾기 쉽습니다.

운동

임신 초기에는 무리하지 않는 게 제일 좋습니다

임신 초기에는 자기 몸 상태를 잘 살펴보고 무리하지 않는 것이 가장 중요합니다. 태반이 완성되는 임신 5개월 무렵엔 자기가 즐겁고 기분이 좋아지는 범위 내에서 몸을 움직입시다.

감염증

감기나 독감 등에 주의

임신 중에는 면역력, 저항력이 떨어지므로 감기 등 감염증에 걸리기 쉽습니다. 가급적 사람이 많은 곳을 피하는 등 예방에 힘씁시다. 독감 예방 접종은 반드시 하세요.

식사

철분이나 비타민도 잊지 말고 영양 균형을 고려

입덧 시기에는 무리하지 말고 먹을 수 있는 것을 먹으면 됩니다. 그 외의 시기에는 영양 균형이 잡힌 식사를 하도록 합시다. 특히 철분, 엽산, 칼슘은 태아 발육을 위해서도 꼭 챙기세요.

카페인

커피는 하루 1잔, 홍차는 하루 2잔까지

카페인은 칼슘을 체외로 배출시킵니다. 또 흡연 습관이 있고 카페인을 일상적으로 섭취하면 태아 발육 지연과 조산을 일으킬 가능성이 있습니다. 카페인이 들어간 커피는 하루 1잔, 홍차는 하루 2잔까지만. 허브티는 임신부용을 마시는 게 무난합니다.

임신 초초기 Q & A

Q 임신 테스트기는 언제부터 쓸 수 있나요

A 임신을 하면 융모성 고나도트로핀이라는 생식샘 자극 호르몬이 분비됩니다. 시판 임신 테스트기는 이 호르몬을 체크하여 임신인지 아닌지를 가려냅니다. 소량의 소변으로 임신 여부를 판단할 수 있고 정확도가 높으며 성관계 2주 후부터 테스트가 가능합니다. 테스트를 통해 양성 반응이 나왔다면 산부인과에 가서 진찰을 받으세요.

Q 임신했음을 알았을 때 이미 '임신 5주'라고 하네요

A 임신 주수는 최종 월경 첫날부터 계산합니다. 월경 2주 후쯤 배란이 있고(임신 2주째), 난자가 정자를 만나면 수정란이 됩니다. 수정란이 자궁 내막에 착상하는 게 임신 3주 반쯤. 따라서 월경을 하지 않아 임신했나 싶어 산부인과에 가면 이미 임신 5~6주인 경우가 많습니다.

실제로 태아가 착상하는 것은 임신 3주 반경부터

0주	1주	2주	3주	4주	5주
마지막 월경 시작일		배란 ↓ 수정	다음 월경 예정일 무렵. 임신 2개월 시작		

아빠도 참아야 해요!

담배 담배 연기는 NO!

담배 연기는 임신부에게 절대 금물. 간접 흡연도 실제 피우는 것과 마찬가지로 태아에게 영향을 줄 우려가 있습니다. 가급적 가족도 금연하는 게 이상적입니다. 그게 어렵다면 임신부가 있는 곳에서는 피우지 않는 게 기본 중의 기본입니다.

술 술자리를 피해 빨리 귀가해요

임신부는 심신이 불안정하기 쉽습니다. 또 임신 경과가 순조롭다고 해도 언제, 어떤 일이 벌어질지 알 수 없으니 술자리는 가급적 피하고 빨리 집에 들어가 아내를 돌봐주도록 합시다.

병원에 가기 전에
예습하면 안심!

궁금한 산부인과 미리 보기

처음 가보는 산부인과 · 진찰 과정과 검진 요령을 미리 알아두면 좋아요.

월경이 1~2주 늦어지면 진찰을 받으러 갑시다

임신했다 싶더라도 너무 빠른 단계(다음 월경 예정일 전)에는 검사 결과가 제대로 나오지 않을 수도 있습니다. 매월 월경이 규칙적이라면 '월경이 1~2주 이상 늦어졌을 때'가 진찰받기 좋은 시기입니다.

시판 임신 테스트기는 편리하지만 자궁 외 임신 등 정상적인 임신이 아니어도 양성 반응이 나옵니다. 따라서 이 결과만으로 판단하지 말고 태아가 무사히 자라고 있는지 확인하기 위해서라도 반드시 산부인과 진찰을 받읍시다. 또한 음성 반응이 나온 경우라도 그 후 월경이 나오지 않으면 진찰을 받으세요.

임신한 경우에는 추정되는 임신 주수, 출산 예정일, 앞으로의 정기 검진 일정 등에 대해 설명을 들을 수 있습니다.

준비물

- ☐ 건강보험증
- ☐ 기초 체온표(작성한 사람만)
- ☐ 필기도구
- ☐ 검진비 / 아이사랑 카드
- ☐ 생리대

초진 이후 정기 검진부터는 진찰권, 산모수첩을 지참하고 내진 후 분비물이 늘거나 출혈하는 경우도 있으므로 생리대를 준비하면 안심할 수 있어요.

병원 갈 땐 이런 옷차림으로!

상의

앞섶을 열 수 있고 소매를 걷어 올리기 쉬운 복장으로

배만 보고 진찰하는 경우도 많으므로 위아래가 나뉜 옷, 웃옷은 앞섶을 열 수 있으면 더 편리합니다. 혈압 측정이나 채혈을 하기 편하게 팔을 걷어 올리기 쉬운 옷이 좋습니다.

화장

안색을 알아볼 수 있게 내추럴 메이크업

진찰이나 검진에서는 안색으로도 건강 상태를 확인합니다. 파운데이션을 짙게 바르거나 화려한 색조의 눈, 볼 화장은 피하고 내추럴 메이크업을 하도록 합니다.

속옷

벗기 편한 것으로

겉옷과 마찬가지로 입고 벗기 편한 것이 좋겠죠. 배가 불러오면 복대 등 푸는 데 시간이 걸리는 것은 검진 때는 하지 않는 게 무난합니다.

하의

바지보다는 스커트로

내진을 할 때는 속옷을 벗어야 하므로 스커트를 입고 가는 게 좋습니다. 다리를 만져 부기를 확인하는 경우도 있으므로 스타킹이나 레깅스보다는 양말을 신는 편이 좋습니다.

신발

벗고 신기 편한 구두로

체중계, 진찰대에 오르는 등 신발을 벗어야 하는 경우가 많으므로 벗고 신기 편한 구두가 좋습니다. 부츠나 끈을 매야 하는 구두는 피하는 게 낫겠죠. 굽이 높은 구두도 물론 금물.

초진에서 자주 묻는 질문을 알아두면 좋아요

초진 때 묻는 질문은 정해져 있으므로 답을 미리 준비해두세요. 또 의사에게 질문하고 싶은 사항을 미리 메모해 가면 진찰을 받기 수월합니다.

- 마지막 월경 시작일
- 초경 연령, 월경 주기
- 큰 병이나 수술 이력, 알레르기 여부
- 자신과 가족의 지병
- 현재 복용 중인 약 이름
- 출산 경험이 있는 경우 임신 경과 · 출산 시 문제 유무
- 유산, 사산, 임신 중절을 경험한 경우 그 임신 주수
- 난임 치료력

진찰 단계는 어떻게

진료 예약하기

진찰을 받기 전에 병원 예약을 하면 불필요한 대기 시간을 줄일 수 있습니다. 예약 시 당일 진료에 필요한 준비물이 있는지도 확인해두세요.

1 접수 → 문진표 작성

접수한 다음 초진인 경우에는 문진표를 작성합니다. 항목에는 초경 시기와 월경 주기, 최종 월경일, 임신·출산·중절 경험, 과거 병력, 가족력, 수술력, 알레르기 유무 등이 있습니다.

조언
중절 경험 등 답변이 꺼려지는 항목도 있지만, 앞으로 진찰에 필요한 정보입니다. 의료 기관에는 비밀 엄수 의무가 있으므로 정직하게 답합시다.

2 검사

소변 검사

임신은 소변 속의 호르몬으로 확인합니다. 소변 검사는 임신성 고혈압 증후군이나 단백뇨, 임신성 당뇨병을 조기 발견할 수 있습니다.

체중 검사

임신 중 급격히 체중이 늘어나면 임신성 고혈압 증후군이나 임신성 당뇨병이 생길 수 있고 산도에 지방이 붙어 난산 위험이 높아집니다.

혈압 측정

간호사가 측정하는 경우와 자동 혈압계로 스스로 측정하는 경우가 있습니다. 임신성 고혈압 증후군(134쪽) 징후를 체크합니다.

조언
소변 검사 직전에 단것을 너무 많이 먹으면 요당이 나오는 경우가 있어요. 또 몸을 움직인 후에는 혈압이 올라가므로 좀 쉬고 나서 측정하는 게 좋습니다.

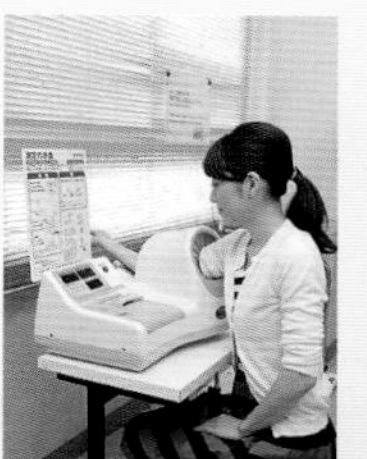

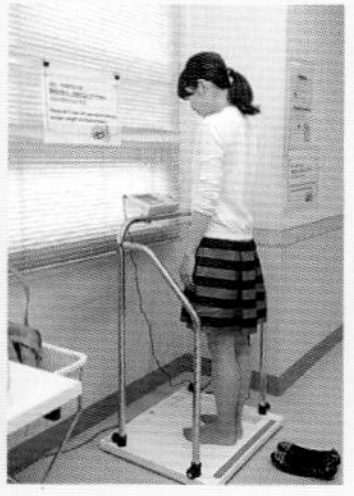

조언
체중 증가를 지적 받는 게 싫어 검진 전에 식사를 거르는 사람이 있는데 절대 금지입니다. 검진 중에 빈혈 등을 일으킬 수 있어 위험해요.

3 진찰실에서 문진

초진 때에는 문진표를 바탕으로 의사가 질문합니다. 몸 상태나 출산에 대해 질문하고 싶은 게 있다면 거리낌 없이 물어봅시다.

조언
질문할 내용을 잊지 않도록 항목을 미리 적어가면 좋겠죠. 의사에게 질문하기 어려운 건 간호사에게 물어도 좋습니다.

4 내진실에서 내진 & 초음파 검사

내진

하반신 속옷을 벗고 전용 내진대에 올라 진찰을 받습니다. 초기 검진에서는 자궁이나 난소 이상, 중기에는 자궁구의 딱딱함이나 개방 정도로 유산이나 조산의 경향을 진단하고, 후기에는 출산 시기, 진척 상황 등을 내진으로 판단합니다.

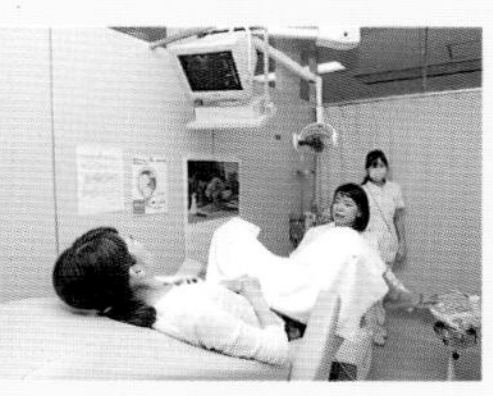

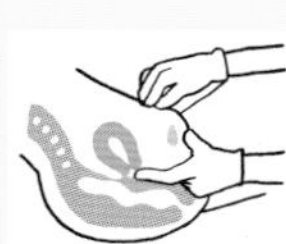

의사가 질 안에 손가락을 넣고 다른 한 손으로 배 위를 약간 누릅니다.

조언
긴장을 하면 몸에 힘이 들어가고 다리를 오므리게 되는데 이럴 경우 내진이 어렵기도 하고 통증을 느끼게 됩니다. 숨을 내쉬어 힘을 빼주세요.

초음파 검사

초진이나 초기 검진 때는 프로브(probe, 탐침)를 질 내에 삽입하여 임신했는지 여부, 정상 임신인지 여부, 자궁 근종 등 문제가 없는지를 확인합니다. 중·후기에는 프로브를 복부에 대어 태아의 발육이나 태반 위치 등을 살펴봅니다.

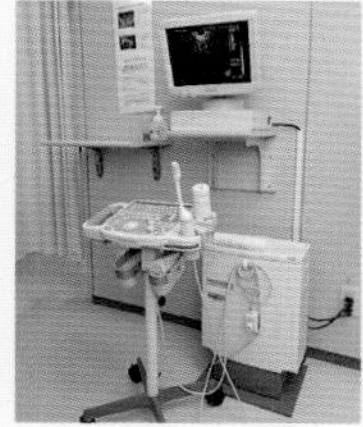

복부 프로브

질 프로브

조언
초음파 검사 사진은 소변이 차면 잘 안 보이므로 검사 전에 화장실에 다녀오는 게 좋습니다.

5 진찰실에서 검사 결과 설명

각종 검사 결과를 바탕으로 초진인 경우에는 임신 여부나 추정 임신 주수, 출산 예정일 등을, 이후 검진에서는 임신 경과에 대해 설명을 듣습니다.

조언
임신일 경우 다음 검진 일정을 잡고, 그때까지 일상생활에서 주의할 점 등에 대한 설명을 듣습니다.

6 수납하여 종료

임신에 관한 진찰, 검사는 보험 적용이 안 되며 자비로 진찰을 받습니다. 초진인 경우에는 금액이 비교적 비싸므로 준비해두면 좋습니다.

조언
임신했다면 출산까지 정기적인 검진을 받을 필요가 있습니다. 수납할 때 다음 검진 예약을 할 수 있는 시설도 있으므로 물어봅니다.

정기 검진은 필수!

임신부 검진 제대로 챙기기

시기별로 꼭 받아야 할 임신부 검진의 내용과 시기를 알아두세요.

산모수첩을 챙기세요

임신을 하면 몸속에서 여러 변화가 일어납니다. 태아가 잘 지내는지, 엄마 몸에 이상은 없는지 등 검진을 통해 다양한 항목을 체크하지 않으면 알 수 없습니다. 임신이 경과하면서 뭔가 문제가 발견되더라도 빨리 대처를 하면 별 탈 없이 지나갈 수도 있습니다.

병원에서 제공하는 산모수첩에는 주기별로 받아야 할 검진 내용 등 다양한 임신 관련 정보가 들어 있으니 잘 챙기도록 하세요. 산모수첩은 보건소에 임신부 등록을 하면 받을 수 있고 산부인과 병원에서도 쉽게 구할 수 있습니다.

임신 검진 일정 (예)

시기	개월	횟수	검사
초기	임신 2개월 (4~7주)	월 1회	● **경질 초음파 검사** 임신 부위, 임신 주수 등을 확인 ● **자궁 경부암 검사** 자궁 경부 세포 검사 ● **혈액 검사** 혈액형, 혈산(백혈구 수, 적혈구 수, 혈소판 수), 혈액 응고계(초산인 경우만), 혈당, 헤모글로빈 A1C ● **감염 증후군** 매독, B형 간염 항원, C형 간염 항체, HIV 항체, ATL 항체, 풍진 항체
	임신 3개월 (8~11주)		
	임신 4개월 (12~15주)		
중기	임신 5개월 (16~19주)		● **질 내 초음파 검사** 자궁 경관 길이(자궁 경부 길이) 체크 ● **세균 검사** 질 내, 경관 세균, 클라미디어 ● **복부 초음파 검사** 태아 발육, 태반 위치 등
	임신 6개월 (20~23주)		● **질 내 초음파 검사** 자궁 경관 길이 체크
	임신 7개월 (24~27주)		● **혈액 검사** 혈산, 당 부하 검사, 불규칙 항체
말기	임신 8개월 (28~31주)	2주에 1회	● **질 내 초음파 검사** 태아 발육, 태반 위치, 양수 양 등
	임신 9개월 (32~35주)		● **혈액 검사** 혈산, 혈액 응고계 등 ● **세균 검사** 질 내 B군 연쇄상 구균 검사 등
	임신 10개월 (36주 이후)	1주에 1회	● **태동 검사** NST

어떤 검진을 하나요

● 체중 측정 ● 혈압 검사 ● 소변 검사(단백뇨, 요당) ● 복위, 자궁 저부 높이 측정 ● 태아 심장 박동 수 확인 ● 부종 검사 ● 초음파 검사 ● 내진 ● 문진

복위 · 자궁 저부 높이 측정

복위는 가장 크게 부푼 배꼽 부위, 자궁 저부 높이는 치골 위에서 자궁의 가장 위까지의 길이를 잽니다. 초음파 검사와 더불어 태아의 발육 상태와 양수의 양을 봅니다.

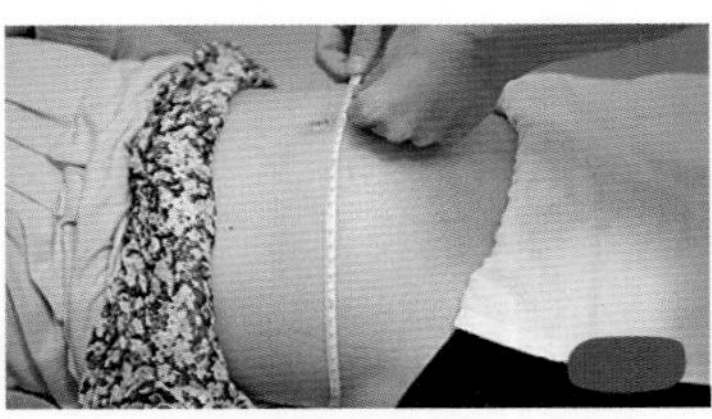

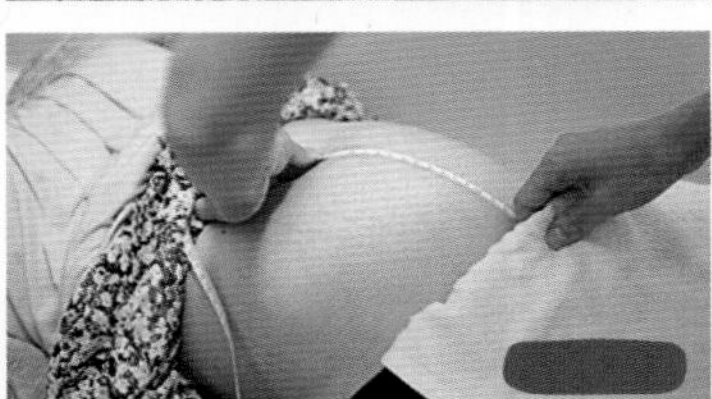

조언
배 부위를 직접 재므로 배를 드러내기 쉬운 복장을 하면 좋겠죠.

촉진

진찰대에 바로 누운 자세에서 의사가 배를 직접 만져가며 아이의 위치 등을 체크합니다. 배가 뭉쳤는지 여부를 알 수 없을 땐 의사에게 물어보면 좋겠죠.

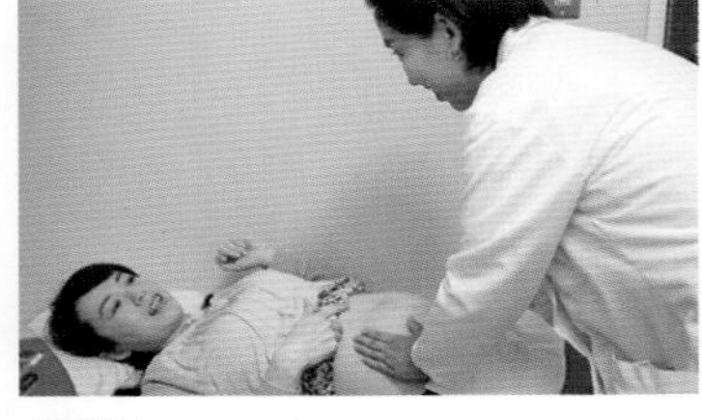

조언
의사에게 질문하기 편한 시간이므로 궁금한 것이 있다면 이때 꼭 물어보세요.

태동 검사(NST)

36주 이후 검진에서 행해지는 것이 태동 검사(NST, 비수축 검사). 분만 감시 장치라는 기계를 배에 붙여 배의 뭉침 정도나 아이의 심박 수를 살펴보고 얼마나 건강한지 확인하는 검사입니다.

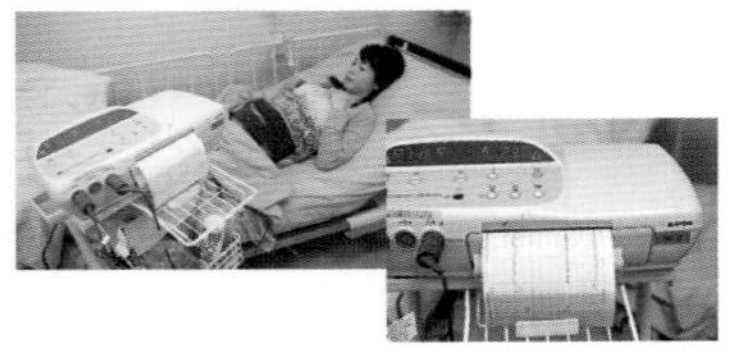

조언
천장을 바라보는 자세로 계속 있으면 불편할 수도 있으므로 옆으로 눕는 등 자세를 바꿔도 괜찮습니다.

부종 검사

진찰대에 천장을 바라보며 누운 상태에서 정강이를 눌러 얼마나 부었는지를 확인합니다. 누른 곳이 원 상태로 곧 돌아오지 않는 경우 염분 섭취를 자제하는 등 음식을 주의할 필요가 있습니다.

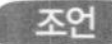

다리를 만져 확인하므로 스타킹이나 타이츠, 긴 양말 등은 사전에 벗어둡니다.

체중 측정, 혈압 측정, 초음파 검사에 대해서는 19쪽

출산 예정일은 어떻게 아나요

출산 예정일은 어디까지나 예상일입니다

일반적으로 임신 기간은 280일이라고 하지만, 이는 월경이 28일 주기로 규칙적인 사람의 경우를 표본으로 산출한 것입니다. 따라서 월경 주기가 28일보다 짧은 사람, 긴 사람, 주기가 일정하지 않은 사람 등은 예정일이 달라집니다.

현재는 임신 9~10주경에 초음파로 CRL(태아의 머리부터 엉덩이까지 길이)를 측정하여 보다 정확한 날짜를 산출합니다. 하지만 '예정일'은 어디까지나 예상일입니다. 실제 출산일이 예정일과 다른 경우는 매우 흔합니다.

임신 주수/분만 예정일 계산기 사용하기

네이버 검색창에서 '분만 예정일 계산'을 입력하면 다음과 같은 창이 표시됩니다. 마지막 생리 시작일만 입력하면 자동으로 예정일을 계산해 주며 오늘을 기준일로 분만일까지 몇 주가 남았는지도 알려줍니다.

임신주수/분만예정일 계산

배란일(임신가능일) | 임신주수/분만예정일

마지막 생리시작일 2017.07.07 기준일 2017.12.05 계산 초기화

기준일까지 임신 21주 4일째 분만예정일 2018.04.13(금) 임신 6개월 증상보기

출산 129일전

마지막 생리시작일 2017.07.07 분만예정일 2018.04.13

위 내용은 참고용이며, 실제 분만일은 개인에 따라 차이가 있을 수 있습니다.

출처 네이버(www.naver.com)

출산 예정일 조견표

표 세로축에서 최종 월경 첫날이 있었던 달을 찾고, 다음으로 가로축에서 최종 월경 첫날의 '일'을 찾아 서로 만나는 곳이 출산 예정일입니다. 윤년인 경우 2월 29일이 임신 기간 사이에 끼었다면 하루 전날이 출산 예정일이 됩니다. 예를 들어 7월 7일이 최종 월경일이라면 출산 예정일은 4월 13일입니다.

월 (최종 월경 첫날의 달) \ 일	최종 월경 첫날																														
	1	2	3	4	5	6	7	8	9	10	11	12	13	14	15	16	17	18	19	20	21	22	23	24	25	26	27	28	29	30	31
1																															
	8	9	10	11	12	13	14	15	16	17	18	19	20	21	22	23	24	25	26	27	28	29	30	31	1	2	3	4	5	6	7
2	11月																								12月						
	8	9	10	11	12	13	14	15	16	17	18	19	20	21	22	23	24	25	26	27	28	29	30	31	1	2	3	4	5		
3	12月																										1月				
	6	7	8	9	10	11	12	13	14	15	16	17	18	19	20	21	22	23	24	25	26	27	28	29	30	31	1	2	3	4	5
4	1月																										2月				
	6	7	8	9	10	11	12	13	14	15	16	17	18	19	20	21	22	23	24	25	26	27	28	29	30	31	1	2	3	4	
5	2月																								3月						
	5	6	7	8	9	10	11	12	13	14	15	16	17	18	19	20	21	22	23	24	25	26	27	28	1	2	3	4	5	6	7
6	3月																								4月						
	8	9	10	11	12	13	14	15	16	17	18	19	20	21	22	23	24	25	26	27	28	29	30	31	1	2	3	4	5	6	
7	4月																								5月						
	7	8	9	10	11	12	13	14	15	16	17	18	19	20	21	22	23	24	25	26	27	28	29	30	1	2	3	4	5	6	7
8	5月																								6月						
	8	9	10	11	12	13	14	15	16	17	18	19	20	21	22	23	24	25	26	27	28	29	30	31	1	2	3	4	5	6	7
9	6月																							7月							
	8	9	10	11	12	13	14	15	16	17	18	19	20	21	22	23	24	25	26	27	28	29	30	1	2	3	4	5	6	7	
10	7月																								8月						
	8	9	10	11	12	13	14	15	16	17	18	19	20	21	22	23	24	25	26	27	28	29	30	31	1	2	3	4	5	6	7
11	8月																								9月						
	8	9	10	11	12	13	14	15	16	17	18	19	20	21	22	23	24	25	26	27	28	29	30	31	1	2	3	4	5	6	
12	9月																								10月						
	7	8	9	10	11	12	13	14	15	16	17	18	19	20	21	22	23	24	25	26	27	28	29	30	1	2	3	4	5	6	7

임신 주수 조견표

분만 예정일 ▼ (40주)

주수	0	1	2	3	4	5	6	7	8	9	10	11	12	13	14	15	16	17	18	19	20	21	22	23	24	25	26	27	28	29	30	31	32	33	34	35	36	37	38	39	40	41	42	43...
일수	0-6	7-13	14-20	21-27	28-34	35-41	42-48	49-55	56-62	63-69	70-76	77-83	84-90	91-97	98-104	105-111	112-118	119-125	126-132	133-139	140-146	147-153	154-160	161-167	168-174	175-181	182-188	189-195	196-202	203-209	210-216	217-223	224-230	231-237	238-244	245-251	252-258	259-265	266-272	273-279	280-286	287-293	294-300	301-307
월수	1개월				2개월				3개월				4개월				5개월				6개월				7개월				8개월				9개월				10개월							

◀ 유산 ▶ ◀ 조산 ▶ ◀ 정상 출산 ▶ 과기산

내게 맞는 출산 장소 정하기

안전한 출산을 위해서는 원하는 분만 방식에 따라 시설을 고르는 것이 매우 중요해요.

출산 장소는 어떻게 정하나요

종합병원

예상치 못한 문제가 있을 경우 보다 안심

산부인과뿐 아니라 다른 진료과도 있으므로 지병 등이 있는 임신부는 안정적인 건강관리를 할 수 있습니다. 소아과도 있다면 출산 후 아이에게 이상이 있을 경우에도 신속한 대응이 가능하므로 보다 안심할 수 있습니다.

산부인과 전문 병원

의사와의 신뢰를 쌓기 좋습니다

임신 초부터 출산 이후까지 동일한 의사가 진료하는 경우가 많아 신뢰를 쌓기 좋다는 장점이 있습니다. 입원실 설비, 식사, 임신부용 프로그램을 충실히 갖춘 곳도 많습니다. 다양한 출산 방식을 갖춘 곳도 있으나 예상치 못한 문제에 잘 대응하지 못하는 경우도 있습니다.

대학병원

의료 기술, 설비, 의료진이 충실

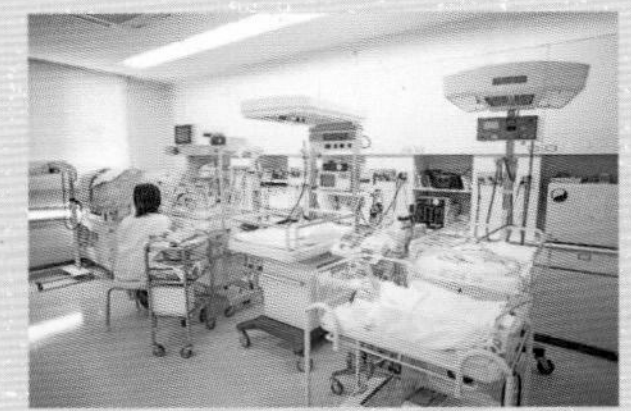

의료 기술이 높고 설비 및 의료진도 충실하므로 긴급 상황에 잘 대응할 수 있다는 장점이 있습니다. 조산 시 필요한 치료를 받을 수 있도록 신생아 집중 치료실(NICU)이 있는 경우도 있습니다. 반면 검진에 시간이 걸리는 경우가 많고 연수의들이 입회하기도 합니다.

조산원

편안한 분위기에서 출산할 수 있습니다

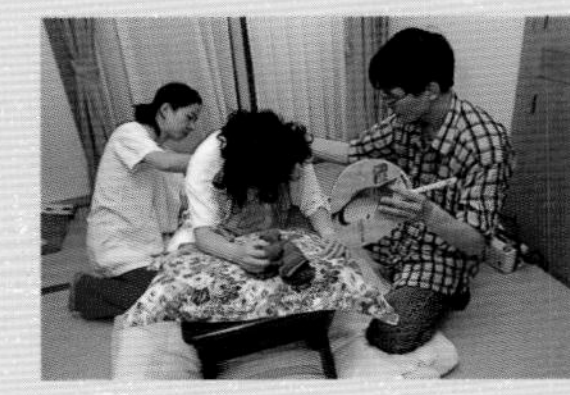

조산사가 임신 중 생활이나 출산 관련 안내를 상세히 해줍니다. 내 집 같은 분위기 속에서 자연주의 출산을 할 수 있다는 장점이 있습니다. 하지만 조산사는 의료 처치를 할 수 없으므로 위험 요소가 있는 출산을 해서는 안 되고 문제가 발생하면 제휴 병원으로 옮겨야 하는 경우도 있습니다.

무엇을 중시할 것인지 구체적으로 생각해봅시다

임신 사실을 알았을 때부터 출산 장소를 고르는 것이 좋습니다. '그렇게 빨리?'라고 생각할 수도 있지만, 임신 중에 정기적으로 검진을 받을 필요가 있으며 인기 있는 병원의 경우 분만 예약을 빨리 해두지 않으면 다 차버릴 수 있습니다. 어디서 낳을지 선택할 때 가장 중요한 점은 자신이 어떤 출산을 하고 싶은지를 잘 생각하는 것입니다. 남편이 분만실에 같이 들어왔으면 좋겠다, 가급적 자연주의 분만을 하고 싶다, 통증을 못 참으니 무통 분만을 하고 싶다, 입원 중에 아기와 같은 방을 쓰고 싶다 등 희망 사항을 구체적으로 떠올린다면 시설을 고르기가 쉬워질 것입니다. 출산 시설에는 대학병원, 종합 병원 등 규모가 큰 곳, 산부인과 전문 병원이나 조산원 등 작은 시설도 있습니다. 각각 장단점이 있으므로 잘 이해한 다음 고릅시다. 원래 지병이 있거나 임신 경과에 따라서는 희망했던 출산 방법이나 시설에서 출산하지 못하는 경우도 있습니다. 또 출산이 언제 시작될지 알 수 없으므로 차로 1시간 이내에 갈 수 있는 거리, 가급적 집에서 가까운 시설이어야 안심할 수 있겠죠.

출산 장소 고르기 3단계

STEP 1 정보 수집

선배의 조언이나 인터넷 등을 이용하여 자기의 조건에 맞춰 출산할 장소에 대한 정보를 수집합니다. 임신부 커뮤니티나 지역 커뮤니티에 가입해 이용 후기들을 참고하면 출산 장소를 정하는 데 도움이 됩니다.

STEP 2 직접 가서 체크

자신이 희망하는 출산을 할 수 있을지 등을 확인하고 후보를 몇 군데 고른 후에는 직접 방문해보세요. 시설의 분위기, 의사나 간호사와 잘 맞는지, 통원하기 쉬운지 등도 중요합니다.

STEP 3 비용 확인 후 신청

출산 비용은 분만 방법, 입원실 타입 등에 따라 다르며, 호화로운 시설은 역시 비쌉니다. 또한 인기 있는 시설은 예약이 빨리 차므로 조기에 분만 예약을 해야 합니다.

출산할 병원을 옮겨야 할 때는?

요즘은 산부인과에서도 임신 중 검진 등의 진료는 가능해도 분만을 하지 않는 곳이 많습니다. 만약 다니는 산부인과에서 분만을 할 수 없거나 특정 이유로 병원을 옮겨야 할 때는 적어도 임신 35주 전에 옮기는 것이 바람직합니다. 여유를 두고 출산할 시설을 정해 미리 예약해두고 옮기기 전에 이전 병원의 진료 기록이나 소견서를 받아두는 것을 잊지 마세요.

선택 시의 체크 포인트

분만 방법 알아보기

제왕 절개, 가족 분만, 무통 분만, 수중 분만, 그네 분만, 라마즈 분만, 소프롤로지 분만, 아로마 분만, 르봐이예 분만, 자연주의 분만 등 매우 다양합니다. 어떤 출산 방식이 좋을지 생각해보세요.

의사를 비롯한 의료진과의 궁합

의사나 간호사, 조산사와의 궁합이 무척 중요합니다. 아무리 소문난 시설이라도 왠지 무서워서 질문을 할 수 없으면 안 됩니다. '여긴 안심하고 의논할 수 있겠다'고 생각되는 시설을 선택하세요.

아기와 지내는 법

완전 모자 동실, 낮에만 모자 동실, 모자 별실 등 갓난아이와 산모가 지내는 방법도 시설에 따라 다릅니다. 각각 장단점이 있으므로 잘 생각해보세요.

타입과 설비

혼자서 편하게 지낼 수 있는 1인실, 산모들끼리 교류할 수 있는 다인실, 미용실 또는 에스테틱이 있거나 가족이 함께 지낼 수 있는 방이 있는 등 설비나 서비스도 시설에 따라 차이가 납니다.

산모수첩 앱 활용하기

요즘은 무료 산모수첩 앱도 많이 출시되어 있어 더 편리하게 사용할 수 있습니다. 임신 후 건강 관리 및 태아 성장 정보, 병원 정보, 태교 등 유용한 정보를 담고 있고 커뮤니티까지 제공되는 앱도 있어 임신 기간을 보다 재미있게 보낼 수 있어요.

- 구글 플레이 또는 앱스토어에서 '산모수첩' 또는 '아기수첩'으로 검색하여 내게 맞는 앱을 골라보세요.
- 산모수첩은 아이의 기본 예방 접종이 끝나는 초등학생 때까지 사용해야 한다는 점도 잊지 마세요.

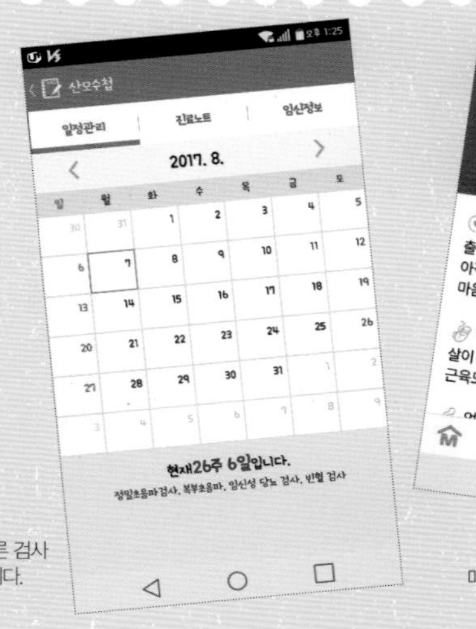

임신 주수에 따른 검사 정보를 알려줍니다.

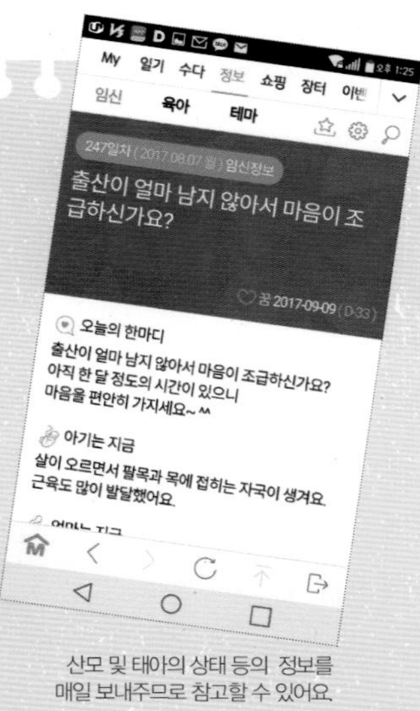

산모 및 태아의 상태 등의 정보를 매일 보내주므로 참고할 수 있어요.

임신 보고는 언제?
출산 휴가는?

임신 중 일을 병행하기 위해 알아두어야 할 것들

임신 사실 보고 시기, 출산 휴가, 육아 휴직 등 직장 생활 요령을 알아봅니다.

상사에게 미리 보고하고 근무 방식을 바꾸는 방법도 있습니다

직장에 다니는 임신부라면 입덧을 하고 배가 불러오는 등 신체 변화 때문에 일을 하는 게 힘들어집니다. 하지만 일을 계속하면 '내 수입이 있다', '경력 단절 걱정이 없다' 등의 장점이 있습니다.

또 전문직이라면 모를까, 일반 사무직은 일단 일을 그만두면 재취업이 현실적으로 어렵기 때문에 임신했다고 무조건 직장을 그만두기보다는 여러 문제를 고려하여 결정하여야 합니다. 다만 무리는 금물입니다! 일을 계속하더라도 심신에 커다란 부담이 되지 않도록 해야 합니다. 체력적으로 힘든 경우에는 단축 근무, 재택근무 등의 제도가 있다면 이를 이용하고, 부담을 줄이는 등 여러 방법이 있습니다.

임신 사실을 알았다면 직속상관에게는 미리 보고를 합시다. 임신 중에는 화학 물질이나 엑스레이를 다루는 일, 중노동 등은 금지되어 있습니다. 이와 같은 직종에 종사하는 경우에는 바로 보직을 이동할 필요가 있습니다.

또한 임신 중에는 몸과 마음에 여유가 없기 마련이지만, 남들이 도와주는 게 당연하다는 태도는 금물입니다. 주변 사람의 도움이나 배려에 감사하는 마음을 솔직하게 표현하세요.

임신부터 출산 후까지의 타임 스케줄

임신 보고부터 출산 휴가, 육아 휴직 그리고 복귀까지의 흐름을 나름대로 시뮬레이션해봅시다.

임신 4~8 주경

임신 판정

산부인과에서 임신임을 확인했다면 일을 그대로 계속할지, 아니면 일 형태를 바꿀지 등을 가족과 의논해 정하세요.

조언

"종합 병원에 근무하는 간호사인데, 임신 초기에 병동 근무에서 야근 없는 외래 근무로 바꾸었어요. 야근을 하면 불규칙한 생활로 수면을 충분히 취할 수 없거든요. 빨리 보고하기를 잘했다고 생각합니다."

임신 8~16 주경

임신 보고

자기 몸 상태나 업무 상황을 고려하여 직장에 임신했음을 알립니다. 태아 심박을 확인한 후에 알리는 게 무난합니다. 상사에게 먼저 보고하는 게 예의입니다.

조언

"입덧 시기에 혼잡한 출퇴근 시간마다 이동하는 게 괴로워 상사에게 의논했더니 일시적으로 시간 단축 근무를 할 수 있게 되었습니다. 입덧이 가라앉고 출산 휴가까지는 통상 근무로 일했습니다."

출산 휴가 산전 6주~ 출산 후 8주 / 육아 휴직 출산 후 9주~ 약 1~3년

출산 휴가·육아 휴직

안심하고 쉴 수 있도록 직장 동료에게 업무 인수인계를 확실히 하세요. 또 무슨 일이 있을 때 바로 연락을 취할 수 있도록 연락처를 전달해둡니다.

조언

"출산 지원금을 받는 절차를 밟으려면 회사와의 연계가 필수적이라 담당자에게 연락을 취해두었어요. 또 출산 후 4개월부터 아이를 어린이집에 보낼 수 있도록 임신하자마자 어린이집을 물색했습니다."

출산 휴가, 육아 휴직 이후

직장 복귀

직장에 복귀한 후에도 어린이집 픽업, 아이가 아프다고 어린이집에서 연락이 왔을 때 대처 방법 등 엄마로서 익숙지 않은 생활로 피곤하기 마련입니다. 회사나 가족의 이해를 구하세요.

조언

"어린이집에 보내고 며칠 후 아이가 노로 바이러스에 감염돼 저도 옮고 말았어요. 이런 일을 대비하고자 정부가 지원하는 아이 돌봄 서비스(질병 감염 아동 특별 지원) 등을 알아보고 이용법을 숙지하는 등 대책을 세워두고 있습니다."

출산 휴가까지 건강하게 일하기 위해 해야 할 일

직장에서

● 같은 자세로 일하지 않아요

컴퓨터 작업에 열중하다 보면 장시간 같은 자세를 취하기 마련입니다. 피로가 쌓이지 않게 자세를 바꾸고 휴식을 취하도록 합니다. 또 다리의 혈전증을 막기 위해 때때로 걸어 다닙시다.

● 냉증을 조심해요

직장 내 냉방 때문에 냉증이 생기는 임신부도 적지 않습니다. 여름에도 양말을 이중으로 신는다든가, 무릎 덮개를 하는 등 몸이 차지지 않게 대책을 세웁니다.

● 때때로 몸을 움직여요

점심시간에 팔을 돌리거나 서서 제자리걸음을 하는 등 몸을 움직입니다. 또한 가능하다면 짬짬이 눕는 것도 매우 좋습니다.

통근 시간

● 여유를 갖고 움직여요

시간이 없어 허둥대다 보면 넘어지거나 부딪쳐 다칠지도 모르니 평소보다 여유 있게 일정을 짜세요.

● 혼잡한 시간은 피해요

대중교통을 이용해 출퇴근을 한다면 좀 빨리 출발해 혼잡한 시간을 피하세요. 또 몇 정거장 반대편이 첫 출발역이라면 거기까지 가서 앉아 이동하는 식으로 융통성을 발휘하세요.

집에서

● 푹 쉬어요

평일에는 사무실에서 업무에 쫓기고 휴일엔 집안일로 바쁘게 지내면 몸이 배겨나지 못합니다. 적당히 쉬는 것도 아이를 위한다는 마음으로 우선 휴식을 취합니다.

● 남편의 도움이 필수적이에요

식료품이나 일상용품 구입은 택배나 인터넷 장보기로 집까지 배달해주는 시스템을 이용합니다. 가사 도우미에게 청소 등을 부탁하는 것도 고려해보세요.

어린이집은 미리미리 찾으세요

아이를 보낼 어린이집은 임신 중기부터 찾기 시작해야 합니다. 아이사랑 사이트에 접속하여 등록한 후 주변에 있는 어린이집을 검색합니다. 적당한 어린이집을 확인한 경우 인터넷으로 대기 신청을 하거나 해당 어린이집을 직접 방문하여 교사와 시설을 확인한 뒤에 미리 신청해두세요. 동시에 직장에서는 육아 휴직이나 출산 후 근무 형태에 대해 확인을 해봅니다.

아이사랑 홈페이지: www.childcare.go.kr

임신 중에 일하기

일이 좋은 운동이 됐어요! 단, 무리하지 않는 범위에서

직업이 미용사라 계속 서 있다 보니 다리가 부어서 힘들었어요! 하지만 거의 평상시처럼 일하다 보니 오히려 운동이 된 면도 있어요. 출산 예정일 1개월 전까지 일하고 아이가 돌이 지난 다음 업무에 복귀했습니다.

주변 사람들의 배려로 일을 계속할 수 있었고 마음도 안정되었어요

영업직이라 외근도 잦고 직접 운전을 해야 할 때도 많았는데 회사의 배려로 내근 사무직으로 배치되었어요. 남성이 대부분인 직장이어서 필요 이상의 배려를 받았지요. 몸이 안 좋은 날에는 월차를 이용해서 출근 시간을 늦추거나 조퇴를 하기도 했고요. 예정일 2개월 전까지 일하고 현재는 육아 휴직 중이에요.

단축 근무로 바꾸고 검진 때에는 조퇴하는 등 몸에 부담이 가지 않게

임신했을 때에는 파견 사원으로 사무를 보고 있었어요. 임신 전 근무 시간은 오전 9시 30분~오후 5시였지만 임신 중에는 오전 10시~오후 4시 30분으로 단축 근무를 하였고, 정기 검진 때에는 조퇴를 했어요. 입덧 시기에는 일을 쉬는 등 폐를 끼치기도 했지만, 일을 계속하면서 바쁘게 살다 보니 체중 관리도 할 수 있었던 것 같습니다.

정부나 지자체의 지원 제도 활용!

임신·출산 관련 정부 지원 알아보기

정부나 지자체의 다양한 임신·출산 관련 지원 사업을 알아두면 비용을 줄일 수 있어요.

임신·출산 관련 정부 지원 사업

국민행복카드 이용하기

‘건강보험 임신·출산 진료비 지원’, ‘청소년 산모 임신·출산 의료비 지원’ 및 ‘사회서비스 전자바우처’ 등 정부의 여러 바우처 지원을 공동으로 이용할 수 있는 카드로 임신 여성이라면 누구나 이용할 수 있습니다. 국민행복카드는 카드사나 BC카드 가맹 은행을 통해 쉽게 발급 받을 수 있습니다.

국민행복카드 신청하기

산부인과에서 임신 확인서 발급 받기 → 가까운 국민건강보험공단지사 또는 카드 영업점 방문 → 임신 확인서 제출 후 국민행복카드 신청 → 발급

각 카드사의 홈페이지에서도 신청할 수 있어요.

구체적인 정보가 필요하다면

정부 지원 서비스는 정부 시책에 따라 변경될 수 있으므로 다음 문의처를 통해 알아보는 것이 좋습니다.

- 사회서비스 전자바우처 포털(www.socialservice.or.kr)
- 보건복지부 콜센터(국번 없이 129), 사회보장정보원 사회서비스 콜센터(02–1566–0133)
- 아이사랑(www.childcare.go.kr)

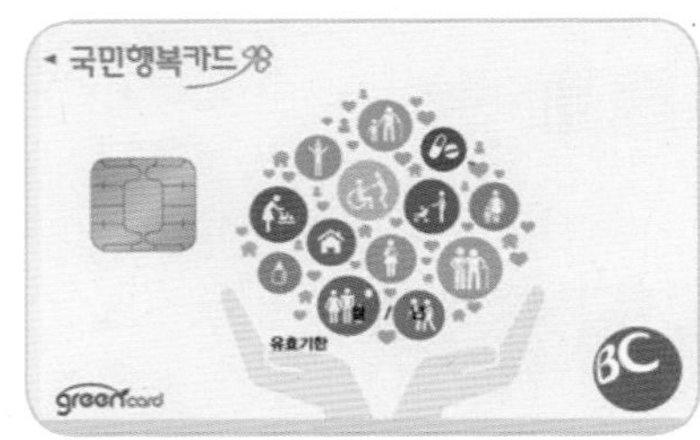

서비스별 지원 조건 알아보기

국민행복카드로 정부의 여러 가지 지원을 받을 수 있지만 서비스마다 지원 대상이 다르므로 다음 표를 참고하세요. 정부 시책에 따라 내용이 변경될 수 있으니 사회서비스 전자바우처 포털 서비스(www.socialservice.or.kr)에서 한 번 더 확인하세요.

서비스 구분		지원 대상	지원 내용
임신·출산 진료비 지원		건강보험 가입자 또는 피부양자 중 임신부	임신 1회당 50만원 이용권 (다태아 임신부 90만원 지원) 본인 부담금 지원
청소년 산모 임신·출산 의료비 지원		만 18세 이하 산모	임신 1회당 120만원 이내 본인 부담금 지원
산모 신생아 건강 관리 지원		산모 및 배우자의 건강보험료 본인 부담금 합산액이 기준 중위 소득 80% 이하에 해당하는 출산 가정	산모 건강 관리, 신생아 건강 관리, 산모 식사 준비, 산모·신생아 세탁물 관리 및 청소 등
기저귀 조제분유 지원	기저귀 지원	중위 소득 40%(최저 생계비 100%) 이하 저소득층 영아(0~24개월) 가구	기저귀 구매 비용 월 64,000원 지원
	조제분유 지원	조제분유는 기저귀 지원 대상 산모가 특정 질병 또는 사망으로 모유 수유가 불가능한 경우와 아동 복지 시설·공동 생활 가정·가정 위탁 아동, 한부모(부자·조손) 가정 아동인 경우에 지원 ※항암 치료, 방사선 치료, 후천성 면역결핍증(HIV), 헤르페스 바이러스 감염 등	기저귀 + 조제분유 월 150,000원 지원 ※기저귀와 조제분유 모두 지원받는 경우 총 바우처 지원 금액 내에서 기저귀 또는 조제분유 물품 구분 없이 사용 가능

근로자 지원 제도

출산 전, 출산 후 휴가와 급여액은

임신 중 여성 근로자는 총 90일의 출산 전후 휴가를 받을 수 있으며 출산 후 휴가가 최소 45일 이상이 되어야 합니다(다태아를 출산한 경우 120일 부여). 자격 요건은 출산 전, 후 휴가 종료일 이전에 고용 보험 피보험 단위 기간이 통산하여 180일 이상일 경우입니다.

우선 지원 대상 기업의 경우 90일(다태아 120일)의 급여를 고용 보험에서 지급하고, 대규모 기업의 경우 최초 60일(다태아 75일)은 사업주가, 그후 30일(다태아 45일)은 고용보험에서 지급합니다.

유산·사산 휴가

건강하게 임신 기간을 지내고도 유산 또는 사산을 하는 안타까운 일이 생길 수도 있습니다. 이런 경우에도 임신 기간에 따라 유급 휴가를 청구할 수 있습니다. 단, 근로자가 직접 청구해야 혜택을 받을 수 있습니다(임신 기간에 따라 최소 5일~90일까지 가능).

태아 수에 따른 출산 전후 휴가 기간 및 지급 기간

구분	단태아		다태아
출산 전후 휴가 기간	90일(출산 후 45일)		120일(출산 후 60일)
기업 유급 의무 기간	60일		75일
출산 전후 휴가 급여(고용 보험) ※월 135만원 한도	우선*	90일 모두 지원	120일 모두 지원
	규모*	무급 30일 지원	무급 45일 지원

* **우선 지원 대상 기업** 광업 300인 이하, 제조업 500인 이하, 건설업 300인 이하, 운수·창고 및 통신업 300인 이하, 기타 100인 이하 사업장/중소업법 제2조 제1항 및 제3항에 해당하는 기업 / * 규모 대규모 기업

기타

- **임신 중 근로 시간 단축**
  임신 12주 이내, 임신 36주 이후 근로자는 1일 2시간 근로 시간 단축을 신청할 수 있고 사용자는 이를 허용해야 합니다.
- **태아 검진 시간 허용**
  임신한 여성 근로자는 임신부 정기 건강 진단 시간을 보장받으며 고용주는 그 이유로 임금을 삭감할 수 없습니다.
- **야간 근로와 휴일 근로의 금지**
  임신한 여성 근로자에게 야간 근로 및 휴일 근로를 시키지 못합니다. 다만 명시적으로 당사자의 동의나 청구가 있을 경우 고용노동부장관 인가를 받으면 가능합니다.
- **시간 외 근로 금지 및 업무 전환 가능**
  사용자는 임신한 여성 근로자에게 시간 외 근로를 하게 하여서는 안 되며, 쉬운 종류의 업무로 요청 시 전환시켜야 합니다.
- **유해·위험 업종 근무 금지**
  전기 취급, 납·수은·크롬·비소 등 유해 물질 취급 업무 등을 금지합니다.

보건소 이용하기

주민등록지 보건소에 임신부 등록을 하면 임신에 필요한 검사(모성 검사, 초음파 검사, 태아 기형아 검사 등) 및 약품(철분제, 엽산제)을 제공받을 수 있습니다. 또 산모수첩과 어린이 건강수첩(예방접종 수첩), 임신부용 배지 등도 제공합니다.

산모수첩은 임신 중 필요한 검사와 시기, 출산 전후에 반드시 주의해야 할 점, 정부 지원 등의 정보를 담고 있습니다.

초기 임신부의 경우 배가 부르지 않아 대중교통을 이용할 때 자리 양보를 받기 어렵습니다. 부끄러워하지 말고 배지를 적극 착용하여 몸을 보호하도록 합시다. 임신 초기가 가장 조심해야 할 시기이기도 합니다.

임산부 먼저

임산부 배지

보건복지부에서 제공하는 산모수첩과 어린이 건강수첩

column1

행복 출산 원스톱 서비스 이용하기

출산 지원 서비스를 한번에 신청!

〈행복 출산 원스톱 서비스〉는 출생 신고와 함께 양육 수당, 출산 지원금, (다자녀) 공공요금 감면 등 정부의 출산 지원 서비스를 통합 신청서 작성으로 한번에 처리할 수 있는 서비스입니다. 각 지방자치단체마다 출산 지원금의 금액은 다르지만 신청하는 방법은 동일합니다.

지원 대상	출산 가족
신청 방법	출생자 주소지 주민센터를 직접 방문하여 신청
신청 자격	출산자(산모) 본인, 출산자의 배우자 ※대리인 접수는 출산자의 직계 가족(친부모 및 시부모)만 가능
구비 서류	신분증, 통장 사본(출생 신고 당일 신청 시) 신분증, 통장 사본, 가족관계증명서(출생 신고 후 별도 신청 시) 공공요금 감면을 위해 납입 고지서상 고객 번호(다자녀 신청 시)

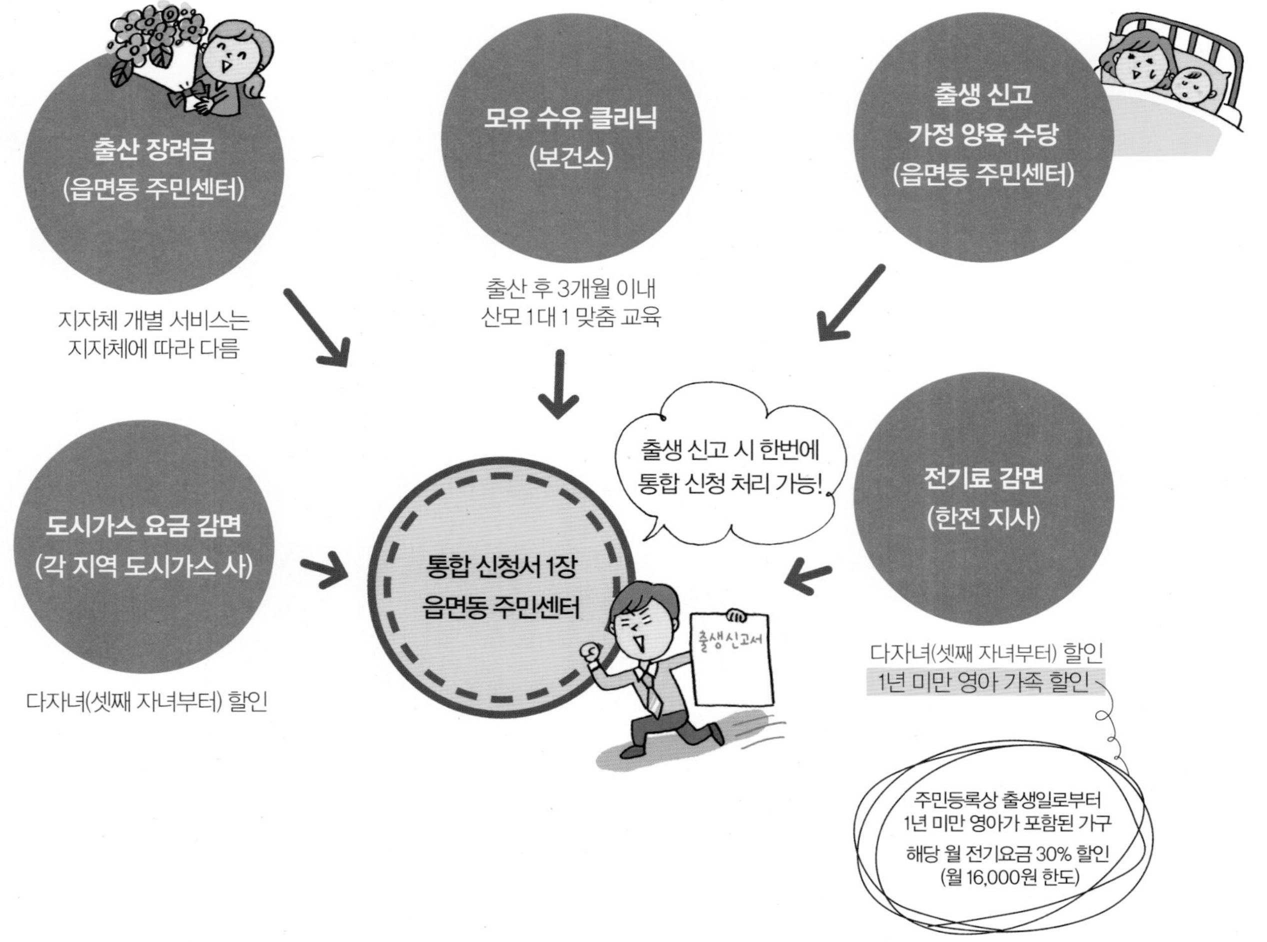

출산 장려금
(읍면동 주민센터)

지자체 개별 서비스는
지자체에 따라 다름

모유 수유 클리닉
(보건소)

출산 후 3개월 이내
산모 1대 1 맞춤 교육

출생 신고
가정 양육 수당
(읍면동 주민센터)

출생 신고 시 한번에
통합 신청 처리 가능!

도시가스 요금 감면
(각 지역 도시가스 사)

다자녀(셋째 자녀부터) 할인

통합 신청서 1장
읍면동 주민센터

출생신고서

전기료 감면
(한전 지사)

다자녀(셋째 자녀부터) 할인
1년 미만 영아 가족 할인

주민등록상 출생일로부터
1년 미만 영아가 포함된 가구
해당 월 전기요금 30% 할인
(월 16,000원 한도)

PART

2

태아와 엄마의 9개월

주마다, 달마다 태아는 무럭무럭!

임신하고부터 출산까지
약 9개월 동안 어떻게 배가 불러오는지,
그리고 몸속에서는 어떤 변화가 생기는지 자세히 살펴봅니다.
주수별 중요한 변화나 조언을 참고하여 더없이 소중한
임신 생활을 보다 행복하게 누리시길 바랍니다.

앞으로의 변화가 궁금해요!
임신 주수별 엄마 몸의 변화와
태아의 성장을 알아봅니다.

태아와 엄마의 280일!

임신 2개월

4~7주

임신 판정 후 급격한 몸의 변화 시작

월경이 멈추고 기초 체온은 고온 상태가 계속됩니다. 외관상으로는 크게 변화가 없으나 속이 메슥거리고 구토 등 입덧 증상이 나타나기 시작합니다.

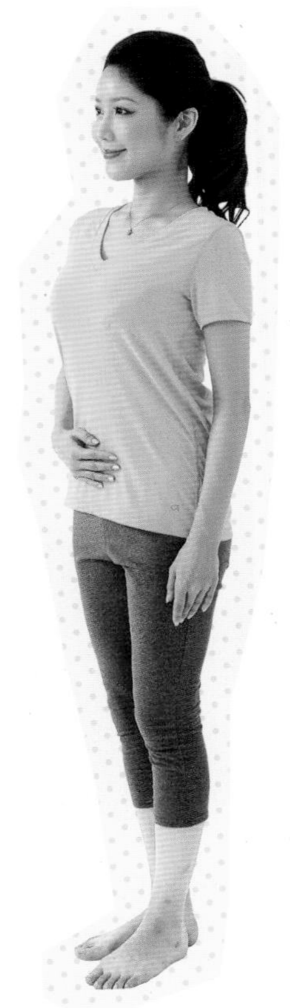

태아(胎芽)라 불리는 물고기 같은 상태. 하지만 심장이 움직이기 시작하고, 눈, 입, 뇌, 신경 등이 생기기 시작합니다.

입덧이나 불쾌감 증상이 심해 괴로운 시기

대부분의 임신부가 본격적인 입덧을 시작합니다. 배가 불러오지는 않지만, 자궁은 주먹만 한 크기로 자라며 빈뇨, 변비, 분비물 같은 불쾌감 증상이 나타나기도 합니다.

태반의 바탕이 되는 융모가 자궁 내막에 뿌리를 내리고 아이가 잘 자라기 시작합니다.

아이의 침대가 될 태반 완성

엄마와 아이를 연결하는 태반이 거의 완성되어 유산의 위험성이 줄어듭니다. 입덧도 어느 정도 개선되고 하복부가 약간 부풀어 오릅니다.

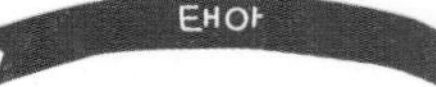

제법 사람다운 모양새를 갖춘 게 초음파 검사로도 볼 수 있습니다. 위, 신장, 방광 등 내장 기관이 거의 완성됩니다.

안정기에 돌입, 빠른 경우 태동을 느끼기도

임신 중 가장 안정된 시기. 배가 불러 눈에 띄기 시작합니다. 태아의 움직임인 태동을 느끼는 경우도 있습니다.

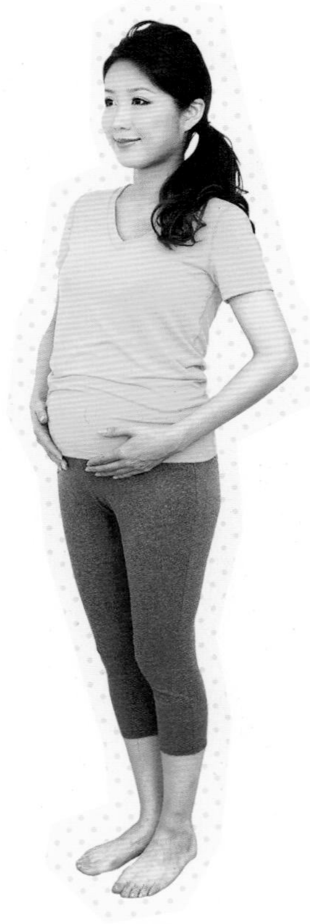

태아

오감을 관장하는 전두엽이 만들어지고 양수 속에서 활발히 움직입니다. 피부를 보호하는 솜털도 생깁니다.

엄마 체형은 어떻게 달라질까요? 아기는 어떻게 자라나요?

하복부가 커지며 복통, 정맥류가 생깁니다

순조롭다면 운동이나 여행을 즐길 수 있는 시기이지만, 하복부가 더욱더 커져 요통이나 정맥류가 생기는 경우도 있습니다. 무리는 하지 않도록!

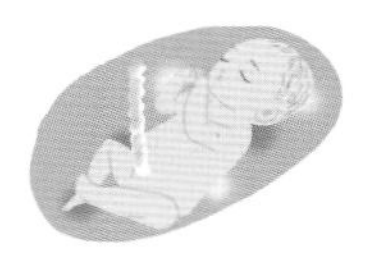

골격이나 근육이 발달해 움직임이 강해집니다. 입을 오물거리며 양수를 마시는 모습을 볼 수 있습니다.

배가 볼록 나와 움직이기 힘듭니다!

배가 더욱더 볼록 나와 일상적인 동작을 하는 데 지장이 생기는 경우도 있습니다. 또한 변비나 치질에 걸리거나 배가 종종 뭉치기도 합니다.

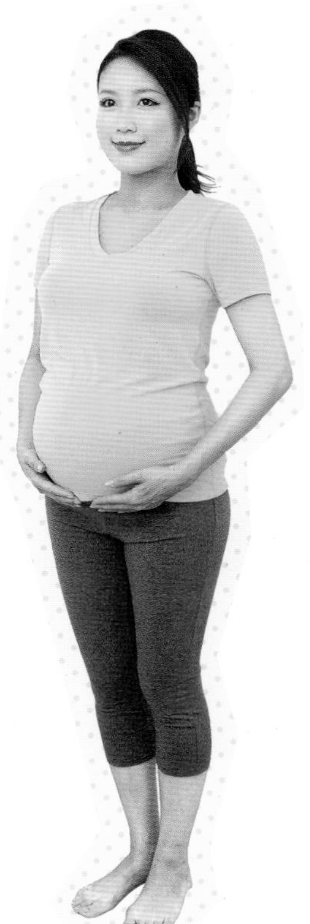

태아

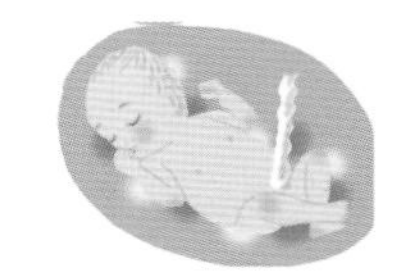

엄마 심장 소리와 목소리가 잘 들립니다. 심폐 기능이나 내장은 앞으로 더욱더 발달해갑니다.

임신
8 개월
28~31주

크고 작은 문제가 빈번히 발생!

부풀어 오른 배가 원인으로 배가 뭉치거나 손발이 붓는 등 작은 문제가 계속됩니다. 임신성 고혈압 증후군이나 임신성 당뇨병에도 주의합시다.

태아

골격이 거의 완성되고 지방도 붙기 시작합니다. 몸이 커지며 배 속에서 자세가 안정됩니다.

몸은 출산 준비를 시작합니다

커진 자궁 때문에 위, 폐, 심장이 압박을 받아 심장 박동이 불규칙해지고 숨이 차거나 소화 불량이 심해집니다. 걸었을 때 고관절이나 치골이 아프기도 합니다.

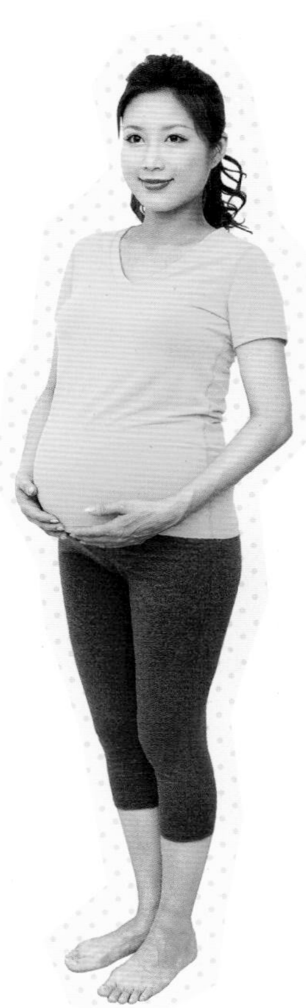

태아

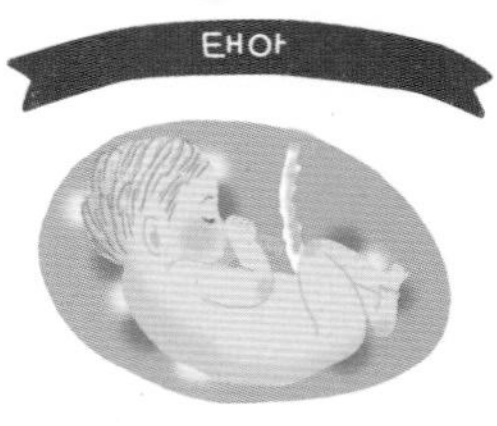

피하 지방이 더욱 붙어 몸이 통통해집니다. 몸을 감싸던 솜털이 엷어지면서 몸이 핑크색으로 변합니다.

출산 징후가 나타납니다

배가 자주 뭉치면서 출산이 가까웠음을 알 수 있습니다. 자궁구를 부드럽게 하고 벌어지기 쉽게 분비물이 늘어납니다.

태아

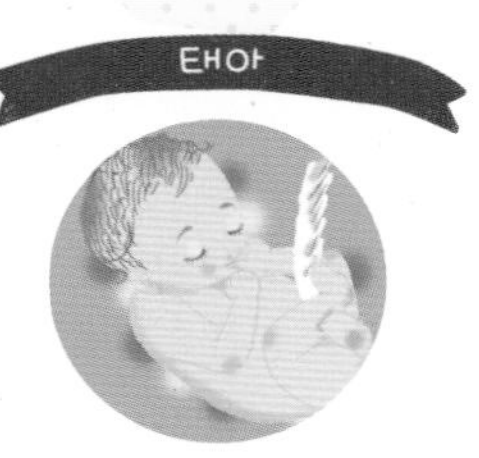

머리를 아래로 내려 밖으로 나올 준비를 합니다. 태어나서 곧바로 폐호흡할 수 있도록 폐 기능도 완성됩니다.

임신 2개월 4~7주

월경이 늦어지거나 신체 변화 등

엄마 몸의 변화

- 입덧 증상이 나타납니다.
- 열이 있는 것처럼 느껴집니다.
- 졸리고, 피곤하고, 유방이 부풀어 오르는 증상이 나타납니다.
- 빈뇨, 변비 증상이 나타납니다.

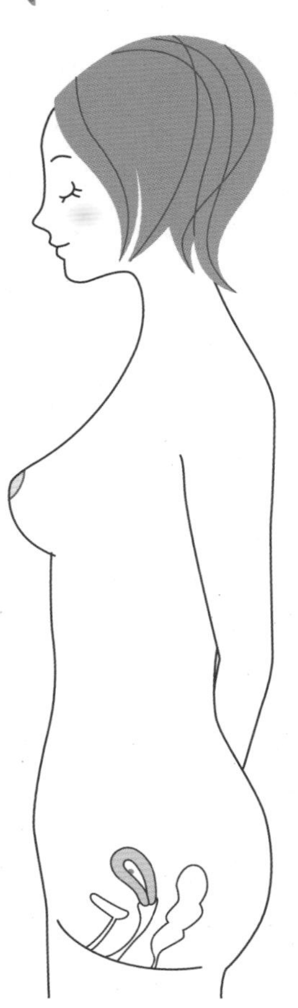

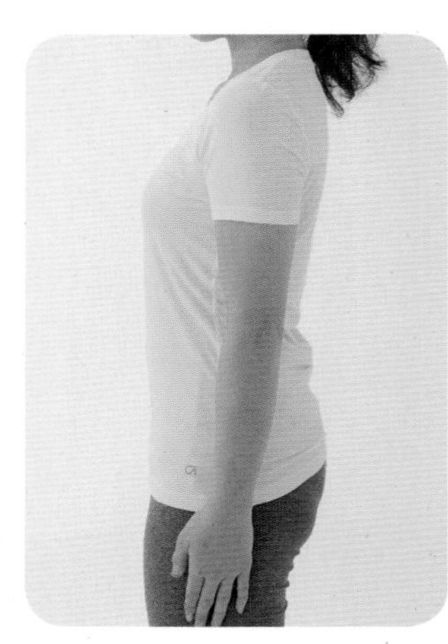

자궁 저부 높이

아직 측정할 수 없습니다.

체중 증가

아직 변화가 없습니다.

자궁 크기

거위 알 크기

속이 울렁거리고 졸리는 등 입덧 증상이 나타나는 경우도 있습니다

'월경이 왜 안 나오지? 혹시?' 하고 임신 테스트기를 사서 검사해봤더니 양성 반응! 이 방법으로 임신임을 알게 된 사람이 많을 것입니다. 속이 울렁거리거나 졸리는 등 이미 입덧 증상이 임신 신호로 몸에 나타나는 경우도 있습니다. 2주일 이상 월경이 늦어지면 진찰을 받고 임신인지 아닌지를 검사해봅시다. 가급적 초진 때부터 분만하고 싶은 병원을 찾는 게 이상적이지만 지병 유무, 통원의 편리함, 비용 등을 고려해 자신에게 알맞은 병원을 고릅시다.

임신 2개월 때 해야 할 일

■ 꼭 해야 할 일

- ☐ 산부인과에서 진찰을 받는다 ➔ 18쪽 참고
- ☐ 산모수첩을 받는다 ➔ 20쪽 참고

■ 해두면 좋을 일

- ☐ 생활 습관 바꾸기 ➔ 104쪽 참고
- ☐ 초음파 사진 앨범 준비 ➔ 39쪽 참고

임신 신호가 몸에 나타납니다

태아의 성장

- 실제로는 눈에 보이지 않을 만큼의 크기로 '태아(胎兒)'가 아니라 '태아(胎芽)'라 합니다.
- 심장이 모양을 갖추고 박동을 시작합니다.
- 뇌나 신경세포의 80%가 형성됩니다.
- 7주 무렵부터 얼굴, 몸통, 손발을 구분할 수 있게 됩니다.

꼬리가 있어 물고기 같지만 심장이 움직이기 시작합니다

엄마 배 속에 깃든 생명은 실제로 아직 눈에 보이지 않는 크기입니다. 생명이 싹트는, 그야말로 '태아(胎芽)'라고 불리는 시기로 꼬리 같은 게 달려 있어 마치 물고기 같습니다. 하지만 작은 심장이 움직이기 시작하며 뇌나 신경, 척추 등 몸의 원형이 만들어지기 시작하는 중요한 시기, 바로 '기관 형성기' 입니다.

7주째 무렵에는 꼬리도 퇴화하고 얼굴, 몸통, 손발을 구분할 수 있습니다. 엄마의 몸은 외견상 거의 변화가 없지만, 배 속의 아이는 이렇게 눈부시게 변화하고 있습니다.

예비 아빠에게

아내의 변화에 맞춰 협조해요

아내가 임신했다고 머리로는 알고 있는데도 이전과 같은 생활을 하고 있는 건 아닌지요? 보기에는 아내가 전혀 달라진 게 없더라도 출산을 위해 몸이 변화를 시작하고 있습니다. 아내의 상황을 이해하고 최대한 협조해주세요.

예비 엄마에게

절대 안정! 무리하지 마세요!

임신 2개월 무렵은 아이 몸의 각 기관과 태반이 형성되는 무척 불안정한 시기입니다. 바이러스 감염이나 약, 알코올 등의 영향을 받기 쉬우므로 병이나 사고에 주의하며 너무 무리하지 않도록 합시다. 충분한 휴식을 취하며 장거리 여행이나 무거운 것을 드는 등의 일은 삼가는 것이 좋습니다.

임신 2개월 주별 가이드

임신 4주

예정일까지 **252**일

아직 임신한 줄 모르는 사람도 많은 시기이지만, 월경 주기가 규칙적인 사람은 임신 테스트 등으로 임신 사실을 알게 됩니다. 월경 예정일 전후로 문제가 없을 만큼 소량의 출혈이 있기도 하지만, 임신 중 출혈은 주의해야 할 경우도 많습니다. 멋대로 판단하지 말고 반드시 진찰을 받읍시다.

Enjoy! 조금만 걸어도 피로해요. 피곤하면 바로 누워 쉬세요

속이 울렁거리거나 구토 등 입덧 증상으로 임신임을 알게 되는 사람이 많을 것입니다. 따라서 식사는 먹고 싶은 것을 먹으면 됩니다. 자신이 좋아하는 음식을 찾아봅시다.

케이크 등이 먹고 싶으면 약간의 과일을.

baby 이즈음의 아기는

작게 빛나는 검은 점이 마치 우주에 빛나는 별 같아요!

얼핏 콩처럼 보이지만 아이가 들어 있는 검은 주머니, 즉 '태낭'이 분명히 비칩니다. 혹시 임신이 아닐까 싶어 찾아간 산부인과에서 처음 검진 시 받았던 한 장의 사진이 이랬다는 분도 많겠죠? 그 감동을 "우주에서 빛나는 별"이라고 표현하는 엄마도 있습니다. 심박(심장의 움직임)을 화면으로 확인하려면 좀 더 시간이 필요합니다.

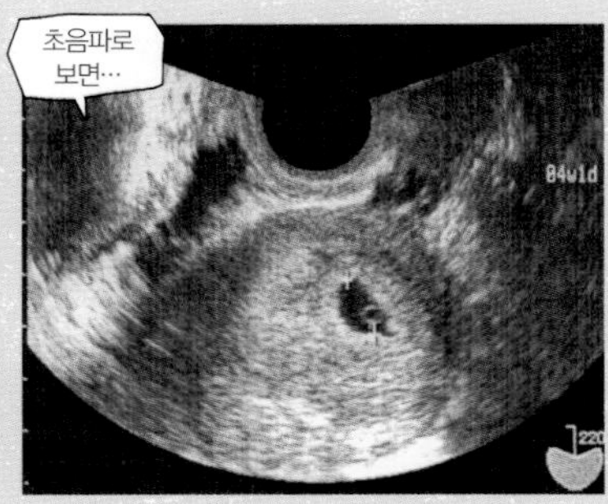

아직 아이의 모습은 보이지 않고 동그라미 형태로만 보입니다.

임신 5주

예정일까지 **245**일

작은 '태아' 시기이지만, 아이 몸의 중요한 기초가 맹렬한 속도로 만들어집니다. 엄마가 먹은 약이나 술, 담배의 영향을 크게 받는 시기이니 임신임을 알았다면 곧바로 그만두세요. 모르고 먹었거나 마셨을 땐 의사에게 보고하도록 합니다. 소량이라면 문제없는 경우도 있으니 너무 후회하지는 마세요.

Enjoy! 대망의 임신 판정! 하지만 이미 메슥거림이 느껴져요

몸을 움직이기만 해도 이전하고는 달라 임신했음을 새삼 느끼게 됩니다. 피곤하면 소파 등에 누워 쉬도록 합니다. 무척 중요한 시기이니 절대 무리하지 마세요.

장보러 나갔다 오기만 해도 피곤합니다. 휴식 중.

외출할 때에는 감염 예방을 위해 마스크를 합시다.

baby 이즈음의 아기는

태낭을 둘러싼 화이트 링에 그만 가슴이 뭉클……

4주째에는 보이지 않던 태낭을 확실히 볼 수 있어 그 속에서 아이가 자라고 있다는 것을 실감할 수 있습니다. 태낭 주변을 둥글게 감싸고 있는 '화이트 링'은 이 시기에만 볼 수 있는데 달처럼 동그란 형태가 생명의 신비를 느끼게 해줍니다. 이 영상을 본 순간 "가슴이 뭉클해졌다"는 아빠도 있습니다. 태아의 머리, 근육, 뼈, 심장, 간장 등 주요 신체 기관이 형성되기 시작하고, 신경계도 발달하는 중요한 시기예요.

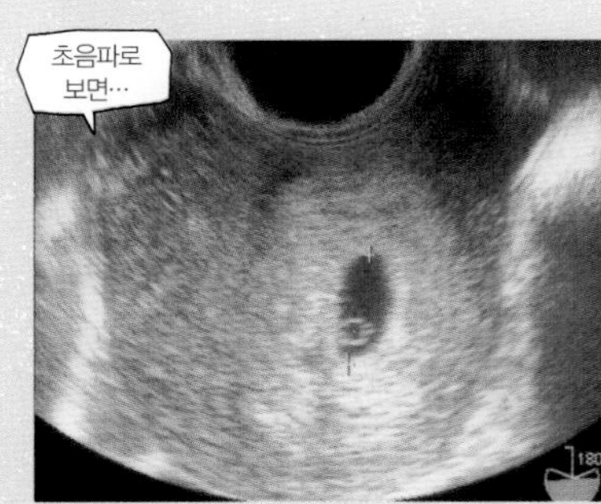

작은 동그라미는 태반이 생기기 전에 아이에게 영양을 공급하는 주머니. 아이는 아직 보이지 않는 경우가 많습니다.

이번 주엔 무슨 일이 있을까

임신 6주

예정일까지 **238**일

mom 호르몬의 영향 때문에 자궁으로 들어가는 혈액량이 늘고 대사가 활발해져 땀과 질 분비물이 늘어납니다. 계속 자고 싶은 피로감을 느끼는데 이는 태아가 좀 쉬라는 신호를 보내는 것이기도 합니다. 이런 피로감은 초기 감기 증상과 비슷하므로 임신 초기에는 무조건 약부터 먹는 것은 삼가야 합니다.

즐겁게 요리해요

입덧이 심하면 아무것도 하기 싫을 수 있어요. 하지만 이럴 때 직접 요리를 하면 자기 입맛에 딱 맞출 수 있고 태아를 위한 요리를 하고 있다는 생각에 기분 전환도 된답니다. 또 외식할 때보다 칼로리나 염분을 줄일 수 있다는 것도 장점이지요.

매운맛이 당겨서 김치찌개를 만들었어요. 남편도 무척 좋아하는 요리.

전골, 찜, 샐러드 등 채소 중심 메뉴로.

baby 이즈음의 아기는

심박을 확인했다면 임신이 확정된 것입니다.

태아의 심장은 일반인보다 느리게 뛰며 성장하면서 심장 박동수가 증가합니다. 초음파로는 태아의 머리와 꼬리밖에 구분되지 않지만 팔다리가 생기고 눈의 안포와 수정체가 생깁니다. 또 간, 췌장, 갑상선, 허파, 심장 등이 형성되기 시작합니다.

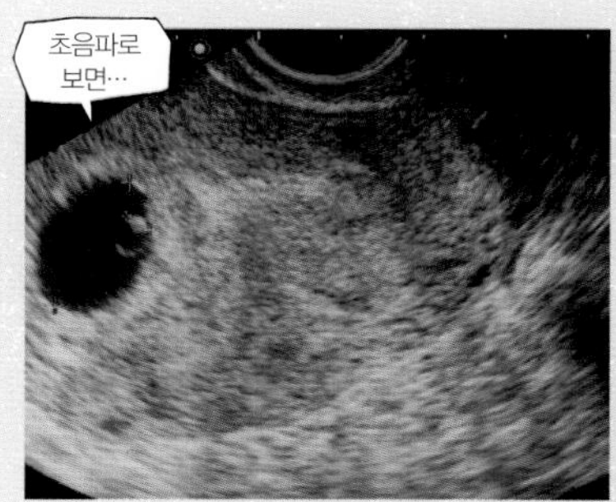

태낭이 커지고 아이 모습을 확실히 볼 수 있습니다. 심박도 확인할 수 있고 검사 때 심음을 들을 수도 있습니다.

임신 7주

예정일까지 **231**일

mom 배보다 먼저 가슴이 변화하기 시작합니다. 유방이 커지고 유두가 민감해져 따끔거리기도 합니다. 이는 임신을 지속시키기 위해 호르몬이 대량으로 분비되며, 출산 후 모유 수유에 대비해 급격히 유선이 발달하기 때문입니다. 아랫배에 약간의 통증이나 불편함이 있을 수 있고, 변비에 걸리기도 쉬워요.

임신 중에는 카페인을 줄이고 디카페인을 즐겨보세요

임신 중에 카페인 섭취는 주의해야 해요. 커피는 하루 1잔, 홍차는 2잔 정도가 적당합니다. 맛있는 디카페인 음료도 많으니 이번 기회에 찾아보세요.

허브나 과일 등 향긋한 차도 좋아요.

루이보스티는 디카페인이라 안심.

baby 이즈음의 아기는

깜빡깜빡 빛나며 살아 있다고 알려주는 것 같아요

머리와 몸통, 팔다리의 형태가 구분되며, 눈·코·입의 형태가 잡히고 손가락, 발가락, 혀, 눈꺼풀까지 생깁니다. 머리가 커지고 뇌 중앙에 뇌하수체선이 생기고 내장들도 길게 늘어나요. 심장이 완전히 형성되어 심장 소리도 커져요.

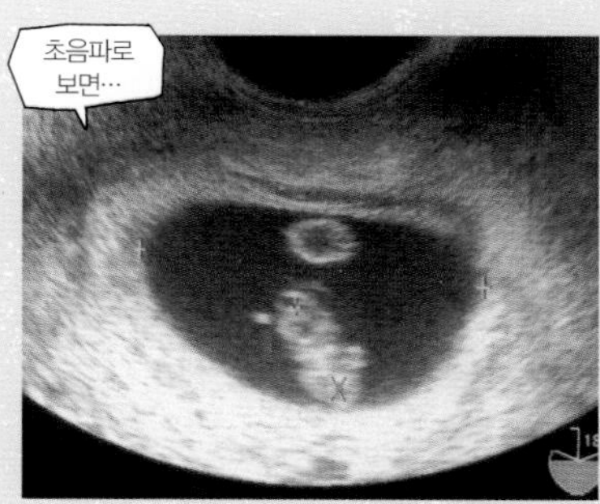

손발도 보여 제법 사람 모양을 갖춥니다. 단 몇 주 만에 콩에서 사람 모양으로, 엄청난 속도로 성장하지요?!

2 임신 개월

입덧을 잘 견뎌내려면

메슥거리고, 냄새가 역겨워지고, 먹지 않으면 속이 울렁거리고……. 많은 사람들이 임신 초기에 고생하는 입덧 증상과 해소법을 소개합니다!

입덧 증상과 정도는 사람마다 다릅니다

입덧이란 구토 증상이나 식욕 부진, 소화 불량 등 임신 초기에 일어나는 불쾌 증상을 말합니다. 일반적으로 임신 5주쯤에 시작되고 10주쯤이 가장 심하며 16주쯤 끝납니다.

왜 입덧을 하는지 그 메커니즘에 대해서는 임신으로 호르몬 분비가 변화하거나 아이라는 이물질이 체내에 생긴 데 대한 거부 반응이 일어나기 때문이라고도 하지만 분명한 원인은 밝혀지지 않았습니다.

입덧은 사람마다 달라서 전혀 하지 않는 경우도 있는가 하면, 임신 중기에 들어서도 줄어들지 않는 사람도 있습니다. 입덧을 일으키는 원인과 정도도 가지각색입니다. 자신의 입덧 타입을 알아두어 이 힘든 시기를 견뎌냅시다.

입덧 증상은 크게 식재료와 체취 등 냄새에 민감해지는 '냄새 입덧', 졸리고 우울해지는 '졸리는 입덧', 식욕이 없어지고 먹으면 곧 구토하는 '토하는 입덧', 반대로 뭔가 먹어야 속이 편해지는 '먹는 입덧', 이 네 가지로 나눌 수 있습니다. 토하지는 않더라도 아침저녁이면 메슥거리는 입덧도 있습니다.

도저히 졸음을 참을 수 없다면 소파에 누워 잠깐 잠을 청합니다. 창문을 열어 환기시키는 것도 좋습니다.

입덧 시기에는 하루 세끼에 너무 집착하지 말고 먹고 싶을 때 원하는 것을 먹으면 됩니다. 3시간마다 찬 것을 먹는 방법도 좋습니다.

입안이 시원해지고 약간의 산미가 있는 토마토는 입덧할 때 좋은 벗이 됩니다.

혹시… 이게 입덧?

1 음식 취향이 달라졌다

카레나 닭튀김 등 이전에는 별로 좋아하지 않았던 음식이 먹고 싶어지는 사람도 있습니다.

2 신 게 먹고 싶어진다

감귤류 등 신 것을 먹고 싶어지는 사람이 많습니다.

3 냄새에 민감해진다

갓 지은 밥이나 인공 향료 등 특정 냄새를 맡기만 해도 구토 증상을 느끼기도 합니다.

4 아침에 일어나자마자 속이 메슥거린다

공복에 속이 메슥거리는 것도 증상 중 하나. 특히 아침 공복에 이 증상을 느끼는 사람이 많습니다.

증상

증상별 입덧 극복하기

증상 1 몸이 나른하고 졸린다

워킹맘은 창문을 열어 환기를 시키거나 잠깐 잠을 잡니다

사정이 허락한다면 졸릴 땐 주무세요. 친정에 가서 응석을 부리는 것도 나쁘지 않습니다. 워킹맘은 사무실 창문을 열어 환기를 시키거나 휴식 시간에 잠시라도 눈을 붙입니다.

증상 2 아침에 속이 메슥거린다

베갯머리에 먹거리를 준비해두세요

공복일 때 속이 메슥거리므로 일어나면 곧 먹을 수 있도록 베갯머리에 빵, 쿠키 등 간단한 먹거리를 놓아둡니다. 물 한 컵을 마시는 것도 효과적입니다.

증상 3 식욕이 없다

먹지 못해도 괜찮지만 수분은 충분히 보충하세요

먹지 못해도 아이 성장에 영향을 주지 않으므로 먹고 싶을 때 먹고 싶은 만큼만 먹어도 상관없습니다. 하지만 수분은 제대로 섭취하세요. 얼음을 빨아 먹는 것도 도움이 됩니다.

증상 4 냄새에 민감하다

좋아하는 냄새로 바꾸기만 해도 상쾌해져요

싫은 음식은 피하는 게 상책. 싫어하는 냄새를 좋아하는 냄새로 바꾸기만 해도 기분이 편해집니다. 마스크를 쓰거나 환기를 하는 것도 좋습니다.

증상 5 구토와 구역질을 자주 한다

조금씩이라도 수분을 섭취해 탈수를 예방합니다

구토를 반복하면 수분 부족이 될 수 있으므로 조금씩이라도 수분을 섭취하도록 하세요. 상큼한 맛이 나는 과일이나 탄산수 등은 기분 전환에도 좋습니다.

증상 6 속이 비면 메슥거린다

과식에 주의하고 저칼로리 먹거리를 골라 먹어요

먹는 입덧의 증상. 그렇다고 음식을 입에 달고 살다 보면 입덧이 끝날 즈음에는 과체중이 될 수 있어요. 되도록 칼로리가 낮은 음식을 골라 조금씩 먹도록 노력하세요.

입덧 Q & A

Q 입덧이 전혀 없는데 아이는 잘 자라고 있는 건가요

A 출혈이나 복통 같은 이상 증세가 없다면 입덧을 하지 않더라도 그다지 걱정할 필요가 없습니다. 입덧을 전혀 하지 않는 임신부도 있습니다. 다만 입덧이 심했었는데 갑자기 기분이 좋아지는 등 급작스런 변화가 있다면 만일을 위해 병원에서 진찰을 받읍시다.

Q 속이 너무 안 좋을 땐 위장약을 먹어도 되나요

A 위장약은 태아에게 별로 문제되진 않습니다. 하지만 입덧으로 속이 메슥거리는 것은 호르몬 변화 때문이니 위장약을 먹어도 소용이 없을 것입니다. 약에 기대기보다 속이 비지 않도록 하고 산책 등으로 기분 전환을 하는 것을 권합니다. 자기 나름의 기분 전환 방법을 찾아보세요.

Q 친정어머니가 입덧이 심했다고 하는데 입덧도 유전되나요

A 출산은 친정어머니를 닮는 점도 있겠지만 입덧 유무나 정도는 유전되지 않습니다. 친정어머니가 심했으니 자신도 심할 것이라는 생각이 스트레스가 되어 정말 심해질 수 있습니다. 입덧은 일시적인 것이므로 너무 심각하게 생각하지 마세요.

【 이럴 땐 진찰을… 】

아무것도 먹지 못한다면 수액을 맞아야 할지도

거의 못 먹는 상태라면 수액을 맞아야 합니다. 그 상태가 계속되면 몸 안의 에너지원이 부족해 영양실조에 걸리기 때문입니다. 체중 감소, 피부 건조, 전해질 이상이 있을 때에는 입원해 수액을 맞도록 합니다. 방치하면 간과 신장 기능이 떨어질 뿐만 아니라 의식 장애를 일으킬 위험도 있습니다.

요즘은 생약 성분의 안전한 입덧 치료제도 있으므로 무조건 참지말고 산부인과 병원에서 상담을 받는 것이 좋아요.

임신 2개월

건강한 아이를 출산하기 위한 임신 중 정기 검진

임신 중 검사의 목적은 지속적인 관리를 통해 건강한 아이를 출산할 수 있도록 돕는 것입니다.

임신 중 검진이 왜 필요한가요

임신을 하면 임신 기간 내내 태아에 대한 걱정으로 가득합니다. 어제 커피를 두 잔이나 마셨는데 태아에게 영향은 없을까, 입덧으로 제대로 먹지 못하고 있는데 잘 크고 있을까, 더 나아가서는 유전병이나 기형은 없을까 온갖 걱정이 밀려옵니다. 하지만 정기적인 임신 중 검사로 이런 걱정과 불안을 덜어낼 수 있습니다.

또 임신 중 검사를 통해 출생아의 기형률이나 사망률을 높이는 원인인 부모의 유전적 이상, 임신 중 약물 투여, 화학 물질에 노출, 신체적 외상, 영양소 결핍, 방사선 조사, 감염원에의 노출 등을 조기 진단 및 예방할 수 있습니다.

적절한 검진 횟수와 검사의 종류

임신 28주까지 : 월 1 회

임신 36주까지 : 2주에 1회

임신 36주 이후 : 1주에 1회

검사 내용	검사 시기
초음파 검사	전 기간
산모 혈액 검사 (혈색소, 혈액형, 혈액형 항체)	첫 방문+28주
풍진 검사	첫 방문
자궁경부암 검사	첫 방문
선천성 기형 및 염색체 이상 검사	15~20주
혈압 & 몸무게	전 기간
임신성 당뇨 검사	24~28주

어떤 검사를 해야 하나요

초음파 검사는 검진 때마다 실시하고, 임신 주수에 따라 필요한 여러 가지 검사를 합니다. 여기서 설명하는 임신 중 검사의 내용은 일반적으로 많이 하는 검사이며, 임신부나 태아의 상태에 따라 제외되거나 추가될 수 있습니다.

● 혈액형 검사

혈액형에는 A, B, O, AB형이 있으며, 이 밖에 임신부에게 중요한 Rh 인자가 있어 어머니가 음성(−)이고 아이가 양성(+)일 경우 용혈 반응으로 유산, 조산, 사산하는 수도 있으므로 의사의 지시를 받아 로감(Rhogam) 주사를 맞아야 합니다.

● 혈액 검사

산모의 빈혈 유무를 조사하여 빈혈일 경우 철분제를 복용해야 하며, 이후 분만 시 수혈 여부도 판정합니다.

● 간염 검사

산모에게 간염 항원이 있을 때 출생 전 노출에 의해 신생아가 만성 B형 간염의 보균자가 될 가능성이 높아지기 때문에 분만 직후 신생아 간염 예방 접종을 해야 합니다. 항체가 없을 때는 임신 중에는 간염 예방 접종을 못 하며 산후 신생아와 함께 예방 접종을 합니다.

● 매독 반응 검사

임신 시 매독에 걸리면 유산, 사산 및 기형아를 분만할 수 있으므로 항상 초기에 검사하여야 합니다.

● 풍진 검사

풍진을 앓은 사람은 양성, 감염되지 않은 사람은 음성으로 나타납니다. 임신 초기의 여성이 풍진에 걸리면 선천성 심장 질환, 백내장, 난청 등 기형아 출산 확률이 30% 가까이 됩니다. 풍진 검사에서 항체가 음성으로 나왔을 경우 중기와 후기에 반복 재검하여 풍진 감염 여부를 계속 확인해야 합니다.

● 초음파 검사

태반의 위치, 태아의 크기, 쌍태아, 양수 과다증, 유산의 여부, 태아 위치, 포상 기태 등 여러 가지 병을 알아보는 검사입니다. 산모나 태아에게 절대 해롭지 않으니 걱정할 필요는 없습니다.

● 소변 검사

임신 중 당뇨병, 방광염, 요도염, 신우신염 등의 유무와 임신 중독증에 대한 진단을 위해 필요합니다.

● 선천성 기형 및 염색체 이상 검사

임신 중기(15~20주)에 산모의 혈청을 이용하여 태아의 다운 증후군 및 무뇌아, 척추 이분증 등의 신경관 결손 등을 선별하는 검사입니다.

이 검사에서 양성으로 판정되었을 경우 정밀 검사(양수천자 등)를 통하여 실제 이상 여부를 판정하게 되며 이 검사 자체가 기형의 진단은 아닙니다. 또 이 검사에서 음성으로 나왔다 하더라도 100% 태아에게 위와 같은 기형이 없다는 것을 보장해주는 것은 아니며 다른 기형(선천성 심장 질환, 언청이 등)에 대하여는 도움이 되지 않습니다.

하지만 현실적으로 모든 산모에게 염색체 검사를 시행할 수도 없고 현대 의학으로는 아직 다른 기형 검사가 개발되지 않은 상황에서 간단한 혈액 검사로 흔한 기형에 대한 고위험군을 선별해 낸다는 것이 이 검사의 의미입니다.

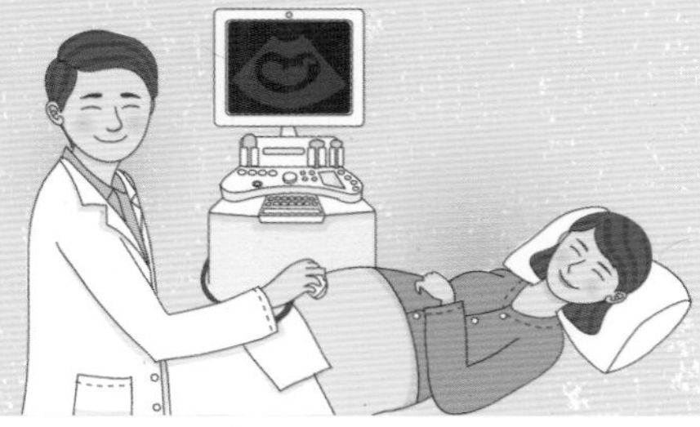

초음파 검사는 가장 중요한 임신 중 검사

초음파 검사로 무얼 알 수 있나요

태아의 여러 가지 상태를 알 수 있는 초음파 검사. 임신 중 몇 번 받게 되므로 기본적인 정보를 알아둡시다.

아기의 이상 여부를 확인하는 중요한 검사입니다

초음파란 사람의 귀에는 들리지 않는 고주파수 음입니다. 부드러운 것, 액체는 곧바로 투과하고 딱딱한 것은 반사나 굴절하는 성질을 이용해 화면상에 나타내므로 태아의 모습을 '단면'으로 볼 수 있습니다.

초음파 검사를 통해 아이에게 이상이 없는지 확인하고, 태반이나 제대, 양수 등도 체크합니다. 모든 이상을 알 수는 없지만, 빨리 발견할 경우 치료를 시작할 수도 있습니다. 우리나라 임신부는 출산까지 1인당 평균 7.5회나 받으며, 대한산부인과학회는 입체 초음파와 태아 심장 초음파 1회씩을 포함해 모두 5회를 권하고 있습니다.

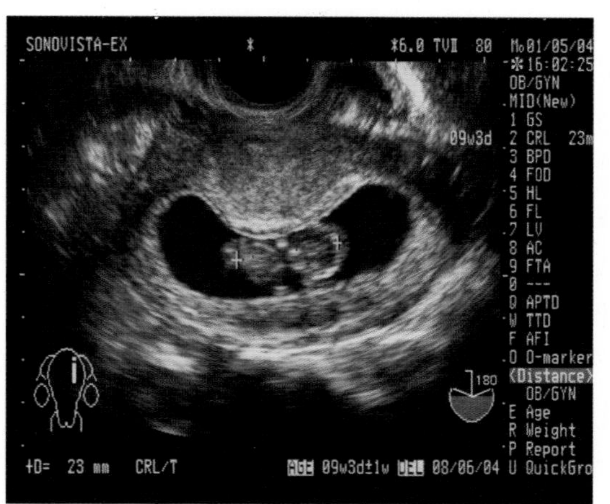

시기에 따라 확인 항목이 다양합니다

임신 초기에는 질 내 초음파 검사로 자궁 안 태낭(태아가 들어 있는 주머니)이나 태아 심박 여부 등을 통해 임신을 확인합니다.

임신 8~10주에는 CRL(태아의 머리부터 엉덩이까지 길이)를 측정해 임신 주수를 확정합니다. 이 시기 아이의 CRL에는 개인차가 없기 때문입니다.

성별은 16주 무렵부터 알 수도 있지만 확실하지는 않습니다. 만약 추측한 성별이 실제와 다른 경우, 본인도 의료기관도 기분이 좋지 않을 것입니다. 초음파로 진찰해야 할 다른 중요한 부분도 많으므로 성별 확인은 아이가 태어날 때 서프라이즈로 남겨두는 것도 좋을 거예요.

초음파 검사 Q & A

Q 초음파 검사가 아기에게 영향을 미치지는 않나요

A 의료용 초음파는 엑스레이와 달리 아이에게 위험할 만큼 강한 에너지가 발생하지 않기 때문에 괜찮습니다. 초음파를 쐬어도 배 속의 아이는 못 느낀다고 합니다.

Q 초음파 사진은 어떻게 보관해야 하나요

A 감열지에 인화된 초음파 사진은 시간이 지날수록 색이 바래고 엷어집니다. 디지털 카메라나 스마트폰으로 찍어 저장해 두거나 공기 접촉을 피해 코팅을 하거나 앨범에 보관하세요.

임신 시기별 초음파 검사

초기: 질 내 초음파 검사

임신 12주까지는 질 내 초음파 검사를 받습니다. 정상적인 임신 여부는 물론 임신부의 몸 상태를 알아보기 위한 검사로, 자궁근종, 난소낭종, 유산의 위험을 동반한 선천성 자궁 이상 등의 확인이 가능합니다. 태아의 심장이 잘 뛰고 있는지, 크기와 몸무게, 태아의 위치, 양수의 양, 태반 상태 등을 확인하고 초음파 검사를 통해 태아의 머리에서 엉덩이까지 길이를 재서 정확한 임신 주수를 판단하고 출산 예정일까지 진단합니다.

중·후기: 복부 초음파 검사

임신 중·후기에는 복부 초음파 검사를 받습니다. 중기에는 태아 기형을 진단하며 기형아 검사와 병행해 염색체 이상 진단 등 선천성 기형을 찾아낼 수 있습니다. 무뇌아나 심한 태아 수종 등의 기형 확인도 가능합니다. 임신 후기에는 태아의 외형 및 주요 내부 장기의 이상이나 기형 진단 위해 정밀 초음파 검사를 합니다. 또 태아의 외형적 모습을 세밀하게 진단하기 위한 입체 초음파 검사(3D 입체 초음파)를 하기도 합니다.

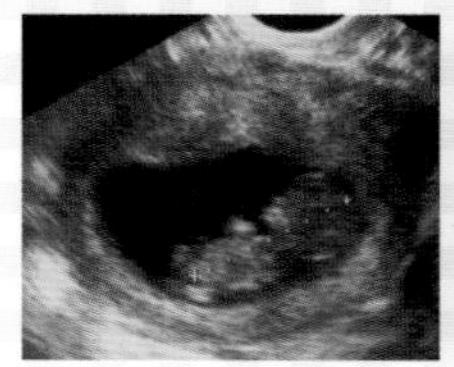

2D 신체 단면이 영상에 비추므로 내장 등 몸 내부 모습을 보는 데 매우 효과적.

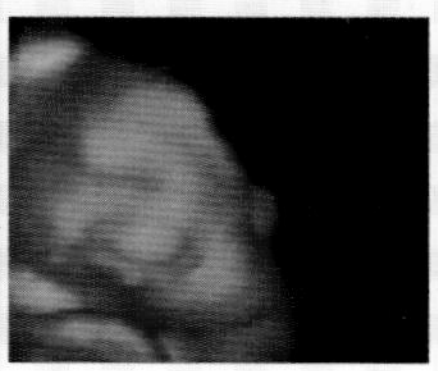

3D 입체적으로 나타나는 것으로 검사라기보다는 아기 모습을 보기 위한 것.

임신

3개월

8~11주

괴로운 입덧이 최고조에 달하고

엄마 몸의 변화

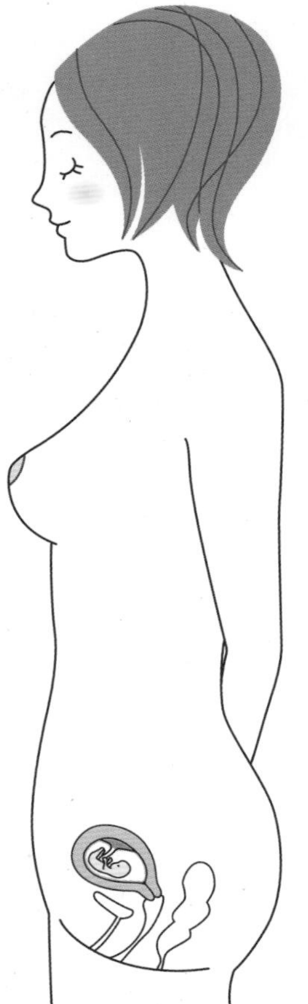

- 자궁이 방광이나 직장을 압박하기도 하고 호르몬 상태가 변화하여 빈뇨, 변비 증상이 나타나며 분비물이 늘어나기도 합니다.
- 구토 증상이나 메슥거림 같은 본격적인 입덧이 시작됩니다.

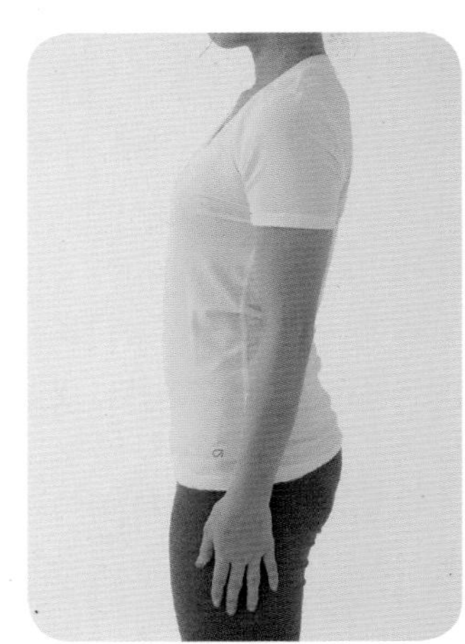

자궁 저부 높이

아직 측정할 수 없습니다.

체중 증가

거의 변화가 없습니다.

자궁 크기

주먹 크기

여전히 유산할 가능성이 높다는 것을 알아둡시다

유산 가능성은 임신 16주 이전에 일어나며 그중 75%는 임신 5~8주째에 일어난다는 데이터도 있습니다. 임신 초기 유산이 매우 많으니 생활 속에서 무리하지 않도록 합니다.

많은 임신부가 입덧 증상으로 괴로워하는 시기입니다. 속이 메슥거리고 밥을 먹지 못하거나, 혹은 먹지 않으면 속이 안 좋기도 하는 등 입덧 증상은 사람에 따라 다르지만 너무 신경을 곤두세우지 말고 먹고 싶을 때 좋아하는 음식을 먹으며 이겨냅시다.

임신 3개월 때 해야 할 일

■ 꼭 해야 할 일

- ☐ 분만할 병원을 고른다 → 22쪽 참고
- ☐ 분만·출산 정보를 수집한다 → 23쪽 참고
- ☐ 엽산을 적극적으로 섭취한다 → 108쪽 참고

■ 해두면 좋을 일

- ☐ 친정 출산인 경우 병원을 검색한다 → 79쪽 참고
- ☐ 톡소플라스마 검사를 한다 → 45쪽 참고

변비나 분비물 등 신체 변화가 나타납니다

태아의 성장

- 머리, 몸통, 다리가 생겨나며 3등신이 됩니다.
- 손발을 움직입니다.
- 코, 턱, 입술 등 얼굴 부분이나 손톱, 발톱이 형성됩니다.
- 배설 기능이 시작됩니다.
- 눈, 코, 입, 귀, 피부 등 감각 기관이 생겨납니다.

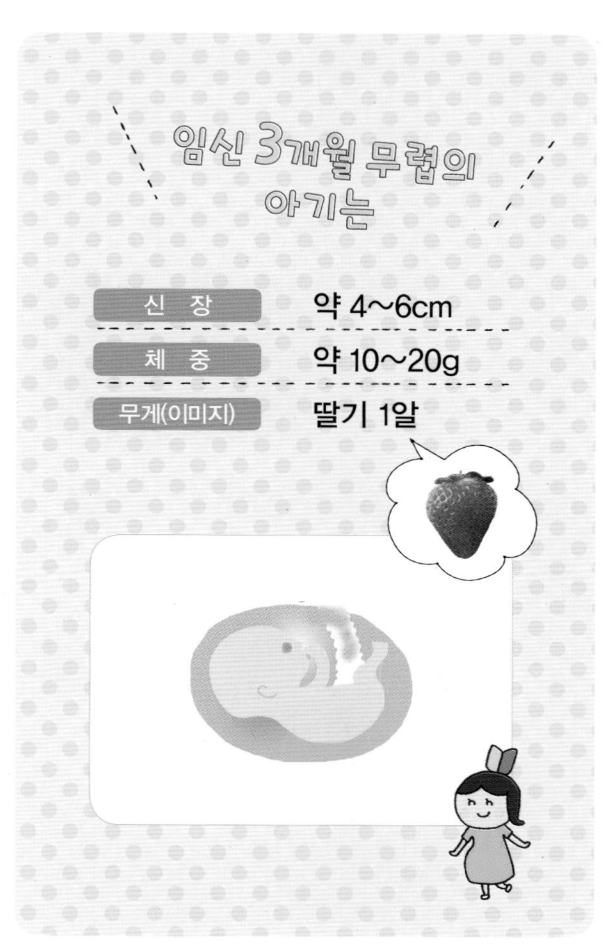

드디어 태아에서 태아로. 서서히 사람다운 모양새를 갖춥니다

태아(胎芽)를 졸업하고 드디어 태아기(胎兒期)에 돌입합니다. 이 시기 아이는 키가 자라고 머리, 몸통, 다리가 확실히 나뉘고 나날이 사람다운 모양새를 갖춥니다. 심장의 움직임을 분명히 확인할 수 있고 신장과 요관이 연결되며 배설 기능을 하면서 마신 양수를 소변으로 배출할 수 있게 됩니다.

엄마는 아직 느끼지 못하지만, 초음파 영상으로는 작은 손발을 모으는 움직임이 보이거나 폴짝폴짝 발로 차는 모습을 볼 수 있습니다.

예비 아빠에게

애연가 아빠는 금연을 합시다

담배를 피우는 아빠는 금연하도록 노력합니다. 아빠가 흡연을 하면 태어날 아이가 간접흡연을 하는 것이나 마찬가지고, 그렇지 않은 아이에 비해 천식 등이 증가한다는 연구 결과가 있습니다. 금연할 기회라 생각하세요.

예비 엄마에게

지금은 먹을 수 있는 것을 먹으며 푹 쉬세요

임신 3개월이면 배 속의 아이가 상당히 성장한 상태이지만, 아직 모든 기관이 온전히 형성되지는 않습니다. 입덧으로 괴로운 시기이지만 먹을 수 있는 것을 먹으며 이전과 마찬가지로 몸에 무리가 가지 않도록 지냅니다.

임신 3개월 주별 가이드

임신 8주

예정일까지 **224**일

이보다 조금 일찍부터 입덧을 느끼는 사람도 있지만, 이즈음에 입덧을 하는 사람은 속이 메슥거림을 느낍니다. 전혀 입덧이 없더라도 걱정할 필요는 없으며, 오히려 지나치게 입덧이 심해 물도 못 마신다면 염려가 됩니다. 체중이 4kg 이상 감소한다면 입원을 하기도 합니다.

Enjoy! 괴로운 입덧은 시간이 지나면 없어집니다. 즐거움을 찾으며 이겨보세요

많은 임신부가 입덧으로 고생을 하지만 시간이 지나면 사라진다고 생각하고 마음을 편히 가지세요. 음악이나 영화 등 입덧을 잊고 즐길 만한 자기만의 아이템을 찾아봅시다.

부부 간의 대화를 적극적으로.

baby 이즈음의 아기는

작은 손발을 바동거리는 모습에 가슴이 뭉클!

이등신에 발이 붙은 형태가 보이기 시작하면서 '태아(胎芽)'에서 졸업하고 '태아(胎兒)'라 불리는 시기가 도래합니다. 초음파 영상으로는 손발을 바동거리는 모습이 보이기도 합니다. 옆으로 누워 있는 상태라면 탯줄이 보이기도 합니다. 8~11주에는 아이 머리부터 엉덩이까지의 길이(CRL)를 측정하여 정확한 임신 주수, 출산 예정일을 산출할 수 있습니다.

초음파로 보면…

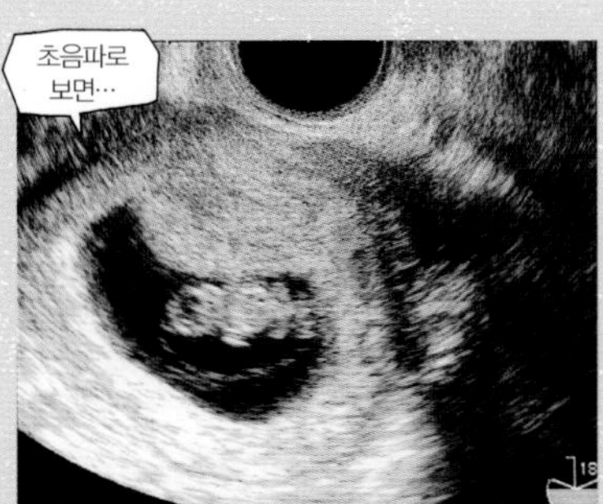

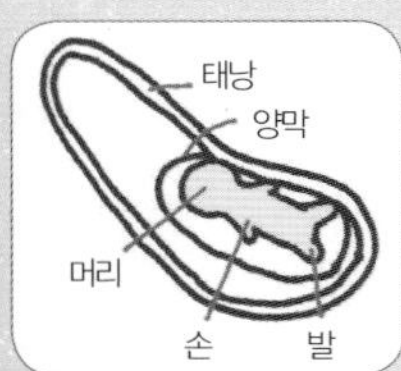

검은 주머니 안에 아이가 있는 게 보입니다. 이 시기에는 임신 초기에 어떻게 지내야 할지에 대해 설명을 들을 수 있습니다.

임신 9주

예정일까지 **217**일

입덧으로 먹거나 마시는 게 괴로운 임신 초기에는 변비에 걸리기 쉽습니다. 이는 식사량이 줄면서 수분 공급도 줄기 때문입니다. 메스꺼워 밥을 못 먹더라도 엄마의 영양분은 아이에게 우선적으로 공급되므로 괜찮지만, 수분만은 의식적으로 보충하도록 합시다.

Enjoy! 친구를 만나거나 곧 만날 아이를 머릿속에 그려보는 등 기분 전환을 하세요

옆집에서 풍겨 오는 저녁 준비 냄새에도 속이 안 좋아지는 사람이 있습니다. 입덧도 배 속에 아이가 있기 때문. 입덧 사이사이에 친구를 만나는 등 기분 전환을 합시다.

모르는 게 있으면 선배 맘에게 묻는 게 제일 좋습니다.

baby 이즈음의 아기는

뇌 조직이 발달하고 움직임도 활발해집니다

머리, 몸통, 발이 뚜렷하게 구분되며 심장도 완성됩니다. 초음파 영상으로 머릿속이 검게 보이는 이유는 뇌 조직이 발달하고 있다는 증거. 발을 조금씩 움직이거나 손을 모으는 듯한 움직임을 보이거나 사랑스러운 움직임에 저절로 미소 짓게 됩니다. 태아는 몸 전체를 굼실굼실하면서 양수 안에서 헤엄을 칩니다.

초음파로 보면…

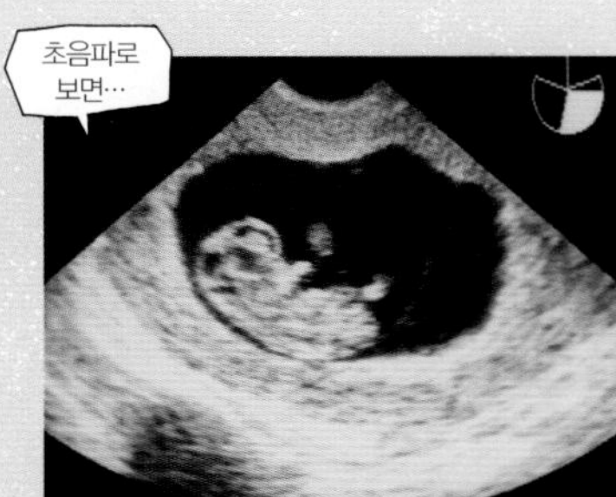

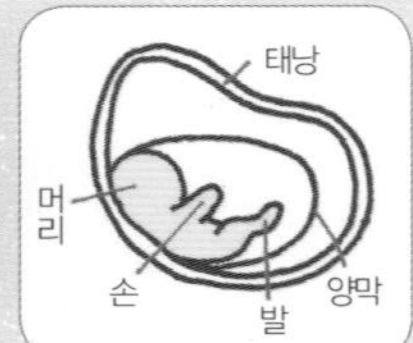

눈사람처럼 둥그런 전신에서 손이 쏙 뻗은 모습을 볼 수 있습니다. 작은 손이 얼마나 사랑스러운지!

이번 주엔 무슨 일이 있을까

임신 10주

예정일까지 210일

태아의 무게는 겨우 10g, 기껏해야 딸기 한 알 정도의 크기입니다. 만약 이 시기에 엄마의 체중이 늘어난다면 '먹는 입덧' 때문일지도 모릅니다. 공복이면 구토 증상을 느끼는 것이 먹는 입덧이기에 어쩔 수 없지만, 입덧 시기가 지나면 정상적인 식생활로 되돌립시다.

Enjoy! 스트레스는 입덧 악화의 원인. 충분히 휴식을 취할 필요가 있어요

일의 피로나 스트레스가 쌓이면 입덧이 더욱 심해집니다. 일을 하는 임신부는 평소보다 천천히 일을 하도록 합시다. 휴일엔 푹 쉬도록 합니다.

계절마다 풍경이 변화는 모습을 즐기면서 반려견과 산책.

피아노 등 취미 생활에 몰두하며 기분을 풉니다.

baby 이즈음의 아기는

귀여운 얼굴을 초음파로 확인할 수 있어요

3등신 몸에 코, 턱, 입술 등의 형태가 만들어지고 턱 선도 조금 분명해집니다. 10주 후반쯤부터 초음파 검사로 그 귀여운 모습을 확인할 수도 있습니다. 입덧이 심해서 기분이 가라앉는 엄마도 이런 초음파 사진을 보면 자기 배 속에서 한 생명이 자라고 있음을 느끼고 기운을 차리게 됩니다.

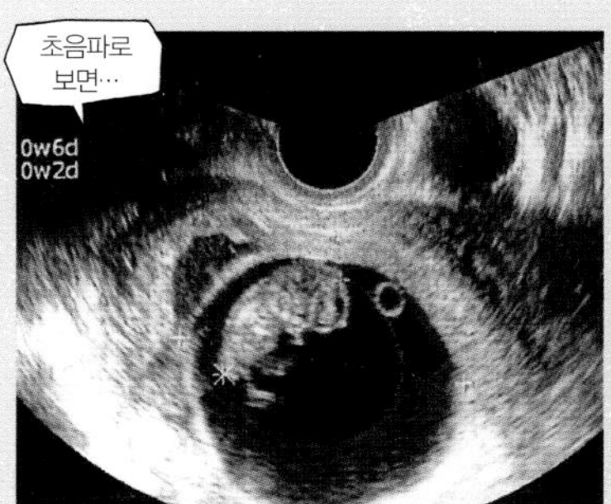

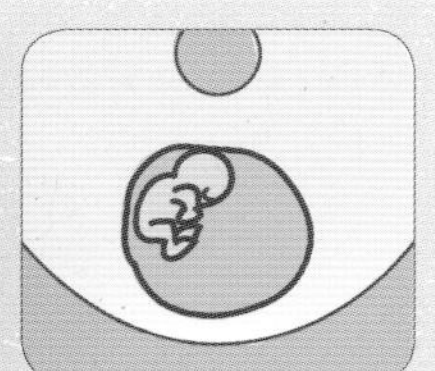

둥근 주머니에 아이가 들어 있는 게 보입니다. 머리, 손, 발을 확연히 구분할 수 있습니다. 이미 사람 모양을 상당히 갖추었습니다.

임신 11주

예정일까지 203일

이때까지도 입덧을 전혀 하지 않는 사람도 있습니다. 또 이전 임신 때에는 입덧이 심했는데 이번 임신에서는 전혀 느끼지 않았다는 케이스도 있습니다. 이럴 경우 임신했음을 잊고 너무 무리를 하기도 하는데, 입덧이 없더라도 임신했다는 점을 잊지 말고 몸을 아끼며 지내도록 합니다.

Enjoy! 산책이나 스트레칭 등을 하면서 우울한 기분을 날려버려요

운동은 안정기에 들어갈 때까지 참습니다. 하지만 산책이나 스트레칭은 괜찮습니다. 나른할 때에는 집 주위를 걷거나 스트레칭으로 견갑골을 움직이기만 해도 기분이 훨씬 나아집니다.

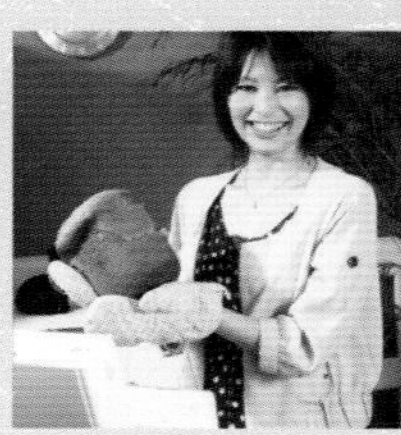

어깨 결림은 가벼운 스트레칭으로 해소.

baby 이즈음의 아기는

손가락, 발가락, 손톱, 발톱이 생겨요

둥그런 태낭에 사람 형태가 분명하게 나타나며 머리, 몸통, 손발, 얼굴을 확실히 구분할 수 있습니다. 손가락, 손톱, 성기도 형성됩니다. 빠른 경우에는 발로 차거나, 손발을 함께 움직일 수 있게 됩니다. 소리를 제대로 듣기 위해서는 좀 더 시간이 필요하지만, 내이가 형성되어 소리를 전하는 구조가 생성되기 시작합니다.

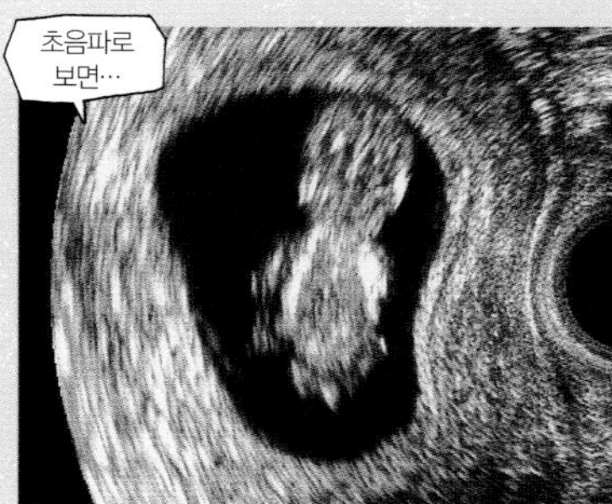

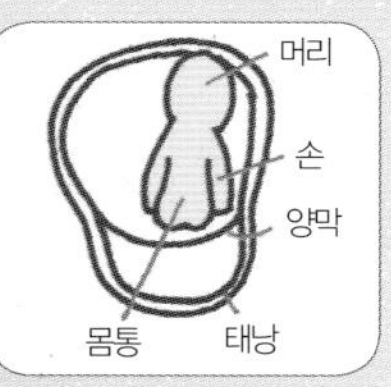

머리와 몸통이 분명하게 나뉘어 사람다운 모습을 확인할 수 있습니다. 몸통에 가려져 있지만 손발 형태도 분명해집니다.

3 임신 개월

임신 초기, 이건 해도 되나요

불안정한 임신 초기에는 일상생활에서도 주의가 필요합니다. 이건 해도 되나요, 안 되나요?

일상생활

몸 상태가 괜찮다면 지금까지 해오던 대로 해도 되나요?

유산할지도 모르니까 계속 누워 있는 편이 좋나요

누워 있어도 유산할 경우에는 유산합니다.

유산의 대부분은 아이 쪽에 원인이 있으므로 가만히 누워 있어도 일어날 일은 일어납니다. 몸 상태가 괜찮다면 평소처럼 지내세요.

욕탕에 오래 들어가 있으면 아이가 현기증을 느끼나요

아이가 아니라 엄마가 현기증을 느낄지도 모릅니다!

아이는 현기증을 느끼지 않지만, 임신 중에는 혈관이 확장되기 쉽고 임신부가 현기증을 느끼므로 목욕탕에 오래 있지 않도록 합니다.

엎드려 누우면 아이가 짓눌리나요

자궁과 지방으로 보호를 받기 때문에 괜찮습니다.

아이는 엄마의 자궁과 지방으로 감싸여 있기 때문에 엎드려 누워도 짓눌리지는 않습니다. 엄마가 괴롭지 않다면 괜찮습니다.

섹스는 하지 않는 게 좋은가요

이상이 없다면 괜찮습니다. 소프트한 섹스를.

자궁 형태 이상이나 절박유산 등 심각한 문제가 없다면 괜찮습니다. 단, 가볍고 짧은 섹스를 하도록 합니다(62쪽 참고).

발한 작용이 있는 입욕제를 써도 되나요

악영향은 없지만 엄마가 탈수되지 않도록 주의합니다.

입욕제 성분이 아이에게 직접적인 악영향을 미치지는 않지만, 임신 중에는 탈수되기 쉬우므로 발한 계열보다는 진정 계열을 고릅시다.

몸 상태가 좋으니 운동해도 되나요

16주 이후에 의사의 허락을 받았다면 괜찮습니다.

태반이 완성되는 16주까지는 불안정한 시기입니다. 운동은 16주 이후, 임신 경과가 순조롭고 주치의 허락을 받았을 때 합니다.

배에 손난로를 붙여도 되나요

열은 배 속 아이에게 전해지지 않지만, 화상에 주의하세요.

아이에게까지 열은 전해지지 않으니 괜찮습니다. 단, 엄마가 저온 화상을 입을 위험이 있으므로 사용 시 주의 사항을 지킵시다.

외출

임신 전부터 계획했던 여행, 예정대로 진행해도 되나요?

해외여행을 가도 되나요

의사와 상의해서 결정하세요.

장시간 비행이나 현지 기후, 위생 상태, 만일의 경우 의료 시설을 고려하면 불안합니다. 반드시 의사와 상의하고 출발하기 전에 진찰을 받으세요.

자전거를 타도 되나요

넘어질 위험성이! 피하는 게 좋습니다.

자칫 넘어질 위험성이 있으므로 타지 않는 게 좋겠죠. 배가 불러오면 몸의 균형을 잡기 힘들고 운동 신경도 둔해집니다.

운전은 가능한가요

몸 상태가 좋다면 괜찮습니다. 출산 직전에는 하지 마세요.

몸 상태가 좋다면 괜찮습니다. 하지만 출산일이 가까워 배가 많이 불렀을 때에는 가급적 버스나 전철을 이용해 이동하세요.

미용 & 건강

임신해도 멋을 내고 싶어요! 그런 엄마들에게 조언해주세요.

레이저 제모를 해도 되나요

레이저는 영향이 없습니다. 피부 자극에 주의하세요.

레이저는 영향을 미치지 않지만 임신 중에는 피부가 민감해지므로 피부 자극이 걱정된다면 하지 않는 게 좋습니다.

매니큐어를 해도 되나요

성분은 문제없습니다. 숍에 가기보다는 셀프로 하세요.

매니큐어 성분에 영향을 받지는 않지만, 네일숍에서 장시간 같은 자세로 있는 것은 별로 좋지 않습니다. 가급적 단시간에 끝내세요.

미용실에서 파마나 염색을 해도 되나요

화학 약품이 우려됩니다. 최소한으로 줄이세요.

화학 약품이 아이에게 미치는 영향을 생각하면 하지 않는 게 무난합니다. 꼭 하고 싶을 땐 최소한으로 줄이세요.

임신 중 반려동물은 문제없을까?

반려동물과 잘 지내려면

임신하면 반려동물과 지내는 방식에 주의해야 할 필요가 있습니다. 다시 한번 검토해봅시다.

임신부가 특히 주의해야 할 톡소플라스마증

반려동물의 입이나 배설물에는 많은 병원균이 존재합니다. 특히 임신부가 주의해야 할 것은 톡소플라스마증으로, 고양이과 동물이나 돼지의 대변이 감염원이라고 합니다. 임신 전부터 반려동물을 키워왔다면 면역이 생겨 문제가 되지 않을 수도 있지만 임신 중에 처음 감염된 경우 태반을 통해 태아에게도 감염되어 유산, 조산, 발달 장애, 수두증 등을 일으킬 우려도 있습니다. 감염을 막기 위해서는 반려동물의 위생 관리를 철저히 하고 다른 집 반려동물을 지나치게 가까이하지 않도록 합니다. 또한 임신부는 생고기를 먹지 않도록 합니다.

반려동물과 함께 할 때 주의점

1 반려동물을 만진 다음엔 반드시 손을 씻으세요

반려동물 몸이나 어항 등에는 병원균이 있을 가능성이 있습니다. 만진 다음에는 반드시 손을 씻습니다.

2 입을 통해 먹이를 주지 마세요

반려동물은 병원균의 온상입니다. 음식을 입으로 주거나 입 주위를 절대 핥지 못하게 하세요.

3 대변 처리는 비닐장갑을 끼고 자주 하세요

동물 대변이 마르면 공기 중에 부유하여 감염 원인이 됩니다. 비닐장갑, 마스크를 쓰고 자주 처리합니다.

4 반려동물에게 날고기를 먹이지 마세요

날고기에는 톡소플라스마의 오시스트(알 같은 것)이 남아 있기도 합니다. 감염을 막기 위해 먹이지 않습니다.

5 임신 중에는 날고기를 먹지 마세요

충분히 익히지 않은 고기에는 톡소플라스마가 남아 있기도 합니다. 임신부는 절대 날고기를 먹지 않도록 합니다.

6 인간과 반려동물, 양쪽 모두 항체 검사를 하세요

임신하면 항체 검사를 합니다. 산부인과의 혈액 검사로 알 수 있습니다. 반려동물은 동물병원에서 혈액 검사를 합니다.

반려동물에게서 감염될 가능성이 있는 병

● **파스튜렐라감염증**

파스튜렐라균은 개의 75%, 고양이는 거의 100% 구내에 갖고 있습니다. 감염되면 붓거나 붉어집니다.

● **바르토넬라증**

고양이가 물거나 할퀴었을 때 감염되면 발열, 통증 등의 증세가 나타납니다. 가끔 개로부터 감염되기도 합니다.

● **포낭충증**

포낭충은 북방여우나 개에 기생하는 원충입니다. 인간이 감염되면 중증의 간 기능 장애를 일으키기도 합니다.

이렇게 하면 안심하고 기를 수 있어요!

개

얼굴이나 입 주위를 핥는 등 과도한 스킨십은 피해야 합니다. 저항력이 약한 임신부의 경우 파스튜렐라균에 감염되기 쉽기 때문에 스킨십은 적당한 선을 지키도록 합니다.

Point | 임신부 가족은 개를 만졌거나 개가 손을 핥은 다음에 손을 씻는 것은 필수입니다. 시댁에서 키워 걱정스러워도 직접 말을 꺼내기 힘든 경우에는 남편이 대신 말해주도록 합니다.

고양이

감염된 고양이의 배설물이 묻은 모래나 흙 등도 감염되지 않은 고양이의 새로운 감염원이 됩니다. 특히 3~4개월 된 새끼고양이는 밖에 내보내지 않는 편이 좋습니다. 대변은 바로바로 처리하는 습관을 들입니다.

Point | 감염되지 않도록 실내에서 키우는 게 기본입니다. 고양이에게 구충약 등을 투여하면 더 효과적입니다.

그 외 반려동물

거북이 등 파충류 & 양서류

파충류나 양서류는 살모넬라균이 있으므로 만진 다음엔 반드시 손을 씻습니다.

열대어 등 어류

물고기를 키우는 어항에는 잡균이 득실거립니다. 어항에 손을 넣거나 물을 갈아준 다음에는 손을 씻습니다.

앵무새나 잉꼬 등 조류

독감 같은 증상을 나타내는 앵무새병이 우려됩니다. 입으로 먹이를 주는 일을 삼갑니다.

3 임신 개월

임신 중에 먹어도 되는 것, 안 되는 것

임신 중에는 다양한 식재료를 사용한 음식으로 균형 잡힌 식사를 하는 게 이상적입니다. 하지만 그중에는 주의가 필요한 식재료도 있습니다.

임신 중에는 식중독에 주의하세요. 날고기는 NO!

임신 중에는 면역력이 떨어져 세균이나 바이러스에 감염되기 쉬운 데다가 모체가 감염되면 아이에게까지 영향을 미치는 경우가 있으므로 요리 방법에 주의할 필요가 있습니다. 특히 세균이나 기생충이 걱정되는 날것, 가열하지 않은 가공식품은 가급적 피하세요. 날고기 섭취는 절대 안 됩니다. 그러나 중요한 것은 특정한 식품에 지나치게 과민 반응을 보이지 않고 다양한 식재료를 골고루 먹는 게 좋습니다.

임신부가 피해야 할 음식 10가지

식혜

식혜에 들어가는 엿기름이 탯줄을 삭게 하고, 예부터 젖을 마르게 하기 위해 마시던 것이므로 모유 수유를 계획하고 있는 임신부는 피하는 것이 좋아요.

녹두

녹두의 찬 성질이 임신부의 몸을 차게 만들고 소염 작용이 강해서 태아의 지방을 없애 성장에 방해가 돼요.

율무

녹두처럼 태아의 지방질을 없애 성장을 방해하고, 태아의 수분을 없애 성장하는 과정에 필요한 엄마의 양수를 줄게 만들어요.

익히지 않은 날음식

날음식은 수은 함량이 높고 세균 감염의 위험이 있어요. 특히 날생선을 먹으면 톡소플라스마에 감염이 될 수 있기 때문에 조심하는 것이 좋아요

생강

몸에 열이 나게 하고 매운맛을 내는 대표적인 식품으로 태아에게 아토피 같은 피부 질환이 생길 수 있어요. 입덧이 심한 경우에는 구토나 메스꺼움을 감소시켜주기 때문에 소량 섭취는 괜찮아요.

팥

팥은 임신 중에 혈액을 흩어지게 하는 작용을 하고 호르몬 분비를 왕성하게 만들어 기형아 출산 확률을 높이기 때문에 임신 기간보다는 산후에 노폐물 배출과 부기 제거를 위해 먹는 것이 좋아요.

파인애플

임신 초기에 조심해야 할 음식으로 브라질에서는 파인애플 성분이 자궁을 수축한다고 해서 임신을 원하지 않을 때 많이 먹었다고 해요.

알로에

알로에는 몸을 차게 하는 성질을 지녀 복통, 골반 내 출혈 등 자궁에 문제를 일으킬 수 있어요.

감

감의 떫은맛을 내는 타닌이란 성분이 태아의 성장에 필요한 철분을 흡수하는 것을 방해하여 빈혈을 일으키는 부작용이 생길 수 있어요.

인스턴트 식품

인스턴트식품에는 기름기가 많아 철분 흡수를 막고 빈혈을 일으키며 비만을 유발하여 임신 중독증의 원인이 되므로 가급적 섭취하지 않는 것이 좋아요.

그 외에 이런 것들은

카페인·자극적인 음식 향신료가 들어간 요리는 적당량이라면 식욕을 돋우지만 식재료에 따라서는 당분, 염분, 지방이 너무 많은 경우도 있습니다.

매운 음식

식욕을 돋우지만 김치 등은 염분이 많고 카레는 칼로리가 높습니다.

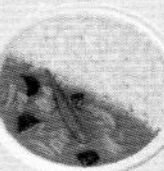

콜라

카페인 양은 적지만 350㎖ 캔에 각설탕 10개의 당분이 들어 있습니다.

커피

카페인이 들어 있으므로 커피는 하루 1잔, 홍차는 하루 2잔까지가 적당량.

알코올 **태아에게 직접 전해지므로 NO!**

신경계 뇌 장애의 일종인 '태아성 알코올 증후군'의 원인이 되므로 절대로 안 됩니다. 무알코올은 마셔도 괜찮지만, 튀김처럼 칼로리가 높은 술안주를 함께 먹지 않도록 주의하세요.

임신부에게 좋은 음식

곡류

일상생활에 필요한 에너지를 제공하는 탄수화물이 많이 들어 있어요. 특히 포도당은 두뇌 활동에 필요한 성분이이에요. 건강한 영양 관리를 위해 정제된 곡물보다 섬유질, 무기질이 풍부한 통곡물로 만든 음식이 좋아요.

고기, 생선, 달걀, 콩류

양질의 단백질을 공급하는 식품으로 우리 몸의 살과 피를 만들어주며 질병에 걸리지 않도록 도와주는 역할을 해요. 충분한 단백질 섭취는 임신 기간 중 태아의 성장 발달에 매우 중요하답니다.

채소

채소에 함유된 비타민과 무기질은 신체를 조절하는 주요 영양소로 생활에 활력을 주며 피로감을 줄여주고 피부 건강에도 도움을 줍니다. 채소는 식이 섬유, 비타민 C 등 다양한 비타민 및 무기질을 포함하고 있어요. 식이 섬유는 체중 감소 및 변비 해소에 좋아요. 임신 중 매일 1회 이상 녹황색 채소를 먹고 미역, 다시마, 김 등의 해조류도 자주 섭취할 것을 권합니다.

과일

과일도 채소에 들어 있는 비타민, 무기질 그리고 식이 섬유를 함유하고 있으나 채소와는 달리 당분이 많아 과다 섭취 시 칼로리가 높아질 수 있으니 주의합니다. 과일의 식이 섬유 또한 변비 해소에 좋으며, 붉은색이나 황색의 과일에는 항산화 효과가 탁월한 카로티노이드 성분과 항균, 항암 작용을 하는 폴라보노이드 성분이 함유되어 있어요.

우유, 유제품류

우리 몸을 구성하는 칼슘과 단백질 등 필수 영양소가 많이 들어 있어요. 특히 태아의 뼈와 이를 만들고 튼튼하게 해줘요.

유지, 당류

사람이 힘을 낼 수 있도록 도와주고, 체온을 유지해줘요. 음식 조리 시 많이 첨가되므로 별도로 먹지 않아도 됩니다. 당류는 많이 먹지 않도록 주의하고, 호두, 아몬드 등 불포화 지방산을 많이 함유한 견과류는 자주 먹는 게 좋아요.

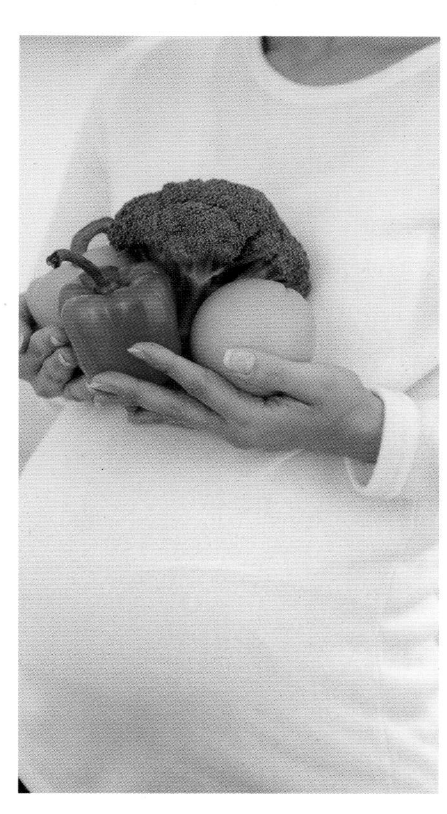

임신부에게 좋은 간식

바나나

바나나에는 비타민 B_6, 비타민 A, 베타카로틴, 엽산, 칼륨 등이 풍부합니다. 특히 엽산은 빈혈과 태아의 신경관 결손을 예방하여 임신 중 필수적으로 섭취해야 하는 영양소입니다. 칼륨은 입덧을 막는 데 효과적입니다. 칼로리가 100g당 80kcal로 다른 과일에 비해 높아서 너무 많이 먹지 않도록 주의해야 합니다.

푸룬(건자두)

푸룬은 열량이 낮고, 식이 섬유, 칼륨, 철분, 비타민이 풍부하여 임신부의 영양과 변비에 매우 효과적인 식품입니다.

찐 고구마와 단호박

임신 중에는 자궁이 커지면서 장을 압박하고, 호르몬의 영향을 받아 변비가 찾아오기 쉬운데 고구마와 단호박은 섬유소가 풍부해 변비에 도움이 됩니다.

토마토

토마토는 임신부뿐만 아니라 남녀노소 누구에게나 좋은 과일로 알려졌습니다. 풍부한 비타민 A, C는 면역력 증진과 피부 개선에도 도움이 되며, 태아의 성장과 발육을 촉진합니다. 또 항산화 물질인 라이코펜과 콜레스테롤과 중성 지방을 줄여주는 루틴, 변비를 예방하는 식이 섬유가 풍부하며, 칼로리가 낮고 포만감은 커서 임신부 간식으로 추천하는 식품입니다.

요구르트

요구르트 내의 유산균은 장내 잡균 번식을 억제하고, 유해균으로 인해 생긴 독성 물질을 몸 밖으로 배출시켜 장을 깨끗하게 합니다. 단, 설탕 함유량과 칼로리가 너무 높지 않은 것을 선택하는 것이 좋습니다.

멸치와 치즈

우유, 치즈, 등 푸른 생선 등에는 칼슘이 풍부해 임신부의 칼슘 섭취에 도움됩니다. 칼륨은 태아의 뼈와 치아를 튼튼하게 만들며 심장과 근육을 성장시키는 데 꼭 필요한 영양소입니다. 말린 멸치, 치즈는 휴대가 편리하므로 간식으로 섭취하기에 적합합니다. 단, 나트륨(소금) 함량이 높을 수 있으므로 저나트륨 제품을 선택하는 것이 좋습니다.

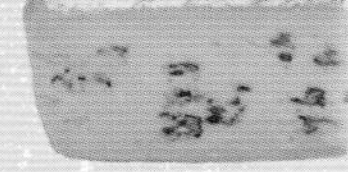

임신 4개월 12~15주

태반이 거의 완성되어

엄마 몸의 변화

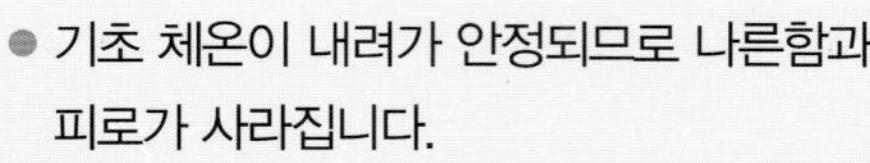

- 기초 체온이 내려가 안정되므로 나른함과 피로가 사라집니다.
- 배가 약간 불러와 외견상 임신임을 알 수 있습니다.
- 자궁이 커져가면서 발목이 아프기 시작합니다.

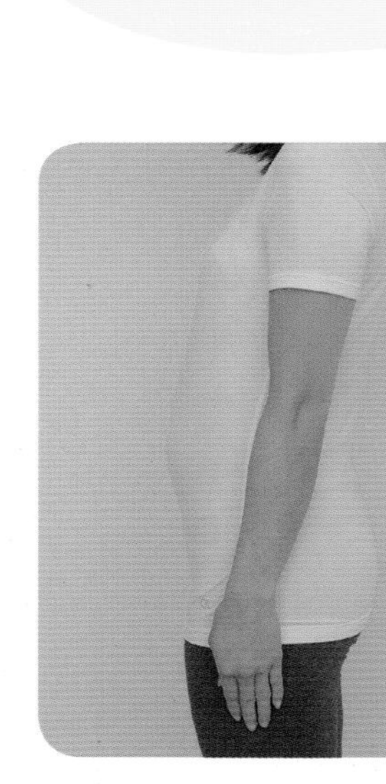

자궁 저부 높이
9~13cm

체중 증가
임신 전 체중+1~2kg

자궁 크기
신생아 머리 크기

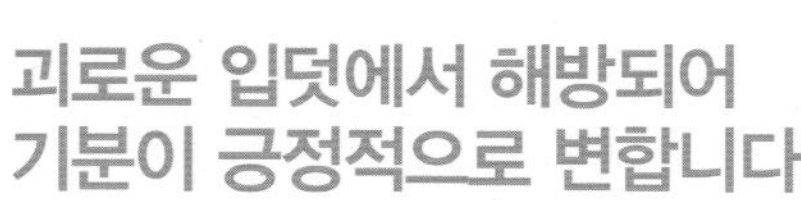

괴로운 입덧에서 해방되어 기분이 긍정적으로 변합니다

임신 14~15주에는 아이의 침대라 할 수 있는 '태반'이 완성되어가지만 아직 무리해서는 안 됩니다. 괴로웠던 입덧에서 해방되어 식욕이 나기 시작하며 긍정적으로 임신 생활을 즐기려는 여유가 생기는 임신부도 있을 것입니다.
임신 중에는 호르몬 영향으로 피하 지방에 영양을 축적하기 쉬운 시기입니다. 입덧이 끝났다고 과식하지 말고 균형 잡힌 식생활을 통해 체중 관리에 힘씁니다.

임신 4개월 때 해야 할 일

■ 꼭 해야 할 일

- ☐ 병원에 분만 예약 → 22쪽 참고
- ☐ 체중 관리를 시작한다 → 106쪽 참고

■ 해두면 좋을 일

- ☐ 임부용 속옷으로 바꾼다 → 52쪽 참고
- ☐ 결혼식을 올리고 싶은 사람은 계획을 세운다 → 61쪽 참고

배가 약간 불러오고 식욕도 회복됩니다

태아의 성장

- 태반과 탯줄이 완성됩니다.
- 내장과 손발 등 기관도 거의 완성됩니다.
- 얼굴에는 솜털이 희미하게 보입니다.
- 뼈와 근육이 발달해 양수 속에서 회전하기도 합니다.
- 맛을 느끼는 미뢰가 생기기 시작합니다.
- 반사 기능이 갖춰집니다.

라이프 라인이 완성되고 기관이 한층 더 발달합니다

엄마를 통해 성장에 필요한 산소나 영양분을 받거나 불필요한 이산화탄소와 노폐물을 내보내는 등 아이에게 중요한 라이프 라인이라 할 수 있는 태반과 탯줄이 완성됩니다. 위와 신장, 방광 같은 내장과 손발 등의 기관도 거의 다 완성됩니다. 얼굴에는 희미하게 솜털이 생기고 외성기도 만들어집니다. 청각, 시각, 후각, 미각 등이 발달하기 시작하는 것도 이 시기입니다. 입에 넣은 것을 빠는 반사 기능도 갖춰지며 초음파상으로 손가락을 빠는 모습을 볼 수 있습니다.

예비 아빠에게

아내의 이야기에 귀 기울여요

입덧이 가라앉았다고 해도 여전히 심신 모두 불안정한 시기입니다. 지금 아내가 어떤 상황이고 임신 검진에서 어떤 주의 사항을 들었는지 등 아내의 얘기에 귀를 기울입니다. 산모수첩을 한번 읽어보는 것도 좋을 것입니다.

예비 엄마에게

절대 안정! 무리하지 마세요!

예부터 '충치 치료는 4개월이 지난 후에'라는 말이 있는데, 이것은 4개월 때까지는 태반이 형성되지 않은 상태라 중증이 아닌 경우라면 치아 치료를 미루라는 뜻입니다. 여행 또한 마찬가지입니다. 아직은 유산하기 쉬운 시기이므로 조심해야 합니다.

임신 4개월 주별 가이드

임신 12주

예정일까지 196일

아직 배가 전혀 부르지 않았을지도 모르지만 배를 차게 하면 혈액 순환이 나빠지므로 기존 속옷을 계속 착용했다면 슬슬 배를 감싸는 속옷으로 바꿉니다. 디자인이 별로여서 싫었는데 입어보니 착용감이 좋아 출산 후에도 계속 입는다는 사람도 있습니다.

입덧이 가라앉으면 임신 생활을 즐겨봐요♪

입덧이 가라앉은 사람도 있겠지만 여전한 사람도 많을 것입니다. 몸이 회복되면 임신부 패션이나 유아용품 쇼핑을 즐길 수 있습니다. 쇼핑 목록을 미리 만들어두면 불필요한 충동구매를 예방할 수 있어요.

유아용품 정보 수집을 시작.

baby 이즈음의 아기는

양수 안에서 빙글빙글 돌며 활동 중!

위, 신장, 방광 등 내장 기관이 완성되고 사람으로서 필요한 기관이 거의 완성되는 시기입니다. 뼈와 근육도 발달하여 전신을 움직이거나 양수 안에서 빙글빙글 돌며 활발히 활동합니다. 초음파 검사로 아이의 활발한 모습을 보면 입덧이 끝나지 않아 고생하는 임신부도 용기를 얻을 터. 아이가 가진 파워는 정말 대단합니다!

초음파로 보면…

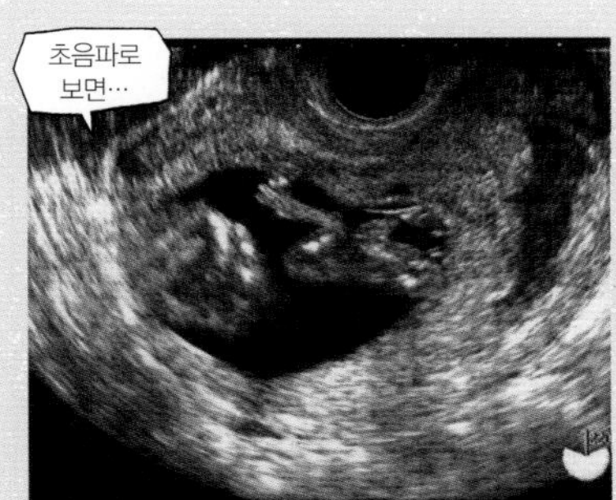

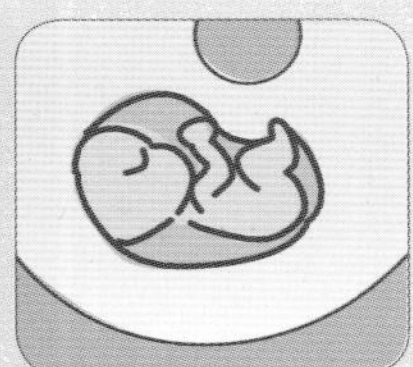

머리, 몸통뿐 아니라 손 끝에는 다섯 손가락이 보입니다. 배 속 아이 모습을 이렇게 또렷이 알 수 있다니 놀랍지요?

임신 13주

예정일까지 189일

임신 초기에는 배가 부르지 않아 다른 사람이 임신 여부를 알기 힘드므로 임신부 배지를 착용하세요. 임신부 배지를 착용하면 전철 등의 대중교통을 이용할 때 도움이 되며 위급 상황 시 구급 대원이 적절한 조치를 취할 수 있습니다. 임산부 배지는 지하철 역사 또는 보건소에서 받을 수 있어요.

먹고 싶은 만큼 먹는 건 끝! 좋아하는 헬시 푸드를 찾으세요

심신 모두 천천히 안정을 되찾고 식욕도 원래대로 돌아올 무렵. 입덧 때처럼 먹고 싶은 만큼 먹으면 감당하지 못할 일이 일어납니다! 식단을 검토하고 좋아하는 걸 찾으세요.

다리가 붓는다면 압박 스타킹이 효과적.

건조 과일은 칼로리가 적은 데 반해 포만감을 느낄 수 있어요.

baby 이즈음의 아기는

손가락 빨고 다리 꼬는 모습이 깨물어주고 싶을 정도

태반이 완성되고 아이는 탯줄을 통해 엄마에게서 산소와 영양을 공급받아 성장합니다. 손발 등 몸의 각 기관이 거의 완성되고 후각과 미각도 발달합니다. 옆으로 누워 손가락을 빨거나 발을 꼬는 등 사랑스러운 아이의 움직임에 그만 "너무 귀여워!" 하고 탄성을 지른 엄마들도 많겠지요?

초음파로 보면…

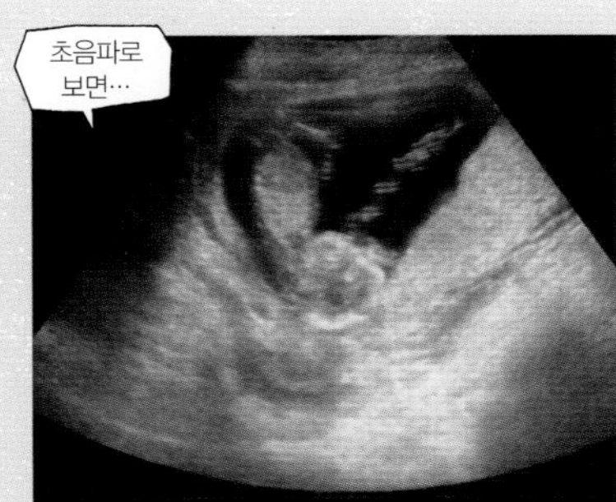

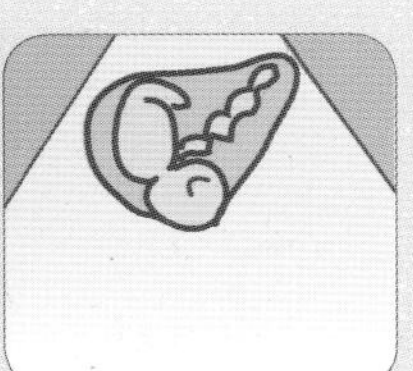

머리를 아래로 향하고 탯줄을 붕붕 휘두르며 노는 아이. 배 속에 혼자 있어 심심한가 봐요.

이번 주엔 무슨 일이 있을까

임신 14주

예정일까지 182일

호르몬 밸런스가 급격히 변화할 때에는 몸은 물론 정신적으로도 변화하게 됩니다. 임신해서 성격까지 바뀌었다 싶을 만큼 신경질적이 되거나 툭하면 눈물을 흘리기도 하죠. 지금은 그런 시기임을 염두에 두는 것만으로도 위안이 되기도 합니다.

Enjoy! 여행이나 외식을 즐길 수 있는 시기. 칼로리와 염분에 주의하세요!

상큼한 과일이 좋은 디저트.

임신 4개월 후반에 들어가면 대부분 입덧이 사라지고 가고 싶은 곳, 먹고 싶은 것을 즐길 수 있습니다. 외식을 할 때는 과도한 칼로리와 염분 섭취가 되지 않도록 주의하세요.

남편이나 친구와 외식을 충분히 즐길 수 있는 시기입니다.

baby 이즈음의 아기는

제일 멋진 포즈를 포착할 수 있는 것도 이 시기

아이다운 몸집으로 더욱 변화합니다. 몸 전체가 초음파 사진에 다 들어가는 것도 14~15주까지입니다. 이보다 커지면 한 장에 다 들어오지 않아 얼굴, 몸통, 다리를 따로따로 봐야 합니다. 외성기도 완성되어가지만 초음파 사진으로 성별을 판단하기는 어려운 시기입니다. 좀 더 즐겁게 기다려보세요.

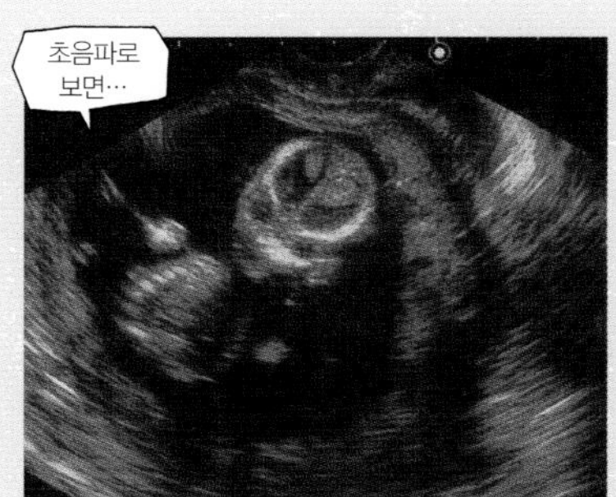

검사 방법을 복부 초음파로 전환하는 시기이지만, 좀 더 분명히 볼 수 있는 질 내 초음파로 눈 수 정체가 보이는 경우도 있습니다.

임신 15주

예정일까지 175일

임신선은 배의 피부 진피층이 표피가 늘어나는 속도를 미처 따라가지 못해 균열이 생기는 현상을 말합니다. 임신선 케어는 배가 부르기 전부터 시작합시다. 피부 세포를 촉촉하게 가꾸는 것이 무엇보다 중요합니다. 오일, 크림, 로션 등 다양한 제품이 있으므로 자신에게 맞는 제품을 고르도록 하세요.

Enjoy! 임신 전처럼 씩씩하게 돌아다닐 수 있지만 편히 쉬는 것도 중요해요

몸 상태가 좋아지면서 직장 일도 집안일도 척척 해내는 임신부가 많아집니다. 하지만 피곤할 땐 차 한 잔을 즐기며 쉬거나 배 속 아이에게 책을 읽어주는 등 휴식을 취하도록 하세요.

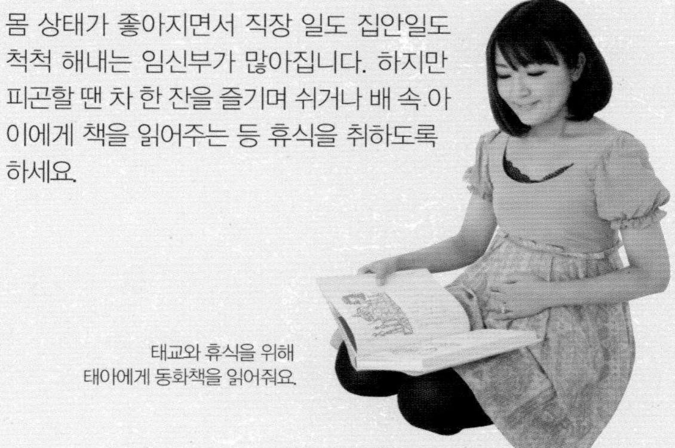

태교와 휴식을 위해 태아에게 동화책을 읽어줘요.

baby 이즈음의 아기는

몸을 만드는 뼈가 분명히 보입니다

머리 크기는 탁구공만 합니다. 초음파로 등뼈나 팔다리뼈를 확실히 볼 수 있습니다. 태아는 입을 빠끔거리면서 입에 닿는 것을 빨기도 합니다. 엄마는 드디어 입덧으로부터 해방되는 시기입니다. 엄마의 생활도 안정되므로 태교와 취미 생활을 즐기면서 출산까지의 시간을 알차게 보내세요.

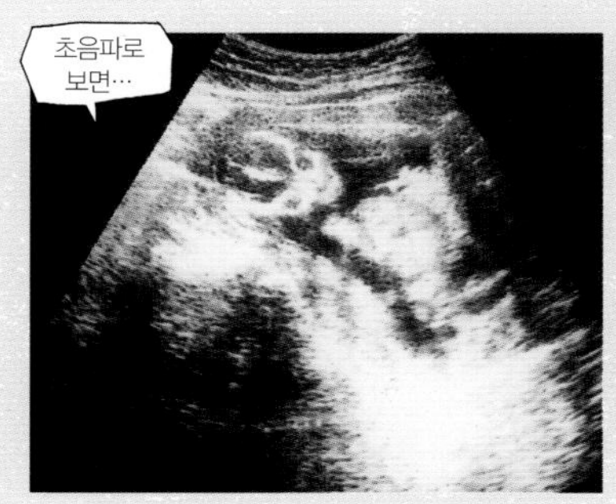

아이가 점점 더 사람다워지고 얼굴 모습까지 분명히 볼 수 있는 귀중한 사진입니다.

4 임신 개월

임부용 속옷&임부복으로 바꿉니다

배가 불러오기 시작하는 이 시기는 속옷을 바꿀 때. 멋진 임신부 패션에 도전해보세요!

속옷

임부용 브래지어

배가 불러오면서 커져가는 가슴에 맞춰 브래지어를 교체하는 게 좋습니다. 따라서 신축성 있는 소재로 고르세요. 수유 겸용 타입은 산후에도 사용할 수 있어 편리합니다. 외출 시에는 와이어가 들어 있는 브래지어, 집에서 편히 있고 있을 땐 노와이어 타입으로 구분해 착용하는 임신부도 많다고 합니다.

브래지어 고르는 방법

- 유방이 계속 커지므로 브래지어의 컵이나 와이어가 유방을 압박하지 않아야 해요.
- 유방뿐 아니라 밑가슴 둘레도 계속 늘어나기 때문에 둘레 사이즈를 조절할 수 있는 것이 좋고, 어깨끈도 넓고 조절할 수 있는 것이 좋아요.
- 딱딱한 와이어는 유방 조직을 위축시키고 상하게 하므로 되도록 피합니다.
- 브래지어 고리가 앞쪽에 달려 있으면 입고 벗기가 더 편해요.
- 임신 중에는 피부가 더 민감해지므로 면 함량이 높은 것이 좋아요.

임부용 캐미솔

임신부는 배를 결코 차게 해서는 안 됩니다. 겨울뿐만 아니라 냉방병에 걸리기 쉬운 여름에도 입으면 좋은 아이템이 캐미솔. 배를 확실히 커버할 수 있고 브라보다 편한 착용감. 가슴을 꺼내기 쉬운 타입이라면 산후 수유용으로도 활용할 수 있습니다.

몸을 조이지 않는 편안한 디자인, 흡수성이 뛰어난 소재 제품을 고르세요.

임부용 팬티

불러오는 배에 부담을 주지 않고 편안히 입을 수 있습니다. 배꼽까지 완전히 감싸는 타입이 일반적이지만, 골반 타입도 좋습니다. 림프와 혈액 흐름을 방해하지 않도록 서혜부를 압박하지 않는 디자인으로 고르세요.

밑위가 길어 불러오는 배를 완전히 커버할 수 있는 것을 선택하세요.

복대

불러오는 배를 지탱하고 요통이나 냉증을 막아주는 복대. 배를 완전히 감싸는 타입과 서포트 벨트 타입, 엉덩이를 감싸는 거들형 복대까지 종류가 다양하므로 몸 상태나 계절에 맞는 것을 고르세요. 산후 골반 케어를 할 때도 사용할 수 있어요.

복대를 하면 좋은 점

1. 임신부 복부 보온
2. 허리 통증과 배 처짐 방지
3. 태아의 정상 위치 유지
4. 복벽 이완 예방
5. 외부의 자극에서 태아 보호
6. 임신부의 동작이 편안해짐

거들

배 주위를 따뜻하게 덮어 자궁 수축을 예방해주고, 불룩 나온 배 때문에 자세가 불안정해지고 무게로 인해 허리에 가는 부담을 덜어주는 역할도 해요. 산후 몸매 회복을 위해서도 꼭 필요한 속옷이랍니다. 복대가 있는 타입을 많이 사용하는데 복대는 허리 통증과 배 처짐을 방지해주고 태아를 바른 위치에 있게 해주어 몸을 한결 가뿐하게 해주는 역할을 합니다. 복대가 있는 경우는 임신 5개월부터 만삭까지 이용하니 사이즈가 조절되는 것을 구입해야 합니다.

거들 고르는 방법

- 배를 충분히 덮어주고 만삭 때까지 착용할 수 있도록 신축성이 좋아야 해요.
- 허리를 지탱해주는 패널이 부착되어 있어야 해요.
- 하복부를 받쳐주고 배를 감싸 올려주는 기능이 충분해야 해요.
- 엉덩이를 충분히 감싸줘야 해요.

임부용 거들 타입

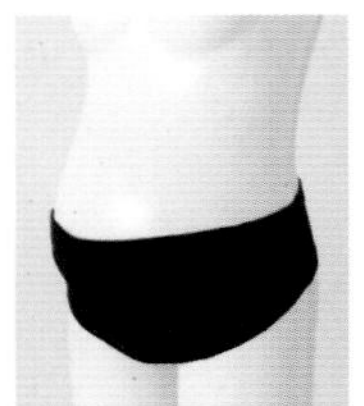

▲서포트 벨트 타입

몸에 맞게 벨트를 조절할 수 있어 편리합니다. 배를 아래에서 지탱하므로 허리나 등의 부담감도 훨씬 줄어듭니다.

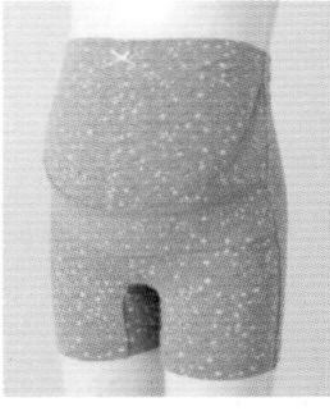

▲배를 감싸는 타입

추운 계절이나 냉방이 심한 곳에서는 보온성이 뛰어난 복대를 추천합니다. 입고 벗기에 편안합니다. 착용감이 부드러워 잠을 잘 때도 편합니다.

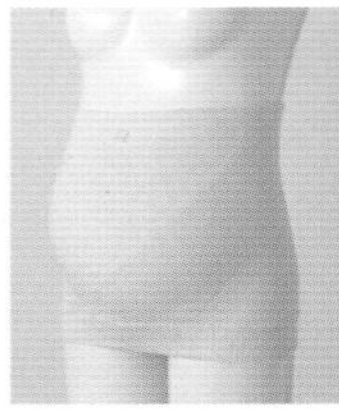

▲팬티 타입

부드럽게 보디라인을 감싸 배를 아래에서 지탱하는 서포트 기능성이 뛰어납니다. 팬티 없이 한 장만 입어도 되므로 통근이나 외출 시 간편한 느낌이 듭니다.

임부복

기존 옷을 입어도 되지만 하의는 전용 임부복이 편리합니다

임신 전에 입었던 스커트나 바지가 꽉 조이기 시작하면 임부복으로 전환할 시기입니다. 하의는 배 부분이 수축되는 전용 임부복이 좋지만, 원피스나 튜닉 스타일의 품이 넉넉한 옷이라면 기존에 입던 것으로도 충분합니다. 또 그동안 입지 않고 옷장 안에만 넣어뒀던 옷을 입어볼 기회이기도 합니다. 옷장을 정리하고 임부복 패션을 즐깁시다.
다만 몸을 차게 하는 아이템이나 착용 방식은 금물. 넘어지기 쉬운 아이템은 피해야 한다는 건 말할 필요도 없겠죠?

몸을 따뜻하게 하는 것이 포인트

위에 걸치는 옷으로 체온 조절
겨울은 물론 에어컨 때문에 냉방병에 걸리기 쉬운 여름. 카디건 등을 위에 걸쳐 체온을 조절하세요.

목과 가슴 윗부분을 차게 하지 않는다
목에서 가슴 윗부분을 차게 하면 감기에 걸리기 쉽고 산후 모유가 잘 나오지 않으므로 주의하세요.

다리를 움직이기 편한 옷을 입어 넘어지지 않도록
움직이기 불편한 길이의 스커트를 입으면 다리가 제대로 움직이지 않아 넘어지기 쉽습니다. 걷기 편한 길이의 옷을 고릅시다.

타이츠도 너무 조이지 않는 임부용으로
부른 배를 조이지 않는 임부용이 착용하기 편리합니다. 꼭 갖추도록 하세요.

굽 없는 구두로 멋을 부려요
신발은 안정감이 있고 편안한 것이 가장 좋습니다. 평소 신지 않았더라도 굽 없는 구두로 멋을 부려보세요.

레그 워머나 양말로 발을 따뜻하게
발목이 차면 혈액 순환이 안 되고 부종의 원인이 됩니다.

멋을 낼 수 있는 기회!

무릎 아래 길이의 롱스커트는 세련될 뿐만 아니라 몸을 따뜻하게 해줘 좋습니다. 다만 다리를 잘 움직일 수 없으면 넘어질 수도. 자신에게 맞는 길이를 선택하세요.

임신 중 관혼상제 복장

넉넉한 라인의 검정 원피스가 좋아요

관혼상제에는 몸에 무리가 가지 않는다면 참석하는 게 좋은데, 한 번밖에 입지 않을지도 모를 상복이나 드레스를 어떻게 하면 좋을까요? 권장할 만한 옷은 산후에도 입을 수 있는 넉넉한 라인의 검정 원피스입니다. 액세서리나 숄, 스타킹을 바꾸면 파티에 갈 때에도 입을 수 있습니다.

이런 아이템도 편리해요!

▲튜닉
기존의 것을 임신 중에도 계속 입을 수 있는 만능 아이템. 산월이 되어 앞자락이 올라간다면 임부복으로 바꾸세요.

▼임부용 바지
배 부분만 신축성 있는 소재로 되어 있어 불러오는 배를 커버. 꼭 맞는 재킷에 맞춰 입으면 직장 패션으로도 무난해요.

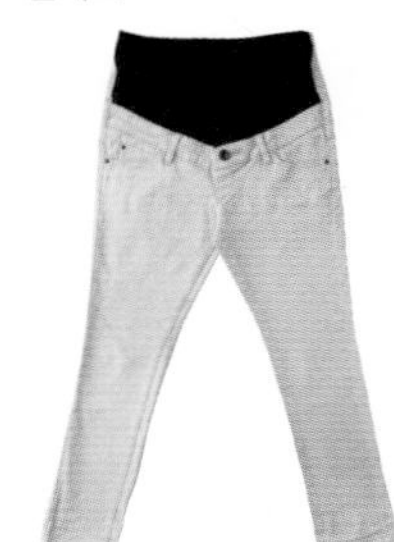

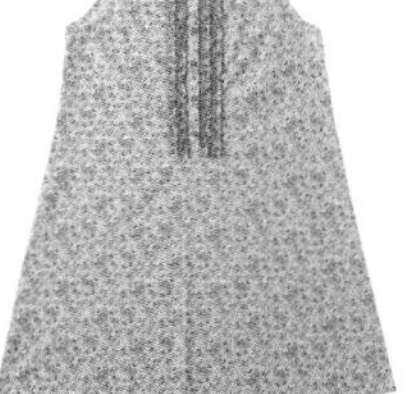

▲ 산후에도 입을 수 있는 원피스
산후 2~3개월이면 체중은 되돌아와도 배 주위만은 그대로라 편안한 라인의 원피스는 산후에도 요긴하게 쓰입니다.

임신 4개월

변비·치질 예방과 대책

커진 자궁과 호르몬의 영향으로 많은 임신부가 변비와 치질을 경험합니다. 우선 식생활과 생활 습관을 개선합시다.

변비를 예방하면 치질을 막을 수 있습니다

임신하면 호르몬 밸런스 변화와 체내 수분량 증가로 변비나 치질과 같은 문제가 생깁니다. 임신 중에 분비되는 황체 호르몬에는 장관 기능을 억제하는 작용이 있어 임신하기 전에는 변비가 없었던 사람도 변비가 생기는 경우가 종종 있습니다. 또한 골반이 늘어나거나 자궁이 장을 압박하고, 운동 부족과 스트레스 등도 변비의 원인이 됩니다. 대부분의 임신부가 변비 증상을 보이지만 간혹 설사 증상으로 나타나는 사람도 있습니다. 변비가 계속되면 축적된 노폐물을 몸 밖으로 내보내려고 변비의 반동으로 설사를 하기도 합니다. 또한 변비나 설사가 원인이 되어 아랫배가 더부룩하거나 가벼운 통증을 일으키는 경우도 있습니다.

치질은 체내 수분량 증가와 자궁의 무게로 항문이 압박을 받거나 혈액 순환이 악화되는 등의 이유로 울혈을 일으켜 생깁니다. 임신부에게 많은 까닭은 이처럼 정맥이 울혈을 일으켜 항문 바깥에 생기는 '외치핵', 변비로 변이 딱딱해지면서 배변할 때 항문이 찢겨 출혈하는 '항문 열상', 이 두 가지가 있습니다. 변비를 예방하면 치질을 막을 수 있습니다. 규칙적인 생활을 하며, 과도한 향신료나 가스가 쌓이기 쉬운 식재료를 피하세요.

변비 예방 & 대책법

1 매일 아침 같은 시간에 화장실에 간다

자연스럽게 대변이 마려운 느낌을 기다리다 보면 배변 리듬을 만들 수 없습니다. 마려운 느낌이 없어도 아침엔 반드시 같은 시간에 화장실에 들어가 앉아보세요.

2 수분&식이 섬유를 충분히 섭취한다

수분 보충과 섬유질이 많은 식재료를 먹으세요. 식이 섬유는 소화되지 않고 장에 도달하여 장을 깨끗이 해줍니다. 하루 권장량은 21g.

3 욕조 안에 들어가 충분히 몸을 따뜻하게 한다

변비는 혈액 순환이 좋지 않아 생깁니다. 특히 하반신 혈액 순환을 좋게 하기 위해 매일 욕조 안에 들어가 따뜻하게 합니다.

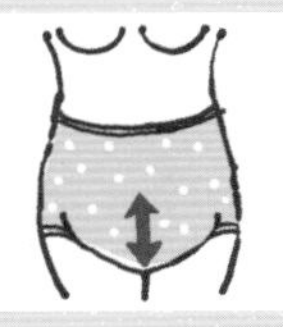

4 항문을 조이는 운동에 도전!

항문 주변 혈액 순환을 좋게 하기 위해서는 골반저근육군을 강화합니다. 질을 꼬옥 끌어올리고 힘을 빼는 동작을 반복합니다.

5 약으로 빨리 대처한다

변비가 장기화하면 악순환이 꼬리를 무니 재빨리 대처하는 게 상책입니다. 악화되기 전에 주치의와 의논해 약을 처방 받으세요.

적극적으로 섭취하세요! 식이 섬유가 많은 식재료

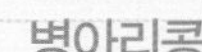

병아리콩

삶은 병아리콩에는 식이 섬유가 11.6g, 건조 콩은 더 풍부해 16.3g이 들어 있어요. 칼륨, 아연 등 미네랄도 풍부.

대두

삶은 대두에는 식이 섬유가 7g, 콩 통조림에도 6.8g이 들어 있어요. 비타민 E도 풍부.

호밀 식빵

호밀 식빵 1장에 식이 섬유가 5.6g. 일반 식빵보다 2배 이상의 식이 섬유가 들어 있어요. 미네랄도 풍부.

고구마

군고구마에는 식이 섬유가 3.5g. 식이 섬유 함유량은 말린 것 → 찐 것 → 구운 것 순.

식이 섬유 이외에 효과적인 식품

- 발효 식품: 비피더스균과 유산균 등 유익 균은 장내 환경을 개선합니다. 요구르트, 김치, 낫토를 통해 섭취하세요.
- 올리고당: 비피더스균의 먹이가 되는 것이 프리바이오틱스 올리고당. 양파, 우엉, 바나나 등에 풍부하게 함유되어 있습니다.

푸룬

건조 푸룬의 식이 섬유량은 7.2g으로 과실류에서는 최고. 하지만 칼로리도 높아 소량만 권장.

우엉

삶은 경우 6.1g. 식이 섬유를 많이 섭취하려면 날것보다 삶은 것이 좋다. 미네랄도 풍부.

부추

삶은 것은 4.3g. 칼슘이 뼈에 침착하는 것을 도와주는 비타민 K도 풍부.

곤약

곤약의 식이 섬유 함유량은 2.2g. 실곤약은 2.9g. 어느 것을 선택해도 좋다.

※사진 식재료는 100g(말린 경우 10g) 정도의 양과 그중에 포함된 각 영양소 함유량을 나타냈습니다.

어떡하면 좋을까?

감기에 걸렸어요

감기는 임신 중에 가장 경계해야 할 질병입니다. 예방에 만전을 기하도록 합시다.

감기는 예방이 중요해요

임신 중에는 면역력이 떨어지므로 감기나 독감에 걸리기 쉽습니다. 감기에 걸리면 아무리 임신부가 복용이 가능한 약이라고 하더라도 찜찜한 마음이 들어 꺼리게 되므로 매우 괴로운 상황에 처합니다. 제일 좋은 것은 감기 예방을 위한 생활 자세를 갖는 것입니다.

외출 전후에는 손을 깨끗이 씻어요

감기 바이러스는 환자의 침이나 콧물 등의 분비물을 통해 쉽게 전염되므로 외출 전후에 손을 깨끗이 씻고 사람이 많이 모이는 장소는 가급적 피하는 것이 좋습니다. 감기가 많이 발생하는 계절에는 마스크를 착용하는 것도 도움이 됩니다.

몸을 피로하지 않게

임신 중에는 몸이 쉽게 피로해집니다. 평상시의 습관대로 행동하기보다는 조금 더 가볍게 행동한다는 생각을 갖도록 하세요. 피로가 쌓이면 면역력이 떨어져 감기에 걸리기 쉽답니다. 집안일은 최소로 줄이고 가족의 도움을 받도록 합니다.

균형 잡힌 식사를 해요

감기 예방을 위해 면역력을 높이려면 균형 잡힌 식사가 중요해요. 몸에 이롭고 비타민이 풍부한 식품을 섭취하여 감기에 대한 저항력을 키우는 것이 좋습니다.

독감 예방 주사를 맞아요

임신 3개월 이상인 경우는 예방 접종을 해도 태아에게 큰 영향을 끼치지 않으므로 독감 예방 주사를 맞는 것이 좋아요. 단, 임신부의 건강 상태에 따라 다를 수 있고 모든 예방 접종에 해당하는 것은 아니니 반드시 의사와 상의해야 합니다.

감기에 좋은 차

가벼운 감기는 따뜻한 차를 마시고 휴식을 충분히 취하는 것만으로 회복이 가능합니다.

기침 감기에는 생강을 편으로 썰어 꿀에 절여 차로 마시면 좋습니다. 생강은 혈액 순환을 돕고 몸을 따뜻하게 해주는 역할을 하므로 면역력이 강화됩니다. 평상시에도 차로 마시면 좋은데 하루 섭취량은 40g이 넘지 않도록 주의해야 합니다.

열 감기에는 따뜻한 꿀 차가 좋습니다. 꿀은 몸을 따뜻하게 하여 찬 기운을 없애주는 역할을 합니다. 꿀 1티스푼을 따뜻한 물에 넣어 마시면 몸에 들어온 찬 기운을 내보내어 열을 내려주는 역할을 합니다.

콧물감기에는 대파의 흰 줄기(총백)만 잘라서 700~800ml 정도의 물(한 단 기준)에 넣고 15분 정도 끓여서 차처럼 이틀 정도 마십니다. 대파의 흰 줄기에는 알리신이라는 성분이 있어 폐 기능을 강화시키고 폐, 코에 있는 물기를 빼주는 효능이 있습니다. 단, 알리신은 휘발성이기 때문에 15분 이상 가열하지 않도록 주의합니다.

감기에 좋은 식품

브로콜리

레몬보다 2배 이상 많은 비타민 C가 들어 있어 100g 정도만 먹어도 하루에 필요한 비타민 C 대부분을 섭취할 수 있다고 합니다. 평상시 살짝 데쳐 먹거나 차로 끓여 마시면 감기로 인한 오한과 두통을 막는 데 좋습니다.

도라지

칼슘과 사포닌, 무기질, 단백질 등이 풍부히 들어 있어 인삼과 비교될 정도로 좋은 식품으로 알려져 있습니다. 특히 사포닌 성분은 폐 기능을 좋게 하며 면역력 증가에 도움이 됩니다. 기침을 가라앉히고 가래 해소에 효과적이며, 열이 나고 한기가 들 때 먹으면 좋습니다.

미나리

해독 작용이 탁월하고 비타민과 칼슘, 인, 무기질 등이 풍부한 식품으로 기관지와 폐를 보호하고 가래를 삭히는 데 도움을 줍니다. 콜레스테롤 배출에도 탁월하여 고혈압 등 혈관 질환을 예방할 수 있고 비타민 C가 풍부하여 면역력 증진에도 도움이 되고 철분 흡수율을 높여주고 빈혈에도 도움이 되는 임신부에게 좋은 식품입니다.

부추

몸을 따뜻하게 만들어주는 성질을 가지고 있고, 부추의 향을 내는 알리신은 체내에서 분해되면서 알리티아민이라는 성분으로 변하는데 이 성분은 말초신경을 활성화하고 에너지 생성을 도와주어 피로 해소와 체력 향상에 도움이 됩니다.

임신 **5개월** 16~19주

드디어 안정기에 돌입,

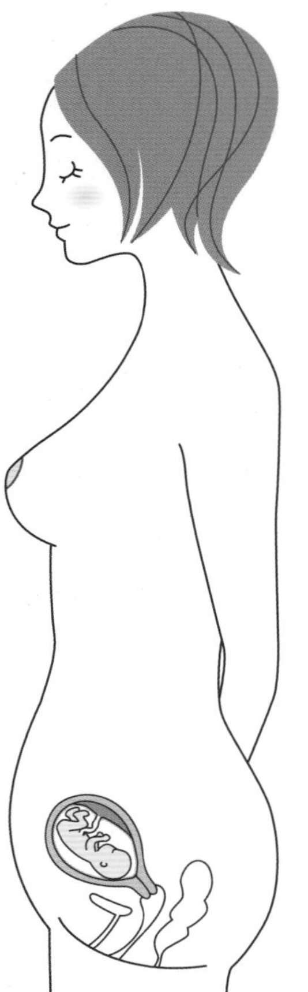

엄마 몸의 변화

- 태반이 완성되고 심신 모두 안정됩니다.
- 배가 불러오고 유방도 커집니다.
- 피하 지방이 붙어 몸 전체가 둥근 느낌입니다.
- 빠른 경우 태동을 느끼기도 합니다.

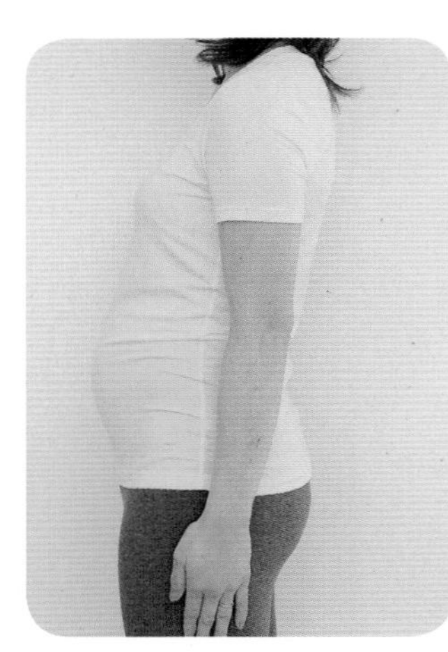

자궁 저부 높이
14~17cm

체중 증가
임신 전 체중+1.5~2.4kg

자궁 크기
어른 머리 크기

배와 가슴이 커지고 태동을 느끼기도 합니다

태반이 완성되어 임신 중 가장 안정적인 시기에 들어갑니다. 자궁 저부가 엄마 배꼽 밑에까지 오고 그 때문에 눈에 띄게 배가 부풀어옵니다. 그리고 유선이 발달하여 유방도 커집니다. 빠른 경우 18주 즈음부터 배 속의 아이 움직임인 태동을 느끼기도 합니다. 첫 태동은 엄마가 된다는 것을 다시 한번 확인시켜주는 순간. 그때그때의 감정을 적어두면 좋은 추억거리는 물론이고 태아의 발육 상태를 알 수 있는 단서가 되기도 합니다.

임신 5개월 때 해야 할 일

■ **꼭 해야 할 일**

- ☐ 치아 치료하기 ➔ 60쪽 참고
- ☐ 임신·출산 관련 정부 지원 알아보기 ➔ 26쪽 참고
- ☐ 아기용품 알아보기 & 구입 목록 작성 ➔ 204쪽 참고

■ **해두면 좋을 일**

- ☐ 균형 잡힌 식사를 한다 ➔ 104쪽 참고
- ☐ 순산을 위한 운동을 시작한다 ➔ 60쪽 참고
- ☐ 임신선 케어를 시작한다 ➔ 60쪽 참고

태동을 느끼기도 합니다

태아의 성장

- 피부를 보호하는 솜털이 생깁니다.
- 전두엽과 신경이 발달하고 자기 의지대로 손발을 움직일 수 있습니다.
- 피부 감각이 민감해집니다.
- 활발하게 움직이게 됩니다.

피부를 지키는 솜털이 전신에 생겨납니다

아이 피부를 보호하는 '태모'라는 솜털과 속눈썹, 모발이 나기 시작합니다. 시각, 청각 등 오감을 관장하는 전두엽과 신경이 발달하며 자기 의지대로 손발을 움직이거나 양수 속에서 활발하게 움직일 수 있게 됩니다.

엄마 배에 귀를 대면 '콩닥콩닥' 뛰는 아이의 심장 소리가 들리는 것도 이 시기. 나날이 사람다워지는 게 보입니다.

예비 아빠에게

여가 활동은 아내의 몸 상태에 따라

안정기에 들어 몸 상태가 좋아지면 여가 활동이나 여행을 즐길 수 있습니다. 그렇다고 해서 모든 걸 해도 좋다는 뜻은 아닙니다. 피곤하거나 배가 뭉치면 바로 쉬어야 합니다. 무엇보다 아내의 몸 상태를 우선적으로 체크해서 움직입시다.

예비 엄마에게

배가 나와 요통이 자주 생깁니다

태반이 완성되어 비교적 안정된 시기이지만 배가 약간 나오기 때문에 자세가 나쁘면 요통이 생깁니다. 또 빈혈을 일으키기도 하므로 철분이 많이 함유된 음식을 섭취하세요.

임신 5개월 주별 가이드

임신 16주

예정일까지 **168**일

mom 드디어 임신 5개월. 입덧으로 임신 전보다 체중이 줄었던 사람도 체중이 슬슬 올라갈 무렵입니다. 배도 약간 부르기 시작합니다. 배를 조이는 옷은 옷장에 넣어두고 자궁의 혈액 순환을 방해하지 않는 편안한 임부복으로 바꿔 입으세요.

Enjoy! 드디어 상쾌한 기분!
자, 무엇부터 시작하지?

드디어 기다리던 안정기에 돌입하면 이것저것 하고 싶은 일이 많아지니 남편과 의논해봅시다. 철판구이나 카운터 좌석만 있는 외식도 출산 전인 이 시기에만 즐길 수 있을지도 모릅니다.♪

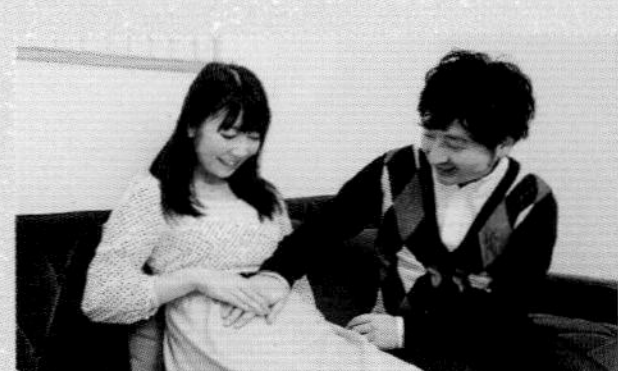

남편도 아내 배 위에 손을 대고 태동을 느껴봅니다.

수제 생과일 주스나 엽산과 철분이 든 요구르트로 빈혈을 예방.

baby 이즈음의 아기는

복부 초음파로 아이 모습을 체크하기 시작

검사 방법이 질 내 초음파에서 복부 초음파로 전환되며, 의사는 여러 각도로 배에 프로브를 대어 아이의 성장 모습이나 운동 상태, 기관 이상 등을 살펴봅니다. 그 외에 태반이 자궁구를 막지 않는지, 양수 양에 문제가 없는지도 종합적으로 검사합니다. 아이의 온몸에 '솜털'이 납니다. 아이는 자궁 외부의 소리를 들을 수 있게 됩니다.

초음파로 보면…

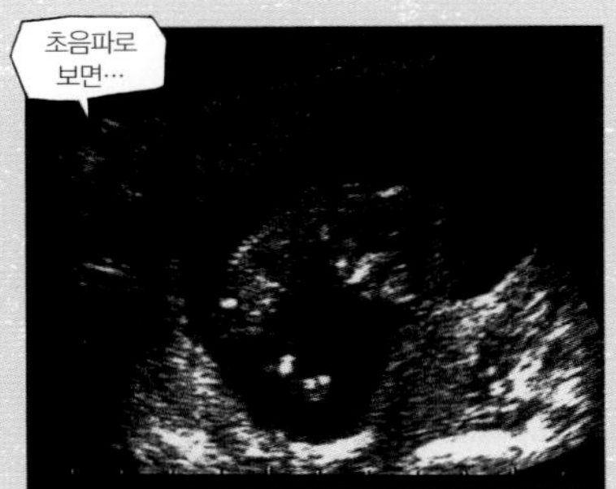

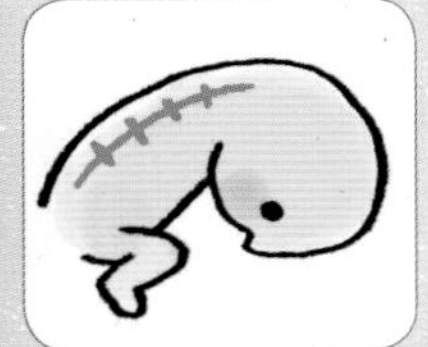

골격도 점차 생성되는 시기. 몸에 지방이 거의 없어 척추가 선명하게 보입니다.

임신 17주

예정일까지 **161**일

mom 부부가 둘만 오붓하게 여행을 간다면 안정기인 이때가 좋습니다. 계획을 세울 때에는 반드시 숙박 시설 근처의 병원을 알아둡니다. 특히 해외여행일 경우 외국어에 자신이 없다면 한국인 의사가 있는 곳을 알아봅시다. 임신 중에는 언제 몸 상태가 변화할지 모른다는 사실을 염두에 둡시다.

Enjoy! 갖고 있는 옷으로 코디하는 것도
제법 재미있어요♪

점점 배가 불러오기 시작해 임부복으로 바꿔야 할 시기. 갖고 있는 원피스나 맥시 길이 스커트 등으로 임부복 패션을 즐기는 것도 꽤 괜찮은 아이디어.

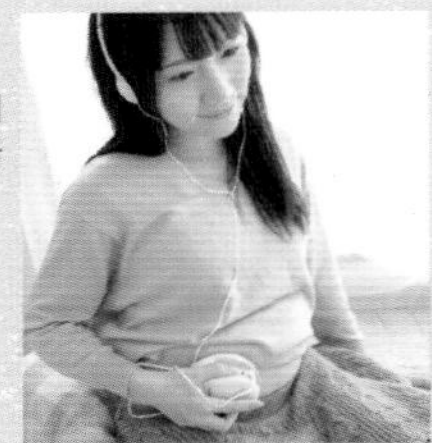

심음계로 아이 움직임과 심음을 캐치.

배 실루엣이 가려지는 원피스.

baby 이즈음의 아기는

자잘한 부분이 만들어지며 사진 찍기에도 적합

통통해진 몸에 손가락, 얼굴 등 작은 부위가 확실히 보이면서 엄마의 애정도 더욱 깊어갑니다. 손을 든 포즈나 졸린 듯 눈을 비비는 포즈 등 기적과 같은 초음파 사진 한 장을 얻은 사람도 있지 않을까요? 오감을 관장하는 '전두엽'이 발달하여 자기 의지대로 손발을 움직이거나 양수 속을 돌아다닐 수 있는 시기입니다.

초음파로 보면…

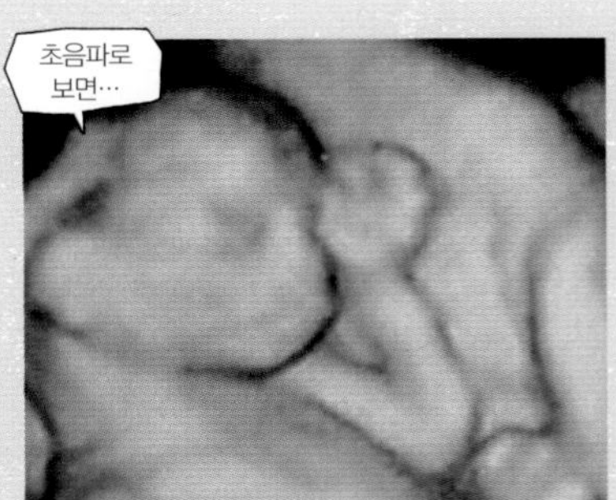

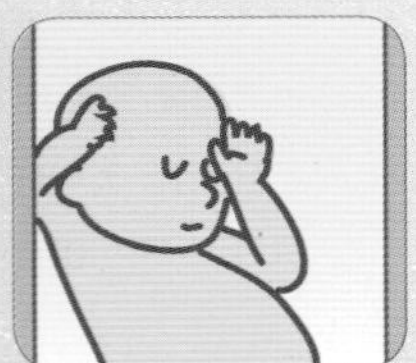

손을 눈가에 댄 모습이 졸린 듯, 권태로워 보이네요. 이렇게 형체가 분명히 보이는 초음파 사진이 드물기는 하지요.

이번 주엔 무슨 일이 있을까

임신 18주

예정일까지 154일

혹시 충치나 치주 질환이 있다면 임신 후기가 되기 전에 치료를 다 받아둡시다. 입덧도 완전히 사라지고 엎드려도 괴롭지 않은 이 시기에 우선 충치 유무를 확인하는 치과 검진을 받아둡니다. 충치가 없어도 스케일링을 해둬 충치를 예방합시다. 엄마는 태동을 느끼게 됩니다.

Enjoy! 기미·주근깨 예방하기

임신 중에는 피부의 방어 기능이 높아져 멜라닌 색소가 급격히 증가합니다. 원래 있었던 기미나 주근깨는 색이 더 진해지고, 없었던 기미나 주근깨가 갑자기 생길 수도 있습니다. 또 신진대사가 원활치 않거나 강한 자외선에 노출되었을 때 혹은 신체적·정신적 스트레스도 기미, 주근깨가 생기거나 더 짙어지는 원인이 되므로 외출 시에는 자외선 차단 크림을 꼭 바르고 모자나 양산으로 햇빛을 가려주세요. 지나친 염분이나 지방 섭취는 삼가고, 채소와 과일, 해조류 같은 알칼리성 식품을 섭취합니다. 피로하지 않게 수면과 휴식을 충분히 취하는 것이 좋습니다. 산후에는 모발이 많이 빠지므로 두피 마사지도 잊지 마세요.

꾸준한 두피 마사지로 산후 탈모 예방.

baby 이즈음의 아기는

눈을 굴리며 뭘 하는 거지?

몸이나 머리뿐만 아니라 눈썹과 속눈썹도 자라나 눈을 움직이는 모습이 초음파로 보이기도 합니다. 성별이 판명되는 시기는 24~27주경이지만, 빠른 경우에는 질 내 초음파에서 복부 초음파로 전환한 이 시기에 "다리와 다리 사이에 고추가 확실히 보여서 아들이라는 것을 알았다"는 엄마도 있습니다.

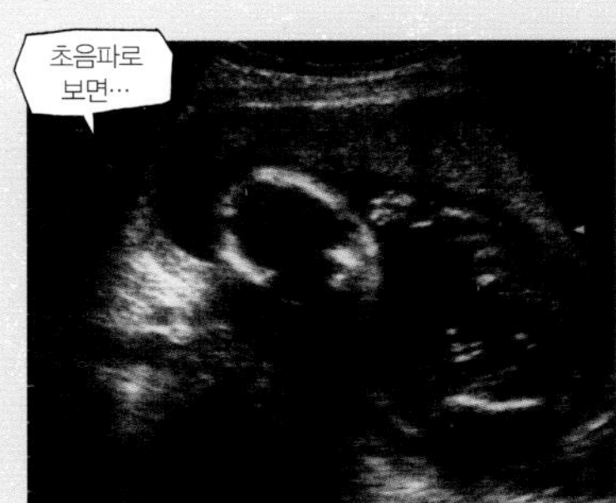

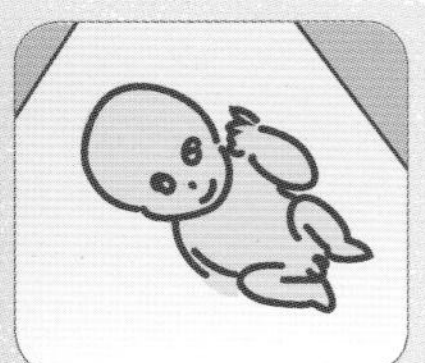

왼손을 든 귀여운 포즈에 주목. 벌린 다리 사이로 아들임이 판명. 포즈도 아들다워요!

임신 19주

예정일까지 147일

순산을 원한다면 어떻게 심신을 진정시킬 수 있을지 지금부터 연구하세요. 순조롭게 출산하려면 몸도 마음도 편안하게 지내는 지름길입니다. 향기, 음악, 촉감, 보는 것, 마사지 등 긴장을 풀어주는 제품이나 방법을 많이 모아둡니다.

Enjoy! 적당한 운동과 마사지로 임신선 예방하기

임신선이란 배나 가슴, 엉덩이에 생기는 물결 모양의 분홍색 또는 보라색의 선을 말하며 '살이 튼다'고 얘기하기도 합니다. 임신선을 예방하려면 급격한 체중 증가를 피하는 것이 최선의 방법입니다. 출산 전까지 임신 전 체중에서 평균 10~12kg 이상 증가하지 않도록 임신부 체조 등 무리가 되지 않는 운동을 꾸준히 하는 것이 좋습니다. 보디 마사지용 오일로 임신선이 생기기 쉬운 부위를 마사지하는 것도 좋은 방법입니다. 임신선 방지용 로션이나 크림도 있기는 하나 효과는 분명하지 않습니다.

몸이 무겁게 느껴질 땐 스트레칭.

baby 이즈음의 아기는

심장이 4개로 나뉘어 '콩닥콩닥' 뛰는 심음

심장이 2심방 2심실로 나뉜 모습을 초음파 영상으로도 확인할 수 있습니다. 그리고 콩닥콩닥 뛰는 심음에 어느새 엄마 심장도 크게 뜁니다. 아이의 성장 모습에 기쁨과 근심이 교차하는 시기이기도 합니다. 손을 벌리거나 다리를 오므리고 뻗는 동작을 하므로 하체를 잘 살펴보면 성별을 알 수도 있어요. 기억을 담당하는 뇌가 발달해 엄마 아빠의 목소리를 기억할 수 있어요.

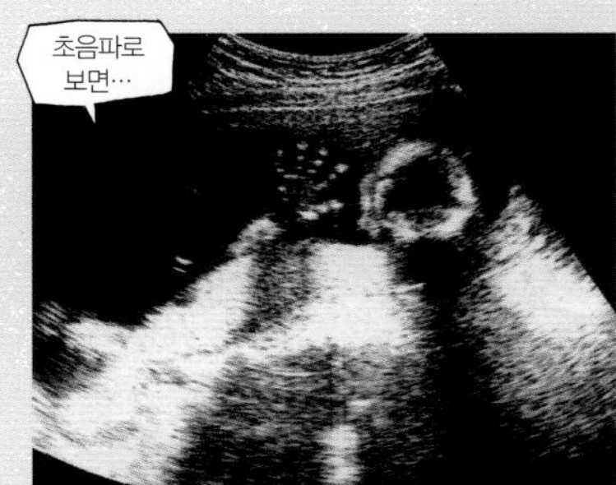

아이가 손을 벌려 다섯 손가락이 분명히 보입니다. 손가락이 긴 아이는 배 속에 있을 때부터 길다고!?

안정기에 해둘 세 가지 보디 케어

비교적 자유롭게 움직일 수 있는 안정기. 여행이나 외식을 하는 것도 좋지만 이 시기에 제대로 몸을 점검해둡시다.

1 가벼운 운동 시작

가벼운 유산소 운동으로 체력 단련 & 기분 전환

임신부에게 맞는 운동으로는 임신부 수영, 요가, 에어로빅, 체조 등 유산소 운동. 산책이나 걷기 등은 손쉽게 할 수 있어 기분 전환에도 좋습니다. 다만 자궁 근종, 다태아, 자궁 경관 무력증, 태반 이상 등으로 조산 위험이 있는 경우에는 금물. 또 몸 상태가 나쁠 때에는 무리하지 말고 어디까지나 즐겁게 할 수 있으며 기분이 좋아지는 정도로 그치는 게 기본입니다. 조금이라도 몸의 이상 기운이 느껴지면 바로 중지하세요. 운동 후에 과식하지 않도록 주의하세요 (114쪽 참고).

짧은 시간이라도 매일 몸을 움직이는 것이 체력 유지에 효과적. 속도는 가볍게 땀이 날 정도로.

임신선 예방 케어

care1 보습
피부가 잘 늘어나도록 크림이나 로션을 바릅니다. 배가 뭉칠 때나 절박 조산 예방약을 먹고 있을 때는 금물.

care2 체중 관리
급격한 체중 증가는 임신선 발생의 원인이 되기도 합니다. 과식하지 말고 적당히 운동하여 급격한 체중 증가를 예방합시다.

care3 전문가 케어
자기 눈에 보이지 않는 곳을 케어할 수 있는 에스테틱 관리로 심신의 피로를 풀어보세요.

배는 물론 유방, 엉덩이, 허벅지 등 임신선이 나타나기 쉬운 곳을 크림으로 케어.

2 임신선 케어

배가 부르기 전부터 크림이나 로션으로 보습

배가 커지면 피부가 늘어나 쉽게 건조해지고, 표피가 급격히 늘어나 찢어지면서 임신선이 생깁니다. 임신선은 임신 말기나 출산 직전 등 급격히 체중이 늘 때 생기기 쉽지만, 케어는 안정기에 들어가는 5개월 무렵부터 시작하세요. 배 이외에 임신선이 생기기 쉬운 부위도 케어합니다(122쪽 참고).

3 치아 치료

임신 중에는 치아가 약해지기 쉬우니 치료하려면 지금 하세요!

임신 중에는 입덧으로 제대로 못 먹거나 단것을 많이 먹어 충치가 생기기 쉽습니다. 더불어 여성 호르몬 증가와 면역력 저하로 치주 질환 발생률도 훨씬 높습니다. 원래 충치가 있었던 임신부가 치과를 방문하려면 임신 5~6개월 정도가 가장 좋습니다. 물론 치아 질환으로 얼굴이 부을 정도라면 시기에 상관없이 하루빨리 치료를 받아야겠죠. 치료를 받을 때에는 임신 중임을 반드시 의사에게 알리세요(126쪽 참고).

\ Attention! /
치주 질환은 조산율을 높입니다!

충치 세균과 치주 질환은 배 속 아이 성장을 방해하거나 조산율을 높이는 등 임신 중 문제와 관계가 있다는 연구 결과가 있습니다. 잇몸이 붉어지거나 출혈이 생기면 조속히 치과를 방문하세요.

안정기에 식을 올리세요

임신 중 결혼식을 하려면

최적의 시기는? 당일 스케줄은? 임신 중에 만족스러운 결혼식을 치르기 위한 방법을 알아 봅니다.

임신 중임을 미리 식장에 말해두세요

임신 중에 결혼식을 하려면 안정기에 들어간 5~6개월이 이상적입니다. 짧으면 1~2개월에도 준비할 수 있지만, 무슨 일이 생길지 알 수 없으니 미리미리 계획해두세요. 식장 예약 시 결혼식 당일 임신 주수를 고려해 신부가 중간중간에 휴식을 취하고 가급적 앉아 있을 수 있도록 조치를 취해 둡니다. 드레스는 결혼식 일주일 전에 반드시 입어보고 사이즈를 체크하세요.

임신 중 결혼식 5가지 성공 포인트

1 식장은 임신한 신부를 배려해 집 근처 웨딩홀로

임신한 신부를 배려하는 식장이라면 준비부터 결혼식 당일까지 최대한의 지원을 해줄 것입니다. 저렴한 상품이 있다면 더없이 좋겠죠. 식장은 이동을 고려해 신부 집 근처로 잡는 것이 좋아요.

2 배가 불러오기 시작하는 6개월까지 치르는 게 베스트

결혼식은 안정기에 들어가 입덧도 끝나고 배가 덜 부른 상태인 5~6개월 정도가 가장 좋습니다. 7개월 이후에는 급격히 배가 불러오므로 의상을 고르기 힘들어집니다.

3 드레스는 배 주위를 조절할 수 있는 것으로

드레스는 임부용이면 가장 좋고 아닐 경우 가볍고 드레스 자락이 짧으며 허리를 조절할 수 있는 것으로 고릅니다. 구두는 굽이 낮은 것으로. 숄을 두르면 체온을 유지할 수 있어 좋아요.

4 당일 스케줄은 여유 있게

임신 중에는 쉽게 피로해지고 갑자기 컨디션이 안 좋아질 수도 있습니다. 될 수 있으면 식순을 줄여 간략하게 치르는 것이 좋습니다. 주례사는 짧게. 폐백 등의 의례는 생략하는 것을 미리 의논해 두면 어떨까요?

5 결혼식 비용은 이후를 고려하여 무리 없는 범위에서

결혼식 비용은 임신 기간 중의 병원비, 산후 육아에 필요한 비용, 아이의 교육비 등을 고려해 무리하지 않는 선에서 정합시다. 너무 욕심을 내면 결혼식이 곧 스트레스가 될지도 몰라요.

임신 후 결혼식 순서

임신 초기

Step 1 안정기에 거행하기 위해 일정과 식장을 결정

대체로 임신 5~6개월을 목표로. 한겨울이나 한여름인 경우에는 야외 결혼식을 피하세요. 식장은 신부의 집 근처가 좋아요.

Step 2 결혼식 준비

손님, 결혼식 연출, 식사, 의상, 헤어 메이크업, 피부 관리 등 자잘한 옵션도 정해야 합니다. 결혼식 당일은 여유 있게 시간을 짜세요.

결혼식 1주일 전

Step 3 의상 최종 체크

일주일 만에도 배가 눈에 띄게 커지기도 하므로 반드시 드레스를 입어보는 것이 좋아요. 자칫 결혼식 당일에 고쳐야 할 수도 있으니까요.

Step 4 결혼식 당일

임신 중에는 컨디션 변화가 심하므로 당일 컨디션이 갑자기 안 좋아질 수 있습니다. 또한 임신 주수가 많다면 서서 식을 치르기에 무리일 수도 있으므로 앉아서 의식을 치를 수 있게끔 준비합니다. 앉아서 식을 치를 경우 사회자를 통해 미리 하객들에게 양해를 구하는 것도 잊지 마세요.

임신 5개월

알아두고픈 임신 중 섹스

임신 경과와 더불어 변해가는 몸에 따라 섹스 시 주의점도 달라집니다. 그런데 임신 중에 섹스해도 되나요?

가볍게 짧은 시간이라면 괜찮습니다. 배가 뭉치기 시작하면 바로 중지하세요

임신 초기와 중기에는 절박유산이나 의사가 금지한 경우가 아니라면 섹스가 유산의 방아쇠를 당기는 일은 없습니다. 다만 태반이 완전히 생기기 전인 초기에는 자궁에 대한 자극을 가급적 줄입니다. 몸 상태가 좋고 할 마음이 있다면 부드럽고 짧게 섹스를 해도 좋습니다.

임신 중기에서도 중반이 지나면 배가 크게 불러 섹스하기 힘든 체형이 됩니다. 또한 깊이 삽입하면 자궁구를 자극해 수축하거나 출혈이 일어나기도 해 격렬한 섹스가 원인으로 조산을 일으킬 우려가 있습니다. 또한 자궁 수축은 정기적인 진동과 유두 자극, 오르가슴에 의해 일어나므로 배가 뭉치거나 상태가 안 좋아지면 즉시 중단하세요. 섹스한 후에도 배의 뭉침이 사라지지 않거나 출혈이 나타날 때에는 진찰을 받습니다.

임신 중 섹스에서 가장 중요한 점은 서로를 배려하는 마음. 오럴 섹스나 배를 압박하지 않는 체위 등 무리하지 않는 섹스를 하도록 합니다. 여성은 임신하면 배 속 아이에게 의식을 집중하여 성욕이 감퇴하기 마련이지만, 때로는 남편을 배려하여 적극적으로 애정 표현을 하는 게 좋습니다. 다음 쪽의 임신 시기별 권장할 만한 체위, 선배 맘 의견도 참고하세요.

\ Attention! /
이럴 때에는 금물!

출혈, 통증, 배 뭉침이 있어 절박유산, 조산 가능성이 있을 때, 전치태반이나 태반 위치가 낮다는 진단을 받았을 때에는 금물입니다. 성감염증이나 질염이 있을 때, 치료 중일 때에도 삼가야 합니다. 섹스 도중에 갑자기 몸 상태가 나빠진 경우에는 당장 중지합니다.

임신 중 Q & A

Q 섹스 중에 파수하는 경우는 없나요

A 삽입으로 파수를 일으키는 일은 없지만, 마음이 불안한 상태에서 섹스를 하면 공포감이나 혐오감을 느끼는 원인이 되기도 합니다. 남편과 의논해 삽입을 얕게 하는 등 안심할 수 있는 방법을 찾아봅시다.

Q 콘돔을 쓰는 게 좋나요

A 면역력이 저하되는 임신 중에는 균 침입으로 염증을 일으키기 쉽고 또 정액에는 프로스타글란딘이라는 자궁 수축을 일으키는 성분이 포함되어 있으므로 질 안에서 사정하면 때로는 문제를 일으키기도 합니다. 성감염증을 예방하기 위해서도 콘돔을 씁시다.

Q 시간이나 횟수 제한이 있나요

A 임신 경과는 사람마다 달라서 시간도 횟수도 제각각입니다. 몸 상태가 좋을 경우에 피곤함을 느끼지 않는 정도로 하면 됩니다. 단, 배 뭉침을 느꼈을 때에는 중지합니다. 특히 임신 초기, 중기 후반부터 후기 전반에 걸쳐서는 유산과 조산을 일으킬 위험성이 있습니다.

Q 다태아 임신 중인데 섹스해도 되나요

A 한 명보다 배가 뭉치기 쉽고 조산 가능성이 높은 다태아 임신일 경우에는 기본적으로 산후까지 섹스를 하지 않는 게 좋습니다. 섹스할 경우에도 배에 부담을 주지 않도록 체위에 주의합시다.

임신 시기별 권장 체위

초기

'삽입은 얕고 시간은 짧게'가 기본

아직 태반이 완성되지 않은 시기이므로 주의할 필요가 있습니다. 경과가 정상적이라면 섹스가 원인으로 유산하는 일은 없지만, 질 점막이 출혈하기 쉬운 상태입니다. 삽입은 얕고 시간은 짧게.

정상위

남성은 임신부의 배를 압박하지 않도록 양팔로 체중을 지탱합니다. 깊이 삽입되지 않도록 여성은 다리를 지나치게 구부리지 마세요.

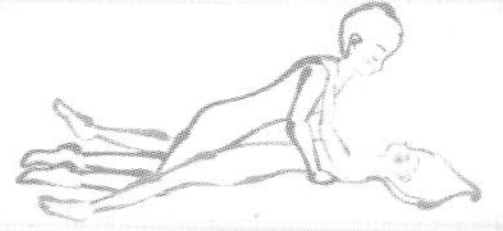

삽입이 얕아지는 정상위

여성이 다리를 뻗으면 삽입이 얕아지고 남성의 움직임도 제한되므로 안심할 수 있습니다. 여성 위에 남성이 올라타지 않도록 주의합니다.

침대를 이용한 정상위

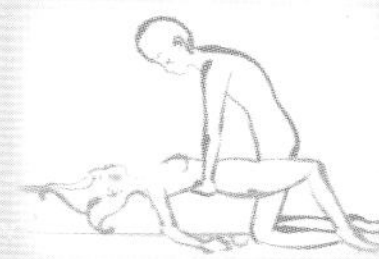

남성의 무게로 인한 부하가 없어 배를 압박하지 않아 안심. 반듯이 누운 상태로 인해 기분이 좋지 않다면 이 체위를 피합니다.

중기

불러오는 배를 압박하지 않는 체위가 이상적

입덧도 가라앉고 안정기에 들어갑니다. 절박유산이나 전치태반과 같은 이상이 없다면 섹스로 상호 작용을 꾀하는 것도 좋습니다. 삽입을 얕게 하여 배에 부담을 주지 않는 배려와 주의가 필요합니다.

후배위는 깊이에 주의

후배위로 할 때는 침대 높이를 이용해 여성의 부담을 덜어 주세요. 다만 남성이 등을 젖히는 것은 금물. 삽입이 매우 깊어집니다.

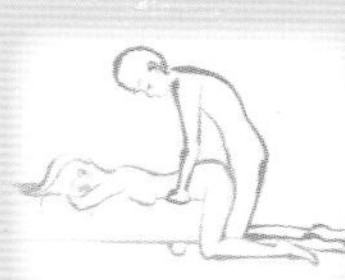

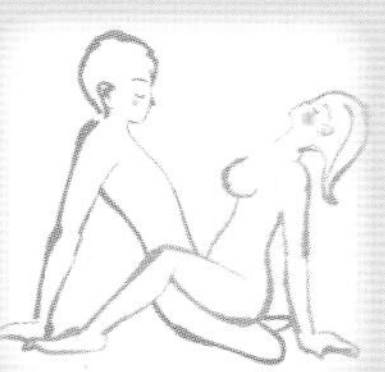

좌위로 편안히

불러오기 시작한 배를 압박하지 않는 체위. 남성에게만 주도권이 있는 것이 아니라 삽입 깊이나 움직임을 여성이 제어할 수 있습니다.

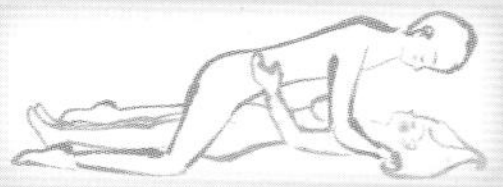

다리를 모은 정상위

삽입이 얕고 남성과 마주 볼 수 있으므로 정신적으로 만족감이 높습니다. 남성은 여성에게 체중을 싣지 않도록 주의하세요.

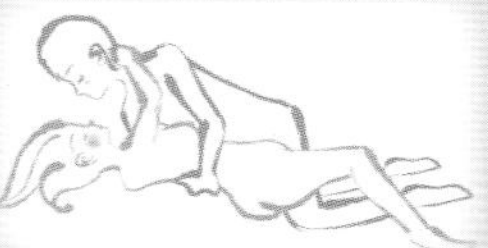

측와위로 서로 바라보며

배가 별로 부르지 않을 때에는 괜찮습니다. 여성은 옆으로 누워 있기만 하면 되므로 매우 편합니다. 남성이 애무하기 쉽고 삽입도 얕습니다.

조절할 수 있는 여성 상위

여성이 삽입 깊이와 움직임 등을 조절할 수 있어서 좋습니다. 남성은 밑에서 격렬하게 움직이지 않도록 합니다. 여성도 천천히 움직입니다.

말기

보다 평온한 섹스를

자궁 수축으로 인해 조기 파수를 일으키면 위험하므로 보다 부드러운 섹스를 하세요. 또한 임신 후기에는 질 안에 균이 들어가기 가장 쉬운 시기이므로 몸을 청결히 하는 것이 중요합니다.

백허그 좌위

남성의 허벅지 위에 여성이 앉고 뒤에서 껴안은 자세로 삽입하여 감각을 즐기세요. 배를 압박하지 않아 임신 전체 기간 동안 가능한 체위입니다.

뒤에서 측와위

서로 옆으로 누워 여성 뒤에서 삽입하는 체위. 배를 압박하지 않고 여성이 피로하지 않으므로 추천할 만합니다. 삽입도 얕습니다.

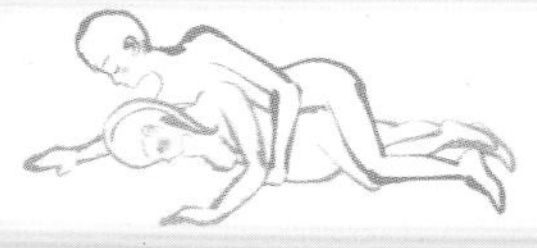

다리 한쪽을 올려 서로 바라보며

여성의 한쪽 다리를 가볍게 올려 삽입. 여성은 다리를 너무 벌리지 않고 남성은 그다지 움직이지 않도록 주의하세요. 발목이 아플 때 이 체위는 피합니다.

SEX 했나요? 【 궁금한 다른 집 SEX 사정 】 안 했나요?

초기

- 임신 초기에는 마음이 불안정하지만, 섹스는 정신 건강에도 좋습니다. (임신 7개월)
- 첫째 임신 중에는 제가 거부해서 싸움을 많이 했습니다. 이번에는 받아들이는 중입니다. (임신 6개월)
- 입덧이 심해 창백한 제 얼굴을 보고 남편이 하자는 말을 못 했던 모양입니다. (임신 5개월)
- 임신과 동시에 성감염증 판명. 우선 치료에 전념했습니다. (임신 5개월)

중기

- 지금 돌이켜보면 섹스 중 언제나 배가 뭉쳤던 것 같습니다. 이제 와서 반성 중. (임신 9개월)
- 하려던 찰나에 언제나 태동을 느꼈습니다. 삽입해도 마지막까지 못하는 경우가 많았습니다. (임신 8개월)
- 남편이 유두를 애무하면 배에 이상 증상을 느꼈습니다. 이게 자궁 수축인가 싶으니 무서워져서 도중에 중지했습니다. (임신 8개월)

말기

- 섹스 후에 소량의 출혈이! 급히 병원에 가보니 자궁이 아니라 외음부에서 나오는 출혈이었습니다. 손가락으로 애무할 때에도 주의를 해야 했습니다. (산후 3개월)
- 태동을 느낄 때마다 애정이 남편에게서 아이에게로. 섹스에서 자연스럽게 멀어졌습니다. (산후 2개월)
- 상호 작용 타임은 목욕할 때. 손으로 해주는 등 잘 헤쳐 나갔습니다. (산후 2개월)

임신 **6개월** 20~23주

태동을 느끼는 시기,

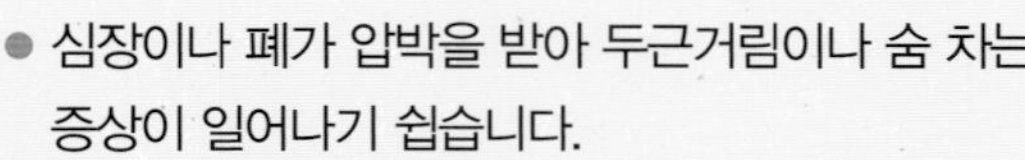

- 심장이나 폐가 압박을 받아 두근거림이나 숨 차는 증상이 일어나기 쉽습니다.
- 하반신에 정맥류가 생기기 쉽습니다.
- 기미, 주근깨가 생기기 쉽습니다.
- 유선이 발달해 유두에서 유즙이 나오기도 합니다.

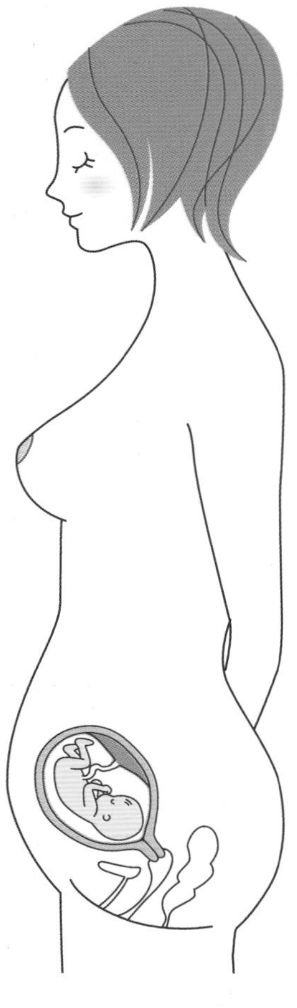

자궁 저부 높이
20~24cm

체중 증가
임신 전 체중+5~6kg

자궁 크기
어른 머리 크기

가벼운 운동으로 몸을 움직여 불쾌한 증상을 해소하세요

몸 안에 혈액량이 늘어나면서 커진 자궁에 심장과 폐가 압박을 받게 되어 두근거림이나 숨이 차는 증상이 종종 나타납니다. 하반신 정맥에 혹과 같은 정맥류가 생기기도 합니다. 기미, 주근깨도 나기 쉽습니다.

여러 가지 불쾌한 증상을 해소하기 위해서도 몸 상태가 좋다면 임신부용 운동으로 몸을 움직일 것을 권장합니다. 다만 절대 무리를 해서는 안 됩니다. 이때까지 운동을 한 적이 없는 임신부는 특히 주의합시다.

임신 6개월 때 해야 할 일

■ 꼭 해야 할 일

- ☐ 예비 부모 교실을 수강한다 → 70쪽 참고
- ☐ 이불 등 크기가 큰 육아용품을 산다 → 76쪽 참고
- ☐ 친정 출산인 경우 친정 근처로 병원 변경 → 79쪽 참고
- ☐ 남편의 분만실 입회 여부를 결정한다 → 182쪽 참고
- ☐ 염분, 칼로리 과다 섭취에 주의한다 → 69쪽 참고

■ 해두면 좋을 일

- ☐ 모유 수유를 위해 유방을 체크한다 → 101쪽 참고
- ☐ 태아 보험 가입과 기존 보험을 점검한다
- ☐ 아이를 위한 공간 마련을 위해 짐을 정리한다 → 85쪽 참고

예비 부모 교실 등으로 부부의 결속을 다질 때

태아의 성장

- 폐 이외의 내장 기관이 완성됩니다.
- 호흡기가 발달하여 호흡양 운동을 시작합니다.
- 온몸이 버터 같은 태지(胎脂)로 싸입니다.
- 내이가 완성되어 주변 소리나 엄마 목소리가 들립니다.
- 뇌세포 수가 갖춰집니다.

호흡 연습을 시작, 시시각각 변하는 표정에도 주목하세요

폐 외에 내장과 뇌세포 수가 거의 갖춰집니다. 호흡기 기능도 발달해 양수를 마시고 폐 안에 쌓았다가 토해내는 '호흡양 운동'도 시작합니다. 피하 지방이 늘어나 얼굴 모양이 매우 분명해지지만 피부는 약간 투명한 암적색으로, 몸은 버터 같은 태지로 감싸입니다.

양수 안에서는 더욱 힘차게 손발을 움직이고 때로는 눈을 움직이거나 입술을 오므리는 등 변화무쌍한 표정을 초음파 사진으로 볼 수 있습니다.

※호흡양 운동
태아의 흉벽과 복벽의 시소 운동이 마치 호흡을 하는 것처럼 보이는 현상.

예비 아빠에게

함께 식생활에 신경 써 건강하게 지냅니다

임신부의 균형 잡힌 식사는 한창 일할 때인 남편에게도 좋을 터. 함께 식생활에 주의한다면 앞으로의 건강 관리가 편해집니다. 아내에게 요통이 자주 생길 시기이니 마사지를 해주는 것도 좋은 아이디어.

예비 엄마에게

철분과 엽산 섭취로 빈혈을 예방하세요

여전히 빈혈을 일으키기 쉬우므로 식생활을 점검하는 게 좋습니다. 특히 철분, 엽산, 칼슘과 같은 영양소는 아이의 신체 기능과 발육에 영향을 미치므로 적극적으로 섭취하세요. 단, 염분과 당분의 과다 섭취에는 주의하세요.

임신 6개월 주별 가이드

임신 20주

예정일까지 **140**일

mom 이즈음이 되면 많은 사람이 태동을 느낍니다. 특히 출산 경험이 있는 임신부는 비교적 빨리 알 수 있습니다. 처음에는 배 속 가스 소리인가 싶은 감각에서 출발합니다. 태동은 아이의 움직임 그 자체이므로 아이의 상태를 알 수 있는 매우 중요한 척도입니다.

고대하던 출산 준비, 출산 후 바로 써야 할 큰 물건부터

6개월에 들어서면 슬슬 시작해야 할 것이 육아용품 준비와 아이가 생활할 공간 만들기. 퇴원 후 바로 쓸 이불과 카시트 등 큰 물건은 미리미리 준비해두면 좋습니다.

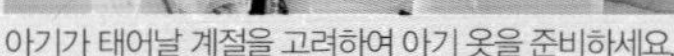
아기가 태어날 계절을 고려하여 아기 옷을 준비하세요.

랩 원피스는 산후 수유 시에도 입을 수 있어 좋습니다.

baby 이즈음의 아기는

힘차게 발로 킥! 씩씩한 태동에 깜짝!

골격과 근육이 더욱 발달해 움직임이 더욱 강력해집니다. 피하 지방이 쌓여 뻗은 팔과 힘찬 다리가 초음파에 확실히 보이게 됩니다. 이 발로 아이가 차는 것이니 엄마가 태동을 분명하게 느끼는 것입니다. 태동을 느낄 때 배를 두드리면 다시 아이가 발로 차는 '킥 게임'을 즐길 수 있는 것도 이 시기라 가능합니다.

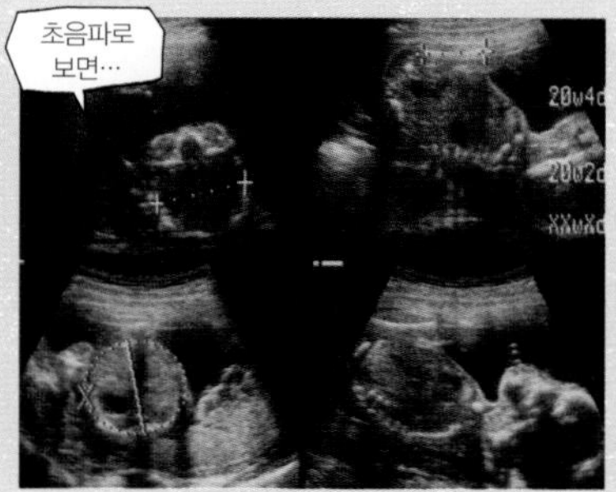

왼쪽 위에서 시계 방향으로 머리 크기, 대퇴골 길이, 옆얼굴, 배 둘레. 이를 종합해 태아 체중을 추정합니다.

임신 21주

예정일까지 **133**일

mom 아랫배가 불러오고 자궁을 받치는 복부의 인대가 늘어나서 가끔 복부의 통증을 느끼며 심장의 부담이 많아지면서 소화 불량, 헛배 부름 증세가 나타날 수 있습니다. 갑상선 기능이 활발해지기 때문에 땀을 많이 흘리고 조금만 움직여도 숨이 가빠지고 혈관 확장으로 얼굴, 팔, 어깨 등이 붉어지기도 해요.

좋아하는 일에 몰두하다 보면 힘든 것도 잊을 수 있다!?

불쾌한 증상(부종, 요통, 정맥류)이 여러모로 나타나는 시기이므로 몸을 차게 하지 말고 혈액 순환이 원활하도록 신경을 써야 합니다. 취미 생활에 몰두하는 것으로 다소 불쾌한 증상을 완화시킬 수 있습니다.

육아 관련 책을 읽고 예습을 하는 것도 좋습니다.

취미 생활을 즐기되 무리는 금물!

baby 이즈음의 아기는

체중이 갑자기 늘고 몸에 살이 붙습니다

아이는 맛에 반응하기도 하고 딸꾹질을 하기도 합니다. 검진할 때마다 아이의 체중이 늘어나고, 이 시기 초음파 검사는 상반신, 하반신으로 나누어 보게 됩니다. 손가락 관절과 살이 붙은 몸이 생생하게 보이기도 합니다.

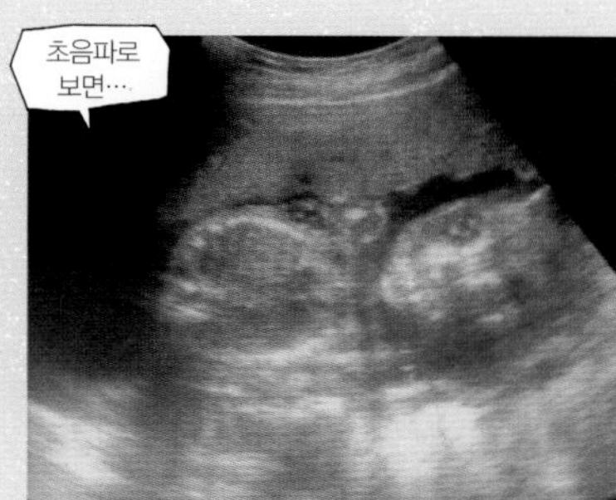

아이 몸 전체가 사진 한 장에 다 들어가지 않을 만큼 커집니다. 머리를 오른쪽으로 돌리고…… 자고 있는 걸까요?

이번 주엔 무슨 일이 있을까

임신 22주

예정일까지 126일

mom 요가, 수영, 워킹. 임신 중 적절한 유산소 운동을 하면 근력과 체력을 보강하는 데 매우 도움이 됩니다. 하지만 배가 뭉치거나 너무 피곤해진다면 오히려 독이 될 터. 임신 전에 운동을 전혀 하지 않았던 사람이 갑자기 열을 올리면 역효과를 불러옵니다. 몸 상태에 맞춰 조금씩 하는 게 기본!

방심은 금물! 몸 관리를 게을리하지 마세요

임신 생활에 익숙해지다 보니 해이해지기 쉬운 시기입니다. 식사와 운동을 잘하고 몸 관리에 힘써야 할 시기. 외출할 때에는 마스크를 쓰고 집에 돌아오면 물로 가글하기, 손 씻기를 철저히 하세요.

집 계단을 매일 20분 오르내리기 운동.

배 속 아이에게 특기인 기타 연주를 들려주는 아빠.

baby 이즈음의 아기는

귀여운 몸짓은 아무리 오래 봐도 물리지 않아요

눈·코·입이 상당히 자리 잡으면서 입을 크게 벌리거나 상하로 나뉜 눈꺼풀을 움직이며 깜빡거릴 수 있게 됩니다. 입을 뻐끔거리는 것은 '호흡양 운동'이라고 하는데 이는 태어나서 폐호흡을 하기 위한 준비. 폐 이외의 내장이나 뇌세포도 숫자상으로는 거의 완성에 다가갑니다. 몸은 아직 가늘지만 피하 지방이 쌓여 있습니다.

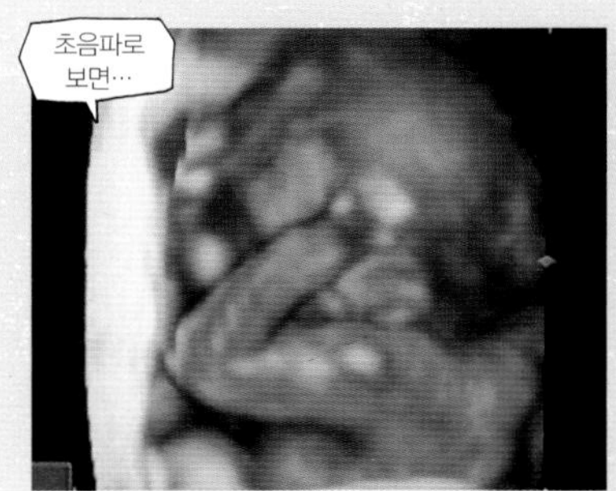

손으로 머리를 감싼 모습이 너무나 귀여운 사진. 어깨부터 통통한 팔뚝도 아이답습니다.

임신 23주

예정일까지 119일

mom 배가 불러오면 하반신 정맥이 자궁의 압박을 받아 혈액 순환이 잘 안 됩니다. 발이 차가우면 혈액 순환이 더욱 악화되어 요통, 부종, 변비 등 여러 문제의 원인이 됩니다. 특히 발목 주변은 몸을 따뜻하게 하는 경혈이 모여 있으니 차지 않도록 주의합니다.

힐링 아이템으로 부종을 없애는 마사지

혈액 순환이 나빠져 이때까지 없었던 부종을 느끼는 사람도 많아집니다. 좋아하는 향기의 크림이나 오일을 써서 입욕 후 마사지 타임을 행복한 시간으로 바꿔주세요.

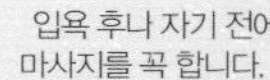

입욕 후나 자기 전에 마사지를 꼭 합니다.

부부만 둘이서 가까운 곳으로 1박 2일 여행을.

baby 이즈음의 아기는

오감이 거의 완성! 아이에게 말을 걸어주세요

내이가 거의 완성되고 다양한 소리가 들리기 시작합니다. 배 속 아이에게 적극적으로 이야기를 해주세요. 그림책을 읽어주거나 음악을 들려주는 것도 좋은 상호 작용이 됩니다. 청각 이외에도 후각, 촉각, 미각, 시각과 같은 오감이 거의 완성됩니다. 냄새 신호를 받는 뇌 부위도 만들어지기 시작합니다.

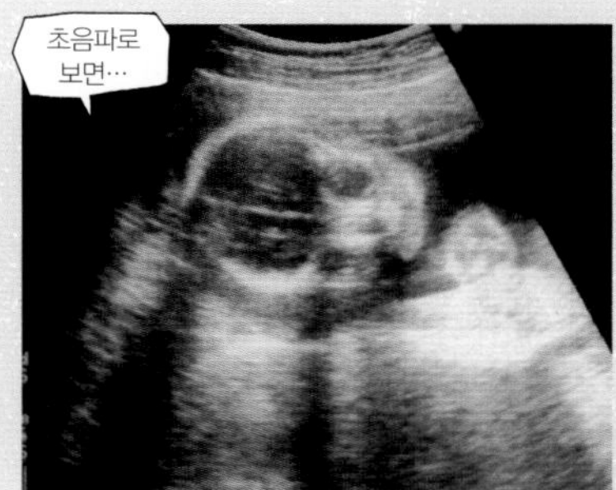

왼쪽에 위치한 것이 뇌. 검게 보이는 것이 이마고 두 개의 눈, 코, 입. 마치 사진 찍기 위해 카메라를 보는 듯!?

임신 6개월

태아와 교감하기

태동은 아이가 건강하게 자라고 있다는 메시지. 엄마는 아이 움직임에 반응해줍시다.

소리가 들립니다. 얘기를 듬뿍 들려주세요

이 시기에는 많은 사람이 배 속에서 아이가 움직이는 '태동'을 느낍니다. 또한 아이도 귀가 들리기 시작하므로 적극적으로 말을 해 아이와 상호 작용을 합니다. 우선 엄마가 편안한 상태에서 배를 만지며 태동을 듬뿍 느끼세요. 남편, 다른 자녀와도 함께 배를 만지고 말을 걸면 더욱 좋겠죠.

\ Attention! /

이럴 때에는 곧장 병원으로

일반적으로 산월이 되면 태동이 줄어듭니다. 단, 매일 활발히 움직이고 있었는데 갑자기 움직이지 않을 경우에는 아이에게 문제가 일어났을 가능성이 있으므로 곧장 진찰을 받으러 가세요. 임신성 고혈압 증후군, 임신성 당뇨병 등의 증상이 심해져 태반 기능이 악화되어 태동이 줄어드는 경우도 있습니다.

상호 작용 Q & A

Q 태아의 움직임이 평소와 달라요. 괴로운 건 아닐까요

A 태동에는 다양한 움직임이 있으며 아이가 건강하다는 증거입니다. 괴로운 게 아니라 움직임으로써 신경과 근육을 발달시키고 있습니다.

Q 태동이 갑자기 심해졌습니다. 무슨 일이 생긴 건 아닐까요

A 임신 주수에 따라 태동의 형태가 시시각각 변합니다. 격한 태동은 건강히 움직인다는 뜻. 움직이는 위치가 달라졌다면 역아 상태가 되었을지도 모릅니다.

다양한 상호 작용

태아에게 말을 건다

편안한 자세로 쓰다듬는다

엄마가 편안히 쉬고 있는 상태면 아이는 잘 움직여줍니다. 아빠도 적극적으로 배를 만져봅시다.

태교용품으로

배 속 아이에게 말을 거는 제품이나 심장 박동을 들을 수 있는 제품 등을 써서 상호 작용을 더욱 즐깁시다.

산책하면서

걷고 있을 때에도 배를 만지며 반응을 체크해봅시다. 말을 걸면 아이가 반응을 하는 경우도 있습니다.

그림책을 읽는다

좋아하는 그림책을 소리 내어 읽어줍시다. 산후에 같은 책을 읽으면 아이가 안정감을 찾는다는 선배 맘도 있습니다.

음악을 듣는다

엄마가 좋아하는 음악을 들으며 편안히 쉬면 아이에게도 전해집니다. 좋아하는 장르의 곡을 들으며 말을 걸어봅시다.

킥 게임을 즐긴다

아이가 배를 차면 '킥'

태동을 이용해 상호 작용하는 놀이. 배 속 아이가 배를 차면 '킥'이라고 말하며 찬 곳을 가볍게 톡 두드립니다.

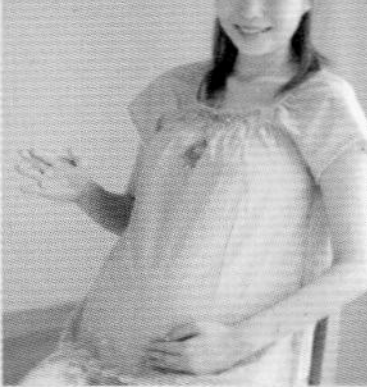

엄마가 두드린 곳을 아이가 다시 차면 성공!

엄마가 두드린 곳을 아이가 다시 차면 대성공입니다. "참 잘했어요" 하고 마음껏 칭찬해줍니다.

임신 중 영양 관리

칼로리 & 염분 줄이기

임신 중에 과체중이 되었을 때에는 칼로리를 줄입니다. 다만 아이에게 필요한 단백질과 비타민, 미네랄은 부족하지 않도록 주의하세요.

칼로리 줄이기

밥 등의 당질, 육류 등에 많은 지방질을 필요 이상으로 섭취하면 체중이 증가합니다. 적당한 섭취가 가장 중요하지만 조리 방법을 바꿔 칼로리를 다소 줄일 수 있어요.

기술 1 지방이 적은 고기를 고른다

같은 고기라도 부위에 따라 지방의 양이 다르므로 칼로리도 크게 달라집니다. 소고기나 돼지고기는 안심과 우둔살, 닭고기는 가슴살이 몸에 좋습니다.

소 우둔살 > 돼지 안심 > 닭 가슴살

기술 2 고기는 지방을 제거하고 사용한다

소고기나 돼지고기의 등심 끝 지방, 닭고기 껍질과 지방을 잘라내고 요리합니다. 약간만 품을 들이면 칼로리가 상당히 줄어듭니다.

기술 3 조리 방법을 바꿔본다

튀김, 볶음 조리법은 기름을 흡수해 칼로리가 높기 마련. 삶기, 찌기, 석쇠에 굽기로 식재료의 지방을 뺍니다.

튀김 > 볶음 > 삶기

카레는 칼로리가 높습니다. 시판하는 인스턴트 카레를 쓰지 말고 카레 가루로 만들면 칼로리도 낮고 건강에도 좋습니다.

기술 4 석쇠, 그릴로 구워 기름을 뺀다

구울 때 석쇠나 그릴을 쓰면 기름을 두르지 않아도 되며 식재료 자체의 기름도 빠집니다. 또 재료 본연의 맛을 즐길 수도 있습니다.

기술 5 스테인리스 코팅 팬 사용

굽고 볶을 때에는 불소 수지 코팅 등 표면이 코팅되어 있는 팬을 사용하면 기름 없이, 혹은 소량으로도 조리할 수 있습니다.

기술 6 튀김 제품은 기름을 빼고 난 후 사용

유부, 튀긴 두부 등 가공 단계에서 이미 튀긴 식품은 살짝 데쳐 기름을 뺀 후에 사용하면 칼로리가 다소 줄어듭니다.

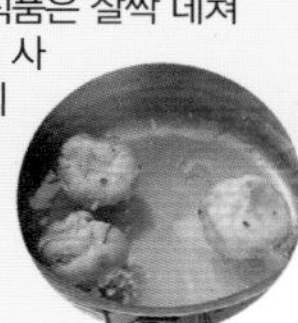

기름과 조미료를 줄여 더욱 칼로리 다운!

천연 식물 성분 중쇄 지방산 작용으로 지방이 잘 안 붙는 식용유, 오일을 1/3까지 줄인 오일 컷 드레싱을 쓰면 맛을 변화시키지 않고 칼로리를 낮출 수 있습니다.

염분 줄이기

염분을 과다 섭취하면 임신 고혈압 증후군이나 부종의 원인이 됩니다. 염분을 줄인 조미료를 쓰거나 육수, 향신료를 첨가하는 등 염분을 줄이는 요령을 알아두면 보다 건강하고 만족감을 느끼는 요리를 만들 수 있습니다.

기술 1 맛국물을 낼 때는 천연 재료를 쓴다

다랑어포, 다시마 등 천연 재료로 낸 맛국물에는 글루탐산, 이노신산 등 맛있는 성분이 가득 들어 있습니다. 염분이 적어도 맛있게 느껴집니다.

기술 2 간장은 소금이 덜 들어간 저염 간장으로

식염이 덜 들어간 타입의 간장을 써서 조리하면 염분을 반으로 줄일 수 있습니다. 소금을 육수나 초로 묽게 만드는 것도 권장할 만합니다.

기술 3 식품에 포함된 염분에 주의한다

멸치, 생선알, 소시지, 치즈, 식빵, 면류 등에도 원래 소금이 다량 포함되어 있습니다. 살짝 데치면 염분을 줄일 수 있습니다.

Na 400mg = 식염 1g 염분 표시에 주의

식품 염분량은 봉지에 표시되어 있는 나트륨 양으로 환산합니다. 나트륨 약 400mg = 식염 상당량 1g이므로 나트륨이 2.4g이면 3900mg÷400mg = 식염량 6g이라는 뜻.

기술 4 칼륨을 풍부히 섭취한다

칼륨은 나트륨 배출을 돕고 혈압을 낮추는 작용을 합니다. 채소, 과일, 고구마, 콩류, 버섯류를 적극적으로 섭취하세요!

기술 5 밑반찬, 장아찌 등은 저염으로 먹는다

일반적으로 젓갈, 장아찌 류의 밑반찬은 염분이 많으므로 꼭 먹고 싶을 때에는 저염으로 드세요.

기술 6 요리할 때에는 간을 싱겁게 한다

천연 육수를 써서 계절에 맞는 식재료의 맛을 살리면 염분을 줄여도 맛있게 먹을 수 있습니다. 계절 식재료를 알아두어 신선한 재료를 고릅시다.

식재료 본연의 맛을 살린다

염분은 물론 설탕, 조미료를 줄여 식재료 본연의 맛을 살려 조리합시다.

감귤류, 향신료, 허브 등을 이용하세요

신맛, 향신료를 잘 이용하면 깊은 맛이 우러나와 저염으로 인한 심심한 맛을 커버할 수 있어요.

임신 6개월 예비 부모 교실 & 출산 교실을 활용해요

초산인 부부는 모르는 것투성이. 예비 부모 교실과 출산 교실을 통해 임신 중 생활과 육아의 기본에 대해 부부가 함께 배웁시다.

임신과 출산에 대해 바른 정보를 얻을 수 있는 귀중한 기회

임신 및 출산의 바른 지식, 신생아 돌보는 법을 가르쳐주는 예비 부모 교실은 임신·출산 관련 온라인 포털 사이트나 지자체 보건소 또는 건강가족지원센터(www.familynet.or.kr) 등에서 개최합니다. 첫 임신부는 물론 몇 년 만에 임신한 경우에도 복습할 겸 참가해보면 새로운 정보를 얻을 수도 있습니다.
예비 부모 교실 참가는 안정기인 중기가 이상적이지만 직장을 다닐 경우에는 출산 휴가에 들어간 후에도 괜찮습니다. 그리고 꼭 남편도 같이 참가해 아내의 몸 상태와 아이에 대해 알아가는 계기로 삼기를 바랍니다.

건강가족지원센터에서는 각 지역 센터별로 다양한 예비 부모 교실을 개최합니다. 임신 중에 필요한 교육뿐만 아니라 이후 육아에 관련한 다양한 강좌가 제공되니 [프로그램 및 일정] 메뉴에서 지역, 행사 분류, 기간 등을 입력하여 검색해보세요.

【 출산 교실 프로그램의 예 】

출산 교실은 지자체의 보건센터에서 예약제로 운영합니다. 프로그램의 내용, 1회당 시간, 횟수 등은 개최 주체에 따라 다릅니다. 다음은 지역 보건센터에서 실시하는 예입니다.

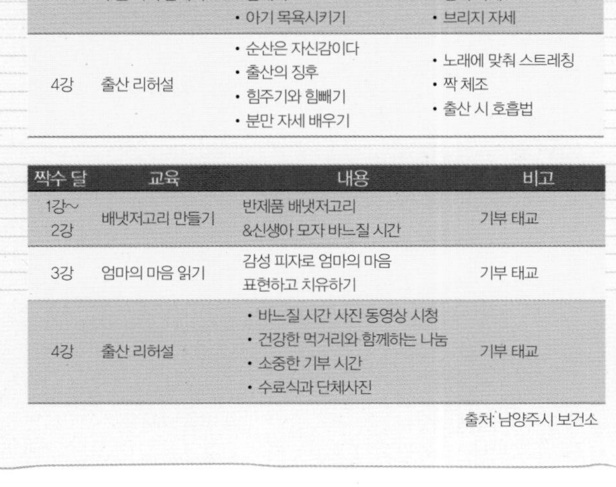

홀수 달	강의	내용	순산 체조
1강	태교의 중요성	• 태교란 • 태아의 성장 과정 • 최적의 자궁 환경	• 기초 호흡법 • 어깨, 등 근육 이완 체조 • 음악과 함께하는 율동
2강	엄마 젖 먹이기 성공 프로젝트	• 엄마 젖을 먹여야 하는 이유 • 초유의 중요성 • 5단계 비결 • 수유 자세 배우기	• 산전 유방 마사지
3강	신생아 돌보기 우는 아기 달래기	• 신생아의 특성 • 하비 카프 박사의 우는 아기 달래기 • 아기 목욕시키기	• 하체 부종 예방 체조 • 손·발 혈액 순환 촉진 • 런지 자세 • 브리지 자세
4강	출산 리허설	• 순산은 자신감이다 • 출산의 징후 • 힘주기와 힘빼기 • 분만 자세 배우기	• 노래에 맞춰 스트레칭 • 짝 체조 • 출산 시 호흡법

짝수 달	교육	내용	비고
1강~2강	배냇저고리 만들기	반제품 배냇저고리 &신생아 모자 바느질 시간	기부 태교
3강	엄마의 마음 읽기	감성 피자로 엄마의 마음 표현하고 치유하기	기부 태교
4강	출산 리허설	• 바느질 시간 사진 동영상 시청 • 건강한 먹거리와 함께하는 나눔 • 소중한 기부 시간 • 수료식과 단체사진	기부 태교

출처: 남양주시 보건소

예비 부모 교실의 장점

1 임신 중 생활과 출산, 육아 정보를 얻을 수 있다

임신 중 식생활의 주의점, 출산 과정, 신생아 돌보기 등에 대해 알기 쉽게 설명을 들을 수 있습니다. 주변에서 조언을 들을 수 없는 사람은 도움이 됩니다!

2 아빠를 위한 프로그램을 통해 아빠로서 자각이 싹트기 쉽다

예비 아빠를 위한 프로그램에 참여하면 임신 중 아내의 상태를 좀 더 알 수 있고 임신부를 위한 요리나 출산 후 육아의 기본을 배울 수 있습니다.

3 같은 임신부 친구를 만들 수 있다!

같은 시기에 출산 예정인 사람과 만남으로써 좋은 의논 상대를 찾을 수 있습니다. 산후에는 아이를 함께 놀게 하는 등 교우 관계가 더욱 돈독해질 것입니다.

4 고민과 불안을 해소할 수 있다

임신 중 고민과 출산에 대한 불안은 참가자끼리 함께 이야기하는 그룹 토론과 전문가에게 상담함으로써 해소할 수 있습니다.

임신 중 여가 생활

여행할 때 조심해야 할 일

부부 둘만 있을 때 여기저기 다니고 싶어요! 다들 같은 마음일 테지만 임신 중에는 무엇보다 엄마 몸 상태가 우선입니다.

이동을 줄이고 무리하지 않는 일정을 짜세요

안정기인 이 시기에 하고 싶은 것 리스트 중 반드시 들어 있는 게 여행입니다. 임신 중 여행은 몸 상태가 좋다면 괜찮지만, 지나치게 장시간 이동하지 않고 여유 있게 일정을 짜는 게 중요합니다. 장거리 여행은 의사와 의논한 다음 결정하는 게 좋습니다.

해외여행을 계획할 때에도 우선 의사의 확인을 받으세요. 한국과 시차, 온도차가 큰 나라는 피하는 게 좋습니다.

임신부에게 좋은 스타일의 여행은 한곳에 체류하는 여행. 무리하지 않는 일정을 짜 사이사이에 휴식을 취하고, 산모수첩과 보험증을 반드시 갖고 다니세요.

임신부에게는 시간에 쫓기지 않고 여유롭게 지낼 수 있는 리조트를 권장!

차 운전은 가족에게 맡기세요. 혹시 몸 상태가 나빠지면 차에서 내려 잠시 쉽니다.

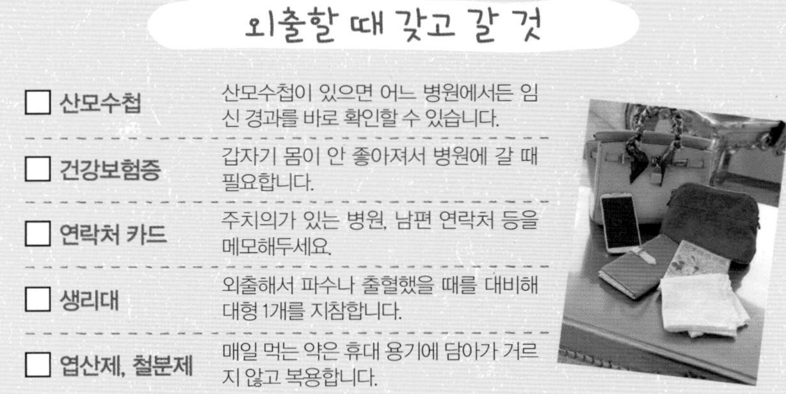

외출할 때 갖고 갈 것

- ☐ **산모수첩** — 산모수첩이 있으면 어느 병원에서든 임신 경과를 바로 확인할 수 있습니다.
- ☐ **건강보험증** — 갑자기 몸이 안 좋아져서 병원에 갈 때 필요합니다.
- ☐ **연락처 카드** — 주치의가 있는 병원, 남편 연락처 등을 메모해두세요.
- ☐ **생리대** — 외출해서 파수나 출혈했을 때를 대비해 대형 1개를 지참합니다.
- ☐ **엽산제, 철분제** — 매일 먹는 약은 휴대 용기에 담아가 거르지 않고 복용합니다.

이런 점을 주의!

자동차
자동차 진동은 몸에 부담을 줍니다. 이동 시간은 1~2시간을 기준으로 삼습니다. 임신 중에는 판단력이 떨어지므로 운전은 가족에게 맡기세요. 차 안을 자주 환기시키고 휴식을 취하도록 하세요.

기차
장시간 같은 자세를 취하면 배에 부담을 주므로 자주 자세를 바꾸세요. 기분이 안 좋아지면 도중에 기차에서 내려 휴식은 필수.

비행기
장거리&장시간 흔들리는 비행기는 피하는 편이 좋지만, 꼭 가야만 할 경우에는 의사에게 상담을 합시다. 임신부 지원 서비스가 있는 항공 회사도 있으므로 예약과 탑승 시에 신청하세요.

【 언제까지 괜찮은가요? 목적지별 조언 】

목적지	초~중기	말기	조언
온천, 스파	○	×	너무 오래 탕 속에 들어가지 않도록 주의. 자궁구가 벌어지거나 질염이 있는 경우에는 금물.
놀이공원	○	△	제트코스터 같은 과격한 놀이 기구는 피하고, 너무 오래 걷지 않도록 주의.
배 타기	○	△	장시간 이동은 좋지 않지만 1~2시간 유람선을 타는 정도라면 OK. 추위와 뱃멀미에 주의.
볼링	○	△	기분 전환이 된다면 ○. 임신 중에는 몸이 생각처럼 움직이지 않아 자연히 멀어진다고.
자전거 타기	△	△	가급적 타지 않는 것이 좋고 후기에는 무게 중심을 잡기 어려워 넘어질 확률이 높아 ×.

목적지	초~중기	말기	조언
콘서트	○	○	좌석이 확보된 경우에는 OK. 장시간 서 있어야 하는 라이브는 ×.
등산	△	×	본격적인 등산은 ×. 트레킹 정도라면 안정기까지는 OK. 천천히 걷도록 주의.
노래방, 회식	△	△	기분 전환을 위해서는 OK. 2차, 3차까지 가는 것은 △. 담배 연기에 주의.
해양 스포츠	○	△	바다에 들어가는 다이빙과 스노클링은 ×. 해변에서 물놀이 정도로 그친다면 OK.
쇼핑	○	○	기본적으로 OK. 피곤할 땐 휴식을 취하며, 바겐세일 등 사람들이 혼잡할 때에는 피하도록.

○ 괜찮습니다 △ 주의하세요 × 해서는 안 됩니다

임신 **7** 개월

24~27주

배가 뭉치기 쉽습니다.

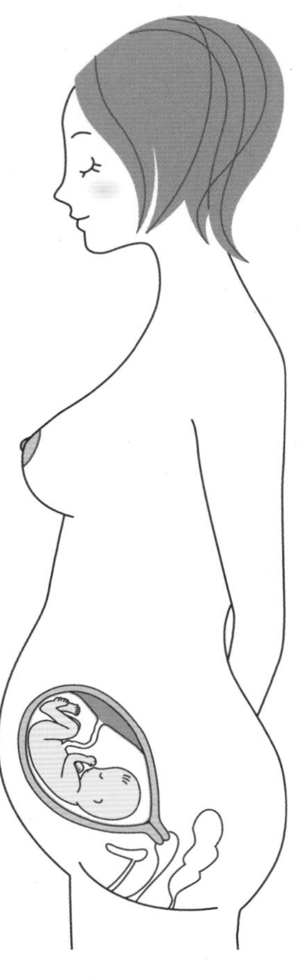

엄마 몸의 변화

- 허리와 등의 통증, 정맥류, 변비, 치질 등 소소한 문제가 발생하여 고생하는 경우도 있습니다.
- 배와 허벅지에 임신선이 나타나기도 합니다.
- 생리적인 배 뭉침이 자주 일어납니다.

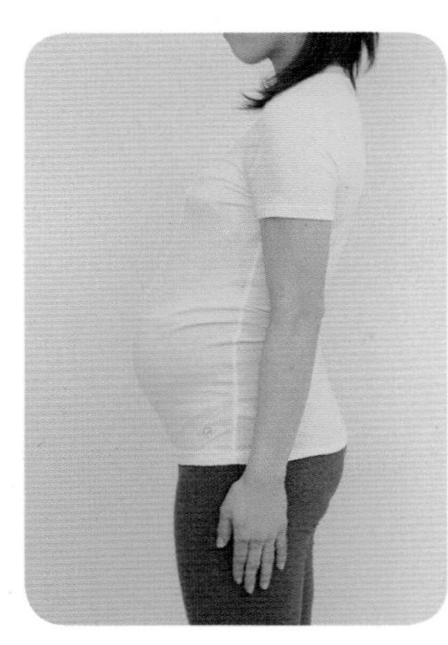

자궁 저부 높이

24~28cm

체중 증가

임신 전 체중+5~6.5kg

건강하다고 해서 지나치게 움직이면 조산할 위험이 있습니다

몸 상태가 비교적 안정적이라 출산 전에 해야 할 일이 있다면 이 시기가 좋습니다. 하지만 배가 불룩 나와 허리와 등에 부담이 커집니다. 그리고 무엇보다 주의해야 할 것이 조산. 조산이란 임신 22주 이후 37주 미만에 출산하는 경우를 말합니다. 만일 이 시기에 태어나도 적절한 처치를 한다면 아이가 잘 자랄 가능성이 있지만 세상에 대한 적응력이 미숙한 때입니다. 몸 상태가 좋다고 너무 무리하면 조산의 위험이 있으니 주의하세요.

임신 7개월 때 해야 할 일

■ 꼭 해야 할 일

- ☐ 분만 경과 예습 ➔ 162쪽 참고
- ☐ 근처 소아과, 아기방 등 주변 시설 정보 체크

■ 해두면 좋을 일

- ☐ 친정에서 출산할 경우 집을 비울 준비 시작 ➔ 93쪽 참고
- ☐ 약국, 마트에서 사둘 것이 없는지 체크
- ☐ 몸 상태가 좋으면 외식, 쇼핑, 영화 감상 ➔ 77쪽 참고
- ☐ 자격 취득 등 이때에만 할 수 있는 자기 계발을 한다 ➔ 77쪽 참고

무리하지 말고 피로하지 않도록 주의!

태아의 성장

- 콧구멍이 트이고 눈꺼풀이 생깁니다.
- 역아 상태가 되기도 합니다.
- 대뇌 피질이 발달하고 사람다운 움직임을 합니다.
- 청각, 시각, 미각이 발달합니다.
- 엄마 아빠의 목소리를 구분하거나 익숙한 소리 패턴을 기억할 수 있습니다.

오감이 더욱 발달하고 감정도 싹트기 시작합니다

그때까지 붙어 있던 눈꺼풀이 트이고 콧구멍이 뚫려 보다 아이다운 얼굴을 합니다. 동시에 지각과 기억을 관장하는 대뇌 피질이 발달되어 몸을 움직이거나 방향을 바꾸는 등 움직임을 자신의 의지대로 할 수 있게 됩니다. 생각하거나 기억하거나, 배 속에 있으면서 다양한 감정이 싹트기 시작하는 것도 이 시기부터. 소리를 구분하거나 빛을 느낄 수 있는 등 청각, 시각도 한층 더 발달합니다. 단맛, 쓴맛을 느끼는 미각도 완성됩니다.

예비 아빠에게

섹스는 아내의 기분을 우선하여

아내가 임신했을 때의 섹스는 남편에게 골치 아픈 문제입니다. 아내의 몸 상태에 이상이 없다면 섹스로 스킨십을 꾀하더라도 문제없습니다. 다만 아내의 기분이 최우선입니다. 배를 압박하지 않는 체위로 '얕고 가볍고 짧게'라는 원칙을 지키세요.

예비 엄마에게

조산, 빈혈에 주의!

임신 7~8개월의 2개월간 태아 성장 속도가 매우 빠릅니다. 양수가 늘고 배도 급격히 불러오므로 이전 임신에서 조산이었던 경우라면 특히 주의하세요. 절박조산, 빈혈을 조심합니다.

7 임신 개월 24~27주

임신 7개월 주별 가이드

임신 24주

예정일까지 112일

mom 임신 중에는 면역력이 떨어져 감기에 걸리기 쉬운 상태입니다. 조심했는데도 열이 난다면 산부인과에서 해열제 처방을 받으세요. 감기 바이러스 자체는 아이에게 영향을 주지 않지만 고열이 계속되어 체력을 소모하면 엄마의 몸이 힘듭니다. 가급적 빨리 회복될 수 있도록 하세요.

하고 싶었던 일이 더 없나? 충치가 걱정되는 사람은 치과에 GO!

출산 때까지 하고 싶은 일이 있는 경우에는 지금 당장 목록을 만들어 몸 상태를 보면서 실천해나갑니다. 임신하면 치아가 약해집니다. 치아 케어나 충치 치료는 서둘러 끝내세요.

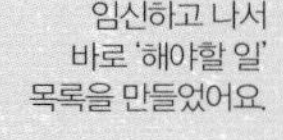
임신하고 나서 바로 '해야할 일' 목록을 만들었어요.

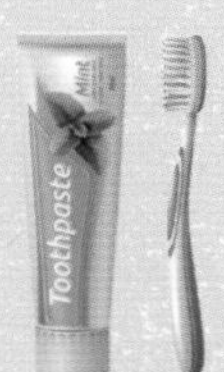

임신 중에는 양치질을 자주, 구석구석.

baby 이즈음의 아기는

엄마 아빠 목소리를 듣고 분명히 구분할 수 있어요

엄마의 심장 소리와 목소리 등이 잘 들리고 또 엄마의 높은 목소리, 아빠의 낮은 목소리를 판별할 수 있게 됩니다. 콧구멍도 뚫려 한층 더 아이다운 얼굴 모습을 합니다. 큰 코와 뚜렷한 눈이 찍힌 초음파 사진을 보며 "코는 아빠 닮았나?" "엄마 눈을 빼닮았네!" 하면서 가족 모두가 기쁨의 이야기꽃을 피우겠지요!

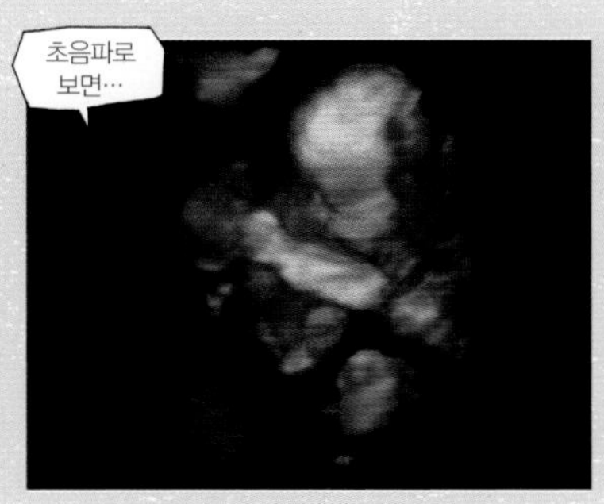

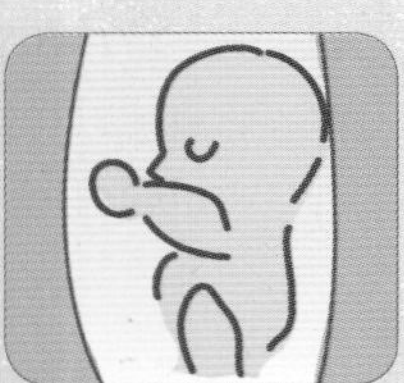
3D 사진으로 촬영한 옆모습. 팔을 뻗어 얼굴을 감싸고 있습니다. 쭈그려 앉은 모습일까요?

임신 25주

예정일까지 105일

mom 임신 7개월에는 임신부다운 체형이 되지만 심하게 몸이 무겁지는 않아 몸 상태가 꽤 괜찮은 시기. 매일 태동을 느끼며 이때 가장 임신부 라이프를 즐길 수 있습니다. 남편과 마음껏 데이트하거나 출산 준비 쇼핑도 즐기세요. 워킹맘은 몸 상태에 따라 너무 무리하지 않도록 주의합니다.

예비 부모 교실을 통해 남편을 육아에 적극적으로 참가시킵시다!

남편을 육아에 적극적으로 참여하게 하려면 임신 7개월 무렵부터 함께 예비 부모 교실에 다니면 좋아요. 예비 부모 교실이 끝난 다음 함께 차를 마시거나 식사를 하는 등 데이트도 해보아요.

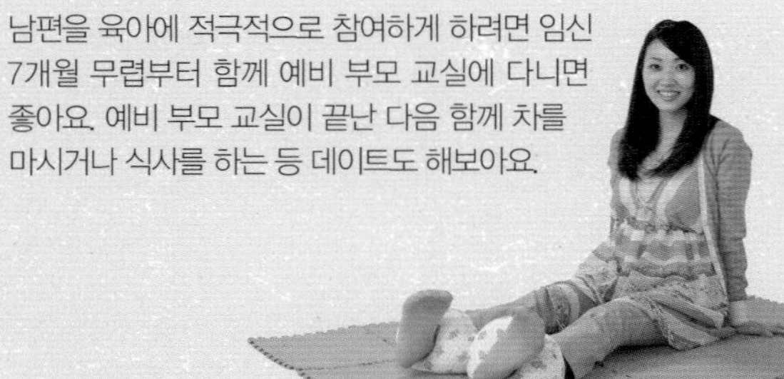

도넛 형태의 발 베개로 다리 부종을 말끔히 없애요.

baby 이즈음의 아기는

지금은 역아라도 대부분 자연스럽게 돌아옵니다

활짝 웃거나 입을 크게 벌려 하품을 하는 등 아이의 표정은 이미 한 사람의 인간입니다. 이때의 사랑스러운 모습이 인상적이라 태어났을 때 처음 본다는 느낌이 안 들더라는 엄마들도 있습니다. 다리가 V자형이 되어 있으면 역아일 가능성이 있지만, 자연히 돌아오는 경우가 대부분입니다.

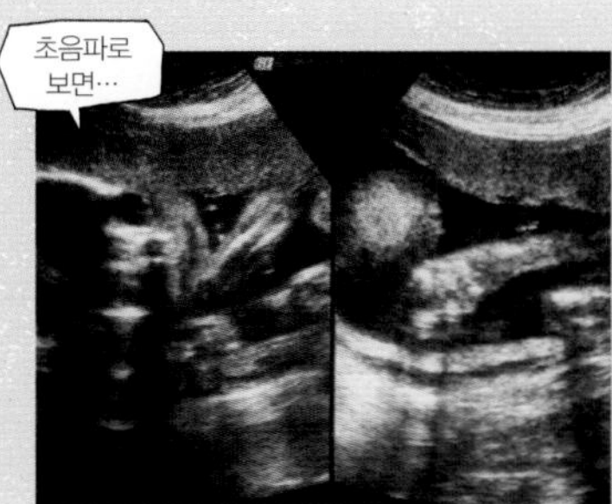

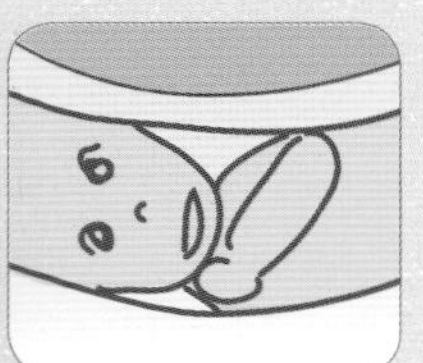
이쪽을 보면서 활짝 웃습니다. 팔을 가슴 앞에서 뻗어 포즈를 취하고 있네요.

이번 주엔 무슨 일이 있을까

임신 26주

예정일까지 98일

mom 이 무렵부터 배의 뭉침을 느끼는 빈도가 늘어납니다. 그냥 생길 때도 있지만, 피곤하거나 몸이 차면 더 자주 뭉칩니다. 휴식을 취할 경우 사라진다면 그리 걱정하지 않아도 되지만, 배가 뭉치면 잠깐 쉬는 습관을 들여둡니다.

임신 중 추억을 만들 기회

부부만의 추억 만들기가 이제 막바지에 접어들었습니다. 여행을 가거나 외식 등을 즐기며 후회 없이 지냅시다. 그럴 때에는 배 속의 아이에게도 듬뿍 이야기를 들려주세요.

편안히 바닷가 리조트 여행을 즐겼어요.

태동을 느끼면 배를 부드럽게 쓰다듬으며 아기에게 말을 겁니다.

baby 이즈음의 아기는

다리 사이에 보이는 외성기로 드디어 성별 판명!?

뇌의 대뇌 피질이 발달하고 팔을 벌리거나 몸 방향을 바꾸는 등 보다 인간다운 동작을 할 수 있게 됩니다. 그 몸의 움직임에 따라 외성기가 보여 성별이 판명되는 경우도 있습니다. 발과 발 사이에 나뭇잎 모양의 대음순이 보이면 딸, 음낭과 막대기처럼 삐죽 나온 고추(음경, 페니스)가 보이면 아들입니다.

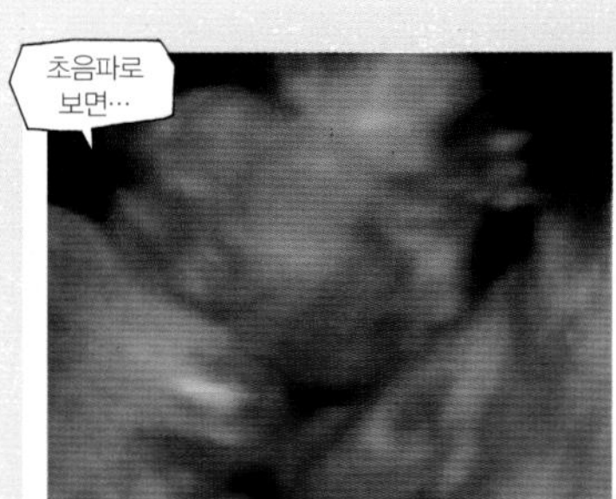

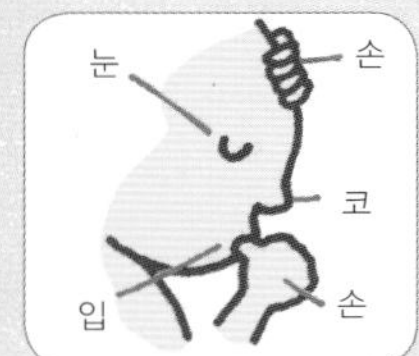

이마에 한 손을 대고 열심히 손가락을 빱니다. 젖꼭지 빠는 연습을 하는 중일까요?

임신 27주

예정일까지 91일

mom 낮에 활발하게 움직였다면 밤엔 수면을 푹 취해 몸을 쉬게 합니다. 이 ON/OFF가 매우 중요합니다. 자주 밤샘을 하거나 밤늦게까지 컴퓨터나 휴대폰을 들여다보고 있으면 혈액 순환이 나빠집니다. 자기 몸 상태뿐만 아니라 아이를 위해서라도 일찍 자고 일찍 일어나는 습관을 만드세요.

촉감 좋은 크림으로 몸을 케어

좋아하는 로션이나 크림으로 임신선 케어를 하는 김에 목에서 쇄골까지를 마사지하거나 핸드 케어도 해보세요. 자신을 소중히 함으로써 마음도 편안해집니다.

굽이 낮은 귀여운 구두도 임신 중에 즐길 수 있는 아이템.

좋아하는 향기로 고르면 임신선 케어도 즐거워집니다.

baby 이즈음의 아기는

엄마가 밤샘을 하면 아이의 체내 리듬도 들쑥날쑥!?

망막이 발달하기 시작해 빛을 느낄 수 있습니다. 영상으로 눈을 자세히 관찰하면 눈꺼풀을 깜빡이거나 눈을 이리저리 굴리는 모습을 볼 수도 있습니다. 엄마가 밤샘을 하면 배 속 아이도 밝기를 느낍니다. 엄마 몸을 위해서는 물론이고 아이 체내 리듬을 위해서도 규칙적인 생활을 합시다.

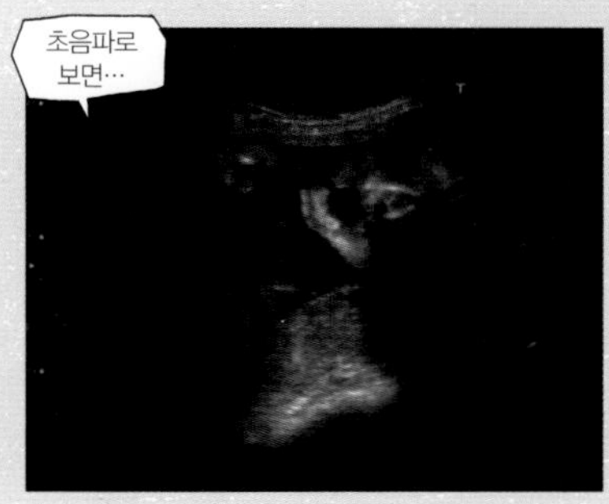

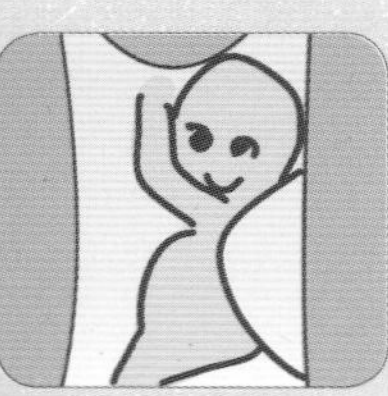

위에 매달린 듯이 보이는 사진. 이쪽을 향해 "여기예요!" 하는 것 같죠.

7 임신 개월

육아용품을 고르기 시작해요

귀여운 육아용품을 보면 뭐든지 사고 싶겠지만 잠깐 심호흡을 하고, 우선 구매 목록부터 만드세요.

모두 사지 말고, 대여할 것이나 지인에게 물려받을 것 등으로 분류해보세요

비교적 자유롭게 움직일 수 있는 이 시기에 출산 후 곧바로 쓸 육아용품을 준비하세요. 육아용품 중에는 임신해서 처음 알게 되는 것도 많습니다. 우선 어떤 것이 있고 어떤 식으로 쓰는지 이 책 204쪽을 참고로 찾아둡시다. 정보 수집을 하고 필요한 것을 리스트로 정리해 구입합니다. 산후조리원에서 쓸 것이나 단기간 사용할 것은 대여해도 좋을 터. 또 주위 사람들에게 물려받을 것이 있다면 미리 얘기를 해두는 것도 좋습니다. 배냇저고리 이외에는 계절과 아기의 성장 속도에 맞춰 그때그때 사는 게 좋습니다.

육아용품 구입 목록을 만들어 체크하고 고민되는 부분이 있으면 가족이나 친구 등 경험자와 의논하세요.

육아용품 고르기 성공 요령

1 경험자 의견을 참고해 구매 목록 작성

역시 이럴 때 도움이 되는 게 경험자. 특히 같은 계절에 출산한 선배 맘이라면 그 시기에 필요한 것을 알고 있을 터. 선배 맘과 함께 쇼핑을 해서 불필요한 것은 사지 않게 되었다는 사람도 많습니다.

2 출산 전에 너무 많이 사두지 말 것!

귀여운 육아용품을 보면 지갑부터 열게 되지만 옷은 계절과 아기의 성장 속도에 좌우되는 법. 생활패턴과 아이 개성에 따라 맞고 안 맞는 게 있습니다. 출산 전 쇼핑은 최소한으로 줄이세요. 고민되면 조사만 해두고 아직 사지는 마세요.

3 디자인은 엄마의 취향대로!

육아용품은 당연히 아이 성장에 맞춰 골라야겠지만 색깔과 디자인은 엄마의 기호에 딱 맞는 걸로 고르면 기분도 좋아지기 마련! 특히 오래 쓰는 아기띠, 유모차, 기저귀 가방 등은 엄마 취향에 맞추세요.

출산 준비 순서 복습!

Step 1 임신 5개월 무렵

정보를 수집한다

우선 육아용품에 어떤 것이 있는지 정보를 수집. 인터넷, 잡지뿐만 아니라 가까운 경험자들에게 이야기를 들어봅니다.

Step 2 임신 6~7개월 무렵

실물을 보며 목록 작성

유아 침대, 아이 의자 등 가격이 비싼 큰 물품은 실물을 직접 봐야 해요. 빌리거나 물려받는 것을 포함해 목록을 작성합니다.

Step 3 임신 8개월 무렵

아이템을 구입한다

우선 출산 후 곧바로 쓸 것은 이 시기에 사둡니다. 소모품은 근처 마트에서도 살 수 있으므로 직전에 구입해도 됩니다.

Step 4 임신 9개월 무렵

대여품을 준비한다

인기 있는 제품은 품절 가능성도 있으므로 미리 준비합니다.

Step 5 임신 10개월 무렵

빠뜨린 게 없는지 최종 체크

입원 중, 출산 직후 아이 돌보기를 시뮬레이션해서 빠뜨린 게 없는지 체크하세요. 산후 쇼핑은 온라인 쇼핑몰을 이용하면 편리합니다.

하고 싶은 일이 있다면 마지막 기회

임신 생활을 마음껏 즐겨요

여행 이외에도 임신 사진, 수제 용품 등은 임신부들에게 인기. 산후에는 잘 만날 수 없는 친구와도 지금 만나두세요.

임신 사진 찍기

집이나 스튜디오에서 촬영

임신 사진은 남편에게 찍어달라고 하거나 스튜디오에서 찍는 등 형태는 다양합니다. 부른 배는 임신 중의 귀중한 추억. 장래에 자녀에게 "네가 이 배 속에 있었어" 하고 들려줄 수 있으니 멋지지 않나요?

스튜디오에서 찍으면 더욱 멋진 화면을 연출할 수 있습니다. 인기 있는 스튜디오라면 2~3개월 전에 예약해두면 안심할 수 있어요.

[임신 사진 촬영 요령]

- 편안한 마음으로 즐겁게 촬영한다.
- 시선을 배로 향하거나 밑으로 내려 카메라를 바라보지 않도록 한다.
- 옆을 향해 서면 부른 배의 라인이 더욱 예쁘게 나온다.
- 자연광을 인물에 맞추면 밝게 나오고, 역광으로 찍으면 분위기 있는 사진이 완성된다.

수예 등 공예 즐기기

신기하게도 마음이 편안해져

아이 생각을 하며 턱받이나 배냇저고리를 만들거나, 인형이나 조끼를 짜는 등 이전에는 흥미가 없던 사람도 임신하면 수예의 즐거움에 눈을 뜨게 된다고 합니다. 입덧을 하거나 안정된 생활을 보내야 해서 외출하지 못할 때에도 집 안에서 손을 움직이다 보면 마음이 편안해졌다는 사람도 많습니다.

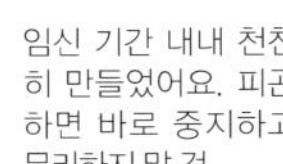

임신 기간 내내 천천히 만들었어요. 피곤하면 바로 중지하고 무리하지 말 것.

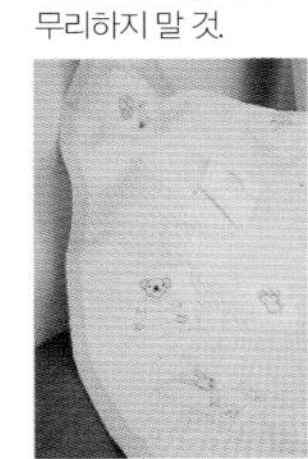

예쁜 자수를 놓은 담요를 완성. 퇴원할 때 포대기로 쓸 예정.

요리하기

취미와 실리, 일석이조

임신을 계기로 식재료의 영양과 에너지에 대해 다시 공부했다는 사람들이 많을 터. 또 원래 제과나 제빵을 좋아했는데 시간을 낼 수 있는 임신 중에 보다 더 내공을 쌓았다는 케이스도. 몸에 좋은 재료로 바꿀 수 있는 것도 수제라 가능한 일.

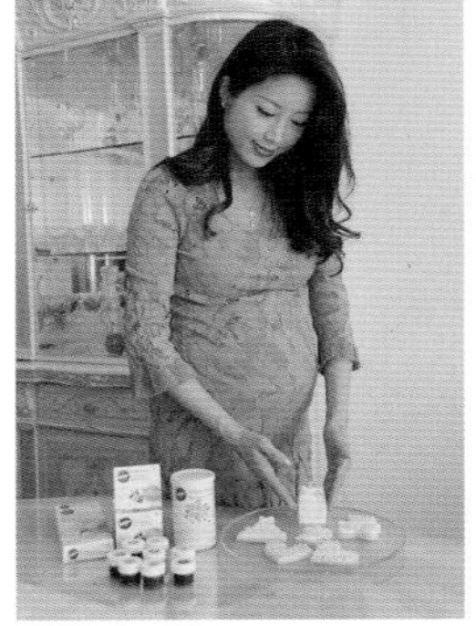

아기를 모티브로 한 수제 아이싱 쿠키. 출산 예정일도 써넣어요.

오래가는 과자는 선물로도 최적. 친정 식구들이나 친구들에게 선물하면 좋아요.

출산 전까지 해두고 싶은 일들

영화관, 미술관 등 문화생활을 만끽

어른을 위한 영화나 애들을 데리고 가기 힘든 미술관은 자유롭게 움직일 수 있는 이 시기에 즐기세요. 엄마가 좋아하는 것들 속에 둘러싸여 있으면 아이도 분명 즐거울 터.

자격 시험 등 공부

지금 하는 일을 더욱 잘하기 위해, 출산 후 복귀하기 위한 준비로서 이 시기에 공부를 하는 사람도 적지 않습니다. 기간이 한정되어 있기 때문에 오히려 더 집중할 수 있지 않을까요? 영어 공부는 태교에도 좋을지도.

부부가 분위기 좋은 데서 외식

분위기 좋은 스카이 라운지나 호텔 레스토랑 등은 아이를 데리고 가기 힘든 곳. 부부 둘만 있을 때 가둡니다. 단, 염분과 칼로리를 과다 섭취하지 않도록 주의하세요.

친구와 마음껏 논다

출산 후에는 육아가 어느 정도 끝날 때까지 친구와 멀어지는 경우도 많습니다. 친구를 만나도 아이가 있으면 마음을 놓을 수 없으니 이 시기에 마음껏 만나 수다를 떠세요.

다른 자녀의 응석을 충분히 받아준다

형제자매가 이미 있는 경우에는 동생을 출산하기 전까지는 충분히 응석을 받아주세요. 함께 엄마 배를 만지면서 말을 걸면 동생이 태어난 후에도 받아들이기 쉽다고 합니다.

7 임신 개월

안정하라는 얘기를 들었어요

안정하라는 말을 들었다고는 하지만 증상에 따라 움직여도 되는 범위는 모두 다르니 의사에게 확인해보세요.

자택 안정과 입원 안정 등 안정 레벨은 4단계

임신부의 몸에 출혈이나 배의 뭉침이 있거나, 초음파 검사로 자궁 경관이 짧아졌다고 하여 유산, 조산의 우려가 있으면 보통 "안정을 취하라"는 말을 듣습니다. 옆에 나오는 4단계 안정 레벨을 참고로 자신이 어디까지 움직여도 되는지 의사에게 확인한 뒤 지시와 조언을 반드시 지키세요. 의사 지시에 따라 안정을 취하면 대부분 평소 생활로 돌아올 수 있게 됩니다.

'자택 안정' 진단 시 확인할 것

자택 안정 지시를 들었다면 기본적으로 집안일, 외출, 섹스는 금물. 다만 일상생활에서 어떤 제한을 받을지는 임신부의 생활 환경에 따라 달라집니다. 가족 구성, 생활 패턴, 주거 환경 등을 의사에게 전달해 다음 항목을 확인하세요.

- ☐ 집안일
- ☐ 섹스
- ☐ 입욕
- ☐ 외출
- ☐ 계단

입원 안정을 결정하는 기준 중 하나는 출혈, 배 뭉침이 일시적이 아니라 계속되느냐 여부. 특히 자택에서 뭉침을 없애는 약을 복용해도 낫지 않는 경우에는 수액을 통해 치료할 필요가 있어 입원 안정으로 전환하는 경우가 많습니다.

이런 증상이 있으면 '입원 안정'으로

안정 생활 Q & A

Q 자택에서 안정하라는데, 컴퓨터를 해도 되나요

A 장시간, 같은 자세로 컴퓨터 작업을 하면 혈액 순환이 나빠져 몸이 차가워지고 배가 뭉치기 쉬워집니다. 일을 할 때 꼭 필요하더라도 최소한으로 줄이세요.

Q 자택 안정에서 입원 안정으로 바뀌는 경우가 있나요

A 일단 자택에서 안정하라는 지시를 받더라도 다른 자녀를 돌보거나 사정상 집에서 푹 쉴 수 없다면 증상이 악화되어 입원 안정으로 바뀌는 경우도 있습니다.

내 '안정 레벨'은 어느 정도?

안정도 낮음 → 안정도 높음

자택 안정

안정 레벨 ★

가급적 조용히 지내며 피곤하면 눕는다

하루 종일 침대에 누워 있을 필요는 없지만 가급적 조용히 지내며 피곤함을 느끼기 전에 누워 있으세요. 워킹맘도 가급적 의사에게 받은 진단서를 회사에 제출하고 쉬세요.

안정 레벨 ★★

화장실, 식사 이외에는 기본적으로 누워 쉬세요

일상생활에 필요한 최소한의 행동 이외에는 거의 하루 종일 누워 있을 필요가 있습니다. 요리, 청소 등 가사와 다른 자녀 육아는 가족이나 베이비시터, 가사 도우미에게 맡기세요.

입원 안정

안정 레벨 ★★★

기본적으로 화장실과 세수는 OK

출혈이나 배 뭉침이 계속되면 병원에서 경과를 관찰하면서 경우에 따라서는 수액 등 치료를 하기도. 화장실과 세수를 하기 위한 보행은 기본적으로 가능합니다. 허락을 받은 경우에는 매점에 가는 것도 OK.

안정 레벨 ★★★★

거의 하루 종일 침대에 누워 있어야 해요

파수, 자궁 경관 무력증, 전치태반 등이 원인인 경우에는 식사도 침대 위에서 해야 합니다. 몸 상태나 산부인과 설비에 따라서는 화장실, 세수도 침대 위에서.

남편과 떨어져 있을 수 있으면 OK

친정에서 출산하려면

임신부에게는 친정 근처에서 출산하면 안심할 수 있지만 출산 후 남편과 떨어져 지내 육아에 대한 합의가 잘 이루어지지 않는 경우도. 부부가 충분히 의견을 나눠 최선의 방법을 찾으세요.

출산할 병원에서 미리 진찰을 받아보며 분위기를 파악하세요

친정 출산은 출산 시 안심할 수 있고 산후에 푹 쉴 수 있으며 가족 모두가 아이를 맞이할 수 있다는 장점이 있는 한편, 남편과 떨어져 지내야 하고 병원을 바꿔야 한다는 단점도 있습니다. 친정 출산을 성공시키기 위한 열쇠는 이 단점을 극복하는 데 있다고 할 수 있습니다. 또 출산 전에 친정 근처 병원에서 진찰을 받아두면 좋을 것입니다. 병원 분위기에 익숙해지고 의사와도 얼굴을 익혀둘 수 있으며 병원 측도 미리 환자의 데이터를 모아둘 수 있습니다.

친정 출산을 성공시키는 포인트

1 출산 병원에 대한 사전 조사를 충분히 하세요!

출산 직전에 곤란해지지 않도록 조사 단계에서 그 병원의 진료 방침을 제대로 알아두세요. 자기 자신의 우선순위에 맞아야 함은 물론이고 친정 식구들, 친구들로부터 입소문 정보를 들어둡니다.

2 분만 예약을 미리 해둡니다!

최근에는 산부인과 병원이 줄어들고 있으며 분만을 하지 않는 곳도 많습니다. 따라서 원하는 병원을 발견했을 때 가급적 빨리 예약을 해두면 좋습니다.

3 병원을 옮기는 것은 32~34주가 이상적

병원에 따라 다르지만 병원을 옮길 때 제대로 검진을 받기 위해서는 최소 32~34주가 기준입니다. 병원을 옮기는 적절한 시기는 지금 다니는 병원 의사와 상담해 신중히 결정하세요.

4 예상 이외의 지출을 각오하세요

자신의 교통비뿐 아니라 남편 교통비, 가족과 이웃에 대한 선물, 친정에서 갖춰야 할 미용용품, 육아용품……. 친정에 간다고 하지만 생각보다 지출이 많아집니다. 돈을 미리 준비해두세요.

5 친정에서 지나친 응석은 금물

친정에 있으면 모든 걸 부모에게 맡기게 됩니다. 살림도 하지 않고 아이도 잘 돌보지 않다가 집에 돌아오면 어려움이 닥쳐옵니다. 친정에 있더라도 부모에게 너무 기대지 말고 자신이 할 수 있는 일은 스스로 하도록 힘쓰세요.

6 남편도 종종 오게 하세요

남편과 떨어져 있으면 밤에 아이를 돌보는 일 등 힘든 시기를 함께 지내지 않아 아빠로서 자각 형성이 늦어지기도 합니다. 며칠만이라도 친정에서 같이 지내며 힘든 일을 공유하도록 합시다.

친정 출산 준비 4단계

Step 1 임신 2~5개월

기존 의사에게 다른 병원에서 출산할 계획임을 알린다

주치의에게 출산은 친정에서 한다고 알립시다. 언제쯤 병원을 바꾸는 게 좋을지 조언을 얻을 수 있습니다.

Step 2 임신 2~6개월

병원을 바꿀 준비

동시에 출산할 병원을 알아봅니다. 출산할 병원을 정하면 전화로 '이 병원에서 출산하고 싶다'는 희망 사항을 전달합니다.

Step 3 임신 5~6개월

병원에 익숙해지기 위해 한 번 진찰을

안정기로 몸 상태가 좋을 때 친정 근처 출산할 병원에서 검진을 받습니다. 출산하기 전 언제쯤 진찰을 받을지 일정에 대해서도 의논합니다.

Step 4 임신 8~9개월

출산 병원

32~34주를 기준으로 출산할 병원을 확정합니다. 집을 비우기 전에 필요한 점검도 잊지 말고 해둡니다.

친정에 갈 때 꼭 필요한 것

- ☐ 산모수첩
- ☐ 병원 소개장
- ☐ 신분증, 건강보험증
- ☐ 임부복
- ☐ 퇴원 시 입을 옷

있으면 편리한 것

- ☐ 미용용품
- ☐ 임부용 속옷
- ☐ 임부용 잠옷
- ☐ 책, MP3 플레이어 등 오락용품

임신 **8**개월

28~31주

손발의 부종, 요통 등 몸의 문제가

엄마 몸의 변화

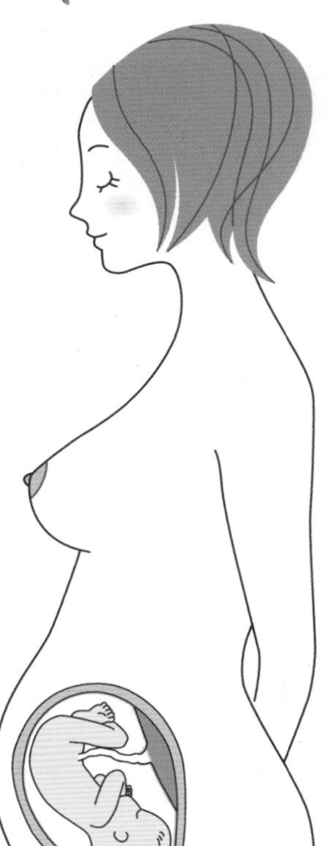

- 태동을 강하게 느낍니다.
- 요통, 변비 증상이 심해지고 손발 부종이 나타나기도 합니다.
- 빈혈이 생기기 쉽습니다.
- 피하 조직이 끊겨 임신선이 생깁니다.

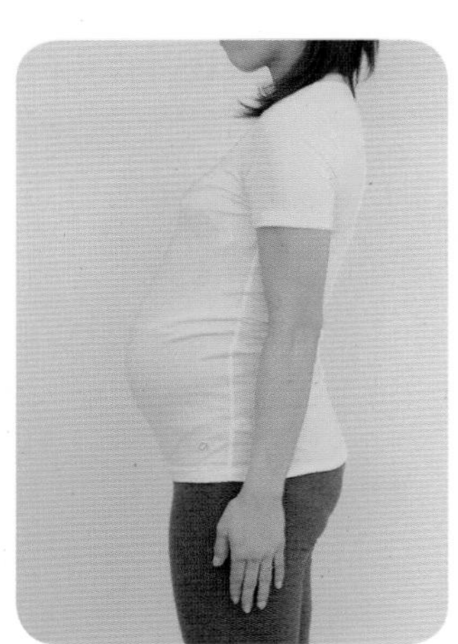

자궁 저부 높이

25~28cm

체중 증가

임신 전 체중+6~7kg

태동이 더욱 강해지고 푹 자지 못하는 경우도

임신 말기에 들어서면 배의 뭉침과 손발 부종, 근육 경련 등 불쾌한 증상이 나타나게 됩니다.

태동은 더욱 강해지고 아이가 활발히 움직여 밤에 잠을 못 자는 경우도 있습니다. 배도 많이 불러 임신선이 생기기 쉬운 시기이므로 지속적인 케어가 필요합니다. 적당한 운동으로 불쾌 증상을 해소해보세요.

임신 8개월 때 해야 할 일

■ 꼭 해야 할 일

- ☐ 산후조리원 알아보기 ➔ 84쪽 참고
- ☐ 아이를 위한 공간 마련하기 ➔ 85쪽 참고
- ☐ 기저귀, 배냇저고리 등을 구입 ➔ 204쪽 참고

■ 해두면 좋을 일

- ☐ 임신 사진을 찍는다 ➔ 77쪽 참고
- ☐ 산후 손질하기 쉬운 헤어스타일로 바꾼다
- ☐ 출산 시 호흡법 연습 ➔ 164쪽 참고
- ☐ 출산을 위해 골반 케어 ➔ 198쪽 참고

심해집니다. 체조로 통증을 완화시키세요

태아의 성장

- 피하 지방이 늘어 체형이 둥글어집니다.
- 폐 이외의 내장 기관이 발달합니다.
- 신경 계통의 발달로 손가락을 섬세하게 움직일 수 있습니다.
- 후각, 청각이 더욱 발달합니다.
- 머리를 아래로 내린 체위로 정착됩니다.

신생아에 가까운 상태로 성장. 출산을 위해 머리를 아래로 향해요

피하 지방이 붙고 둥근 체형으로 변화합니다. 골격이 갖춰지고 폐 이외의 내장 기관은 신생아와 마찬가지로 발달합니다. 손가락을 하나씩 움직이는 등 근육과 신경 계통도 보다 발달합니다. 이 시기에는 양수가 늘지 않아 빙글빙글 돌던 태아도 점차 안정되어 머리를 아래로 내린 자세로 출산을 위한 준비를 시작합니다. 초음파 검사로 외성기가 분명히 보이는 경우가 늘어 성별 확인이 가능합니다.

예비 아빠에게

현재 아내의 상태를 파악하여 건강 관리에 주의합니다

임신성 고혈압 증후군이 생기기 쉬워 한층 더 식생활에 주의해야 할 시기입니다. 외식할 때 배려를 해주세요. 이제 육아용품과 아이를 위한 공간을 마련하기 시작할 때. 가구 옮기기와 침대 조립 등 힘을 쓰는 일은 아빠가 할 일입니다.

예비 엄마에게

체중이 급속히 느는 시기 식생활과 체중 증가에 주의하세요

체중이 늘기 쉬운 시기. 뚱뚱해지면 임신 고혈압 증후군이나 임신성 당뇨병에 걸리거나 골반 주위에 지방이 쌓여 아이가 나오는 통로가 좁아져서 난산이 될 가능성도 늡니다. 식생활을 점검하고 체중을 관리하세요. 식사 일기와 체중을 기록하는 것도 좋은 방법입니다.

임신 8개월 주별 가이드

임신 28주

예정일까지 **84**일

mom 임신 때 체중은 천천히 늘다가 최종적으로 목표치에 도달하는 것이 이상적입니다. 갑작스런 체중 증가는 과식 때문이 아니라 부어서일 가능성이 있기 때문에 주의해야 합니다. 수분을 잘 섭취하고 염분을 줄이며 충분히 휴식을 취하세요. 그리고 소변을 참지 말고 남는 수분은 배출하도록 합시다.

Enjoy! 한껏 멋을 부려 기분을 내보세요♪

임신 말기가 되면 출산을 위해 몸과 마음을 정비하고 싶어집니다. 이것저것 코디를 해보거나 마음에 드는 네일 아트로 기분을 바꿔보는 것은 어떨까요? 워킹맘은 출산 휴가까지 이제 조금만 기다리세요.

목욕하고 나서 느긋하게 스트레칭을.

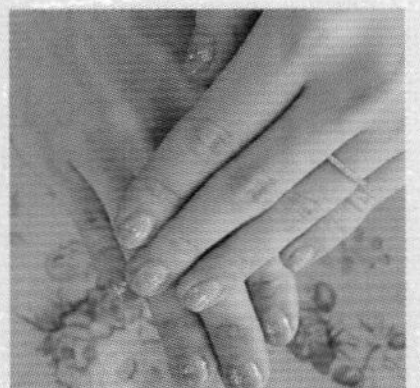

네일 아트로 기분 전환.

baby 이즈음의 아기는

누굴 닮았지? 눈·코·입이 선명히 드러나요

"눈이 크네.", "코 모양이 쏙 빼닮았어." 눈·코·입이 더욱 선명해져 초음파 사진으로도 태어날 아이 얼굴을 상상할 수 있습니다. 아이 성별을 화상으로 확인할 수 있는 기회이므로 꼭 체크해보세요. 운이 좋으면 검사 중에 딸꾹질을 하는 모습을 볼 수 있습니다.

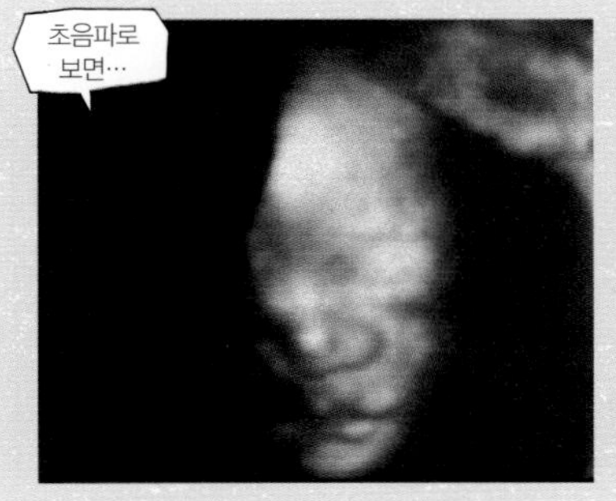

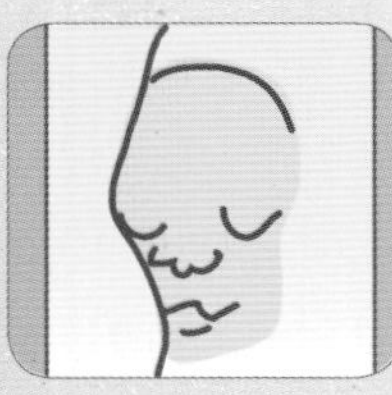

눈·코·입이 분명히 드러나 엄마를 닮았는지 아빠를 닮았는지까지 알 수 있을 것 같은 사진. 만날 그 날이 기다려집니다.

임신 29주

예정일까지 **77**일

mom 8개월 중반에 이르면 배가 갑자기 무거워지고 그만큼 요통도 심해집니다. 배가 부른 상태로 균형을 잡으려다 보니 허리가 아픈 법인데, 자세를 점검해보세요. 골반을 지탱해주는 거들이나 복대를 이용하면 좀 더 편해집니다. 아침부터 종일 부어 있으면 임신 중독일 가능성이 있으니 주의하세요.

Enjoy! 마지막까지 잘 달리기 위해 때로는 휴식도 필요해요

더욱 배가 불러오고 피로가 쌓이기 쉬운 시기입니다. 균형 잡힌 식사를 하고 때로는 외식으로 기분 전환을 합니다. 육아용품과 아이 공간에 대한 준비도 착실히 진행합니다.

미네랄 워터를 마셔 미네랄을 보충합니다.

분위기 좋은 레스토랑에서 남편과 데이트♪

baby 이즈음의 아기는

아이가 나올 준비가 되어 있는지 체크

자유롭게 움직이던 아이도 29~30주기에는 머리를 아래로 내리고 배 속에서 위치를 정합니다. 이 시기, 의사는 아이의 성장 정도와 자궁 상태를 보기도 하고 역아 여부, 탯줄 상태를 확인합니다. 또한 출산이 가까워오면서 조금씩 줄어드는 양수의 양도 체크합니다.

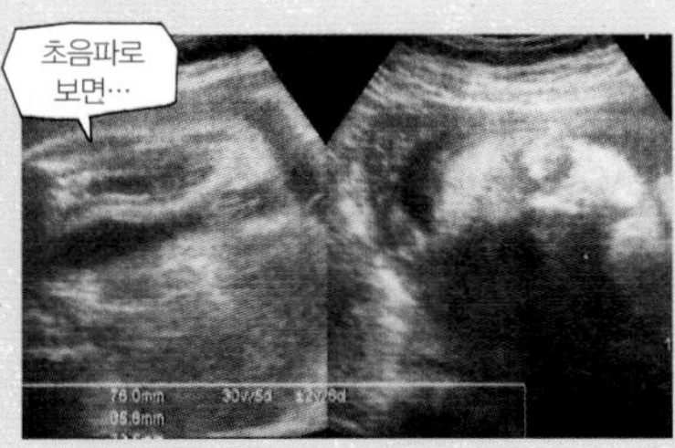

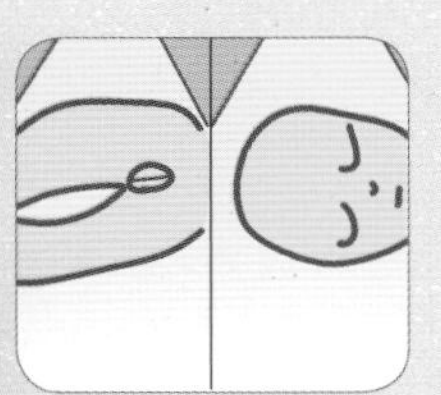

오른쪽은 얼굴을 크게 찍은 것. 왼쪽은 엉덩이와 다리. 왼쪽 사진 오른편에 딸의 표시인 잎사귀 모양의 '대음순'이 보입니다.

이번 주엔 무슨 일이 있을까

임신 30주

예정일까지 70일

mom 여성은 몸이 변화하면서 마음도 엄마가 되지만, 남성이 아빠가 된다는 실감을 하는 건 아이가 태어난 후. 이 심리적 격차를 부부가 얘기를 나누면서 좁혀갑니다. 아이를 기다리는 마음도, 진통에 대한 불안도 말로 전달하며, 또 이것이 임신 우울증을 예방하는 첫걸음입니다.

Enjoy! 커다란 배가 불편하기도 합니다. 즐거움을 찾아 기분 전환을 하세요

배가 커다랗게 불러 발톱을 자르거나 양말을 신는 것도 힘듭니다. 하지만 그것도 아이가 배 속에서 잘 자라고 있다는 증거. 즐겁게 기분 전환하며 이겨내세요.

발톱을 자르는 게 힘들어졌어요!

가족 여행을 즐겨요.

baby 이즈음의 아기는

귀여운 얼굴이 선명하게 보입니다

아이 몸이 커져 자궁 안에서 움직이기 힘들어지면 초음파로도 얼굴 등 일부만 크게 보입니다. 그 때문에 턱 라인이 날카로운지, 이마가 툭 튀어나왔는지 등 얼굴 특징을 선명하게 볼 수 있고, 엄마 아빠는 자기 아이라는 기쁨과 더불어 유전자의 신비를 곱씹게 됩니다.

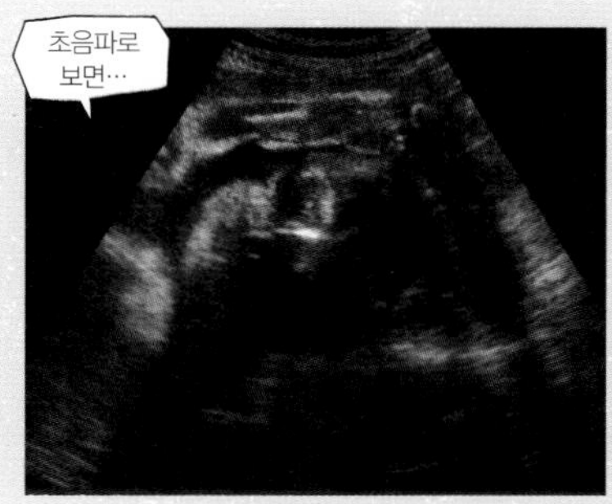

자기 팔을 베개 삼아 자장자장. 완연한 인간답게 눈·코·입도 분명합니다. 아이다운 움직임도 볼 수 있습니다.

임신 31주

예정일까지 63일

mom 커다란 자궁에 압박을 받아 일어나는 임신 중~후기 변비. 수분과 식이 섬유를 섭취하고 정해진 시간에 화장실에 가는 것은 물론, 변비가 너무 심하다면 변비약 처방을 받읍시다. 또한 빈혈 때문에 철분제를 먹어도 변비가 생기기도 합니다. 너무 괴롭다면 의사에게 말해 철분제 종류를 바꿔보세요.

Enjoy! 엄마가 평온한 마음으로 지내는 게 최우선

태동을 보다 격렬하게 느끼고 아이와의 상호 작용이 즐거워질 무렵. 엄마의 감정이 아이에게 그대로 전해지니 가급적 매일 밝은 기분으로 지내세요.

임부용 브랜드 허브티를 꼭 들고 나갑니다.

몸 상태가 좋으면 근처를 산책. 바깥 공기를 마시면 기분이 상쾌해져요.

baby 이즈음의 아기는

손을 움직여 가위바위보도 할 수 있어요!

신경 계통이 더욱 발달해 가위바위보 등 손을 벌렸다 폈다 하는 동작을 초음파로도 확실히 볼 수 있습니다. 골격이 거의 완성되어 주름투성이에 삐쩍 말랐던 몸도 아이답게 둥글게 변화합니다. 후각이 발달하여 양수 안의 냄새를 느낄 수도 있습니다. 이 또한 태어난 후 엄마의 젖을 찾아내기 위한 준비.

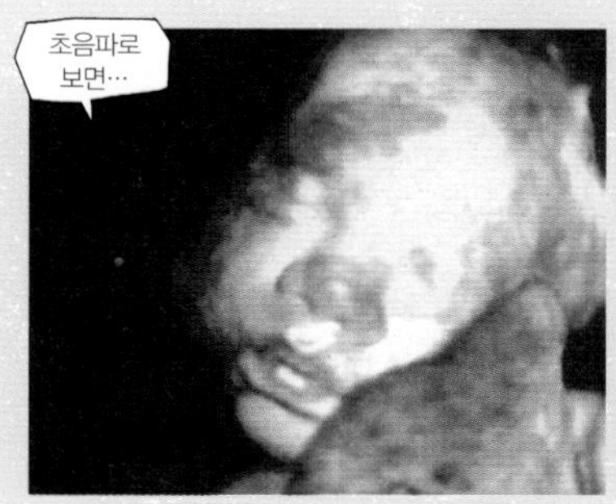

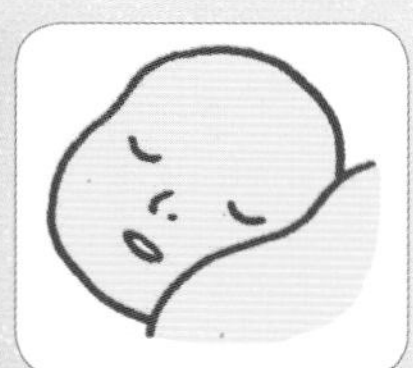

엄마의 태반을 베개 삼아 새근새근. 이대로 배 속에서 편안히 지내게 해주고픈 감정을 일으키는 사진입니다.

임신 8개월

산후조리원 알아보기

산후조리원 선택은 매우 중요합니다. 산모와 아이의 건강을 안전하게 보장받을 수 있는 곳을 알아봅시다.

건강한 출산을 위한 산후조리원 알아보기

산후에 집안일을 하며 다른 자녀와 함께 신생아를 돌보는 일은 쉽지 않습니다. 그래서 많은 산모가 산후조리원을 이용합니다. 오롯이 산모 본인과 신생아 케어에만 신경 쓸 수 있기 때문에 산후 회복도 빠르고 첫 출산이라면 모유 수유 등 어려운 부분에 도움을 받을 수 있습니다. 또 산후조리원에서 만난 산모들과의 교류를 통해 산후 우울증을 예방할 수 있고, 이후에도 만남을 이어가며 아이를 보살피는 데 필요한 정보를 공유할 수 있어 좋습니다.

하지만 산후조리원에 따라 가격이나 시설도 천차만별이고, 의료 사고가 발생하는 경우도 적지 않습니다. 엄마가 마음 편하게 신생아와 자신의 건강을 믿고 맡길 수 있는 곳을 선정하려면 어떠한 점을 고려해야 하는지 알아볼까요?

정부 지원 산후 도우미 활용하기

출산 가정의 소득을 고려하여 선정합니다. 산모 및 배우자의 건강보험 본인 부담금 합산액이 기준 중위 소득 80% 이하 금액에 해당하는 가정에 지원하며, 산모 주소지의 관할 보건소에서 신청하면 됩니다.

신청 기간 출산 예정일 40일 전~출산일로부터 30일까지(출산 후 60일 이후는 지원 안 됨)

신청 장소 산모 주민등록상 관할 보건소

제출 서류 건강보험증 사본, 건강보험료 납부 확인서, 출산한 경우는 출산 증빙 서류(출생 신고 후는 생략), 휴직 확인 자료

산후조리원 고르기 팁

1 직접 가서 확인합니다

광고나 인터넷, 전화로만 확인하지 말고 직접 가서 눈으로 보고 확인합니다. 시설은 오래되지 않았는지, 쾌적하고 위생적인지, 전문 인력을 갖추고 있는지 등등을 직접 살펴본 후 선택해야 합니다.

반드시 계약서를 꼼꼼히 읽어봅니다

계약을 할 때는 우선 계약서에 적혀 있는 내용을 꼼꼼히 살펴보고, 문제의 소지가 있는 부분이 있다면 미리 확인하고, 계약서에 별도로 기재하도록 합니다. 불가피한 상황에 의해 계약을 취소할 경우 계약금 환불 여부도 체크합니다.

조용하고 쾌적한 곳에 위치하는지 확인합니다

소음이 큰 도로변이나 고층 건물은 아닌지 확인합니다. 길가에 위치해 있거나 방음 장치가 허술해서 각종 소음에 노출되어 있지는 않은지 잘 살펴봐야 합니다. 3층 이상의 고층일 경우 비상시 위험할 수 있고 통행하는 데 불편할 수 있습니다.

각종 시설도 꼼꼼하게 살펴봅니다

산후조리원은 여러 가지 시설을 고려할 때 면적이 최소한 330m²(100평) 이상은 되어야 한다고 선발 업체들은 말합니다. 또한 방이 너무 많을 경우 혼잡할 수 있으므로 15~20개 정도가 적당합니다. 화장실이나 샤워실의 방열 장치가 제대로 작동하고 있는지 꼭 확인해야 합니다. 계단이 많은 곳도 피하는 것이 좋습니다. 산욕기 동안은 계단으로 이동하는 것이 몸에 무리를 줄 수도 있기 때문입니다.

신생아실 전문 간호사가 있는지 확인합니다

당연히 간호사들이 산모와 신생아를 돌봐야 하지만 현재 간호사들이 돌보고 있는 곳은 손에 꼽을 정도입니다. 더욱이 신생아는 저항력이 약한 상태라서 각종 질병에 걸리기 쉽습니다. 가급적 전문 간호사가 24시간 신생아를 보살피는 곳을 선택하는 것이 안전합니다. 그러나 전문 간호사가 있다고 하더라도 간호사 한 명이 너무 많은 신생아를 돌보는 곳은 피하는 것이 좋습니다.

전문 영양사가 있는지 확인합니다

전문 영양사가 있는지, 보양식의 품질을 믿을 수 있는지 확인해야 합니다. 일반 식사와는 달리 산모용 식사는 산후 보양식이 제공되므로 기본적인 영양 이외에도 품질에 대한 관리가 필요합니다.

낮잠은 어디서?
밤에는 어디서?

아이를 위한 공간 마련하기

아이가 쾌적하게 지낼 수 있도록 낮에는 햇볕이 잘 들고 통풍이 잘되는 곳으로, 아이를 위한 공간을 만들어줍시다.

낮에는 밝은 곳에서 재워 밤낮 구분을 할 수 있게 합시다

갓 태어난 아이는 하루 종일 잡니다. 그렇지만 밤낮 구분은 해줘야 하기에 밤엔 침실에서 재우고 낮에는 자주 들여다볼 수 있는 거실에서 재우는 게 이상적입니다.

아이를 위한 공간을 만드는 포인트는 햇볕이 잘 들고 통풍이 잘되는 곳이면서 에어컨 바람이 직접 닿지 않으며 아이 머리 위로 넘어지거나 떨어질 물건이 없어야 합니다. 침대로 할지, 이불로 할지는 개인마다 다르지만, 침대는 울타리가 있어 안전하고 수납공간이 있으며 청결을 유지하기 쉽다는 이점이, 이불은 이동이 편리하고 접을 수 있으며 밤에 수유하기 쉽다는 이점이 있으므로 라이프스타일에 맞는 것으로 정합시다.

낮잠

낮에는 햇볕이 잘 드는 거실에서, 아이 이불이나 아이 의자에서 재우는 경우가 많습니다. 평소에는 바닥에 누이고 청소나 살림을 할 때에는 의자를 이용한다는 엄마도 있습니다.

거실에 아이 이불

거실에서 지내는 라이프스타일이라면 바닥에 아이 이불이나 매트리스를 깔면 돌보기 쉽습니다. 놀이 감각의 플레이 매트에 누이는 경우도 많다고 합니다.

아이 의자

하이 & 로 체어나 바운서는 흔들리므로 잠이 들기 시작할 때에 안성맞춤입니다. 높기 때문에 청소할 때에는 여기에 뉘어 놓으면 편리합니다.

아이 침대

형제자매가 있거나 침대가 있으면 낮에도 침대에 누이는 경우가 많다고 합니다. 기저귀를 갈거나 옷을 갈아입힐 때 편하다는 이점이 있습니다.

밤잠

부부 침대에 눕히거나 따로 아이 침대를 마련해 사용하기도 합니다. 요즘은 부부 침대 옆에 서브 침대를 두고 엄마, 아빠, 아기가 같이 잠을 자는 경우도 많습니다.

패턴 1

어른과 함께

자다가 모유를 줄 수 있다는 게 가장 큰 장점. 아이가 침대에서 떨어지지 않도록 벽 쪽에 누이세요. 베드 인 베드(어른과 같이 잘 수 있는 서포트 베드)를 이용해도 좋아요.

패턴 2

아이 침대

기본적으로 엄마는 어른용 침대, 아이는 아이 침대를 별도로 두면 엄마가 몸이 편해요. 부부가 침대에서 자는 경우에는 아이 침대를 쓴다는 집이 대다수.

패턴 3

바닥에 아이 이불

부부가 이불에서 잔다면 나란히 아이 이불을 펴서 같이 잡니다. 방을 넓게 쓸 수 있고 야간 모유 수유도 편합니다.

수납

아이가 성장함에 따라 점점 늘어나는 육아용품. 어디에 무엇을 놓아둘지 수납 장소를 확보해둡시다. 아이용 옷장, 서랍장, 수납 상자를 준비하세요.

배냇저고리와 의류

평소 입는 옷, 목욕하고 나서 입을 옷, 앞으로 입을 옷……. 용도별, 시기별로 분류해두면 편리합니다. 침대 아래가 수납 공간으로 요긴하게 쓰입니다.

기저귀랑 케어 용품

여분으로 사둔 제품은 상자에 넣어 침대 밑이나 옷장, 매일 쓰는 기저귀와 케어 용품은 꺼내기 쉬운 가방이나 서랍장에 넣으세요.

외출용품

아기띠, 엄마 가방 등 부피가 나가는 것들은 걸어두면 빨리 들고 나갈 수 있어 편리합니다. S형 갈고리를 이용해 침대나 옷장에 걸어두어도 좋습니다.

임신 8개월

요통이 너무 심해 괴로워요

임신부 대부분이 경험하는 요통은 몸을 쓰는 방법을 바꾸는 것만으로도 조금 나아집니다. 또한 근력을 키우면 요통 예방에 좋습니다.

임신 중 요통은 배의 무게와 골반이 느슨해져 생기는 증상

임신 중에는 호르몬 작용으로 뼈와 뼈 이음매와 골반이 느슨해집니다. 게다가 배 무게로 등뼈와 허리에 부담이 늘어 쉽게 뼈가 앞으로 나와 요통이 생깁니다. 또한 뒤로 젖히는 자세를 계속 취하므로 등뼈와 허리에 대한 부담이 더욱 늘어 악화됩니다.

요통을 예방하기 위해서는 적당한 운동으로 근력을 강화하고 일상생활의 동작에 주의를 기울여야 합니다. 또한 체중이 너무 늘지 않도록 컨트롤하는 것도 중요합니다. 특히 일상 동작은 구부정한 자세가 되지 않도록, 척추를 곧추세우도록 하세요. 요통이 심해졌을 때에는 누워 안정을 취하는 것이 기본 원칙이며, 의사가 허락한다면 약을 써도 됩니다. 핫팩 등으로 허리를 따뜻하게 하거나 30~40℃의 목욕물에 오래 들어가 있거나 딱딱한 침대를 사용하는 것도 요통 완화에 도움이 됩니다.

일단 허리가 아프기 시작하면 좀처럼 잘 낫지 않습니다. 산후에는 육아로 부담이 더 가중되므로 임신 때부터 요통을 일으키지 않도록 노력할 필요가 있습니다.

요통을 예방하는 기본 동작

부엌일을 엉거주춤한 자세로 하지 않는다

부엌에서 일을 할 때에는 구부정한 자세가 되지 않도록 주의합니다. 가급적 허리를 곧추세우고 일하세요. 작업대나 테이블 높이를 조절하거나 의자에 앉으면 엉거주춤한 자세를 피할 수 있습니다.

구부정한 자세가 되지 않도록 한다

바닥에 앉아 다림질과 같은 작업을 할 때에는 등 근육을 펴도록 노력하세요. 옆으로 다리를 모아 앉는 자세는 골반과 등뼈에 좋지 않은 자세로 요통을 악화시킵니다. 골반과 등뼈 위치가 바르게 유지되는 무릎 꿇기가 더 좋습니다.

의자에 앉을 때에는 깊게 앉는다

의자에 앉을 때에는 깊게 앉아 등 근육을 폅니다. 허리를 편 채로 등받이에 기대는 것은 좋지만, 허리를 뒤로 젖혀서는 안 됩니다. 소파에도 구부정하게 앉기 쉬운데 똑바로 앉도록 주의합니다.

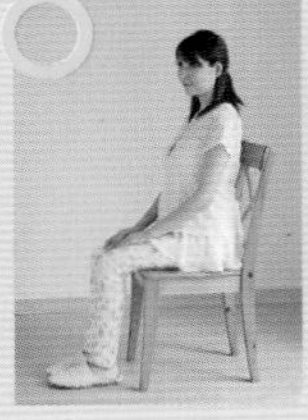

계단을 오르내릴 때는 한쪽 발에 무게 중심을

계단을 오르내릴 때에는 상체가 구부정해지지 않도록 주의하세요. 무게 중심을 한쪽 다리에 두고 다른 한쪽 발을 움직이며, 발바닥 전체를 바닥에 닿게 하는 게 포인트. 올라갈 때에도 내려갈 때에도 천천히.

물건을 들 때는 허리를 아래로 내리고

빨래바구니나 장바구니 등의 물건을 바닥에서 들어 올릴 때에는 우선 다리를 구부려 허리를 밑으로 내립니다. 그리고 물건을 자기 몸 가까이 당긴 다음 들어 올립니다. 팔로만 들어 올리는 것은 ×.

청소기 손잡이는 쓰기 편한 길이로

구부정한 자세로 청소기를 돌리면 허리에 좋지 않습니다. 청소기 손잡이를 짧게 하거나 짧게 잡으면 허리가 구부러지므로 금물. 허리를 편 채 돌릴 수 있도록 적절한 길이로 조절하세요.

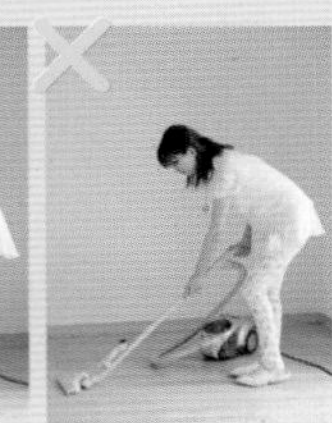

요통 해소 운동

다리 벌리고 앞으로 숙이기

1 발가락을 세우고 양발을 벌려 앉습니다.

2 배꼽, 가슴, 머리 순서로 상체를 굽히고 시원하게 느껴지는 곳에서 정지.

등에서 발목까지 뻗습니다.

고양이 자세

양손, 양 무릎을 바닥에 대고 네 발로 기어가는 자세를 취합니다. 손은 어깨너비로, 팔꿈치가 구부러지지 않도록 합니다. 다리는 골반 너비로 벌립니다. 허리, 등, 목 순서로 움직여 등을 둥글게 맙니다.

하반신 비틀기

허리를 비틀어 등을 유연하게

등을 바닥에 대고 손발을 옆으로 뻗습니다. 그대로 허리를 비틀어 오른발을 몸 왼쪽 바닥에 붙여 10초간 가만히 있습니다.

브리지

엉덩이를 들어 올리고

등을 바닥에 대고 누워 무릎을 세웁니다. 등을 바닥에 댄 자세에서 엉덩이를 들어 올려 틀어진 골반을 교정합니다.

요통 Q & A

Q 요통이 점점 심해져요

A 요통이 너무 심해서 무슨 병에 걸린 건 아닌가 싶어 불안해지는 임신부도 있겠지만 임신 중에 일어나는 대부분의 요통은 자궁의 무게와 틀어진 골반 때문이지 병적인 것이 아닙니다. 하지만 드물게 난소 낭종이나 자궁 근종 등 부인과 계통의 병이 원인으로 요통이 생기는 케이스도 있습니다. 불안하다면 산부인과에서 가서 상담을 받아보세요.

Q 코르셋을 입으면 조금은 편한데요

A 코르셋은 요통을 고치는 기구가 아니지만 조이면 움직임이 제한되므로 통증을 완화시키는 경우도 있습니다. 하지만 임신 중에는 코르셋을 사용할 수 없으므로 임부용 복대로 대체할 수 있습니다. 복대+서포트 벨트, 이중으로 감아 지탱하는 힘을 배가 시키는 방법도 있어요(52쪽).

Q 요통 약은 어떤 것이 무난할까요

A 먹는 진통제는 성분에 따라 임신 중에는 사용할 수 없을 수 있으므로 주로 붙이는 파스(습포제) 종류를 사용하는 것이 좋아요. 습포제는 내복약에 비해 체내에 흡수되는 양이 적지만, 그래도 사용할 때에는 반드시 산부인과 지시에 따르세요. 인도메타신은 태아 혈관에 영향을 미치므로 임신 중에는 피해야 할 성분입니다.

남편이 나설 차례

허리를 마사지해줍시다

남편이 아내 뒤에 앉아 너무 세지도 약하지도 않게, 아내가 좋다고 느끼는 강도로 아내 허리와 등을 지압 마사지합니다. 진통이 올 때에도 도움이 되며 부부의 소중한 상호 작용의 기회가 됩니다.

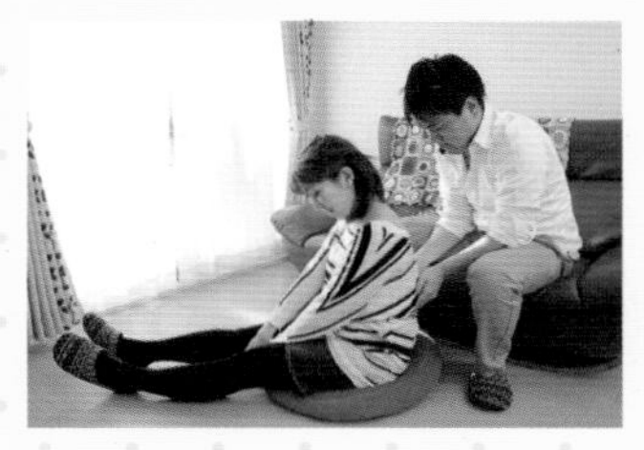

임신
9개월
32~35주

몸이 슬슬 출산할 준비를 시작!

엄마 몸의 변화

- 위와 심장, 폐가 압박을 받아 식욕이 떨어지거나 속이 더부룩해지는 경우가 있습니다.
- 두근거림, 숨참이 심해지는 경우가 있습니다.
- 빈뇨, 요실금 등이 늡니다.
- 빈번하게 배가 뭉치기도 합니다.

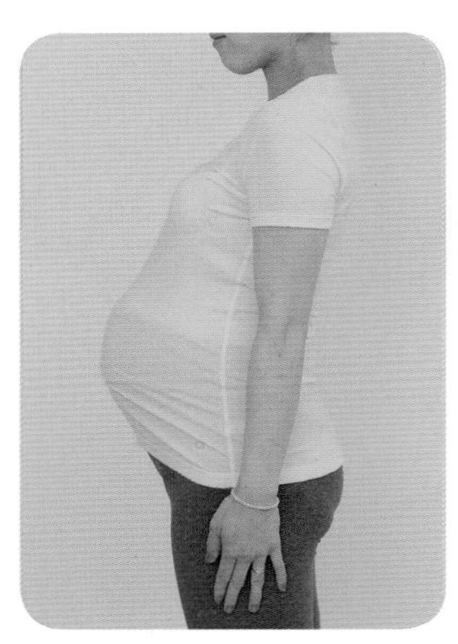

자궁 저부 높이

28~31cm

체중 증가

임신 전 체중+6.5~8kg

자궁에 내장이 압박을 받아 불쾌 증상이 일어나는 경우도 있어요

커진 자궁에 위, 심장, 폐가 압박을 받아 메슥거림, 더부룩함이 빈번하게 일어나고 두근거림, 숨참 증상이 심해지는 시기. 또한 아이 머리가 방광을 눌러 빈뇨, 요실금 등 불쾌 증상이 생기는 경우도 있습니다.

하루에 몇 번이나 불규칙한 배의 뭉침 증상이 생기는데 이는 몸이 출산을 위한 준비를 시작한다는 신호입니다. 아이 머리가 골반 쪽으로 내려와 고관절이나 치골 부근에 통증을 느끼기도 합니다.

임신 9개월 때 해야 할 일

■ 꼭 해야 할 일

- □ 입원 용품을 가방에 준비 → 92쪽 참고
- □ 산후 서류 제출(출생 신고, 육아 수당 등)에 대해 남편과 의논 → 93쪽 참고
- □ 어린이집 알아보기 → 102쪽 참고
- □ 근무처에 산전산후 휴가 신청 → 24쪽 참고
- □ 친정 출산 시 34주까지 친정에 가 있을 것 → 79쪽 참고

■ 해두면 좋을 일

- □ 인터넷 장보기(식재료 등 주문)
- □ 화장품, 콘택트렌즈 사두기

출산 준비를 꼼꼼하게

태아의 성장

- 솜털이 옅어지고 피부가 분홍색으로 변합니다.
- 손톱과 발톱이 자랍니다.
- 양수를 마시고 소변을 볼 수 있습니다.
- 유쾌하고 불쾌한 감정을 나타낼 수 있습니다.
- 20분 주기로 자다 깨다 합니다.
- 머리를 움직여 골반에 들어갈 준비를 합니다.

세상에 나가 살아갈 준비가 차질 없이 진행됩니다

피하 지방이 더욱 늘어 몸이 둥글어지고 투명하게 보였던 피부도 탄력 있는 분홍색으로 변합니다. 온몸을 뒤덮었던 솜털이 옅어지는 한편 모발이 짙어지고 손톱과 발톱도 자라납니다. 양수를 마시고 소변으로 배출할 수 있게 됩니다. 외부 자극이나 주변 소리에 유쾌함과 불쾌함의 감정을 표현하게 되며, 초음파 검사로는 미소 짓는 모습을 볼 수도 있습니다. 머리를 움직여 골반에 들어갈 입구를 찾는 등, 아이도 출산 준비를 진행하고 있습니다.

예비 아빠에게

둘만의 대화를 나누세요

배우자로서 더욱 협력하는 태도가 필요한 때입니다. 그날의 즐거웠던 일이나 재미있었던 일 등을 이야기하는 것만으로도 아내 기분이 밝아집니다. 더욱 상호 작용에 힘쓰도록 하세요.

예비 엄마에게

수면 부족인데 괜찮을까요

임신 말기에는 생리적으로 잠을 깊이 못 잡니다. 일을 하던 사람은 출산 휴가에 들어가 불면증에 시달리는 경우가 많다고 합니다. 적당히 운동을 하고 자기 전에 텔레비전이나 컴퓨터를 들여다보지 않으며, 베개를 껴안는 등 양질의 수면을 취할 수 있도록 해보세요.

임신 9개월 주별 가이드

임신 32주

예정일까지 56일

mom 감기나 알레르기 등으로 재채기나 기침이 나오면 순간적으로 복압이 강하게 작용하지만, 절박조산으로 입원한 경우가 아니라면 재채기 정도로 파수하는 일은 없습니다. 다만 재채기 충격이 요통을 악화시키는 경우는 있습니다. 재채기가 나올 것 같으면 앉거나 잡을 곳을 찾아 잡아보세요.

집에서? 스튜디오에서?
임신 사진에 도전해보세요

아이가 배 속에 있었던 기념으로 임신 중 모습을 집이나 스튜디오에서 프로 사진가가 촬영해 주는 임신 사진. 배가 가장 부른 이 시기를 선택하는 사람도 많다고 합니다.

이때가 임신 사진을 찍을 최고의 타이밍입니다.

피곤할 때는 좋아하는 차를 마시며 힐링.

baby 이즈음의 아기는

배에 꽉 들어찰 정도로 커졌어요

쭈글쭈글하던 주름이 펴지고 초음파 사진으로는 통통하게 살이 오른 몸이 보입니다. 화면에 다 안 들어오기에 부분부분을 확대해서 볼 수 있습니다. 슬슬 엄마 배 속이 좁아집니다. 의사는 아이 발육 상황과 더불어 양수의 양과 탯줄에 꼬이지 않았는지, 다른 문제는 없는지 체크합니다.

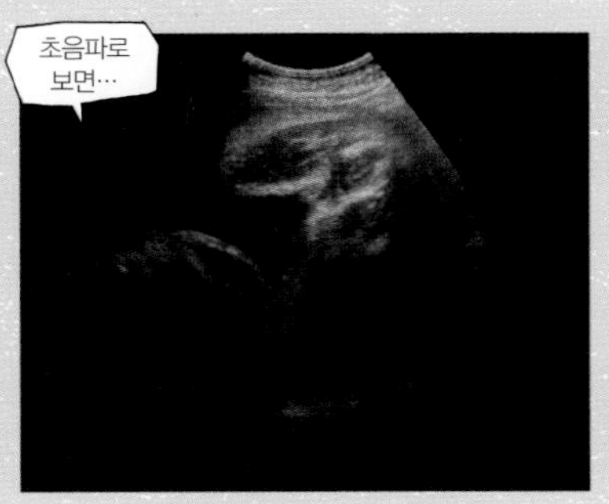

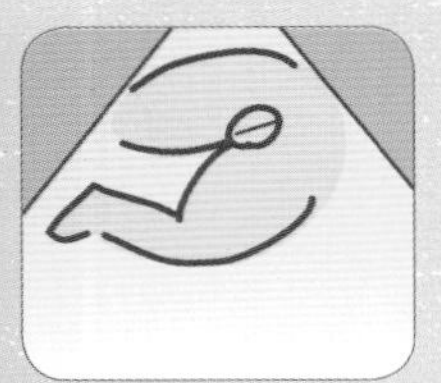
통통한 허벅지와 엉덩이가 분명히 보이고 여자아이의 다리임을 확실히 확인할 수 있습니다.

임신 33주

예정일까지 49일

mom 산월 직전, 몸 균형을 잡기 힘들어지고 발밑이 잘 보이지 않습니다. 특히 조심해야 할 때는 계단을 올라갈 때보다 내려갈 때. 천천히 신중하게 움직입니다. 이전보다 이동시간이 더 걸릴 것으로 예상하고 여유 있게 행동하도록 계획을 세우세요. 산후 아이를 데리고 행동할 때의 훈련이 되기도 합니다.

워킹맘에게는 잠깐의 휴식.
출산까지 편안히 쉬세요

워킹맘은 이제 출산 휴가에 들어갈 무렵. 시간에 여유가 생겼으나 갑자기 생활 리듬이 바뀌어 오히려 스트레스를 느끼기도 합니다. 활동적으로 보내세요.

출산 후에도 쉽게 손질할 수 있게 미용실에서 스타일링.

첫째 아이와 둘만의 시간을 보내는 것도 이제 얼마 남지 않았어요.

baby 이즈음의 아기는

기쁘고 슬픈 감정을 나타낼 수 있게 됐어요

아직 아기 얼굴을 제대로 못 봤다는 사람도 이 시기에는 분명히 알 수 있지 않을까요? 배 속 아이는 외부 자극과 들리는 소리에 대해 유쾌함과 불쾌함의 표정을 나타낼 수 있으며 초음파로는 찌푸린 표정, 하품하는 얼굴 등 다채로운 모습을 볼 수 있습니다. 부부 싸움 소리도 아이에게 들리니 조심하도록!

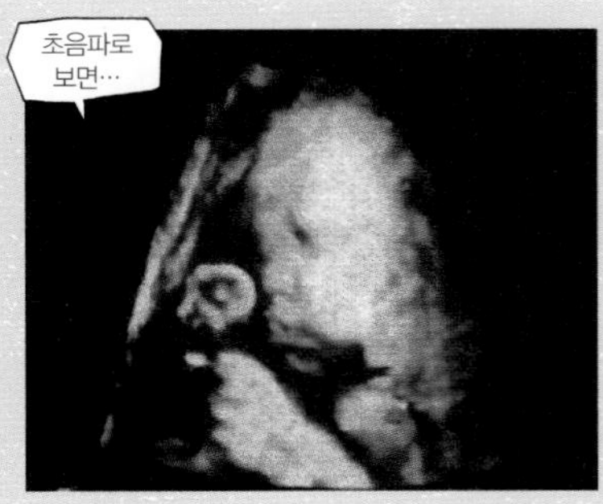

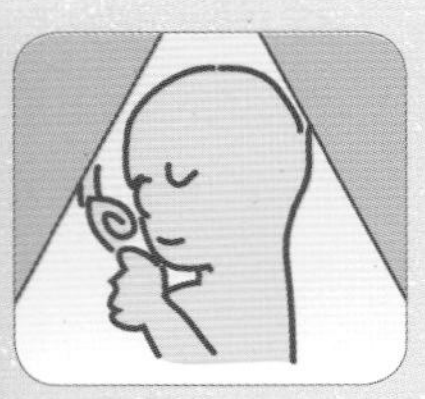
막대사탕처럼 손에 들고 있는 건 탯줄이에요. 편안하게 자는 것 같아요.

이번 주엔 무슨 일이 있을까

임신 34주

예정일까지 **42**일

mom 출산 예정일까지 앞으로 3주. 언제 태어날지 모르는 시기가 목전으로 다가왔습니다. 초산은 불안하기 마련이지만 무서우니 생각하지 말자는 식이 아니라 알아둠으로 불안을 해소합시다. 출산 시작부터 아이 탄생까지, 슬슬 이미지 트레이닝을 해야 할 시기입니다.

초음파 사진과 일기로 임신 생활을 되돌아봅니다

배가 뭉치기 쉬운 이 시기, 밖에 나가기 힘들 때에는 집에서 초음파 사진 앨범을 만드는 것도 괜찮은 방법. 아이를 생각하는 마음이 더욱 강해집니다.

노트에 초음파 사진을 붙인 임신 일기.

배에 청진기를 대고 들으면 아이의 움직임을 직접 느낄 수 있습니다.

baby 이즈음의 아기는

지금 나와도 잘 자랄 수 있지만, 아직 더 거기 있어다오

얼굴도 몸짓이나 표정도 이제 완연한 아이. 몸 기능도 발달되어 만일 조산이어도 적절한 처치를 받을 수 있다면 생존 확률이 충분히 높습니다. 조산의 징조는 출산과 마찬가지로 배의 뭉침과 출혈, 파수입니다. 빨리 아이를 만나고 싶지만 그래도 좀 더 배 속에 있었으면 하죠.

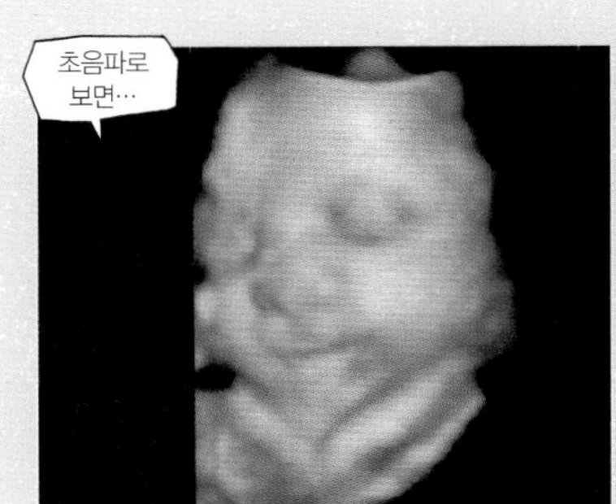

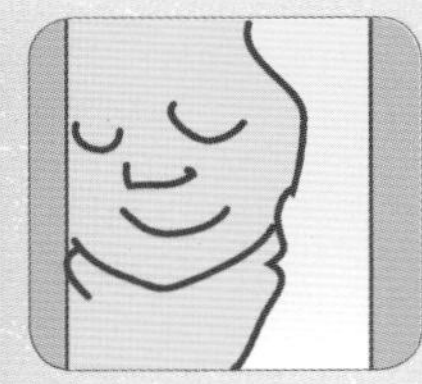
손에 턱을 대고 빙긋 웃는 듯한 모습. 이 미소를 보면 엄마 배 속이 얼마나 편안한지 알 수 있죠.

임신 35주

예정일까지 **35**일

mom 이 시기에는 아이의 몸 기능도 거의 완성됩니다. 하지만 정상 출산에 들어가는 37주까지 조금만 더 배 속에서 키웁시다. 단 하루라도 몸이 성숙한 다음 세상에 나오는 편이 아이에게는 더욱 좋습니다. 얼마 안 남았다고 긴장의 끈을 놓지 말고 지금까지처럼 지냅시다.

입원 용품을 가방에 담아둡시다

슬슬 출산 입원 용품을 가방에 담아둘 시기. 정보 수집을 위해 태블릿을 갖고 가는 엄마도 많다고 합니다. 갖고 갈 리스트를 작성해두면 머릿속이 정리됩니다.

태아에게 그림책을 읽어주세요.

몸 상태가 좋다면 가급적 걸으세요.

baby 이즈음의 아기는

모유를 먹을 준비도 시작합니다

입으로 마신 양수를 소변으로 배설할 수 있게 됩니다. 이는 태어나서 모유를 먹고 소변을 보는 연습을 시작했다는 뜻. 임신 말기가 되면 양수 양이 줄어 초음파 영상이 잘 안 보이는 경향이 있습니다. 엄마도 슬슬 출산을 위해 이미지 트레이닝을 시작합시다.

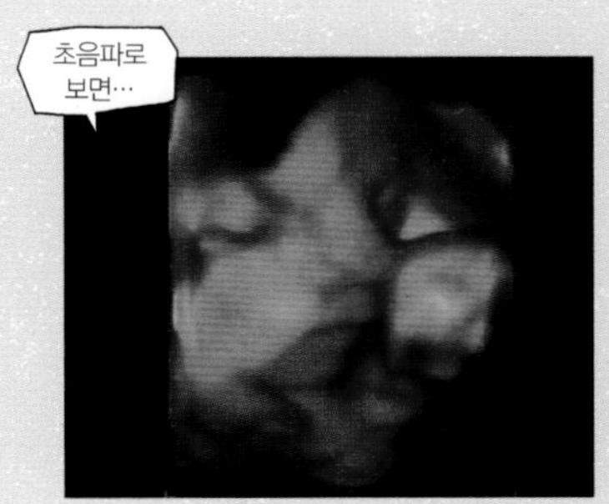

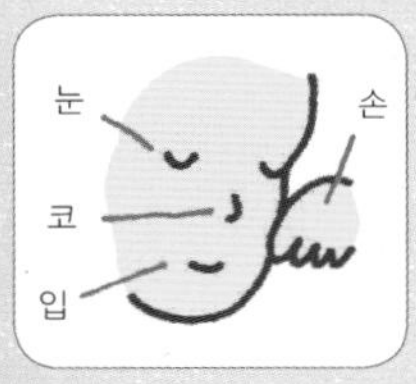

옆얼굴이 보이네요. 이 시기에는 체중도 많이 늘며 아이도 태어날 준비를 시작합니다.

임신 **9개월**

출산 준비는 다 했나요

한 달 앞으로 다가온 출산을 위해 입원 용품을 준비합시다. 출산 때 곧바로 갖고 갈 것, 산후에 쓸 것으로 나누어 챙기세요.

출산까지 앞으로 한 달! 출산 준비물 챙기기

임신 37주가 지나면 언제 출산이 시작될지 알 수 없습니다. 빨리 시작될 경우를 대비해 9개월에는 출산 입원 준비를 마칩시다. 포인트는 진통부터 출산, 입원 중, 퇴원 당일 등 시기별로 필요한 것을 나누는 것. '진통 중에는 어떤 일이 일어나고 산후에는 이렇고……' 시뮬레이션을 통해 그때 쓸 용품을 생각해봅시다. 또한 입원 중에 편리한 도넛 방석, 모유 쿠션은 병원에서 빌릴 수도 있으므로 확인해두면 짐을 줄일 수 있습니다. 퇴원할 때에 쓸 것은 나중에 들고 오고, 모자란 것은 사러 가줄 사람이 있으면 도움을 받읍시다.

혼자 있을 때 진통이 오는 것을 대비해 콜택시 전화번호를 휴대폰에 저장하여 신속히 병원으로 이동할 수 있도록 준비합니다.

임신 37주가 지나면 출산 입원 준비를 합시다. 입원 시 필요한 것을 가방에 미리 챙겨두면 갑작스런 진통에 대비할 수 있어요.

출산 입원 동안 필요한 엄마 준비물

- ☐ 산모수첩
- ☐ 건강보험증 또는 신분증
- ☐ 다이어리
- ☐ 필기구
- ☐ 현금과 신용 카드
- ☐ 생리대(오버나이트, 중형)
- ☐ 산모 패드
- ☐ 수유 패드
- ☐ 가제 손수건
- ☐ 모유 저장팩
- ☐ 손목 보호대
- ☐ 수유 브라
- ☐ 임부 팬티
- ☐ 산후 내복
- ☐ 레깅스와 티셔츠
- ☐ 수면 양말
- ☐ 세면도구(가글 포함)
- ☐ 화장품
- ☐ 영양제
- ☐ 컵
- ☐ 물티슈
- ☐ 빨대
- ☐ 슬리퍼
- ☐ 수건

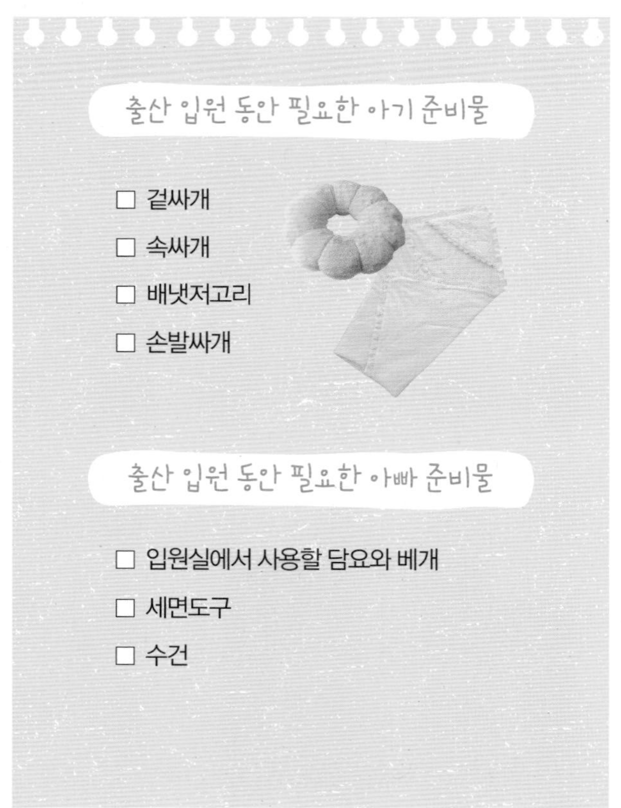

출산 입원 동안 필요한 아기 준비물

- ☐ 겉싸개
- ☐ 속싸개
- ☐ 배냇저고리
- ☐ 손발싸개

출산 입원 동안 필요한 아빠 준비물

- ☐ 입원실에서 사용할 담요와 베개
- ☐ 세면도구
- ☐ 수건

남편과의 유대감을 소중히 해요

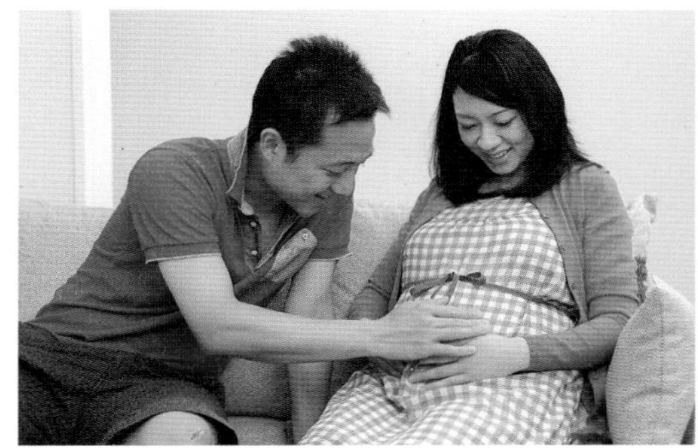
"이제 곧 만날 수 있겠네.", "안심하고 나오렴." 아빠도 적극적으로 아이에게 말을 걸어주세요.

첫째 돌보기, 집안일을 남편에게 부탁할 때는 기분 좋게.

출산에서 주인공은 엄마와 아이지만, 남편과도 두 사람의 아이를 낳는다는 의식을 공유하도록 합시다. 일이 바쁘더라도 출산 시 병원에는 가급적 맞춰 올 수 있게 합니다. 출산의 감동을 함께 나누어 부부간 연대감이 강해지면 아빠로서의 자각도 생겨납니다. 산후에는 아이를 돌보느라 바쁘더라도 아이 사진을 휴대폰으로 보내는 등 매일의 변화를 세심하게 전한다면 남편도 아이의 소중함을 실감할 수 있을 것입니다.

집을 비우기 전에 장보기는 둘이서 합시다.

생활에 필요한 연락처는 잘 보이는 곳에!

임신 중

전화나 문자로 서로의 생활에 대해 알리기

친정 출산의 경우 배가 불러온 변화나 검진에서 의사에게 들은 얘기 등을 문자나 전화로 남편에게 알립니다. 남편이 어떻게 생활하고 있는지도 물어보세요.

출산

분만실 입회 안 해도 출산에 맞춰 오도록

예정일 전후에는 일을 마무리해서 아내 곁으로 올 수 있도록 합시다. 분만실에 입회하지 않더라도 존재 자체로 아내에게 힘이 되며 부부의 유대 관계를 돈독히 합니다.

산후

아이 모습을 자주 전하세요

아이의 귀여운 모습과 매일의 성장을 남편에게 자주 전하세요. 사진이나 동영상을 보내는 등 남편이 아이에게 친밀감을 느낄 수 있도록 노력하세요.

집을 비우기 전 준비

남편에게 부탁할 일

일상용품이 어디 있는지를 명확하게

쓰레기봉투, 화장실 휴지 등 생활용품이 어디 있는지 모르는 남편도 많을 터. 무엇이 어디 있는지 알 수 있게 한데 적어둡시다. 라벨을 붙여두는 것도 좋은 아이디어.

매달 지출을 확인

월세, 관리비 등 매달 통장에서 빠져나가는 가계비의 통장 잔고가 남아 있는지를 확인해둡니다. 계좌가 분산되어 있다면 이 기회에 하나로 정리해두면 산후에 편리합니다.

재활용 쓰레기 수거일과 장소를 전달

재활용 쓰레기 분리수거 방법과 요일, 장소를 함께 확인해둡니다. 음식물 쓰레기 등을 제대로 버리도록 전달해둡시다.

스스로 해야 할 일

이웃에게 인사

아이가 태어나서 시끄러워질지도 모르지만 잘 부탁한다고 이웃에게 인사를 해두면 산후에도 문제없이 지낼 수 있습니다. 친정 출산인 경우에는 그 예정도 말해둡니다.

냉동식 만들어두기

냉동 보관할 수 있는 메뉴를 많이 만들어두면 남편은 데우기만 하면 먹을 수 있어 편리합니다. 날짜를 적어두어 제때 먹을 수 있게 하세요.

냉장고 정리

남편이 요리를 하지 않는다면 사둔 재료는 빨리 써서 가급적 냉장고를 비워두도록 합니다. 냉장고에 오래 들어 있었던 것은 이번 기회에 처분하세요.

남편과 함께 해야 할 일

아이의 공간 확보

집에 돌아오면 아이를 누일 장소가 필요합니다. 아이 침대를 조립하거나 필요하다면 가구를 옮기는 등 산후에 당황하지 않게 미리 준비를 해둡니다.

기본적인 집안일의 전수

빨래, 청소 방법, 도구 놓는 곳이나 쓰는 법 등을 대체적으로 설명해둡니다. 집안일을 전혀 해본 적이 없는 남편이라면 장래를 위해서라도 습득할 기회가 될 것입니다.

서류 절차 등에 대해 확인

출산하면 출생 신고를 비롯해 육아 수당, 건강보험 신청 등 다양한 서류 신청 절차를 남편에게 부탁해야 합니다. 어디에서 어떤 절차를 밟아야 하는지 미리 메모를 작성해두면 빠짐없이 할 수 있겠죠.

9 임신 개월

배가 불러와도 편안한 일상생활 하기

배가 불러오면 사소한 동작조차 힘들어집니다. 임신 중 몸을 편하게 움직일 수 있는 요령을 알아봅니다.

배가 불러오면 기본적인 움직임도 어려워집니다

산월이 다가오면 더욱 배가 커져서 평소 아무렇지 않게 하던 동작조차 하기 힘겨워집니다. 그렇다고 해서 뒹굴뒹굴 누워만 있어서는 안 됩니다. 안전하고 편하게 움직이는 요령을 알아내 끊임없이 몸을 움직여봅시다.

동작 1

양말 신기와 발톱 자르기

↓

의자를 이용한다

의자에 앉으면 배를 압박을 줄일 수 있고 고관절 스트레칭도 됩니다. 다리를 크게 벌려 책상다리를 하면 손이 쉽게 발까지 닿으므로 양말 신기와 발톱 깎기 동작이 훨씬 수월합니다.

동작 2

떨어진 것 줍기

↓

무릎을 구부리고 허리를 아래로 내린다

단번에 앞으로 구부리면 배를 압박하게 되므로 무릎을 구부리고 허리를 아래로 내린 후 앉습니다. 양 무릎을 벌리고 발뒤꿈치를 바닥에 대어 앉는 스쿼트 자세가 이상적입니다.

동작 3

계단 오르내리기

↓

난간이나 벽을 이용한다

올라갈 때에는 난간이나 벽에 손을 대고 천천히 밟아 올라갑니다. 내려갈 때에는 배가 불러 발밑이 안 보이므로 배 옆쪽으로 발밑을 보며 아래 계단을 확인한 후 한 발 한 발 내려갑니다.

내려갈 때

올라갈 때

동작 4

누운 자세에서 일어나기

↓

양손으로 상반신을 지탱한다

우선 양손을 바닥에 꼭 대고 양팔 힘으로 상반신을 일으킵니다. 몸을 일으킨 다음 옆으로 앉아 무릎을 꿇습니다. 그 다음 한쪽 무릎을 세우고 무릎에 양손을 댄 다음 천천히 일어납니다.

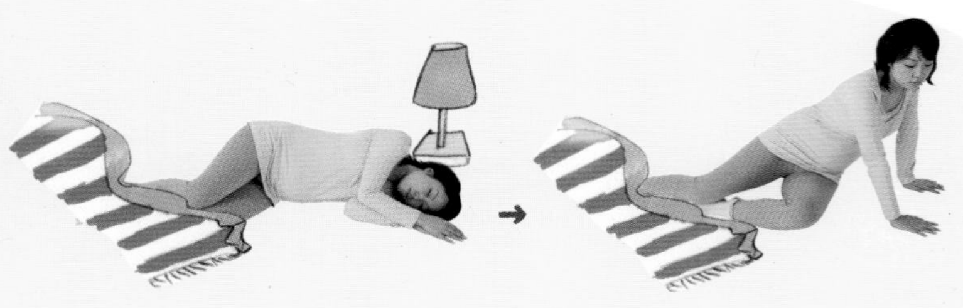

동작 5

앉기

테이블을 잡는다

처음에는 상이나 테이블을 잡고 체중을 실은 다음 무릎을 꺾어서 허리를 내립니다. 바닥에 앉을 때에는 양손을 바닥에 대고 등 근육을 곧추세웁니다.

동작 6

청소하기

걸레질은 순산 포즈

걸레질은 허리에 부담을 안 주면서 골반 저근군과 복근을 단련하는 순산 포즈입니다. 임신 후기에 들어가면 걸레질을 자주 합시다.

동작 7

요리하기

옆으로 선다

정면을 향하면 배가 걸려 앞으로 숙이게 됩니다. 조리대를 향해 약간 옆으로 서세요. 앉아서 할 수 있는 작업은 의자에 앉아서 합니다.

동작 8

욕조 속에 들어가기

가장자리를 잡고 미끄러지지 않도록

양손으로 욕조 가장자리를 잡고 한 발씩 욕조 안으로 넣습니다. 욕조에 들어가면 가장자리를 잡은 채 천천히 앉습니다.

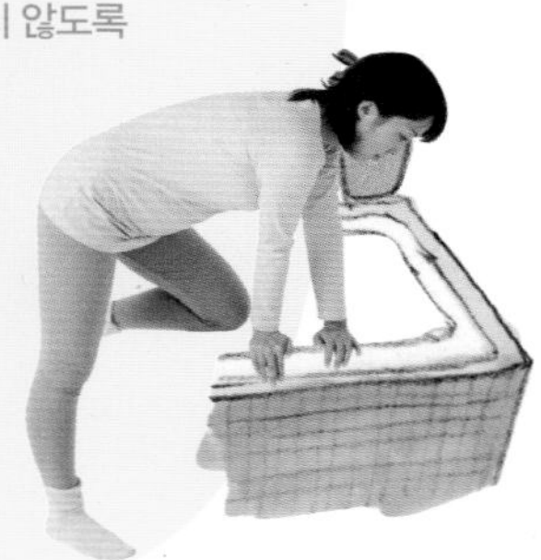

동작 9

머리 감기

높은 의자를 이용한다

커다란 배 때문에 앞으로 숙여 머리를 감을 때에는 높은 의자에 앉으면 편합니다. 산후에 아이를 안고 목욕할 때에도 편리합니다.

동작 10

재채기하기

재채기가 나올 것 같을 때에는 무언가를 잡는다

복압이 생기는 재채기를 할 것 같으면 무언가를 잡고 약간 몸 전체를 앞으로 구부리세요. 잡은 손이 충격을 완화시켜줍니다.

임신 10개월 36~39주

출산이 다가오면 배가 뭉칩니다.

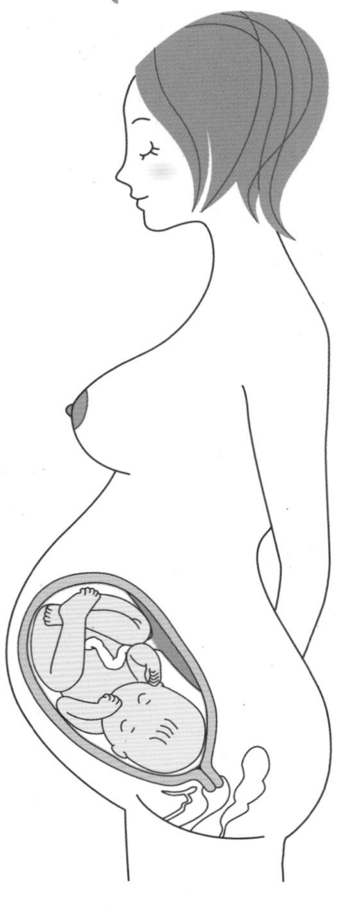

엄마 몸의 변화

- 위가 더부룩하거나 두근거림, 숨찬 증상이 다소 편해집니다.
- 방광, 직장이 압박을 받아 빈뇨와 변비가 심해지고 고관절과 치골이 아픕니다.
- 분비물이 늘거나 전구 진통을 일으키기도 합니다.

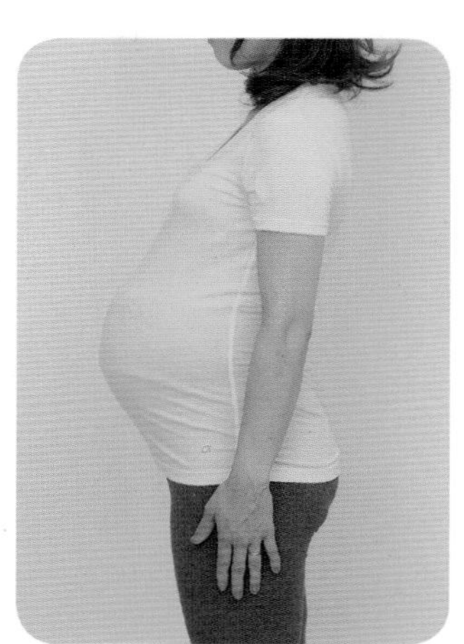

자궁 저부 높이

32~35cm

체중 증가

임신 전 체중+8~9.5kg

더부룩함이 해소되는 한편, 빈뇨와 고관절 통증이

드디어 출산일이 코앞으로 다가왔습니다. 자궁이 내려와 더부룩함이나 두근거림은 해소되지만 방광과 직장이 압박을 받아 빈뇨와 변비가 심해지거나 고관절 부위가 땅기는 듯한 느낌이 듭니다. 또한 출산이 다가오면 분비물 양이 늘거나 본격적인 진통의 전조로 '전구 진통'(불규칙한 배의 뭉침)을 느끼기도 합니다. 규칙적인 뭉침을 느낄 때에는 간격을 재어봅니다. 뭉치는 간격이 짧아진다면 진통이 시작됐다는 신호입니다. 병원에 연락을!

임신 10개월 때 해야 할 일

■ 꼭 해야 할 일

- ☐ 유방 관리를 해둔다 ➔ 101쪽 참고
- ☐ 입원 용품 준비 최종 확인 ➔ 92쪽 참고
- ☐ 출산에 필요한 돈을 준비한다

■ 해두면 좋을 일

- ☐ 병원까지 이동 수단을 시뮬레이션
- ☐ 엄마가 될 마음의 준비
- ☐ 퇴원 후 아이를 맞이하기 위한 최종 준비 ➔ 85쪽 참고

출산 흐름을 복습하세요

태아의 성장

- 몸 기능은 신생아와 마찬가지로 성숙합니다.
- 솜털, 태지가 없어지고 피부가 붉은색으로 변합니다.
- 사등신에 얼굴이 통통해지고 잇몸이 부풀어옵니다.
- 내장과 신경 계통이 발달하고 호흡과 체온 조절, 모유 먹을 준비를 갖춥니다.
- 머리가 골반에 들어가 태동이 거의 없어집니다.

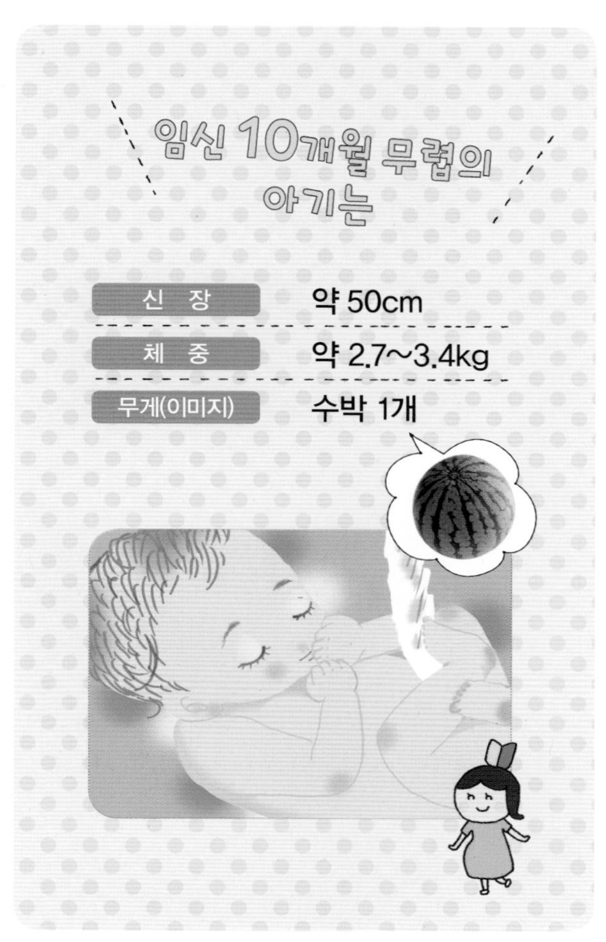

아이는 세상에 나올 준비 완료!

몸 기능은 신생아와 거의 다름없이 언제 태어나도 좋을 상태가 됩니다. 몸을 덮고 있던 체모와 체지가 벗겨지고 깨끗한 피부색으로 변합니다. 태어나서 곧 호흡하고 모유를 먹을 수 있게 모든 기관도 준비를 완료합니다.

출산이 가까워오면 아이 몸은 자궁구를 향해 밑으로 내려오기 시작합니다. 머리를 아래로 내려 골반 안에 고정되므로 대부분은 태동이 줄어들지만 태어나기 직전까지 움직이는 아이도 있다고 합니다.

예비 아빠에게

업무를 출산일에 맞춰 조정합니다

이제 곧 아이와 대면합니다! 하지만 예정일에 출산한다는 법은 없습니다. 갑자기 입원하는 등 언제 어떤 일이 일어날지 알 수 없습니다. 산월에 들어가면 언제 출산해도 대응할 수 있도록 직장 스케줄을 조정해둡시다.

예비 엄마에게

출산 이미지 트레이닝으로 준비 완료

출산이 다가와 불안해질 수도 있으나 출산 흐름을 미리 복습하면서 이미지 트레이닝을 합시다. 혼자 있을 때 진통이 시작되거나, 밤중에 파수했을 때 등 다양한 케이스를 상정해두면 불안함이 사라집니다.

임신 10개월 주별 가이드

임신 36주

예정일까지 28일

mom 출산이 가까워오면 아이 머리가 골반 아래쪽으로 쑥 내려옵니다. 그렇게 되면 그때까지 커다란 자궁에 압박을 받았던 위에 좀 여유가 생겨 배가 자주 고파지는 경우도 있습니다. 너무 많이 먹지 않도록 주의하세요. 또한 아이의 머리에 눌려 치골이 아픈 경우도 있습니다.

언제 출산이 시작되어도 문제없게끔 입원 준비를 완료하세요

드디어 산월에 돌입했습니다. 언제 진통이 시작되어도 바로 병원에 갈 수 있도록 입원 가방을 싸서 눈에 띄는 곳에 둡시다. 유방 마사지 등 모유 수유 준비도 시작!

모유 수유에 관한 책을 보는 중. 유방 마사지도 잊지말 것.

트렁크에는 입원 중과 입원 후에 쓸 것을 넣습니다.

baby 이즈음의 아기는

몸 기능이 모두 갖춰져 언제 태어나도 OK

내장 기관과 신경 계통 등 몸 기능이 모두 갖춰지고 언제 태어나도 문제없는 상태가 됩니다. 초음파로도 뺨과 입술이 도톰한 게 얼굴 모양을 알 수 있어 빨리 만나고 싶은 마음이 더욱 강렬해지지요. 태어난 아이 얼굴이 초음파에서 본 얼굴과 같아서 놀랄지도 모르죠. 3D, 4D인 경우 이 시기에는 확실히 안 보일 수도 있습니다.

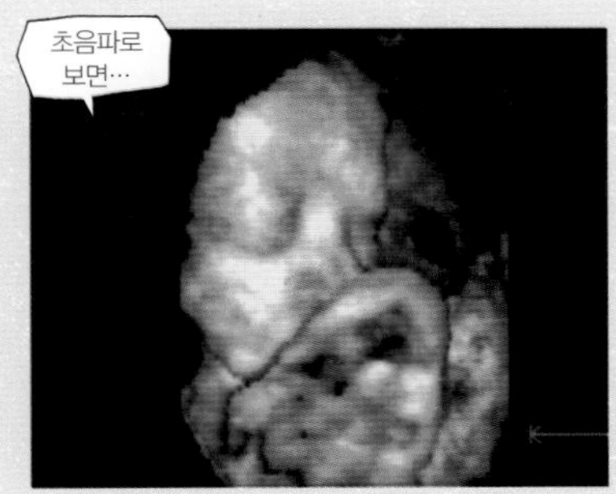

손으로 얼굴을 가리고 있지만 눈과 코가 선명히 보입니다. 태어난 후 얼굴 모습을 상상할 수 있겠죠?

임신 37주

예정일까지 21일

mom 드디어 37주, 이제는 언제 태어나도 좋은 시기입니다. 출산 입원 가방 안을 재점검하고 출산 흐름도 부부가 함께 복습하여 만반의 준비를. 언제든 병원으로 이동할 수 있도록 너무 멀리 나가지 않도록 합시다. 건강보험증, 진찰권, 산모수첩은 근처에 나갈 때에도 항상 들고 다닙니다!

아이를 생각하며 손을 움직이면 마음이 편안해집니다

아이를 생각하며 무언가를 준비하는 것이 출산 직전의 힐링 시간. 미완성 육아용품이 있다면 완성해둡시다. 퇴원할 때 직접 만든 포대기로 아이를 감싼다면 기쁨은 두 배.

아이 신발, 모자, 딸랑이를 만들어요.

산후 신청 서류는 쓸 수 있는 데까지 써두세요.

baby 이즈음의 아기는

깨끗한 피부의 아이! 이제 곧 태어납니다

아이 몸이 더욱 커져 지금이라도 곧 터질 것 같습니다. 아이 머리는 엄마 골반에 쏙 들어가 이전처럼 활발하게 움직이지 않게 됩니다. 전신을 덮었던 솜털과 지태도 사라지고 깨끗한 피부로 변합니다. 아이가 태어날 순간이 머지않았습니다! 엄마는 아이가 밑으로 내려와 위가 편해집니다.

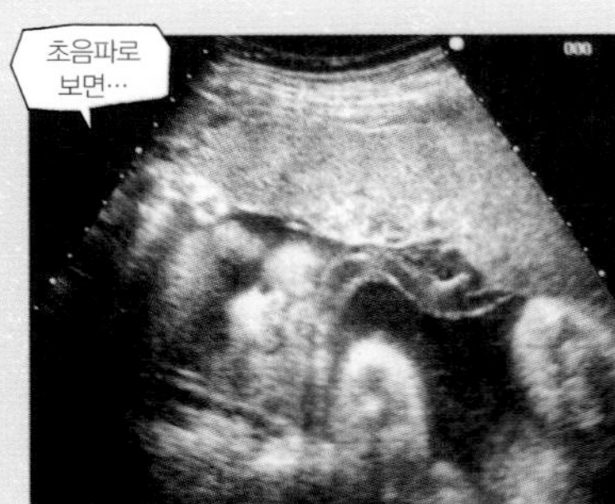

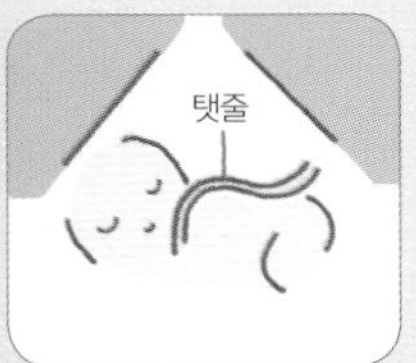

탯줄이 확실히 보여 아이와 이어져 있음을 실감하게 됩니다.

이번 주엔 무슨 일이 있을까

임신 38주

예정일까지 14일

mom 주기적인 배의 뭉침과 요통이 있으면 진통이 시작됐다는 신호일지도 모릅니다. '전구 진통'이라 하여 불규칙하게 10분 간격으로 이어지지 않고 사라지는 경우도 있지만, 아무튼 이제 며칠 안에 출산한다는 증거입니다. 편안히 아이를 맞이할 수 있도록 지냅니다.

당황하지 않으며 자신을 잃지 말고 그때를 기다립시다

입덧으로 고생하고, 태동에 기뻐하며 희비와 만감이 교차하던 임신 생활도 이제 곧 끝이 납니다. 차분하지 못한 나날이겠지만 경혈을 누르면서 마음을 편히 먹고 출산까지 긍정적인 마음으로 지내요.

순산 경혈이라 불리는 삼음교(三陰交)를 누릅니다.

baby 이즈음의 아기는

언제 나와도 괜찮아요! 마지막 초음파에 또다시 감동을

임신 판정을 받고 계속 찍어왔던 초음파 사진도 이것으로 마지막입니다. 그 콩처럼 작았던 아이가 이렇게 커지다니 감개무량하지요. 드디어 출산이 코앞으로 다가왔습니다. 통통하게 살이 오른 아이를 안을 수 있는 날도 이제 머지않았습니다. 의사는 태아가 큰 경우 아이의 머리 폭과 엄마 골반의 너비를 재고 제대로 나올 수 있을지 없을지를 판단합니다.

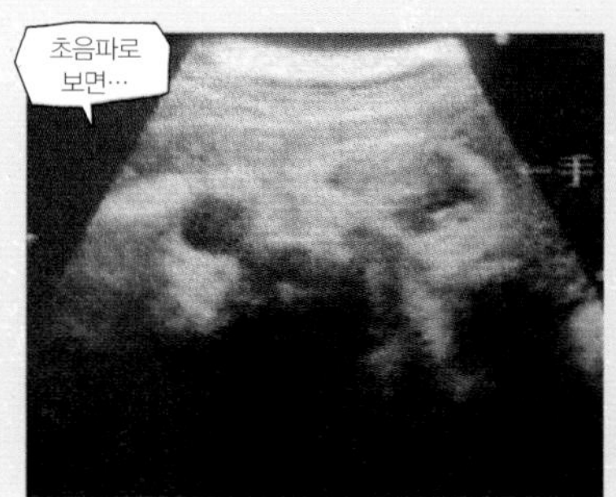

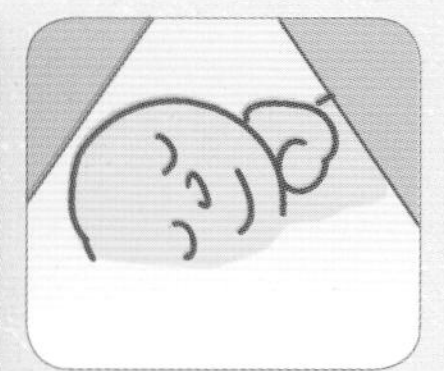

머리가 커져 완연한 아이입니다. 빨리 밖으로 나가고 싶다고 하는 것 같죠?

임신 39주

예정일까지 7일

mom 출산이 다가오면 몇 시간 주기로 눈이 떠지는 경우가 있습니다. 이는 배 속 아이의 수면 리듬과 겹치기 때문. 산후에는 이 리듬으로 수유를 하므로 단시간이라도 깊이 잠들기 위한 연습이라고 생각합시다. 태동을 느끼는 것도 이제 얼마 남지 않았습니다. 얼마 남지 않은 임신 생활을 즐기세요!!

지인에게 보낼 아이 출생 소식 메시지를 준비해두면 산후에 편합니다♪

출산까지의 시간을 충실하게 보내고 있겠죠. 체중 관리와 적절한 운동도 마지막까지 열심히 합니다. 탄생 알림 메시지를 준비하면서 산후에 대비해둡니다.

골반 주변이 아플 때마다 자주 스트레칭을 합니다.

입안이 텁텁할 땐 얼음을 우두둑우두둑 씹어 먹어요.

baby 이즈음의 아기는

태어날 준비 완료. 나갈 때를 기다리고 있어요!

진통 간격에 맞춰 밖으로 나갈 순간을 이제나저제나 기다리는 아이. 치골과 고관절에 통증을 느끼고, 빈뇨, 불규칙한 배 뭉침 등 징후가 나타나면 출산이 가까워졌다는 신호입니다. 뭉침과 통증이 규칙적이 되면 진통입니다. 진통 간격을 재고 병원에 갈 준비를 합니다. 파수한 경우에는 곧장 병원으로! 드디어 아이와 대면할 시간입니다!

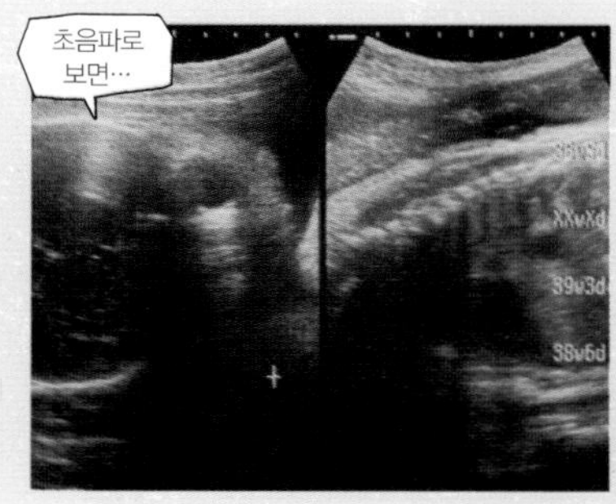

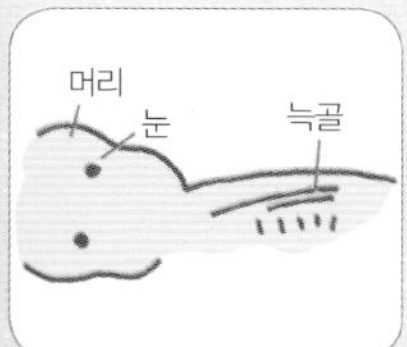

왼쪽에 머리, 눈, 오른쪽은 늑골이 찍혔네요. 추정 체중은 2.9kg. 이러니 무거울 수밖에. 빨리 나오렴.

순산을 위해 지금 해야 할 일

드디어 산월입니다. 출산에 대한 불안함을 씻어내기 위해 출산 흐름을 예습하고 순산 이미지 트레이닝을 하면 좋습니다.

출산의 관건은 체력, 심신 컨디션을 잘 조절하세요

아이와의 대면을 기다리는 한편, 진통과 분만에 대한 불안이 커지는 시기. 그 순간을 대비해 몸과 마음을 잘 조절해둡시다. 출산은 초산인 경우 평균 15~16시간, 출산 경험이 있는 산모일 경우에도 5~6시간은 걸리는 장거리 레이스입니다. 체력이 관건이니 이전과 마찬가지로 균형 잡힌 식사와 일찍 자고 일찍 일어나는 습관을 유지하도록 노력합니다. 출산 시 아프다고들 하지만, 미지의 통증에 대한 공포가 불안함을 더욱 부채질하는 법입니다. 출산 과정을 알아두면 어떻게 이겨낼지도 미리 알 수 있으므로 출산의 흐름을 예습하여 불안을 해소하도록 노력합시다.(자세한 내용은 162쪽)

산월에도 걷기나 산책 등 가벼운 운동을 계속하는 것이 순산의 지름길.

순산할 수 있는 힘을 기르는 방법

신체 면

출산 바로 직전까지 워킹
파수만 안 한다면 진통이 시작되더라도 OK. 발에 맞는 신발을 신고 자세를 의식하며 걷습니다.

일찍 자고 일찍 일어나는 리듬을 만든다
과격한 태동으로 깊이 자지 못하더라도 눈을 감고 몸을 쉬게 합시다. 아침에는 일찍 일어나고 졸리면 낮잠을 잡니다.

고관절을 부드럽게 하는 스트레칭
출산할 때에는 다리를 벌리므로 스트레칭으로 고관절을 부드럽게 만들어둡시다. 조금씩 매일 하는 것이 중요합니다.

쭈그려 앉는 포즈로 스트레칭
재래식 변기에 앉는 자세나 바닥 걸레질 자세를 취하면 자연스럽게 뼈의 간격이 늘어나 요통에 좋습니다.

체중 관리를 소홀히 하지 않는다
산월에는 체중이 늘고 혈압도 높아지기 마련이므로 마지막까지 주의합니다.

스쿼트로 허벅지 근력을 업!
출산할 때에는 다리에 힘을 주므로 스쿼트로 허벅지 근육을 단련해둡시다. 혈액 순환에도 좋아요.

정신 면

휴대전화, 컴퓨터 전원을 끄는 날을 만든다
불안한 상태에서 정보를 찾으면 혼란스럽기 마련입니다. 정보를 차단하고 실외에서 자연과 접하면 안정을 찾을 수 있습니다.

불안한 마음을 다른 사람에게 얘기한다
말하다 보면 고민의 짐을 내려놓게 됩니다. 가족과 친구에게 자신의 마음에 대해 털어놓고 불안을 힘으로 바꿔갑니다.

출산에 대해 긍정적인 이미지를 갖는다
진통이 한 번 오면 그만큼 아이를 만날 순간이 가깝다는 뜻. 진통을 좋은 것이라 생각합니다.

마음을 편히 할 방법을 찾는다
진통은 편안한 마음으로 넘어설 수 있습니다. 아로마 테라피, 음악, 목욕 등 자기 나름의 방법으로 릴랙싱하며 출산을 준비하세요.

가족과 수다를 떨면 불안함도 줄어듭니다.

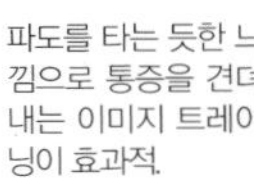

파도를 타는 듯한 느낌으로 통증을 견뎌내는 이미지 트레이닝이 효과적.

예정일이 지나면…

불안한 마음이 지속되겠지만, 안달하지 말고 편한 마음으로 기다립시다.

1 몸을 자주 움직인다
그저 안정 상태로 기다리는 게 아니라 산책, 워킹, 스트레칭 등으로 하루 한 시간은 몸을 움직입시다.

2 편안한 마음으로 기다린다
안달은 금물. 예정일에 맞춰 출산하는 일은 아주 드뭅니다. 검진에서 이상이 없다면 괜찮습니다.

3 검진은 빠뜨리지 않고 받는다
예정일이 지나면 태반 기능과 아이 상태를 체크하여 적절한 조치를 취하므로 검진을 꾸준히 받으세요.

수유를 위한 유방 관리 노하우

모유 수유를 위해 유방을 관리해요

모유 수유의 첫걸음은 유두 케어. 모유를 잘 나오게 하고 아이가 물기 쉬운 유두로 만들어둡니다.

영양이 풍부한 모유는 산후 바로 먹여요

모유에는 아이 성장에 필요한 영양소가 듬뿍 들어 있는 데다 수유라는 커뮤니케이션을 통해 모자간 신뢰 관계가 깊어지는 등 좋은 점이 많습니다. 하지만 출산이 끝났다고 해서 바로 모유가 나오고 원활한 수유가 이루어지는 것은 아닙니다. 보다 원활한 모유 수유를 위해서 분만 예정월에 들어서면 유방 관리를 시작합니다. 유두 마사지를 통해 유즙을 분비하는 유선을 발달시키고 아이가 물기 쉬운 유두로 만들어둡니다. 우선 유두를 체크하는 데 편평 유두, 함몰 유두 등 유두 모양이 수유하기에 적합하지 않으면 보다 면밀한 케어가 필요합니다.

모유의 장점

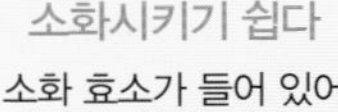

영양이 듬뿍
양질의 단백질, 지방, 비타민 등이 균형 있게 들어 있습니다.

소화시키기 쉽다
소화 효소가 들어 있어 아이 몸에 좋습니다.

면역력을 길러준다
아이를 병으로부터 지키는 면역 성분을 함유. 특히 초유에 듬뿍 들어 있습니다!

엄마의 몸을 지킨다
아이가 유두를 빨면 분비되는 옥시토신이 자궁 수축을 도와줍니다.

모자의 유대감이 깊어진다
아이와 눈을 맞추고 수유함으로써 유대 관계가 깊어집니다.

유두 모양을 체크!

정상적인 유두
아이가 젖을 빨려면 유두를 혀로 물고 있어야 하므로 유두 길이는 1cm 이상이 되어야 합니다.

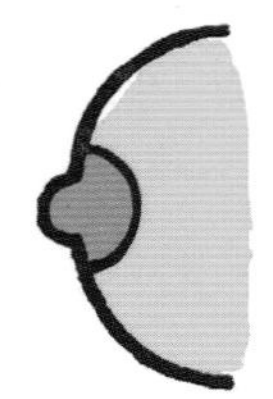

편평 유두
유두가 평평하면 잘 빨지 못합니다. 손가락으로 집을 수 있는지 없는지를 확인합니다. 집을 수 없다면 케어를 해야 합니다.

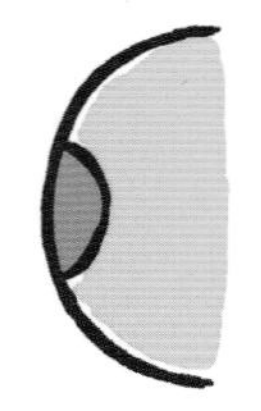

함몰 유두
유두가 안으로 들어가 있어도 아이가 잘 빨지 못합니다. 케어를 해서 유두가 나오게 합니다.

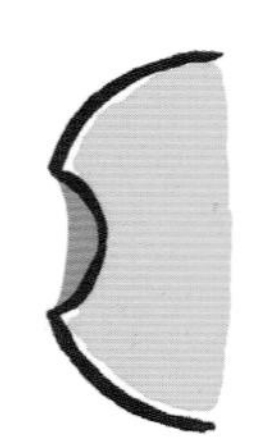

【 유두 마사지 】

기본 동작
한쪽 손으로 유방을 보호하면서 다른 쪽 손가락으로 마사지합니다.

1일 1회, 3분 정도 진행합니다. 마사지 도중 유즙이 나오는 경우도 있지만 걱정할 필요는 없어요.

1 유두를 천천히 압박

하나 둘 셋을 세며 3초 정도 압박하고 넷을 셀 때 힘을 뺍니다. 유두, 유륜부 위치를 바꾸면서 시행합니다.

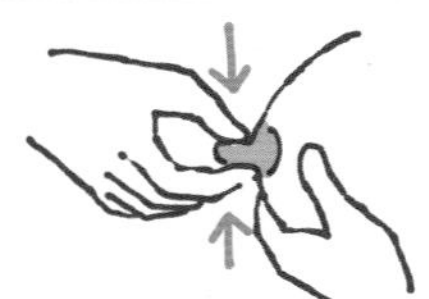

2 가로 방향 → 세로 방향으로 돌리며 주무른다

유두, 유륜부에 손가락 안쪽을 대고 가로 방향으로 돌리며 주무르고 세로 방향으로 돌리며 주무릅니다.

\ Attention! /

이럴 땐 주의!

유두 자극으로 자궁 수축이 일어나기도 하므로 37주 미만에 자궁 수축 등 조산의 증상이 보이는 경우에는 절대 금물! 관리 도중에 배가 뭉치면 잠시 쉬세요. 브래지어는 유방을 조이지 않도록 넉넉한 사이즈의 노와이어 제품을 착용합니다.

column2

어린이집을 알아봐야 할 때

교육 환경이 좋은 어린이집의 경우 입소 경쟁이 만만치 않습니다. 때가 되어 알아보면 이미 늦은 경우가 많으니 적어도 입소 예정 6개월 전에는 알아보는 것이 좋습니다.

어린이집 입소 신청하기

온라인 신청 부모 또는 보호자가 임신·육아 종합 포털 아이사랑(www.childcare.go.kr)에 접속하여 입소 신청

직접 방문 부모 또는 보호자가 어린이집을 직접 방문하여 입소 신청

Step 1 **아동 등록**
어린이집에 입소할 아동을 등록합니다.

Step 2 **어린이집 선택**
어린이집을 검색하여 입소할 어린이집을 선택합니다.

Step 3 **입소 대기 신청**
본인이 선택한 어린이집에 입소 대기를 신청합니다.

Step 4 **입소 대상자 확정**
어린이집에서는 입소 대상 우선 순위를 기준으로 입소 대상자를 확정합니다.

Step 5 **입소 우선순위 자료 제출**
입소 우선순위 대상자에 한합니다.

Step 6 **입소 처리**
어린이집 원장은 입소 대기 순서에 따라 입소 처리합니다.

출산 후 어린이집에 맡기려면

요즘은 맞벌이 부부가 아니어도 아이의 다른 형제를 돌보기 위해서나 엄마의 휴식을 위해 아이를 어린이집에 보내는 경우가 많습니다. 어린이집에 아이를 맡기는 것에 미안함을 느끼는 엄마들도 있지만 몇 시간만이라도 육아에서 벗어나 정신 및 신체적 휴식을 취하는 것도 상황에 따라선 좋은 육아의 방법 중 하나라고 할 수 있습니다. 다만 보육의 수준이나 행태 등을 꼼꼼히 따져보고 어린이집을 선택하는 것이 중요합니다.

또한 정부에서는 맞춤형 보육 서비스라는 이름으로 어린이집 0~2세 반(48개월 미만 아동)을 이용하는 영아들을 대상으로 현재의 12시간 종일반(7:30~19:30) 외에 맞춤반(9:00~15:00+긴급 보육 바우처 15시간) 서비스를 실시하고 있습니다. 자세한 내용은 '아이사랑' 사이트(www.childcare.go.kr)를 참고하거나 읍면동사무소에 문의하여 본인의 상황에 맞는 서비스를 선택하는 것이 좋습니다.

【 어린이집의 종류 】

국·공립 어린이집	법인 어린이집	민간 어린이집	직장 어린이집	가정 어린이집	부모 협동 어린이
국·공립, 시립 어린이집으로 국가나 지방자치단체에서 직접 운영한다. 행정 기관의 예산으로 운영되므로 보육의 질이 높고 경력이 오래된 선생님이 많은 편이다. 민간 어린이집에 비해 특별 활동 등은 적을 수 있다.	사회복지 법인에서 운영하며 국공립과 유사한 장점을 가진다. 주로 종교와 관련된 법인이 많으므로 잘 알아보고 선택해야 한다.	개인이 운영하며 제일 많은 방식이다. 여러 가지 특화된 프로그램 등을 진행한다. 각 어린이집마다 보육의 수준 차가 크므로 꼼꼼히 살펴봐야 한다. 특성화 교육으로 인해 보육료가 비싼 편이다.	직원들의 복지 증진 차원에서 기업이 운영하는 형태이다. 출퇴근과 등하원이 같이 이루어지므로 안정적이고 보육 환경이 좋은 편이나 우리나라에서는 아직 적은 수의 사람만이 혜택을 누리고 있다.	아파트 1층 등을 이용해 가정집과 같은 환경으로 개인이 운영하고 적은 수의 아이들을 보육한다. 집 가까이에 위치하는 경우가 대부분이므로 영아를 위탁하기 좋지만 교육이 필요한 시기가 되면 옮기는 것이 좋다.	공동 육아 어린이집으로 부모 15인 이상이 조합을 이루어 운영한다. 부모가 직접 교육 방향과 예산을 짜고 운영하므로 부모들이 원하는 방향으로 아이들을 보육할 수 있다는 것이 장점이다.

PART

3

순산을 위해 해야 할 일

아름다운 예비 엄마를 위한 뷰티 & 헬스 가이드

아이의 건강한 몸을 만들기 위해, 그리고 순산을 위해
매일의 식사와 운동, 생활 습관을 재점검하는 일은 매우 중요합니다.
몸과 마음을 상쾌하게 만들고 임신 중에도 산후에도
건강하고 아름다운 엄마가 되기 위해 주의해야 할 몇 가지를 정리해보았습니다.

순산을 위한 생활 습관 기르기

임신 중 몸도 마음도 힘들지만 순산을 위해서는 스스로를 관리해야 합니다.

만족할 만한 출산을 위해 튼튼한 몸 만들기

'순산'이라고 하면 짧은 시간에 아이를 쑥 낳는 것이라 생각하는 사람이 많을 것입니다. 하지만 가장 중요한 것은 출산 후에 '만족할 만한 출산이었다'고 생각할 수 있는가 하는 점입니다. 출산은 엄마와 아이의 첫 공동 작업이라고 할 수 있습니다. 아이가 나오려고 할 때를 '할 수 있는 만큼 최선을 다했다!'고 여기고 최상의 몸 상태로 맞이했다면 분명 좋은 출산으로 기억에 남을 터. 출산도 산후 육아도 체력에 달렸습니다!
임신 중에 체력을 키워두는 것이 무엇보다 중요한데 체력 단련의 기본은 규칙적인 생활. 균형 잡힌 식사와 충분한 수면, 적절한 운동입니다. 체력이 붙으면 순산할 수 있다는 자신감도 따라 붙게 될 것입니다.

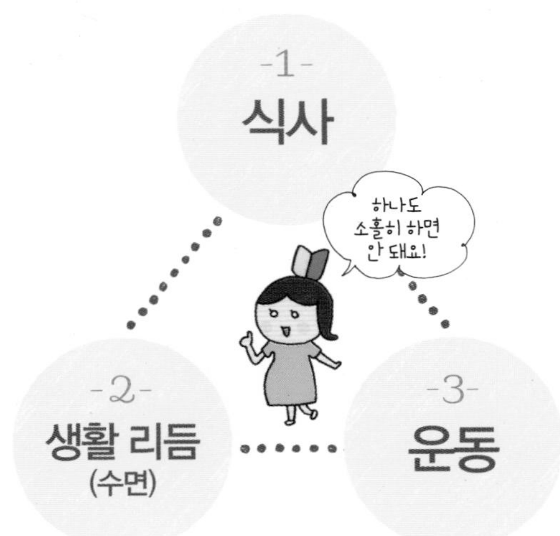

-1- 식사 철분과 칼슘이 모자라지 않게 균형 잡힌 식사를

적정 체중을 유지하기 위해 중요한 것은 식사의 양과 질입니다. 배 속 아이의 몸을 만들기 위해서도, 임신부의 건강을 위해서도 균형 잡힌 식사를 통해 영양소를 골고루 섭취해야 합니다.
가급적 다양한 식재료로 다채로운 식단을 준비하여 충분한 영양을 섭취하도록 합니다. 한식은 주식과 반찬, 국 등으로 구성된 다양한 재료의 균형 잡힌 식사이므로 권장할 만합니다. 임신 중에 필요량이 많아지는 단백질, 엽산, 철분을 비롯해 부족하기 쉬운 칼슘을 의식적으로 섭취하도록 하세요.

바른 생활 리듬을 만드는 3대 원칙

1. 일찍 자기
2. 일찍 일어나기
3. 아침밥 먹기

아침에 햇볕을 쬐면 분비되는 호르몬 '세로토닌'은 마음을 안정시키는 작용을 합니다. 수면을 촉진하는 '멜라토닌'은 세로토닌을 재료로 만들어지므로 일찍 일어나는 것이 일찍 자는 지름길. 아침밥을 먹으면 뇌를 활성화시키며 제대로 씹어 먹음으로써 세로토닌도 늘어납니다.

-2-
생활 리듬(수면) '밤샘 후 아침 거르기'는 엄금

부부 둘만 생활하다 보면 올빼미형이 되기 쉽다는 임신부도 많을 테지요. 취침 시간이 늦어지면 수면 부족으로 피로가 쌓이고, 점차 아침에 일어나지 못해 생활 리듬이 깨지게 됩니다. 식욕이 없어 아침 식사를 거르는 일도 많아지고 뇌에 갈 에너지가 부족해 신경질적이 되거나, 점심때 한꺼번에 많이 먹기도 합니다. '일찍 자고 일찍 일어나기', '아침밥 챙겨 먹기'를 습관화하는 것은 산후 아이의 올바른 생활 리듬을 만드는 데도 중요합니다.

-3-
운동 무리하지 않고 즐겁게, 상쾌하게!

운동해야 한다고 해서 임신 전에 하지 않았던 스포츠를 갑자기 시작하는 것은 별로 바람직하지 않습니다. 하지만 사무 계통 일을 하느라 하루 종일 앉아 있었던 경우에는 임신 중에도 같은 생활을 반복하다 보면 발이 붓거나 정맥 혈전증에 걸리기 쉬우므로 몸에 부담이 가지 않을 정도로 적당히 몸을 움직이세요. 수영이나 워킹 같은 것이 좋습니다. 다만 임신 중에는 어디까지나 몸 상태가 우선입니다. 무리해서까지 해야만 하는 것은 아니므로 몸 상태를 살피며 즐겁게 운동합시다.

이럴 때에는?

Q 남편이 늦게 들어와 생활 리듬이 깨지기 쉽습니다. 어떻게 하면 좋지요

A 임신 중 심신 변화에 대해 이야기를 하고 남편의 협력을 받도록 합니다

임신하면 몸과 마음이 크게 변화하므로 피로감을 느끼기 쉽고 수시로 짜증이 나기도 합니다. 남편에게 현재의 상태를 말해 먼저 식사를 하거나 먼저 잘 수 있도록 하여 규칙적인 생활을 할 수 있도록 노력하세요.

Q 운동은 언제부터 하는 것이 좋나요

A 운동은 태반이 완성되는 안정기(15~16주) 이후에 시작하세요

사람마다 다르지만 임신 4개월 중반~임신 5개월 초반에는 태반이 완성되어 안정기에 들어갑니다. 임신부 수영이나 임신부 요가 등 임신부를 위한 스포츠는 의사와 상의하고 태반 완성 이후에 합시다.

임신 스포츠를 할 때의 기본 세 가지

❶ 자기 자신에게 맞는 무리 없는 것을 고른다

별로 좋아하지 않지만 아이를 위해 한다면 즐겁지 않습니다. 자기 자신에게 상쾌하게 느껴지는 운동을!

❷ 무리라고 여겨지면 즉각 중지

임신 중에는 나날이 몸 상태가 달라집니다. 자기 몸 상태를 살피며 좀 이상하다 싶으면 즉각 중지합시다.

❸ 운동 후 수분 보충은 물이 좋다

운동하면 땀이 나 수분이 빠져나갑니다. 수분을 보충해야 하지만, 당분이 많이 함유된 음료 등은 피하세요. 물이나 카페인이 적은 차를 드세요.

체중 증가와
영양 불균형에 주의!

순산을 위한 체중 관리와 식생활

임신 중의 과도한 체중 증가는 순산을 방해하므로 임신 주수별 식생활 관리가 필요합니다.

우선 BMI로 목표 체중을 정합시다

임신하면 아이와 태반, 양수 이외에 혈액량과 수분 등을 합쳐 몸무게가 약 6~7㎏ 늘어납니다. 여기에 아이를 보호하는 쿠션 역할을 하거나 출산할 때 필요한 에너지가 될 피하 지방을 합친 무게가 적정한 체중 증가량입니다. 적정한 체중 증가는 BMI(Body Mass Index, 체질량 지수)라는 비만도를 나타내는 지수를 이용해 알아봅시다. 다음 식에 키와 임신 전 몸무게를 넣어 BMI를 도출하고 표의 해당란을 봐주세요. 가장 오른쪽에 쓰인 숫자가 당신의 적정 체중 증가량입니다.

적정 체중 증가를 알 수 있는 BMI 체크!

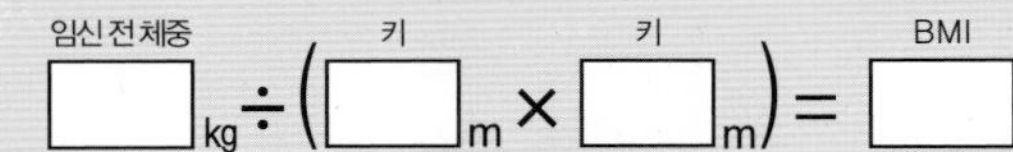

키는 m로 환산하는데 예를 들어 키 150cm에 45㎏인 경우 45÷(1.5×1.5)=20.0, 키 165cm에 50㎏인 경우에는 50÷(1.65×1.65)=18.3이 됩니다.

BMI		적정 체중 증가
18.5 미만	저체중	+9~12kg
18.5~25 미만	보통	+7~12kg
25 이상	비만	+개별 대응(BMI 25면+5kg)

임신으로 늘어나는 적정 체중 내역

아이 무게	약 3kg
태반과 양수	약 1kg
혈액량과 수분 등	약 1.7~2.5kg

=
약 6~7kg
+
출산과 육아에 필요한 에너지로서 지방
(임신 전 체중에 따라 이 부분이 달라짐)

체중이 50kg일 때 키가 158cm인 사람은 BMI가 20.0으로 '보통 체형'이므로 적정 체중 증가량은 +7~12kg이지만, 같은 체중에 168cm인 사람은 BMI가 17.7로 '마른 체형'이므로 +9~12kg가 목표 체중이 됩니다.

과체중 및 저체중으로 일어나기 쉬운 문제

과체중의 경우

임신성 고혈압 증후군 ➔ 134쪽

임신 20주 이후, 산후 12주까지 고혈압이 나타나는 경우, 혹은 고혈압에 단백뇨를 동반하는 경우입니다. 태반에 충분한 혈액이 돌지 않아 아이가 제대로 성장하지 못하고 모체가 위험해질 가능성도 있습니다.

임신성 당뇨병 ➔ 136쪽

임신을 계기로 당 대사 이상이 나타나며 혈당치가 높아진 상태입니다. 원래 비만 증상이 있던 사람이나 당뇨병 가족력이 있는 사람이 걸리기 쉽고 또 아이가 너무 커져 난산이 될 확률도 높아 모체에도 무리가 됩니다.

미약 진통

진통이 약하고 자궁구가 충분히 열리지 않아 출산이 잘 진행되지 않는 상태입니다. 출산이 시작되어도 진통이 제대로 일어나지 않거나, 도중에 진통이 약해져 버리는 경우가 있습니다.

그 외

골반 안쪽이나 산도 주위에 지방이 붙어 미약 진통이 되거나 출혈량이 늘어나는 등의 경우가 있습니다.

저체중의 경우

자궁 내 태아 발육 지연

태아가 임신 주수에 따른 성장에 미치지 못하는 것을 말합니다. 태아 기형 등 태아의 문제 이외에 엄마가 임신성 고혈압 증후군이거나 식사량이 극단적으로 적은 것이 원인일 경우도 있습니다. 태아 상태에 따라서는 입원 치료가 필요하거나 예정일 전에 제왕 절개를 하는 경우도 있습니다.

저출생 체중아

태내에서 발육이 충분히 이루어지지 않아 출생 시 체중이 2.5kg 미만인 아이를 말합니다. 경우에 따라 NICU(신생아 집중 치료실) 보육기에서 집중 관리를 할 필요가 있어 엄마가 먼저 퇴원해 모유를 병원으로 나르는 경우도 있습니다.

임신 중 식생활 포인트

영양소를 골고루 섭취합니다

엄마가 섭취한 음식물을 통해 태아에게 영양이 공급됩니다. 그렇다고 태아를 위해 2인분을 섭취할 필요는 없습니다. 중요한 것은 양이 아니라 아기의 성장에 필요한 영양소를 균형 있게 섭취하는 것입니다. 단백질과 철분, 엽산 등 특히 필요한 영양소를 임신 전의 식사에 더하는 정도라고 생각하세요. 또 부족하기 쉬운 칼슘도 잊지 마세요. 임신 전에 편식하는 경향이 있었다면 식생활을 재검토해야 합니다. 아래 '임신 중 매일 섭취해야 할 영양소'를 참고하여 영양소가 부족하지 않도록 식단 관리를 해보세요.

영양소를 골고루 섭취하는 것이 포인트!

주식(밥, 빵, 면 등)

한 끼분으로 밥은 한 공기(200g), 식빵은 2장이 적당해요. 식이 섬유나 비타민, 미네랄 등이 풍부한 현미, 통밀 빵, 호밀 빵 등 덜 가공한 것을 먹는 편이 좋습니다.

국이나 수프

국이나 스프는 평상시보다 조금 싱거울 정도로 염분을 낮춰 먹는 것이 좋습니다. 비타민이 많은 녹황색 채소나 식이 섬유가 풍부한 뿌리채소, 미네랄이 가득한 해조류 등을 넣어 끓인 국이나 수프는 영양 밸런스 만점이랍니다.

서브 반찬

비타민이나 미네랄이 많이 함유되어 있는 채소나 해조류, 버섯을 충분히 섭취하세요. 채소는 하루 350g 이상 섭취하는 것이 좋은데 엽산이나 철분, 칼슘, 카로틴, 비타민 C 등이 풍부한 녹황색 채소를 꼭 챙겨 먹는 것이 좋아요.

메인 반찬

지방이 적은 붉은색 살코기나 DHA가 풍부한 등 푸른 생선, 영양이 풍부한 달걀, 칼슘이 많은 유제품, 식물성 단백질 콩과 콩 제품 등 양질의 단백질이 중심이 되는 음식을 매 끼니 섭취합니다.

임신 중 매일 섭취해야 할 영양소

열량 1,900~2,100kcal

가임기 여성의 하루 열량 권장량(19~29세 2,100kcal, 30 ~49세 1,900kcal)을 기준으로 임신 3개월까지는 동일한 열량을 섭취하고 임신 6개월까지는 +340kcal, 임신 6개월 이후부터는 +450kcal를 더하여 섭취합니다.

소금 7g

염분을 많이 섭취하면 부종이나 고혈압이 생길 수 있습니다. 국이나 반찬은 싱겁게 먹고 가공식품이나 면류, 빵류 등에 포함되어 있는 염분도 주의합니다.

칼슘 1,030mg

칼슘은 하루 3~4컵의 우유 섭취로 보충할 수 있지만 식사만으로는 필요량을 충족시키기 어려우니 부족하지 않도록 신경 써야 할 영양소입니다. 우유, 치즈, 요구르트, 연어, 뼈째 먹는 생선, 시금치, 브로콜리, 콩, 오렌지 등에 많이 함유되어 있습니다.

철분 20~24mg

임신 중에는 철분의 필요량이 증가하므로 잊지 말고 섭취해야 하는 영양소입니다. 철분은 체내에 산소를 공급해주는 헤모글로빈의 구성 성분으로서 산소를 각 조직으로 운반하는 역할을 합니다. 철분은 간, 살코기, 달걀노른자, 검은콩, 녹황색 채소에 많이 들어있어요.

엽산 600㎍

임신 중에는 임신 전보다 두 배의 엽산이 필요합니다. 특히 임신 초기에 가장 필요하기 때문에 임신을 계획하고 있다면 임신 전부터 섭취하는 게 좋습니다. 엽산은 쑥갓, 시금치, 깻잎, 토마토 등에 많이 함유되어 있지만 음식으로만 섭취하기는 어려우므로 보충제를 복용하는 것이 좋습니다.

임신 중 매일 섭취해야 할 영양소 첫째

엽산

하루 권장 섭취량

600㎍

아이의 선천적 이상과 유산 등의 위험을 줄이는 작용

엽산은 비타민 B군의 일종으로 새로운 세포와 적혈구를 만드는 데 도움을 주는 역할을 합니다. 배 속 아이의 신체 기관이 만들어지는 임신 초기에 엽산이 부족하면 이분 척추증 등 선천적 이상이 생길 가능성이 있고, 유산과 태아 발육 부전 등을 일으키는 경우가 있다고 합니다. 임신기 권장량은 600㎍이므로 매일 적극적으로 섭취합시다. 특히 태아의 세포 분열이 왕성한 시기인 4~12주에는 적극적인 엽산 섭취가 필요하며, 임신 17주까지는 식사 이외에 영양제로 400㎍ 섭취를 권장하고 있습니다. 엽산은 시금치, 쑥갓, 브로콜리, 아스파라거스, 양상추 등에 많이 함유되어 있습니다.

엽산이 많이 함유된 식품

- 풋콩(80g) ··· 141㎍
- 시금치(2뿌리, 60g) ··· 126㎍
- 아스파라거스(3개, 60g) 114㎍
- 쑥갓(3뿌리, 60g) ··· 114㎍
- 브로콜리(2쪽, 50g) ··· 105㎍
- 아보카도(1/2개, 100g) ··· 84㎍
- 딸기(5알, 75g) ··· 68㎍
- 콩나물(1컵, 60g) ··· 51㎍
- 청경채(1뿌리, 70g) ··· 46㎍
- 양배추(대 1/2장, 50g) ··· 39㎍
- 미역(건조, 5g) ··· 22㎍
- 잔새우(건조, 5g) ··· 12㎍

엽산을 섭취할 때의 포인트 3가지

1 가열은 최소한으로

엽산은 열과 물에 약하고 가열하면 파괴되므로 물로 살짝 씻고 가급적 날것으로 먹기를 권합니다. 가열할 때에는 볶는 정도가 이상적입니다.

2 가급적 즙도 모두 마신다

가열하면 즙으로 녹아나오는 성질을 이용해 볶고 전분을 넣는다든가 된장국, 수프, 조림 등 국물까지 마실 수 있는 메뉴로 만들면 영양소 손실을 줄일 수 있어요.

3 과일로 섭취!

딸기와 감귤류 등의 과일은 가열해도 엽산이 파괴되지 않고 전부 섭취할 수 있습니다. 조리할 필요도 없으니 편하다는 점도 좋지요.

냉동실에서 3~4일 보관 가능!

파프리카와 우엉 피클

재료(2인분)

우엉 150g, 파프리카 1/4개

A
- 사과 식초 2큰술 이상,
- 설탕 1큰술 이상,
- 소금 1/3작은술,
- 월계수잎 1장,
- 굵은 백후춧가루 약간

만드는 법

1. 우엉은 어슷하게 썰고, 파프리카는 세로로 채 썬다.
2. A를 냄비에 넣고 중간 불로 끓인 다음 1을 넣고 3~4분 동안 국물이 없어질 때까지 조린다.

끓이지 않아도 OK! 식어도 맛있다!

브로콜리와 파르메산 치즈 소테

재료(2인분)

브로콜리 150g, 올리브유 1작은술, 소금·굵은 후춧가루 약간씩, 파르메산 치즈 1큰술

만드는 법

1. 브로콜리는 작은 송이로 썬다.
2. 프라이팬에 올리브유를 살짝 둘러 중간 불로 달구고 1을 넣어 볶는다. 전체에 기름이 다 돌면 소금을 뿌린 후 물 1큰술을 넣고 뚜껑을 닫아 2분 정도 약한 불로 끓인다.
3. 브로콜리가 익으면 뚜껑을 열어 수분을 날려 보낸다. 먼저 파르메산 치즈를 뿌려 골고루 섞고 후춧가루를 뿌린다.

임신 중 매일 섭취해야 할 영양소 엽산

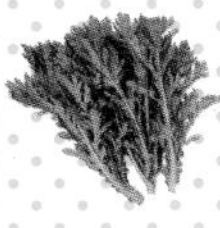

잔새우에서 나오는 진한 감칠맛!

양배추와 잔새우 조림

재료(2인분)

양배추 150g, 다랑어포+다시마 국물 1컵, 잔새우 1큰술

A [간장·맛술·청주 1작은술씩

만드는 법

1. 양배추는 큼지막하게 썬다.
2. 냄비에 국물 1컵과 A를 넣고 중간 불로 끓이다가 1과 잔새우를 넣고 살짝 끓인다.

언제나 간편하게 낫토를 먹을 수 있다

쑥갓 낫토 무침

재료(2인분)

쑥갓 200g, 낫토 40g, 대파(다진 것) 10cm 분량

A [간장 1작은술, 참기름 1/4작은술

만드는 법

1. 끓는 물에 쑥갓을 살짝 데쳐 찬물에 헹군다. 물기를 짜서 7~8mm 길이로 썬다.
2. 낫토에 A를 넣고 잘 섞은 뒤 1과 대파를 넣어 무친다.

반찬이 하나 더 있으면 할 때 간단히 만들 수 있는

아스파라거스와 김 무침

재료(2인분)

아스파라거스 150g, 소금 1/5작은술, 참기름 1/2작은술, 김 1/2장

만드는 법

1. 아스파라거스는 뿌리와 가까이에 있는 딱딱한 부분은 잘라내고 1cm 두께로 어슷썰기 한다.
2. 종이 포일 위에 1을 올리고 오븐에서 7~8분 굽는다. 소금, 참기름을 넣고 잘 섞은 후 김을 손으로 잘라 뿌린다.

엽산이 풍부한 과일로 만든

채 썬 단호박과 키위 샐러드

재료(2인분)

단호박 100g, 키위(채 썬 것) 1개, 건포도 1큰술

A [요구르트 1큰술, 간 마늘 약간, 올리브유 1작은술, 소금 1/4작은술, 후춧가루 약간

만드는 법

1. 단호박은 씨를 빼고 내열 그릇에 넣어 랩을 씌운 후 전자레인지에 1분 정도 가열한 뒤 채를 썰고 다시 전자레인지에 1분 정도 가열한다.
2. 건포도는 끓는 물에 데쳐 부드럽게 만든 다음 물기를 뺀다.
3. 볼에 A를 넣어 섞고 1과 2, 키위를 넣어 가볍게 섞는다.

임신 중 매일 섭취해야 할 영양소 둘째

철분

하루 권장 섭취량

20~24mg

아이에게 산소와 영양을 나르기 위해 필요

임신 중 체중이 늘어나면서 혈액량도 많아지는데 이때 혈액이 묽어져 빈혈을 일으키기 쉽습니다. 철은 혈액 내의 산소 운반을 담당하는 헤모글로빈을 만드는 데 필수적인 무기질인데, 부족하면 두근거림, 숨참, 피로 등의 증상이 나타날 뿐만 아니라 태아에게 산소와 영양을 제대로 전달하지 못해 발육에 영향을 미치기도 합니다. 또 출산 시에도 출혈 쇼크가 일어나는 등 문제가 생길 수도 있습니다.

철분에는 고기와 생선에 많은 동물성 헴철(heme iron)과 대두 제품과 채소 등에 많은 식물성 비헴철이 있는데, 효율성 있게 흡수하기 위해서는 헴철을 매일 섭취하는 것이 좋습니다.

철분이 많이 함유된 식품

- 톳(건조, 10g) ·············· 5.5mg
- 바지락 살(100g) ········ 3.8mg
- 참치 캔(소 1통, 80g)····· 3.2mg
- 유부(중 1개, 70g) ········ 2.5mg
- 다진 소고기(100g) ····· 2.3mg
- 다랑어포(100g)··············· 1.9mg
- 목이버섯(10개, 5g) ········ 1.8mg
- 무말랭이(10g) ··············· 1.0mg
- 정어리(중간 크기, 100g) 0.9mg
- 콩고물(1큰술) ··········· 0.5mg
- 재첩(10개, 30g)··········· 0.4mg

철분을 섭취할 때의 포인트 3가지

1 비타민 C와 함께 섭취한다
철 흡수율을 높여주는 비타민 C가 많은 식품과 함께 섭취합시다. 브로콜리, 붉은 피망, 양배추 등에 많습니다.

2 철제 프라이팬으로 조리한다
철제 조리 기구를 쓰면 철이 녹아 나와 소량이나마 철분을 섭취할 수 있습니다. 이런 조리 기구에 식초나 케첩 등을 써서 조리하면 녹아 나오는 철분이 더 많아집니다.

3 동물성 단백질을 의식적으로 섭취한다
동물성 단백질에 많은 헴철은 시금치, 대두 등 식물성 비헴철에 비해 흡수율이 좋으므로 적극적으로 섭취합시다. 비헴철은 동물성 단백질과 비타민 C를 조합해서 드세요.

\ 예쁜 색감에 참기름으로 향을 플러스 /

파프리카 소고기 샤브샤브 샐러드

재료(2인분)

적·황 파프리카(5mm 폭으로 가늘게 채 썬 것) 1/2개씩, 샤브샤브용 소고기(목살 살코기) 150g, 청주 1큰술, 소금·후춧가루 약간씩, 참기름 1작은술

A ┌ 캐슈너트(볶아서 잘게 다진 것) 약간, 닭 육즙·식초 2큰술씩, 간장·설탕 1작은술씩, 두반장 1/2작은술, 다진 마늘 약간

만드는 법

1. 볼에 A를 넣고 섞는다.
2. 냄비에 물을 끓이다가 청주와 소금을 넣는다. 파프리카, 소고기 순으로 살짝 데쳐내 얼음물에 담갔다 물기를 짠다.
3. 2에 참기름과 후춧가루를 넣고 버무려 그릇에 담고 1을 뿌린다.

\ 믹서로 갈아 찌기만 하면 되는 /

시금치 닭 스튜

재료(2인분)

달걀 1개, 우유 1컵, 소금 1/4작은술, 시금치 100g, 다진 닭고기 50g, 다랑어포+다시마 국물 1/2컵, 전분물(전분 1작은술을 물 1큰술로 녹인 것)

A ┌ 청주·다진 생강·된장·꿀 2작은술씩

만드는 법

1. 시금치와 우유, 소금을 믹서에 넣고 매끈해질 때까지 갈아 내열 볼에 담고 랩을 씌운 다음 전자레인지에 1분 30초 정도 가열한다.
2. 달걀을 풀어 1에 섞는다.
3. 종이 포일을 깔고 물을 높이 2cm 정도 부은 다음 2를 넣고 중간 불로 끓인다. 물이 끓으면 뚜껑을 약간만 열고 약한 불에서 15분 찐다. 꼬치로 찍어 투명한 즙이 나오면 OK.
4. 다른 냄비에 다진 닭고기와 A를 넣어 잘 섞은 다음 중간 불로 볶는다. 닭고기가 흩어지면 국물을 넣고 끓이다가 전분물을 넣어 걸쭉하게 만들어 3에 붓는다.

임신 중 매일 섭취해야 할 영양소 철분

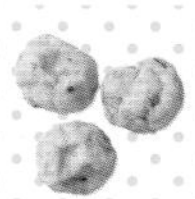

달콤 짭짜름한 소스를 섞어 도시락으로도 OK

우엉 경단

재료(2인분)

다진 돼지고기·우엉 150g씩, 검은깨 1큰술, 식용유 1작은술, 쪽파(잘게 썬 것) 적당량

A [설탕·된장 1작은술씩, 청주 1큰술, 생강 1조각, 전분 1큰술

B [간장 2작은술, 맛술 2큰술

만드는 법

1. 우엉은 어슷썰기 한다.
2. 볼에 다진 돼지고기를 넣고 A를 섞은 다음 검은깨와 1을 더해 다시 섞고 한 입 크기로 둥글게 빚는다.
3. 프라이팬에 식용유를 두르고 2를 넣어 중간 불에서 양면을 천천히 굽는다.
4. 3에 B를 넣고 굴리듯 한 번 더 굽는다.
5. 4를 그릇에 담고 쪽파를 뿌려 낸다.

깊은 감칠맛이 입속에 퍼지는

톳과 유부와 대두 조림

※콩을 삶을 때 너무 물러지지 않게 주의!

재료(2인분)

톳(건조) 5g, 유부(채 썬 것) 1/2장, 대두(삶은 것) 100g, 참기름 1작은술

A [맛술·청주 1큰술씩, 설탕 1작은술

B [간장 1큰술, 다랑어포+다시마 국물 1/4컵

만드는 법

1. 톳은 물에 10분 정도 담가둔다.
2. 참기름을 두른 냄비를 중간 불로 데운 뒤 물기를 뺀 톳, 유부, 대두를 넣어 볶는다.
3. 2에 A를 넣고 한 번 끓인 뒤 B를 넣고 뚜껑을 덮어 재료에 맛이 배도록 약한 불로 20분 정도 끓인 다음 식힌다.

간단하게 뭉쳐주기만 해도 영양 만점

견과류 시금치 주먹밥

재료(2인분)

현미밥 1공기, 다진 호두·다진 잣 1큰술씩, 당근 25g, 시금치 80g, 소금 약간, 잔멸치 20g

A [참기름 1작은술, 다진 마늘 1/3 작은술, 소금 약간

B [간장 1큰술, 올리고당 2작은술, 참기름·참깨 약간씩

만드는 법

1. 시금치는 끓는 물에 소금을 약간 넣고 데쳐 찬물에 헹군 뒤 꼭 짜서 A를 넣고 무친 후 잘게 다진다.
2. 당근은 잘게 다져 마른 팬에 살짝 볶는다.
3. 잔멸치도 마른 팬에 살짝 볶다가 B를 넣고 볶는다.
4. 큰 볼에 현미밥과 1, 2, 3, 다진 호두와 잣을 넣고 고루 섞은 다음 한 입 크기로 주먹밥을 빚는다.

바다 향 넘치고 감칠맛 나는

바지락 아욱국

재료(2인분)

아욱 1/2단, 멸치 육수 3.5컵, 된장 2큰술, 바지락(껍질째) 100g, 다진 마늘 1작은술, 대파 1/3대

만드는 법

1. 연한 아욱 잎을 골라 다듬어 물에 씻은 후 먹기 좋게 썰고 대파는 어슷하게 썬다.
2. 냄비에 멸치 육수를 붓고 한소끔 끓이다가 된장을 푼 다음 1을 넣고 끓인다.
3. 해감한 바지락을 2에 넣고 한소끔 끓인다.
4. 마지막에 대파를 넣고 한소끔 더 끓여낸다.

임신 중 매일 섭취해야 할 영양소 셋째

칼슘

하루 권장 섭취량

1,030mg

아이의 뼈와 치아를 튼튼하게, 엄마의 골다공증을 예방한다

칼슘은 아이의 튼튼한 뼈와 치아를 만드는 데 필요한 필수 영양소입니다. 임신 중에 칼슘이 부족하면 모체에 축적된 칼슘이 우선 태아에게 공급되므로 발육에는 문제가 없지만, 엄마 몸의 골량이 줄어듭니다. 산후 수유기에는 모유 생산에도 칼슘이 필요하여 더욱 부족해지기 쉽고 훗날 골다공증을 일으킬 가능성도 있습니다. 칼슘은 정서를 안정시키는 역할도 하므로 신경이 예민해지기 쉬운 임신 중에 꼭 필요한 영양소입니다. 유제품, 대두 제품, 뼈째 먹는 생선, 쑥갓 등에 많이 함유되어 있으나, 건어물과 치즈에는 염분이 많으므로 주의하세요.

칼슘이 많이 함유된 식품

- 생유부(1장, 150g) ········ 360mg
- 두부(1모, 300g)··········· 360mg
- 플레인 요구르트(200mℓ) ···252mg
- 경수채(1/6단, 120g) ········ 214mg
- 가공치즈(1개, 20g) ········ 126mg
- 소송채(1줌, 50g) ··········· 73mg
- 두유(200mℓ) ················· 65mg
- 열빙어(반건조 1마리, 20g) 59mg
- 달걀노른자(1개, 20g) ······ 30mg
- 마른 멸치(1큰술, 1.5g) ······ 26mg
- 전갱이(중 1마리, 150g)······ 18mg
- 오크라(2꼬투리, 16g) ······ 12mg

칼슘을 섭취할 때의 포인트 2가지

1 비타민 D와 함께 섭취!

비타민 D는 칼슘이 뼈에 공급되는 것을 도와주는 역할을 합니다. 연어, 다랑어, 표고버섯, 버섯류에 많으므로 조합해서 드세요.

2 식초, 레몬 등을 함께 먹으면 흡수율 업!

식초, 레몬, 사과 등에 함유된 구연산도 칼슘 흡수를 도와줍니다. 뼈째 먹는 생선 등을 요리할 때 함께 쓰면 효과적입니다.

\ 달걀의 부드러움과 파의 향의 조화 /

열빙어 달걀말이

재료(2인분)

열빙어 4마리, 달걀 2개, 쪽파(잘게 썬 것) 2큰술, 다랑어포+다시마 국물 1큰술, 전분 1작은술, 식용유 적당량

만드는 법

1. 열빙어는 통째로 그릴에 굽는다.
2. 볼에 달걀, 쪽파, 국물, 전분을 섞어둔다.
3. 달걀말이용 프라이팬에 식용유를 살짝 두르고 2의 1/4 양을 흘려 부은 다음 표면이 볼록볼록 올라오기 시작하면 1을 올려 만다. 남은 것도 마찬가지 방법으로 달걀말이를 만든다.

\ 치즈와 토마토로 이탈리아풍 /

빙어 치즈 구이

재료(2인분)

빙어 12마리, 방울토마토 3개, 파르메산 치즈(피자용 치즈) 20g, 굵은 후춧가루 약간

만드는 법

1. 빙어는 살짝 물로 씻어 물기를 닦는다.
2. 방울토마토는 꼭지를 따고 세로로 둥근 모양을 살려 썬다.
3. 종이 포일을 깐 다음 1을 나란히 놓고 2를 올리고 파르메산 치즈와 후춧가루를 뿌린다. 오븐에서 치즈가 녹을 때까지 7~8분 굽는다.

임신 중 매일 섭취해야 할 영양소 칼슘

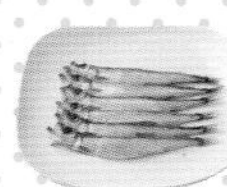

\ 무를 갈아 넣어 시원하다! /

두부 소송채 찜

재료(2인분)

소송채 150g, 무 200g, 두부 200g

A[맛국물 3/4컵, 간장·맛술 1/2큰술씩

만드는 법

1. 소송채는 5cm 길이로 자른다.
2. 무는 껍질을 벗기고 갈아 체에 밭쳐 10분 정도 두어 물기를 뺀다.
3. 냄비에 A을 넣고 중간 불에서 끓이다 두부를 한 입 크기로 큼직하게 손으로 떼어 넣는다. 끓어오르면 1을 넣고 부드러워질 때까지 끓인다.
4. 3에 2를 넣고 전체적으로 넓게 펼쳐 2분간 더 끓인 후 그릇에 담는다.

\ 요구르트의 부드러움에 잔멸치의 식감을 플러스 /

단호박 샐러드

재료(2인분)

플레인 요구르트 100g, 단호박(씨 뺀 것) 200g, 잘게 썬 양파 50g, 잔멸치 10g, 소금 1.5작은술, 후춧가루 약간

만드는 법

1. 플레인 요구르트는 종이 타월을 깐 소쿠리에 15분간 두어 물기를 뺀다.
2. 단호박은 랩에 싸 전자레인지에 5분 정도 가열한다. 약간만 식혀 포크로 적당히 으깨고 양파, 소금, 후춧가루를 넣어 섞은 다음 식힌다.
3. 잔멸치는 소쿠리에 담고 뜨거운 물을 부어 소금기를 뺀 다음 프라이팬에서 살짝 볶는다.
4. 2에 1, 3의 3/4 분량만 넣고 섞은 다음 그릇에 담고 남은 3을 뿌린다.

\ 멸치보다 칼슘이 많은 뱅어포 /

뱅어포 김 무침

재료(2인분)

뱅어포·구운 김 3장씩, 마늘(채 썬 것) 2개 분량, 올리브유 2큰술, 설탕·통깨 1작은술씩, 소금 1/2작은술, 실고추 약간

만드는 법

1. 뱅어포는 기름을 두르지 않고 달군 팬에 살짝 구워 먹기 좋은 크기로 자른다.
2. 구운 김은 비닐봉지에 넣고 잘게 부수어 준비한다.
3. 팬에 올리브유를 두르고 중간 불에서 채 썬 마늘을 볶다가 1을 넣어 볶는다.
4. 뱅어포가 바삭하게 볶아지면 2를 넣는다.
5. 4에 소금과 설탕을 넣어 한 번 더 볶는다.
6. 불을 끈 다음 5에 실고추, 통깨를 뿌린다. 기호에 따라 실파를 올려도 좋다.

\ 향긋한 깻잎순과 새우로 칼슘 업 /

깻잎순 새우 볶음

재료(2인분)

깻잎순 60g, 마른 새우 30g, 깨소금·참기름 약간씩

만드는 법

1. 깻잎은 어린잎을 골라 줄기를 잘라 다듬어 준비한다.
2. 소금을 조금 넣고 물을 끓인 다음 깻잎을 데친다(15~20초).
3. 데친 깻잎을 찬물에 헹군 다음 꼭 짜서 물기를 없앤다.
4. 3을 적당히 먹기 좋게 자른 다음 깨소금을 넣어 무친다.
5. 팬을 달군 다음 약한 불에서 마른 새우를 1분 정도 볶다가 참기름을 넣고 1분 정도 더 볶는다.
6. 5에 4를 넣고 중간 불에서 젓가락을 사용하여 잘 섞듯이 볶아내면 완성.

안정기에 들어가면
운동 시작!

임신 중에도 꾸준히 운동해요

안정기에 들어서면 가벼운 운동을 통해 체력을 높이고 변비·부종 등을 예방해요.

안정기는 몸을 자유롭게 움직일 수 있는 시기

임신 초기에는 나른함, 초초함, 입덧 등 몸과 마음이 크게 변화하는 시기입니다. 유산할 우려도 있지만, 15~16주를 지나면 태반이 완성되어 안정기에 들어갑니다. 아직 배가 그리 많이 나오지 않은 이 시기는 운동을 시작할 찬스. 의사의 허락을 받고 임신부 운동에 도전해보세요.

적절한 운동은 체중 관리는 물론 순산을 위한 체력 증강에도 도움이 됩니다. 또한 혈액 순환이 좋아져 부종, 요통, 변비 등 임신 중 불쾌함도 해소할 수 있는 등 장점이 많습니다.

의사와 상담 후 몸 상태에 맞춰

운동이 좋다고 무조건 시작하지 말고 임신 중 몸 상태에 따라 적절한 운동을 선택해야 합니다. 시작하기 전에 의사와 상담해 적절한 운동을 고릅니다.

전문 시설에서 시행하는 임신부 수영이나 요가 등은 다른 임신부들과 함께 즐겁게 할 수 있습니다. 이런 시설을 선택할 때에는 위생, 안전 등 관리가 잘되어 있는지를 살펴보고 운동 전에 건강 체크와 같은 배려를 하는지 여부도 알아보세요.

스스로 워킹이나 스트레칭을 할 때에는 배가 뭉치거나 몸 상태가 안 좋을 때에는 무리하지 말고 쉬도록 합니다. 도중에 이상 징후를 느끼면 바로 중지하세요.

권할 만한 임신부 운동은 이것!

워킹 ➔ 115쪽　　임신부 요가 ➔ 116쪽

임신부 에어로빅	스트레칭	임신부 요가
임신부를 위해 고안된 에어로빅은 전신 운동이므로 요통을 완화하거나 근육을 단련하는 효과가 있습니다.	임신으로 인한 요통을 예방하는 효과 이외에 고관절을 부드럽게 만들어 출산 시보다 편안한 자세를 취할 수 있다는 것도 장점입니다.	마음을 편하게 다스리고 유연성을 향상시키는 데 좋습니다. 분만 시 호흡과 근육 이완에도 도움이 됩니다. 무리한 동작은 피하고 강사의 지도를 따르세요.

피하는 게 좋은 운동

구기 종목, 발레, 댄스, 조깅, 스피닝, 자전거	이러한 운동은 뛰거나 점프하는 등 몸에 부담을 주며, 공에 맞거나 넘어지면 위험하므로 임신 중에는 하지 맙시다.

가벼운 운동을 꾸준히!

임신 중 가벼운 운동은 체중 관리와 기분 전환에 도움이 됩니다.

임신부 운동 Q & A

Q 운동을 하면 안 될 때는

A 몸 상태가 안 좋을 때는 쉽니다

임신 중에는 임신 전과는 몸 상태가 다르고 부하가 걸린 상태이기 때문에 평소 하던 운동이라도 그대로 하기가 쉽지 않습니다. 배가 뭉치거나 몸이 나른하거나 힘들다든지, 머리가 아프거나 무거워서 멍하다든지 평소와 몸 상태가 다르다 싶을 때는 무리해서 운동하지 말고 쉬도록 합니다. 배가 아프거나 출혈이 있을 때는 바로 병원에서 진찰을 받으세요.

임신부 워킹

움직이기 쉬운 복장으로 하루 20~30분

워킹은 전신을 움직여 지방을 연소시키는 유산소 운동입니다. 체중 관리가 필요한 임신 중에 매우 좋으며, 특히 전문적인 지도가 필요 없으며 손쉽게 할 수 있다는 점도 매력적입니다.
안정기에 접어들어 의사의 허락을 받으면 하루 20~30분을 기준으로 걷습니다. 다만 임신 전에 운동 경험이 없다면 5~10분 정도에서 시작해 점점 시간을 늘려 나가세요.
복장은 몸을 조이지 않고 움직이기 편한 것, 신발은 발에 익은 운동화가 좋습니다. 공복 또는 만복일 때를 피해 평평한 길을 걷습니다. 나무가 많은 공원이나 산책길은 기분 전환도 할 수 있어 좋습니다.

가장 간단히 시작할 수 있죠

효과적인 워킹 방법

임신부 워킹의 기본 네 가지

1 안정기에 들어 의사의 허락을 받고

시작하기 전에 검진 때 의사에게 허락을 받읍시다. 또 워킹 중에도 산모수첩과 건강보험증, 병원 진찰권 등을 잊지 말고 휴대합니다.

2 몸 상태가 최우선

의사의 허락을 받았다 하더라도 몸 상태가 좋을 때에만 합니다. 평상시 몸 변화에 신경을 쓰고 조금이라도 이상하다 싶으면 중지합니다.

3 전후 스트레칭으로 몸 풀기

갑자기 걷기 시작하면 무리가 올 수 있으니 워킹 전에 허벅지와 발목, 종아리의 스트레칭을 충분히 해주세요. 워킹이 끝난 다음에도 스트레칭으로 몸을 식힙니다.

4 자주 수분 보충

땀을 흘려 몸에서 수분이 빠져나가므로 물이나 차를 가지고 가 자주 수분을 보충합니다. 땀을 닦을 수건, 자외선과 열사병 대책을 위해서도 챙이 있는 모자를 준비하세요.

깊은 호흡으로 긴장 풀기

임신부 요가로 긴장 풀기 & 몸만들기

임신부 요가로 순산을 위한 몸만들기를 하면서 마음의 긴장도 풉니다. 배 속 아이와 상호 작용이 가능합니다.

몸을 유연히 하고 마음의 긴장을 푼다

임신부 요가를 할 때는 호흡을 의식하면서 천천히 동작을 진행합니다. 연습하다 보면 깊은 호흡이 익숙해지고 몸과 마음의 균형이 잡혀 긴장이 풀리므로 강한 진통으로 힘들 때에도 차분함을 되찾는 데 도움이 됩니다.
골반 주위를 교정하거나 출산 시에 필요한 근육을 단련하여 유연성도 생기고 체력을 높일 수 있습니다. 또한 요통이나 부종 등 임신 중 불쾌한 증상에도 효과적입니다.
안정기에 들어가면 시작할 수 있지만, 만약을 대비해 의사에게 확인한 후 실시해야 안심할 수 있습니다. 무리하지 않는 범위 내에서 몸을 움직입시다.

호흡법을 익히자

익숙해지면 코호흡을

책상다리를 하고 앉아 손바닥을 무릎 위에 올린 자세에서 입으로 숨을 내쉬고 코로 들이마시는 호흡을 몇 번 반복합니다. 다음에는 코로 숨을 들이마시고 코로 내쉬는 호흡을 반복하며 자연스럽고 편안하게 느껴지는 속도를 찾습니다. 요가 연습 중에도 코호흡이 기본입니다.

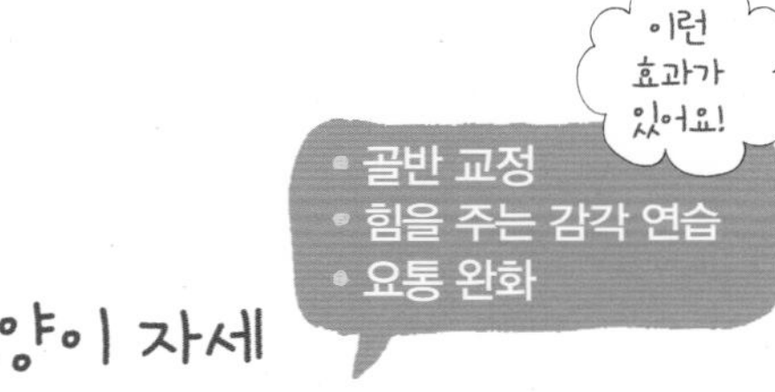

고양이 자세

1 네발 자세를 한다

네발 자세로 손목이 어깨 바로 아래에 오도록 허리를 폅니다. 배를 안으로 넣고 등과 허리가 일직선이 되도록. 시선은 양손 사이를 바라보며 목 뒤를 폅니다.

2 등을 둥글게 만다

숨을 내쉬며 등을 둥글게 말고 배를 바라봅니다.

호흡에 주의하세요!

3 가슴을 뒤로 젖힌다

숨을 들이쉬면서 가슴을 젖히고 정면을 봅니다. 2→3의 동작을 3~5회 반복합니다.

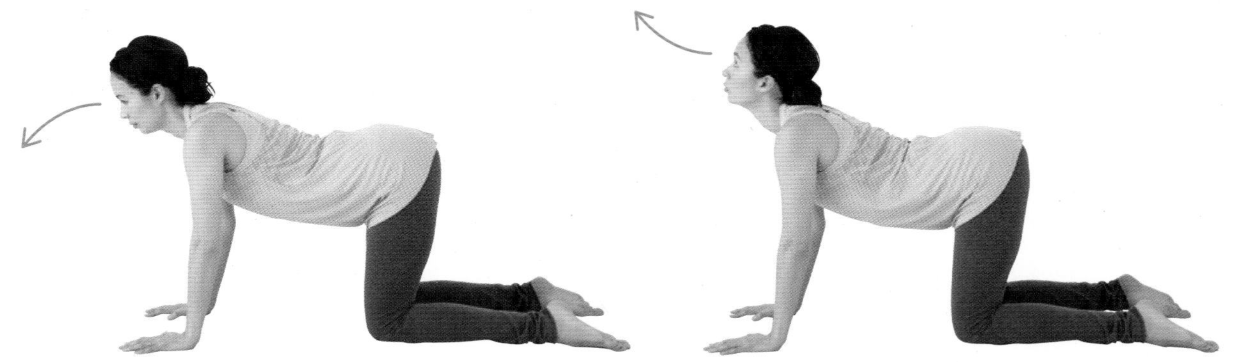

Easy 허리와 등이 아플 때에는 앞을 보세요.

hard 여유가 있을 때는 시선을 천장으로 향하며 허리를 젖힙니다.

4 엉덩이를 약간 안으로 넣는다

등을 움직이지 말고 골반 주위만 움직이듯 골반을 흔듭니다. 자연스러운 호흡을 하면서 조금만 엉덩이를 안으로 넣고 배에 힘을 줍니다.

5 엉덩이를 약간 뒤로 뺀다

자연스런 호흡을 하면서 엉덩이를 조금만 뒤로 빼 허리를 젖힙니다. 4→5의 동작을 5회 반복합니다.

- 부종 완화
- 하반신 근력 업
- 다리 경련 예방

이런 효과가 있어요!

고관절 운동

1 오른발 뒤꿈치를 뒤로 뺀다

네발 자세에서 오른발을 크게 뒤로 빼고 발끝을 바닥에 댑니다. 숨을 들이마시고 발끝으로 바닥을 누르며 숨을 내쉬며 발뒤꿈치를 뒤로 뺍니다. 호흡을 3번 유지하고 반대쪽도 같은 동작을 실시합니다.

2 까치발로 무릎을 벌려 앉는다

네발 동작으로 돌아오고 발끝을 세워 무릎을 크게 벌립니다. 두 손을 무릎에 가까이 가져와 상체를 일으킨 다음 무릎을 위로 올리고 양손을 허벅지 위에 놓습니다. 이 자세로 호흡을 5~10번 유지합니다.

자세를 취하기 힘들면 손을 바닥에 댄 채로 진행합니다. 여유가 있으면 가슴 앞에서 합장합니다.

무리는 금물! 편안한 마음으로!

- 요실금 예방
- 회음부를 유연하게
- 힘주는 연습

이런 효과가 있어요!

골반 저근 트레이닝

1 무릎을 벌려 쭈그리고 앉아 양손을 가슴 앞에서 합장한다

양발을 어깨너비만큼 벌리고 앉아 양손을 가슴 앞에서 합장하고 허벅지 안쪽에 양 팔꿈치를 댑니다.

2 숨을 들이마셔 질을 위로 올리고 숨을 내쉬며 느슨하게

숨을 들이마시며 질을 위로 올리고 골반 저근에 힘을 주며 숨을 내쉴 때 느슨하게 푸는 동작을 5세트 반복합니다.

발뒤꿈치가 바닥에 닿지 않거나 발목이 아플 때에는 뒤꿈치 아래에 담요나 쿠션을 까세요.

역아나 배가 뭉칠 때에는 엉덩이 아래에 쿠션이나 담요를 까세요.

아이 자세

- 몸과 마음이 편안함
- 요통 완화
- 입덧과 위의 더부룩함 완화

이런 효과가 있어요!

1 무릎을 꿇고 허벅지를 어깨너비로 벌린다

무릎을 꿇은 자세로 양발의 엄지를 닿게 하고 무릎을 어깨너비만큼 벌립니다.

2 팔에 이마를 댄다

손을 앞에 높고 팔꿈치끼리 잡아 그 위에 이마를 대고 호흡을 10번 유지합니다. 허리가 아플 때에는 팔꿈치 위치를 무릎 가까이로 당기고 여유가 있으면 팔꿈치를 더 욱 멀리 놓으세요.

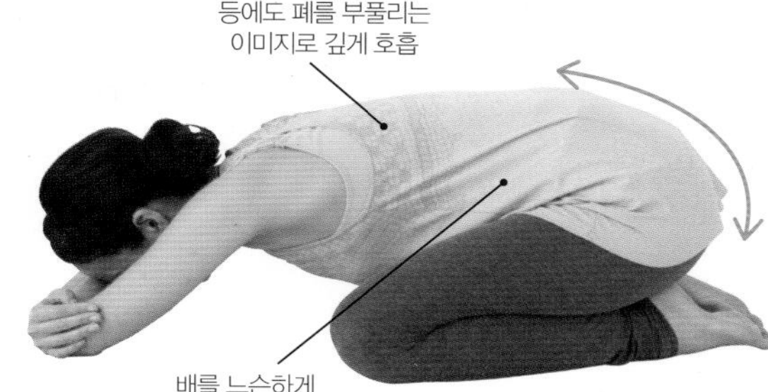

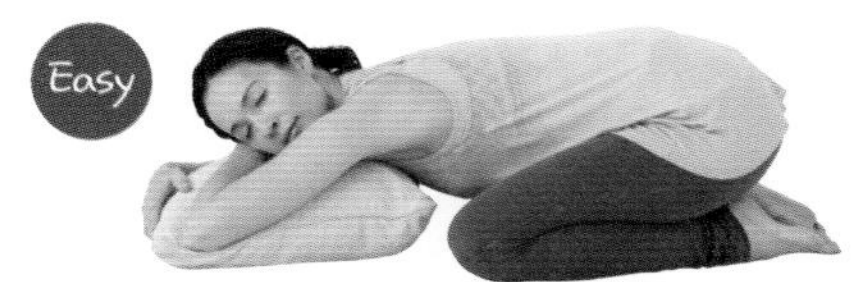

허리가 아프거나 숨이 찰 때에는 담요나 쿠션을 이용하세요.

배가 아직 부르지 않을 때에는 양팔을 뻗어 이마를 바닥에 댑니다.

마지막에는 몸과 마음을 편하게

편한 자세로 5~10분 휴식

편한 자세로 누워 자연스러운 호흡을 하면서 온몸에서 힘을 빼고 5~10분 쉽니다. 몸이 차가워질 것 같으면 담요를 덮으세요. 태동에 신경이 쓰이거나 잠을 못 이룰 때에도 이 자세가 좋습니다.

배가 불편하면 담요나 쿠션을 무릎 사이에 끼웁니다.

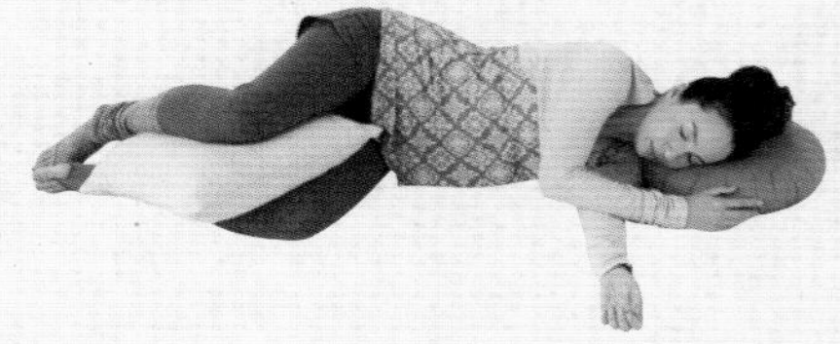

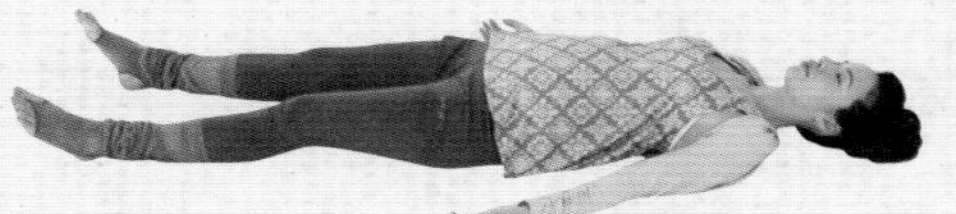

배가 불편하지 않으면 바로 누워도 좋습니다. 일어날 때에는 양 무릎을 세우고 좌우 중 편하게 느껴지는 한쪽으로 몸을 눕혀 양손으로 바닥을 짚고 일어납니다.

순산의 지름길은 긍정적인 사고!

출산의 두려움 극복하기

긍정적인 사고와 긴장을 푸는 방법을 익혀 출산의 두려움을 떨쳐버리세요.

-1-
Image Training
순산 이미지 트레이닝을 한다

진통을 아이와 만날 신호라고 생각하세요

출산이 가까워오면서 진통할 때 어느 정도 아픈지, 출산에 어느 정도 시간이 걸릴지 불안함이 가득할 것입니다. 불안한 마음을 조금이라도 해소하기 위해 출산의 흐름을 확인해둡시다. 무엇보다 중요한 것은 진통을 좋은 이미지로 파악할 것. 점점 강해지는 진통에 대해 아이를 만날 시간이 가까워 온다거나 아이와 함께 노력한다고 생각하면 통증에 짓눌리지 않을 터. 결과적으로 긴장을 이완할 수 있어 자궁구도 벌어지기 쉽고 출산도 쉽게 진행될 것입니다.

순산 이미지 트레이닝을 위한 여섯 가지 포인트

포인트 1 출산 흐름을 알아둔다

첫 경험이나 잘 모르는 것에 대해서는 누구나 불안함을 느낍니다. 출산 진행을 예습해두면 예상할 수 있는 만큼 불안도 줄어들 것입니다. 출산에 걸리는 시간과 통증의 느낌은 사람마다 다 다르고 일반적인 방식대로 진행되지 않는 경우도 있으므로 그 점은 염두에 두세요. 만일의 경우에도 당황하지 않을 수 있습니다. (자세한 내용은 162쪽)

포인트 2 분만대를 보아둔다

모르는 곳에서는 마음을 편히 가지기 힘듭니다. 출산 시설의 분만실이나 분만대를 봐두면 생생하게 그릴 수 있어 출산할 때에도 안심할 수 있습니다. 의사나 조산사와도 상호 작용을 하여둡니다. 좋은 관계를 쌓아두면 안심하고 출산할 수 있습니다.

포인트 3 임신 교실에 참가한다

병원이나 지역 자치단체가 개최하는 임신.출산 교실에서는 임신과 출산의 올바른 지식이나 아이를 돌보는 방법을 가르쳐줍니다. 고민을 공유할 임신부 친구들도 만들 수 있고요. '예비 부모 교실'에 남편과 함께 참가한다면 남편이 출산 도우미가 되어줄 기회입니다.

포인트 4 출산을 머릿속에 그려본다

출산 흐름에 맞춰 어떤 호흡을 하는지, 진통으로 배가 아플 때에는 어떤 자세를 취하면 편한지 등을 실제로 시험해봅시다. 다만 실제로 힘을 주면 배에 힘이 들어가므로 힘주기 쉬운 자세를 머릿속에 그려두기만 합니다. (자세한 내용은 170쪽)

포인트 5 아이에게 말을 건다

배 속 아이에게는 엄마 목소리가 들립니다. 태어난 지 며칠 안 된 아이도 엄마 목소리를 분간한다고 합니다. "같이 잘 해보자", "엄마도 노력할게" 하고 말을 걸면 출산을 아이와 함께 극복한다는 마음이 들 것입니다.

포인트 6 선배 맘의 이야기를 듣는다

선배 맘 이야기를 들으면 출산이 사람에 따라 다 다르다는 것을 실감합니다. 실제로 선배 맘을 만날 기회가 없더라도 블로그나 SNS 등으로 교류해보세요. 보다 쉽게 출산 과정을 머릿속에 그릴 수 있을지도 모릅니다.

-2-
Relax

마음을 편히 가질 수 있는 방법을 찾는다

진통을 극복할 방법을 평소부터 찾는다

진통을 극복하기 위해서는 몸의 힘을 빼고 마음을 편히 가지는 게 중요합니다. 몸의 긴장이 풀리면 그만큼 출산도 진행이 빨라집니다. 무엇이 마음을 편하게 만드는지 임신 중일 때부터 여러 가지를 시험해보세요. 상황이 허락한다면 출산할 때에도 시험해봅시다.
출산 당일에 남편이 옆에 있어주는 것도 긴장을 푸는 방법 중 하나. 허리를 마사지해준다든가 손을 잡아주기만 해도 든든해집니다.

권장할 만한 릴랙스 요법 7

릴랙스 요법 1 초음파 사진을 통해 힘을 얻는다

초음파 사진 속 아이 모습을 보면 기분이 편해지면서 출산에 대한 용기도 샘솟기 마련입니다. 배 속 아이의 귀여운 포즈나 웃음이 절로 나오는 초음파 사진을 본다면 몸에서 힘이 자연히 빠져나갈 게 틀림없습니다.

릴랙스 요법 2 푹 잘 수 있는 방법을 찾는다

배가 커지면 괴로워 잠을 못 이루기도 합니다. 편히 자는 방법을 찾는 것은 편한 자세를 알아내는 것과 마찬가지이므로 출산할 때 반드시 도움이 됩니다. 자신에게 편안한 자세를 찾아봅시다.

릴랙스 요법 3 좋아하는 음악을 듣는다

클래식이나 힐링 뮤직뿐 아니라 자신이 좋아하는 음악을 들으면 마음이 편해질 터. 출산을 위해 긴장을 푸는 자기만의 음악을 편집해두어도 좋습니다.

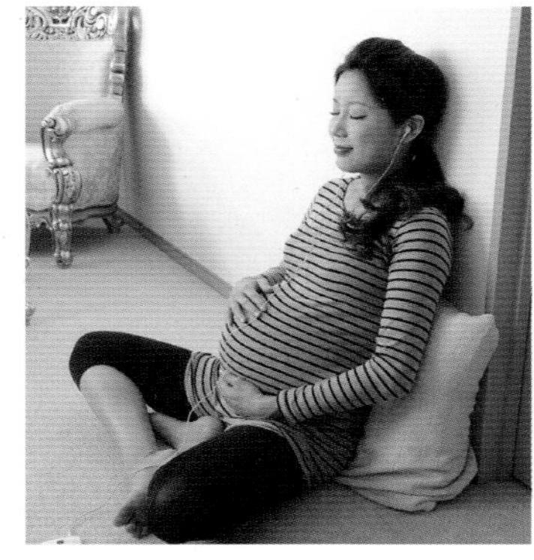

릴랙스 요법 4 삼음교 경혈을 누른다

자궁에 작용하는 삼음교의 경혈을 누르면 순산에 효과가 있다고 합니다. 발 안쪽 복사뼈에서 네 손가락 정도 위에 위치합니다. 굵은 뼈 뒤에 움푹 팬 곳을 누르세요. 냉증이나 요통에도 효과가 있습니다.

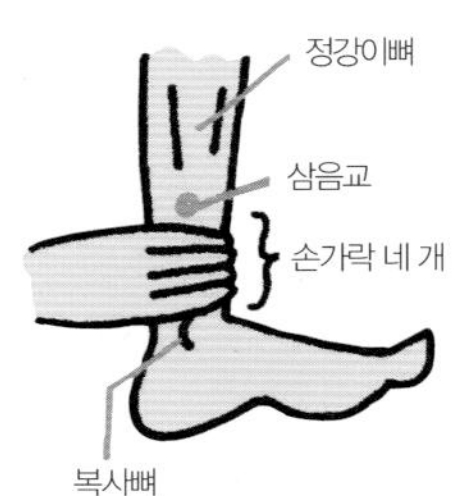

릴랙스 요법 5 아로마 향으로 힐링한다

좋아하는 향기는 기분 전환이나 마음을 편안하게 하는 효과가 있습니다. 다만 임신 중에는 쓸 수 없는 것도 있으므로 전문가의 상담을 받은 다음 사용하세요.

릴랙스 요법 6 수욕, 족욕을 한다

임신 중의 탕 목욕은 임신이 진행이 될수록 신체 균형 잡기가 어려워져서 탕에서 넘어지는 등 다치기 쉽고 또 양수의 온도를 높여 태아 산소 포화도에 영향을 줄 수 있으므로 권하지 않아요. 대신 수욕, 족욕으로 릴랙스 해보세요. 혈액 순환이 좋아지고 기분 전환도 된답니다.

릴랙스 요법 7 긴장과 이완의 차이를 기억한다

긴장했을 때를 모르면 이완 상태도 모르는 법. 몸에 힘을 꽉 준 상태와 힘을 쑥 뺀 상태를 시험해보세요. 그 차이를 실감하여 알아둡시다.

임신선 예방하기

한번 생기면 없어지지 않는 임신선. 생기기 전에 예방하는 것이 최선이랍니다.

배와 가슴이 갑자기 커지는 것이 원인

피부는 표면부터 '표피', '진피', '피하 조직'이라는 세 개의 층으로 나뉘어 있습니다. 표피는 늘어나기 쉬운 반면 진피와 피하 조직은 잘 늘어나지 않습니다. 이러한 신축성의 차이가 커지면 균열이 생깁니다. 진피와 피하 조직의 균열로 홈이 생기고 그곳으로 표피가 빨려 들어가 움푹 파인 것처럼 보입니다. 이것이 '임신선'입니다.
그리고 임신 중에는 피부 탄력을 잃게 만드는 호르몬 분비가 늘어 탄력 없는 피부가 되기 때문에 더욱 균열이 생기기 쉽습니다.

예방을 위해서는 빠른 케어가 중요

임신선은 임신 28주 무렵에 가장 많이 생기지만, 20주 무렵부터 시작되기도 합니다. 생기기 쉬운 부위는 배를 중심으로 가슴, 허벅지, 엉덩이, 팔뚝 등 피하 지방이 쉽게 쌓이는 곳입니다. 방심하면 눈이 닿지 않는 곳에 슬며시 생기는 경우도 있습니다. 한번 생긴 임신선은 엷어지기는 해도 사라지지는 않으므로 입덧이 가라앉으면 조금이라도 빨리 보습 케어를 시작합시다.

가렵다고 느껴지면 임신선이 생기는 신호!

진피와 피하 조직에 균열이 생겨 표피가 땅겨지면 가려움을 느끼기도 합니다. 가렵다고 여겨지면 바로 보습을 시작하여 임신선이 생기는 것을 예방하세요.

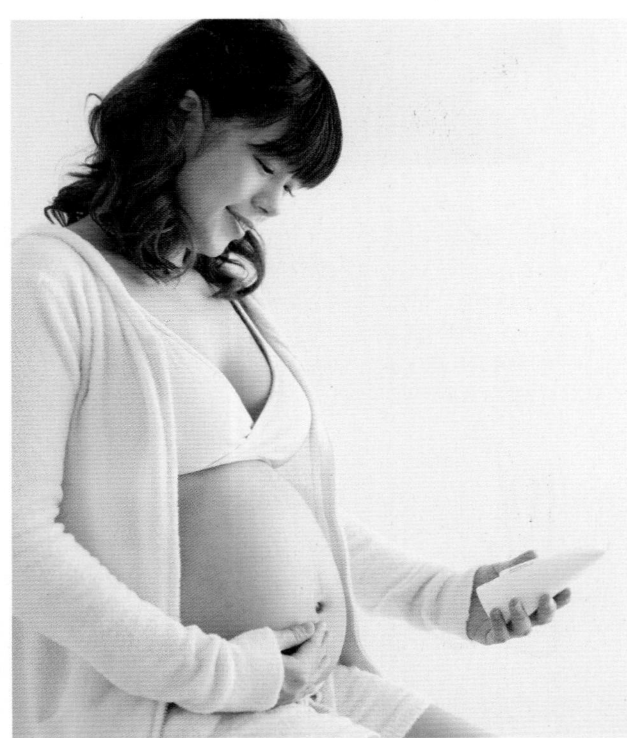

임신선은 이렇게 생긴다!

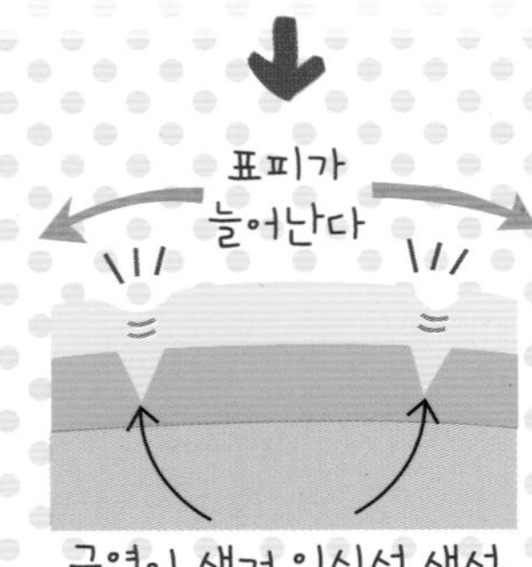

정상적인 피부

피부는 표피, 진피, 피하 조직으로 이루어져 있습니다. 피하 지방이 늘면 피하 조직이 두꺼워지고 신축성이 줄어들어 찢어지기 쉽습니다.

표피가 늘어난다

균열이 생겨 임신선 생성

임신선이 생긴 피부

진피와 피하 조직에 균열이 생기면 피부 표면에서 모세 혈관이 보이므로 임신선은 붉은색 혹은 자주색을 띱니다.

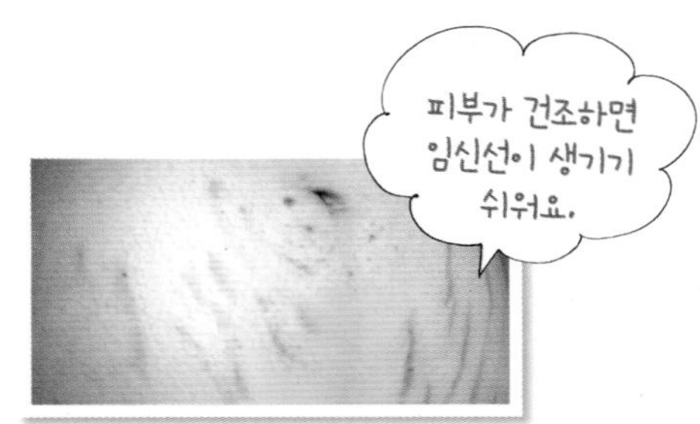

피부가 건조하면 임신선이 생기기 쉬워요.

임신선이 생기기 쉬운 시기는 이 무렵!

★ 갑자기 체중이 늘 때 ➔ 임신 5개월 무렵
★ 태아가 급격히 성장할 때 ➔ 임신 8개월 무렵

임신선이 생기기 쉬운 사람

★ 피부가 건조한 사람
★ 피하 조직이 두꺼운 사람

피부가 건조하면 잘 늘어나지 않습니다. 피하 지방이 늘어 피하 조직이 두꺼워져도 피부가 늘어나지 않는 원인이 됩니다.

임신선 예방법 3가지

이것으로 예방 1

철저한 보습으로 피부 탄력을 업!

피부가 부드러우면 늘어나도 균열이 생기지 않으므로 임신선이 잘 생기지 않습니다. 출산 시 하복부에 생기는 경우도 있으므로 방심은 금물! 로션, 크림, 오일 등으로 마지막까지 철저히 보습 케어를 합시다.

이것으로 예방 2

체중을 관리하여 피부가 서서히 늘어나도록

갑작스레 체중이 늘어 배가 커지면 표피가 늘어나는 속도를 진피와 피하 조직이 따라잡지 못해 임신선이 생깁니다. 순산뿐만 아니라 아름다움을 위해서도 체중 관리는 중요합니다.

이것으로 예방 3

부종을 예방하고 피부 부담을 완화한다

임신 중에는 여성 호르몬 작용으로 피하 조직에 수분을 쌓아두어 붓기 쉽습니다. 부종으로도 피부가 늘어나 임신선이 생기는 원인이 되므로 스트레칭 등으로 예방합시다.

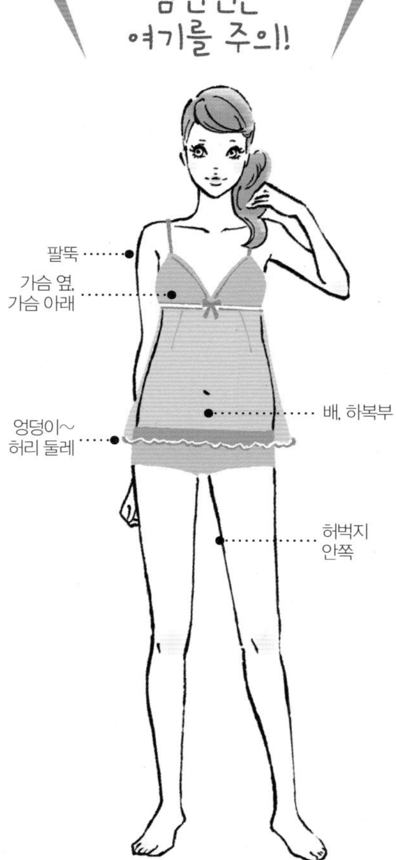

부종 해소 스트레칭

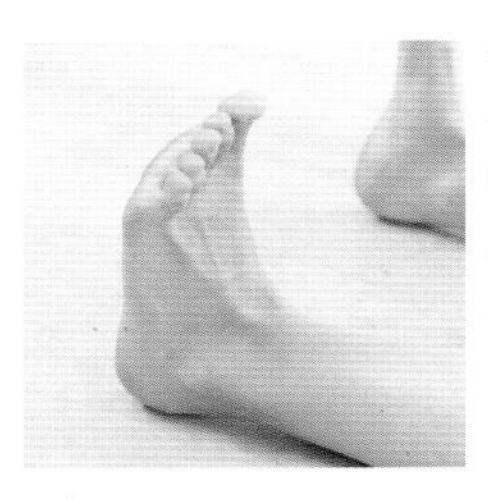

양발을 앞으로 뻗어 앉고 발끝을 세우고 뻗는 동작을 10회 반복합니다. 그다음 한쪽 발씩 몸 쪽으로 끌어당기거나 뻗는 것을 10회씩 반복합니다.

케어의 기본

- ✳ 매일 케어한다
- ✳ 입욕 후 케어가 효과적
- ✳ 보이지 않는 곳도 주의!

임신 중엔 섬세한
케어가 필요해요!

임신 중에 필요한 피부·모발 케어

호르몬 변화로 기미가 생기기 쉽습니다

임신하면 호르몬 분비가 여러모로 변화하여 임신을 지속시키기 위해 작용합니다. 임신 중 늘어나는 여성 호르몬인 에스트로겐, 프로게스테론은 멜라닌 색소를 만드는 멜라노사이트를 활성화하므로 색소 침착이 일어나 기미가 생기기 쉽습니다. 산후에는 호르몬이 원래대로 돌아와 색소 침착이 줄어들지만 한번 생긴 기미는 엷어지기는 해도 없어지지는 않으므로 생기기 전에 관리하는 것이 중요합니다.
또 피부가 건조해지기 쉽고 보호 기능이 저하되므로 기미 이외에도 가려움, 습진 등 피부에 문제가 생기기 쉬운 시기이므로 청결을 유지하고 세심한 보습과 UV 케어를 잊지 말도록 합시다.

기미·주름 예방법 4가지

이것으로 예방 1

채소와 과일을 중심으로 피부에 좋은 비타민을 확실하게 섭취

피부 재생을 촉진하는 비타민 B_1, 기미의 원인이 되는 활성 산소를 억제하는 비타민 C, 피부 노화를 방지하는 비타민 E는 채소와 과일에 많이 함유되어 있으므로 식사는 물론 스무디 등으로 마시는 것도 좋습니다.

NG 이런 습관에 주의를!

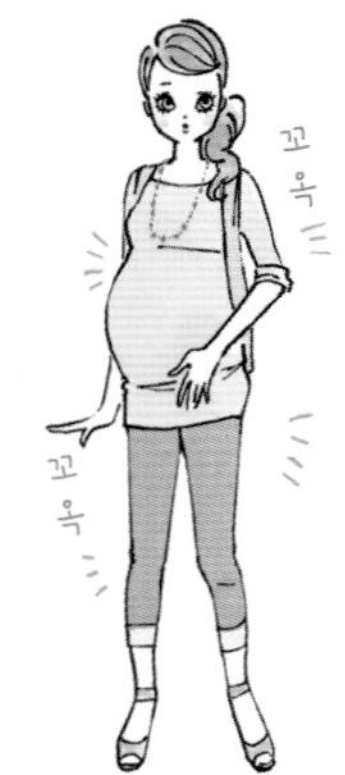

데님 등 뻣뻣한 소재의 옷이나 체형에 맞지 않는 옷은 피부가 쓸려 자극이 생기니 주의할 것.

제모 시 면도날 사용

박박 문질러 세안

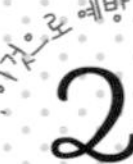

마찰을 막아 피부에 대한 자극을 최소한으로

임신 중에는 멜라노사이트가 활성화되므로 약간의 자극으로도 멜라닌 색소가 생성됩니다. 임신 전과 비교하면 같은 상황에서도 기미가 생기기 쉬우므로 주의합시다.

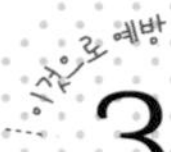

자극이 적은 선크림으로 UV 차단

자외선을 받으면 멜라닌 색소가 생성되어 기미가 생기며, 피부가 건조해져 주름도 생기기 쉬우므로 UV 케어를 꼭 하세요. 일상생활에서는 SPF 20~30, PA++ 정도의 선크림을 바르면 OK. 모자나 양산도 같이 사용하면 Good!

웃으며! 스트레스를 쌓아두지 않는다

스트레스를 받으면 피부 상태가 나빠집니다. 임신 중은 물론 산후에도 아름다운 피부를 유지하기 위해서는 스트레스를 그때그때 발산해 쌓아두지 않는 것이 중요합니다. 웃다 보면 기분도 좋아지기 마련!

두피 상태를 좋게 만들어 산후 탈모를 예방

산후 3~6개월 무렵에는 호르몬 불균형으로 탈모가 생기기 쉽습니다. 또 산후에는 아이를 돌보느라 심신이 피로한 상태가 되어 스트레스가 쌓이기 쉬워 더더욱 탈모 증상이 심해질 수 있습니다. 산후 6~12개월 사이에 탈모 증상은 서서히 없어지지만 관리는 필수입니다. 청결을 유지하고 긍정적인 마음가짐으로 스트레스를 받지 않도록 노력하세요.

머릿결 관리 & 탈모 예방 방법 3가지

이것으로 예방 1 올바른 머리 감기로 두피를 청결하게

머리를 감을 때에는 머리카락을 감는 것이 아니라 두피를 씻는 게 올바른 방법입니다. 두피는 모공이 크고 피지 분비도 많아 더러움이 축적되기 쉬우므로 올바른 방법으로 머리를 감아 매일 제대로 씻어 냅시다.

1 두피를 잘 적신다

42~43℃ 사이의 약간 뜨거운 물로 2~3분 머리카락과 두피를 잘 적십니다.

2 1분 동안 두피를 잘 씻는다

샴푸를 바르지 않은 상태에서 머리 전체를 마사지하듯 손가락 안쪽으로 1분 정도 씻어내면 피지와 더러움을 거의 제거할 수 있습니다.

3 샴푸를 발라 씻는다

샴푸를 머리 전체에 바르고 손가락으로 세심하게 두피를 씻습니다. 박박 문지르거나 손톱을 세워 씻는 것은 금물.

4 샴푸가 남지 않도록 잘 헹군다

샴푸 성분이 남지 않도록 잘 헹궈줍니다. 샴푸가 남아 있으면 머리카락이 손상되거나 탈모의 원인이 됩니다.

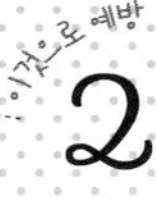

이것으로 예방 2 가급적 화학 성분이 적은 샴푸로

석유계 합성 계면 활성제가 들어간 샴푸는 세정력이 너무 강해 두피와 모발 피지를 없애버리거나 두피에 남아 머리카락 손상의 원인이 됩니다. 자극이 적고 순한 세정 성분이 든 것으로 고릅시다.

이것으로 예방 3 두피 마사지로 두피를 건강하게!

임신 중에는 호르몬 불균형으로 혈액 순환이 나빠지고, 원래 몸의 구석구석에 가야 할 영양소가 정체되기도 합니다. 두피 마사지를 하여 혈액 순환을 좋게 하고 머리에 영양을 공급합시다.

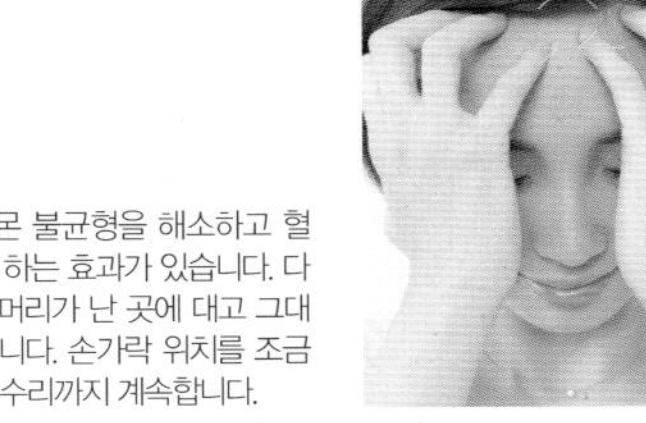

마사지는 호르몬 불균형을 해소하고 혈액 순환을 좋게 하는 효과가 있습니다. 다섯 손가락을 앞머리가 난 곳에 대고 그대로 중앙으로 밉니다. 손가락 위치를 조금씩 위로 올려 정수리까지 계속합니다.

탈모 예방에 효과가 있는 곳은 여기

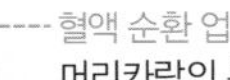

혈액 순환 업 존
머리카락의 무게 때문에 항상 아래로 당겨지는 정수리는 딱딱해지기 쉽고 혈액도 정체되기 마련. 평소 샴푸할 때에도 잊지 말고 꼼꼼히 마사지를 하세요.

호르몬 불균형 교정 존
이마 위는 뇌에 연결되는 말초 신경이 집중되어 있습니다. 이마를 마사지하면 호르몬 분비가 촉진되어 호르몬 불균형을 잡아주는 효과가 있습니다.

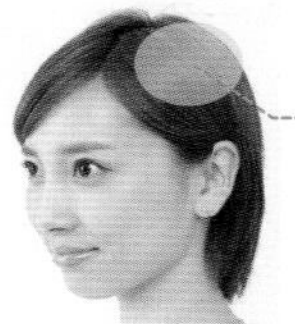

부종 해소 존
귀 위쪽을 눌러서 아픈 사람은 부종이 심하다는 증거. 부종은 혈액 순환을 막는 원인이 되므로 바로 해소해야 합니다. 주먹을 쥐고 검지와 장지의 제2관절을 대어 눌러줍시다.

column3

임신 중에는 치아와 잇몸 케어가 중요해요

임신 중에는 다양한 변화가 몸에 일어나는데 입안도 마찬가지. 충치와 치주 질환이 생기기 쉬우므로 항상 다음과 같은 케어를 합시다.

임신하면 치아 질환이 생기기 쉬워요

인간의 입안에는 많은 균이 살고 있지만, 임신 중에는 호르몬 변화와 면역력 저하로 치아와 잇몸에 문제를 일으키는 치주 질환균과 충치균이 늘기 쉽습니다. 타액이 줄어드는 사람도 많고 입에 남은 음식물 찌꺼기와 잡균을 씻어내는 기능도 감퇴하므로 치주병과 충치가 생길 위험성이 증가합니다. 입덧과 불러오는 배로 인해 위가 압박받는 시기에 음식을 조금씩 나눠 먹는 습관도 원인 중 하나입니다.

입안 세균은 혈액을 타고 운반되므로 전신에 악영향을 미치며 임신 중에는 조산 위험성이 높아집니다. 충치에 비해 자각 증상이 없는 치주 질환은 모르는 사이에 진행이 되므로 평소부터 케어에 힘쓰세요.

충치

충치의 원인은 뮤탄스균입니다. 치아 표면에 붙어 산을 만들어내기 때문에 표면 에나멜질에서 칼슘과 인이 녹습니다. 치아와 치아 사이, 겹친 곳이 충치가 생기기 쉬운 곳입니다.

치주염

치주 질환균은 산소에 닿는 것을 싫어해 치아와 잇몸 사이의 틈(치주 포켓)에 들어갑니다. 치아와 뼈 사이에서 쿠션 역할을 하는 부분과 치아를 지탱하는 뼈에까지 치주 질환이 진행된 상태가 치주염입니다.

치은염

치주 질환 초기 단계로 잇몸 가장 바깥쪽인 치은에 염증을 일으키는 증상입니다. 치아와 잇몸 사이에 치석이 쌓이기 시작하며 출혈 증상이 나타나지만, 아직 치아를 지탱하는 치주 조직까지 파괴되지는 않은 상태입니다.

치아와 잇몸 트러블이 늘어나는 이유

1 치주 질환균은 여성 호르몬을 정말 좋아해!

임신 중에는 에스트로겐과 프로게스테론 등 여성 호르몬이 늘어납니다. 치주 질환균에는 여성 호르몬을 좋아하는 균이 있어 치주 질환병도 증가합니다. 임신 전에 비해 몇 배나 치주 질환에 걸리기 쉬운 까닭입니다.

2 면역력 저하로 균이 늘어난다

임신 중에는 태아를 이물질로 보고 공격하지 않도록 하기 위해 세균과 바이러스에 대항하는 면역력도 저하됩니다. 따라서 치주 질환균이나 충치균에도 면역력이 약해지므로 관련 질환에 걸리기 쉬운 것입니다. .

3 입덧 등으로 양치질에 소홀해진다

임신 중에는 입덧으로 양치질을 하기 힘들거나 자주 먹는 데 비해 양치질 횟수가 적어 치석이 많이 증식하는데 이것이 충치균과 치주 질환균을 발생시키는 원인이 됩니다.

치아와 잇몸 Q & A

Q 임신 중이라도 치료하는 게 좋나요

A 산후에는 육아로 바빠지니 지금 치료 받으세요

산후에는 육아 때문에 시간을 내기 어려울 수 있으므로 가급적 산전에 치과 검진을 받는 것이 좋습니다. 산후, 아이가 있어도 마음 편하게 다닐 수 있는 여건이 되는 치과를 선택하는 것도 중요합니다.

Q 마취와 약이 태아에게 영향을 주지 않나요

A 임신 중이라고 정확히 전달하면 괜찮습니다

임신 중이라고 말하면 약 처방이 필요한 경우에도 문제를 일으키지 않는 것으로 처방을 받을 수 있습니다. 마취는 국소용이므로 태아에 영향을 미치지 않지만, 과거에 알레르기 반응이 나타난 적이 있는 경우에는 잊지 말고 얘기하도록 합시다.

Q 왜 치아와 잇몸 케어가 중요한가요

A 조산이나 저체중아가 태어날 가능성이 높아지기 때문입니다

임신 중 치주 질환에 걸리면 태아의 순조로운 성장을 방해하거나 조산이 될 위험성이 높아집니다. 원인은 확실히 밝혀지지 않았으나 치주 질환균이 발생시키는 독소가 자궁을 수축시키는 호르몬과 유사하기 때문이라고 추정됩니다. 잇몸에서 피가 나거나 구취가 심하면 곧바로 치과에 가서 진찰을 받으세요.

PART

4

임신 중 생기기 쉬운 문제와 증상

임신부의 모든 걱정 한 방에 해결하기

임신 중에는 몸에 사소한 변화만 생겨도 무척 걱정이 됩니다.
주치의에게 물어보는 게 정답이지만, 몸의 신호와 그 대처 방법,
일어나기 쉬운 불쾌 증상에 대한 대책과 예방법 등을
미리 알아 두면 유사시에 도움이 됩니다.

배 뭉침과 통증, 출혈

임신 중 가장 기본적인 위험 신호는 배의 뭉침과 통증, 하혈입니다. 그 원인과 대처법을 알아둡시다.

가벼운 배 뭉침은 대부분 걱정하지 않아도 되는 것들

임신 중 누구나 경험하는 것이 배의 뭉침. 임신 20주부터 자주 느끼게 되며, '배 전체가 딱딱해지는 느낌', '풍선처럼 부푼 느낌', '자궁이 꽉 조이는 느낌' 등 그 형태는 사람마다 다릅니다. 배가 뭉치면 안에 있는 아이가 괴롭지 않을까 걱정스럽지만, 자궁 안은 양수로 가득 차 있으므로 괜찮습니다. 대부분의 뭉침은 장시간 걸은 후, 몸이 찰 때, 피곤할 때, 섹스한 후 등 생리적인 것이므로 걱정할 필요는 없습니다. 누워서 안정을 취하면 사라집니다. 임신 초기부터 중기에 걸쳐서는 자궁이 갑자기 커질 때 배가 땅기는 느낌이 들 수도 있지만, 통증이 없으면 걱정하지 않아도 됩니다. 37주가 되기 전에는 뭉침을 느끼면 안정을 취해 상태를 살펴봅니다.
다만 어떤 시기든 강한 뭉침과 통증이 주기적으로 일어나면 유산이나 조산 가능성이 있습니다. 통증이 지속되거나 성기의 출혈이 동반된다면 '상위 태반 조기 박리'라는 심각한 상태일 수도 있습니다. 이때는 조속히 병원에 연락하세요.

여름이라도 땀이 증발할 때 몸이 차가워집니다. 복대와 양말로 보호하세요. 복대는 배를 지키는 지혜.

배 뭉침을 막는 요령

몸을 지나치게 움직이지 않는다
적당한 운동은 바람직하나 배가 뭉치면 중지합니다. 적당량을 넘어섰다는 신호입니다.

피곤하면 눕는다
눕는 것이 배의 뭉침을 푸는 가장 좋은 대책입니다. 자궁에 혈액을 보내기 쉬워지기 때문입니다.

스트레스를 받지 않는다
스트레스가 있으면 근육이 딱딱하게 수축합니다. 자궁도 마찬가지. 스트레스 해소를 위해 노력하세요.

무거운 것을 들지 않는다
무거운 것을 들면 배에 힘이 들어가 자궁 근육도 뭉치게 됩니다.

몸을 차게 하지 않는다
특히 하반신이 차면 혈액 순환이 나빠져 배가 뭉칩니다. 배와 다리는 차게 하지 마세요.

배 뭉침 【 병원에 가봐야 하나요 】

뭉침을 느낀다면 30분~1시간 정도 누워 상황을 지켜봅니다.

걱정없습니다	← 뭉침 간격이 점차 길어짐
병원에 연락	← 뭉침 간격이 짧아짐
	← 10~20분 간격으로 뭉침이 계속됨
빨리 병원으로	← 뭉침+점액 섞인 소량의 출혈
당장 병원으로	← 5~10분 뭉침이 계속됨
	← 뭉침+출혈
	← 뭉침+통증

이런 뭉침도 있습니다

인대를 잡아당기는 듯하다 초기에 많음
자궁을 지탱하는 인대가 땅겨지는 느낌을 '뭉침'이라 느끼기도.

피부가 땅기는 느낌 초기, 중기에 많음
임신 주수가 진행되면서 배가 커지면 배 피부가 땅기는 느낌을 '뭉침'이라 느끼기도.

자궁 수축 증기 후기에 많음
자궁은 근육으로 이루어져 있어 배가 커지면서 때때로 수축합니다.

하혈이 있으면 양과 색 등을 잘 살펴볼 것

성기에서의 출혈은 무언가 일어나고 있다는 신호이지만, 모두가 위험한 것은 아닙니다. 임신 중의 자궁은 혈액이 풍부하므로 약간의 자극만으로도 출혈하는 경우가 있습니다.
하지만 어떤 경우가 위험하고 어떤 경우는 괜찮은지 판단하기는 쉽지 않습니다. 출혈의 원인 또한 스스로 판단하기 어려우므로 출혈이 있을 때는 차분하게 출혈 양과 색 등을 확인한 다음 오른쪽 박스의 내용을 참고하여 조치를 취합니다. 특히 복부 통증이나 강한 뭉침을 동반할 때에는 반드시 병원에 연락해 지시에 따르세요.

● 임신 초기의 소량 출혈

임신임을 알게 될 무렵, 수정란이 자궁 내막에 착상하면서 출혈하는 경우가 있습니다. 양은 대체로 적지만, 간혹 월경처럼 나오기도 합니다.

● 미란이나 폴립으로 인한 출혈

질에 미란(썩거나 헐어서 문드러짐)이나 폴립(사마귀와 같은 살혹의 일종)이 있으면 임신함으로써 출혈하고 그곳에 자극이 있는 경우 출혈하기도 합니다. 통증은 없습니다.

● 징조

정상 출산기(임신 37주부터)에 들어가 언제 아이가 나올지 알 수 없을 시기에 자궁구 부근 난막이 자궁벽에서 떨어질 때 일어나는, 점막에 섞인 출혈. 양도 월경 이틀째 정도로 많은 경우도 있지만 통증을 동반하거나 멈추지 않고 계속 나온다면 병원에 연락하세요.

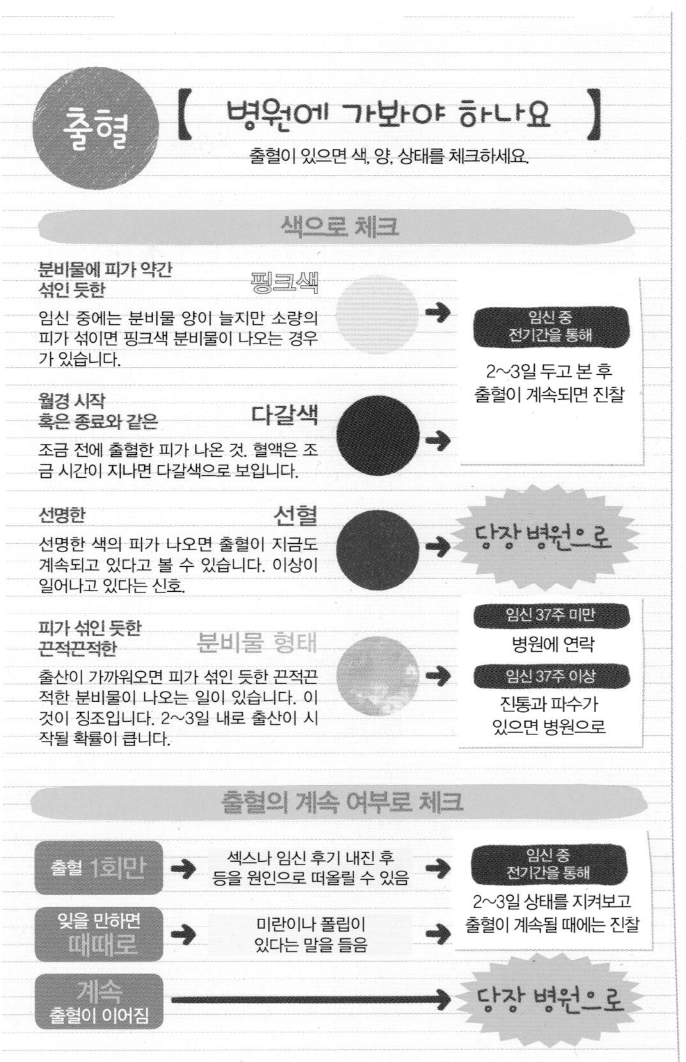

배 뭉침과 통증·출혈

걱정했던 출혈, 진찰받고 1주일 후 멈췄어요

임신 검사지로 양성 반응이 나온 다음 바로 출혈하여 서둘러 산부인과에 가서 진찰을 받았습니다. 한 번 유산 경험이 있어 또 유산하는 건 아닌가 싶어 이만저만 걱정이 아니었습니다. 집에서 안정을 취하라는 말을 들었습니다. 출혈이 일주일 정도 계속되어 불안했는데 무사히 극복할 수 있었습니다.

7개월 때 강한 뭉침으로 진찰, 하지만 아이는 건강했어요

임신 7개월 때 갑자기 그때까지 없었던 강한 뭉침이 아침부터 비정기적으로 나타났습니다. 꽉 조이는 듯한 강한 뭉침이 누워 있어도 없어지지 않아 병원에 가서 내진을 받았는데, 자궁구가 닫혀 있어 임신 중에 자주 있는 뭉침이라고 하더군요. 아이도 건강해 가슴을 쓸어내렸어요.

처음 느끼는 통증으로 불안, 남편이 귀가하자 사라졌어요

임신 9개월 때 밤에 갑자기 배가 아파왔습니다. 처음 느낀 통증인 데다 혼자여서 불안했어요. 예정일까지 아직 남았는데 어떻게 할까 고민하던 찰나에 남편이 귀가했고, 안심이 되자 통증이 사라졌습니다. 원인은 결국 알 수 없었지만 아이가 마음의 준비를 하라고 그랬던 것인지도 모르겠습니다.

절박유산과 유산

절박유산은 유산이 되어가는 상태. 적절한 대책을 취하면 유산을 막을 수도 있으므로 신호를 놓치지 마세요.

절박유산이어도 70% 정도는 무사히 출산

'절박유산'이라는 단어만 들어도 왠지 무섭겠지만 유산은 아닙니다. 절박유산이란 임신 20주 이전에 질 출혈이 동반되는 것을 말하여 유산으로 이행하는 절박한 상태라는 뜻입니다.
절박유산과 유산의 신호는 출혈과 하복부 통증입니다. 출혈 대부분은 태반이 되는 조직 주위 때문이고 아이 심박이 확인된 상태라면 조금 안심할 수 있지만, 그래도 임신 12주까지는 신중을 기해야 합니다. 임신 13주가 지나면 절박유산 진단을 받았더라도 출산까지 무사히 임신이 유지되는 경우도 많습니다.

이런 신호에는 주의가 필요

출혈

출혈이 계속되거나 양이 많거나 선명한 출혈이 계속되거나 통증을 동반했을 때

배의 통증

배가 그저 땅기는 느낌이 아니라 통증을 느낄 때나 출혈을 동반할 때

이상 임신으로 출혈이 일어나는 경우

자궁 외 임신

수정란이 난관 안 등 자궁 내막 이외의 곳에 착상해버리는 것이 자궁 외 임신. 난관(나팔관)이 파열하면 모체가 위험하므로 난관 절제 등의 처치가 필요합니다. 산부인과에서 진찰을 받았다면 크게 걱정할 일은 없으나, 하복부의 격심한 통증이나 출혈 증상이 있으면 진찰을 받으세요.

자궁 외 임신의 종류

자궁
난관
난관채

난소나 난관 등에 착상하는 이소성 임신. 90% 이상이 난관 임신입니다.

포상기태

자궁 안에서 태반을 만들어야 할 융모 조직 일부가 비정상적으로 증식하는 것이 포상기태. 태반이 포도송이 같은 종양처럼 발육하여 태아는 자라지 않습니다. 증상으로는 임신 8주경부터 소량의 다갈색 출혈이 나타나며, 7~8주가 되어도 태아 심박을 확인할 수 없습니다.

치료의 기본은 '안정'을 취하는 것

태아 심박이 확인되고 절박유산이라고 진단을 받은 경우에는 '안정'을 취하는 것이 치료의 기본입니다. 증상과 직장, 가정 상황 등에 따라 자택 안정에서 입원까지, 안정 정도는 다릅니다. 어느 정도 안정이 필요한지는 의사에게 구체적으로 확인해보세요. 직장에 다니는 경우라도 가급적 쉬는 편이 좋을 것입니다. 출혈량이 많고 다른 자녀가 있어 집에서 안정을 취할 수 없다면 입원을 권하는 경우도 있습니다.
약은 초기에는 적극적으로 쓰지 않지만, 12주 이후에는 자궁 수축 억제제를 쓰기도 합니다. 클라미디아나 세균에 의한 자궁 경부염 등으로 뭉침이 생기는 경우에는 감염증 치료도 시행합니다. 절박유산 원인이 모체에 있다면 몸의 이상 신호에 재빨리 대처하여 어느 정도 유산을 막을 수 있습니다. 가급적 편안한 마음으로 누워 쉬는 것이 좋습니다.

유산의 원인은 대부분 태아 쪽에 있습니다

아이가 배 속에서 나와 생존할 수 있는 최저 주수는 임신 22주라고 합니다. 따라서 임신 22주 이전에 태아가 모체에서 밖으로 나와버리는 것을 '유산'이라고 합니다.

유산이 일어나는 것은 임신 전체의 22% 정도이고 그중 80% 이상이 임신 12주 이하 초기에 일어납니다. 초기 유산의 주된 원인은 태아의 염색체 이상입니다. 즉, 유산의 대부분은 원래 자라기 힘든 수정란이었다는 뜻입니다. 임신부의 연령으로는 35세 이상일 때에는 태아의 염색체 이상이 증가한다는 데이터가 있으며, 40세 이상에서는 유산율이 30%라고 합니다.

그 외 모체 측 원인으로는 자궁 기형이나 자궁 근종 등 자궁 트러블로 인한 것과 면역 인자, 혈액 응고 장애 등을 들 수 있습니다.

임신부 6~7명 중 한 사람은 유산한다고 할 만큼, 유산은 의외로 많이 일어납니다. 만약 유산했더라도 '우연히' 일어난 경우가 대부분이지만 2회 이상 유산을 반복했다면 습관성 유산 검사를 받아봅시다.

절박유산과 유산 Q & A

Q 약, 담배, 알코올에 의해 유산하나요

A 유산할 만큼 알코올, 니코틴, 약을 섭취했다면 아마 수정조차 되지 않았을 것입니다. 가급적 임신임을 알기 전부터 끊는 게 좋지만, 모르고 임신했을 경우에는 임신이 판명된 시점에 끊는다면 그것이 원인으로 유산하는 일은 없습니다.

Q 입덧이 갑자기 멈췄어요. 혹시 유산인가요

A 입덧이 끝날 때에는 점차 편해지기보다는 어느 날 갑자기 편해지는 사람이 많다고 합니다. 심박도 확인되었고 임신 4개월 전후 상태라면 반드시 '입덧 종료=유산'은 아닙니다. 배의 통증이나 출혈이 없다면 다음 검진까지 상태를 살펴보아도 좋을 것입니다. 그러나, 불안한 경우 병원을 방문하여 확인을 하는 것이 좋습니다.

Q 태반이 완성되면 안심인가요. 무엇이나 해도 되나요

A 비록 태반이 완성되더라도 어떤 일이 일어날지 알 수 없는 것이 임신 중의 몸입니다. 임신 전까지 거뜬하게 했던 일이라도 70% 정도만 하고 배 속 아이를 먼저 생각하도록 합시다. 지금까지 가본 적이 없던 곳에 여행을 하거나 의사와 연락을 하기 힘든 상황에 처하는 것은 바람직하지 못합니다.

절박유산을 딛고

첫아이를 돌보느라 자택 안정을 하지 못하고 입원 안정을

임신 12주 때 생리통과 같은 통증과 출혈이 있기에 안 되겠다 싶어 곧장 병원으로 갔습니다. 병원에서 자택 안정을 하라는 말을 들었지만, 첫째를 돌보다 보니 안정할 수 없었고 의사 선생님에게도 남편에게도 혼이 났습니다. 결국 자택 안정이 어렵다는 판단에 입원 안정으로 전환. 그 보람이 있어 무사히 출산했습니다.

절박유산은 유산과는 다르다고 스스로를 격려했어요

임신 판명과 동시에 절박유산이라는 진단을 받았습니다. 내진 때 갈색 분비물이 보이고 초음파 검사로도 자궁 내 출혈이 보였습니다. 자택 안정 중에 다시 출혈이 있어 입원. 한 번 퇴원한 후 다시 출혈이 있어 재입원. 아이가 무사히 자랄지 걱정했지만, 절박유산은 유산과는 다르다고 스스로 암시하면서 극복할 수 있었습니다.

1개월 반이나 갇힌 생활, 모두 아이를 위해서였어요

임신임을 알자마자 하복부 통증과 출혈이 있어 절박유산이라는 진단을 받았습니다. 자택 안정을 하라는 말을 듣고 1개월 반 동안 집에만 있었습니다. 겨울이라 화장실에서 가장 가까운 방에 난방을 강하게 하고 화장실 갈 때 말고는 하루 종일 방 안에 있었습니다. 괴로웠지만 아이를 위한 것이라 생각하고 참았습니다. 견딘 보람이 있었습니다!

절박조산과 조산

조산을 예방하여 출산 예정일까지 안전히 아이를 잘 키워냅시다.

절박조산의 위험 신호 놓치지 마세요!

절박조산이란 임신 22주부터 36주 사이에 아이가 태어날 것 같은 상태를 말합니다. 유산의 원인은 대부분 아이 쪽에 있지만, 조산은 모체 쪽의 원인이 많은 것이 특징입니다.

출혈이나 배 뭉침, 하복부나 허리 통증, 분비물 증가 등과 같은 몸의 신호에 주의를 기울이면 조산을 막을 수 있는 경우도 많습니다. 이를 위해서는 위험 신호를 잘 알아두는 것이 중요합니다.

또한 위험한 징조가 없더라도 질염이 나타난 경우에는 주의가 필요합니다. 세균이나 병원체가 자궁 경부 내에 도달해 염증을 일으키면 자궁 수축이나 파수의 원인이 됩니다. 분비물의 형태나 색이 이상하거나 가려움 등의 증상이 있다면 다음 검진을 기다리지 말고 바로 병원에 가도록 합니다. 빨리 염증을 막아내면 큰일로는 번지지 않습니다.

안정과 자궁 수축제로 치료합니다

절박조산 역시 치료의 기본은 안정을 취하는 것입니다. 이는 절박유산과 마찬가지입니다. 자궁 수축을 억제하는 약을 처방 받기도 하지만, 두근거림이 심해지는 등 부작용이 있을 때에는 의사와 의논해야 합니다.

절박조산과 조산 Q & A

Q 조산하더라도 몇 주 정도면 아이가 살 수 있나요

A 현대 의학에서는 임신 22주 이후라고 규정하지만 아이 상태에 따라 다릅니다. 30주 정도, 체중이 1.5kg 이상이면 후유증의 위험은 비교적 적다고 할 수 있습니다. 하지만 아이의 호흡 기능이 완성되는 것은 좀 더 지나야 가능하므로 스스로 호흡할 수 있을 때까지는 보육기 안에서 산소 투여 및 인공호흡기 사용이 필요합니다.

Q 약간의 조산이라면 아이가 작아 낳기 편한가요

A 임신 36주 이후라면 아이가 자궁 밖으로 나와 살아갈 준비는 거의 되어 있습니다. 다만 임신 37주 이후인 '정상 출산'인 아이에 비해 호흡 기능 등이 미숙합니다. 정상 출산을 해야 태어난 후에 키우기도 편하므로 37주까지는 배 속에 있게 할 수 있다면 그게 더 낫습니다.

Q 조산과 반대로 예정일이 훨씬 지나버렸을 때에는 어떻게 되나요

A 예정일로부터 2주가 지나면 과기산(過期産)이라 하는데, 이 경우 아이 상태가 걱정됩니다. 태반 기능이 점점 떨어져 산소 공급이 원활하지 않기 때문입니다. 상황에 따라 다르기는 하지만 대부분 예정일에서 1주일이 지나면 진통 유도 처치를 합니다.

이런 신호에는 주의가 필요

배 뭉침

통증을 동반하지 않는 뭉침이면 문제없으나 주기적으로 심하게 뭉치면 주의해야 한다.

출혈

출혈은 난막이 자궁벽에서 떨어지고 있다는 신호. 대량 출혈이나 선혈인 경우 상위 태반 조기 박리나 전치태반이 의심되므로 곧바로 진찰을 받는다.

파수

별다른 징후가 없더라도 갑자기 파수하는 경우도 있다. 소변과 구분하기 힘드니 이상을 느꼈다면 병원에 연락하자.

배의 통증

배 뭉침이 심해서 아플 경우에는 진찰을 받는다. 변비로 인한 대장 통증일 수도 있으니 변비에 걸리지 않도록 주의하자.

인공 자궁은 없어요,
조산을 예방하는 것이 최선!

'조산'은 임신 22주 이후 37주 미만에 아이가 태어나는 것을 말합니다. 이 중 절박조산에서 조산이 될 가능성은 약 30%라고 합니다. 조산의 원인 중 많은 경우가 세균이나 바이러스에 의한 감염증. 그 외 모체의 스트레스, 자궁 경관 무력증, 전치태반, 큰 자궁 근종 등으로도 조산이 일어나기 쉽습니다. 자궁 경관 무력증 진단을 받은 경우 다음 그림처럼 자궁 경관을 묶는 수술을 하기도 합니다.

실제로 빠른 시기에 출산을 했다면 주수와 모자 상태에 따라 다르나 NICU(신생아 집중 치료실)가 있는 병원으로 옮기거나 긴급한 경우에는 구급차로 이송하는 일도 있습니다. 또한 아이의 안전을 위해 제왕 절개를 하는 경우도 많습니다.

NICU 등의 진보로 출생 시 아이 체중이 1.5kg 이상이면 비교적 위험 요소가 적고, 2kg 이상이면 보통 아이와 거의 다름없이 자랄 수 있다고 합니다.

하지만 출산 시기가 빠를수록 여러 장기가 미숙한 상태로 태어나므로 후유증이 남을 가능성이 높은 것도 사실입니다. 오늘날의 의학 기술로도 엄마의 자궁을 대신할 인공 자궁은 만들어내지 못합니다. 엄마의 자궁에서 마지막까지 있는 것이 아이에게는 최고의 환경입니다.

조산의 원인으로 작용하는 것들

엄마
- 자궁 경관(무력증) 약화
- 임신성 고혈압 증후군, 당뇨
- 전치태반
- (상위) 태반 조기 박리
- 자궁 근종, 자궁 기형 등
- 감염증
- 체질, 고령
- 스트레스와 무리한 생활

아기
- 자궁 내 태아 발육 부전 (배 속 아이의 발육이 안 좋은 경우)
- 다태
- 양수 과다·과소
- 선천성 질병

자궁 경관을 묶는 수술을 하는 경우도 있습니다

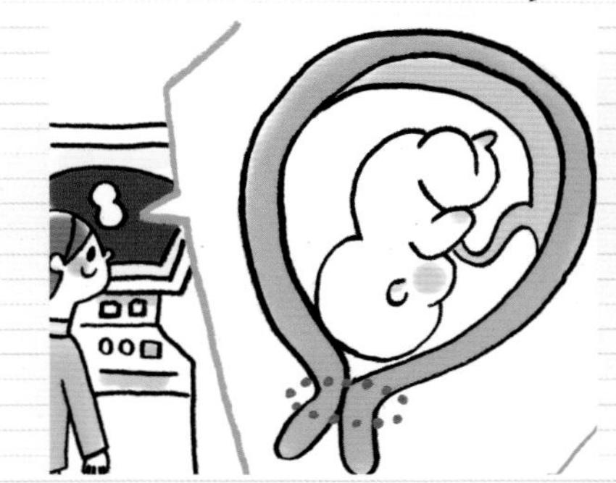

자궁 경관 무력증이란 본래 닫혀 있어야 할 자궁 경관이나 자궁구가 벌어지는 증상. 원인은 초기 자궁 경부암 수술(자궁 경관 원추 절제술) 때문일 수도 있지만, 원인불명인 경우가 많습니다. 자궁 경관을 묶는 수술은 20분 정도 걸리지만, 수술 전후 10일 정도는 입원을 해야 합니다.

체험담

절박조산을 딛고

의사 선생님의 지적을 받을 때까지 배가 뭉쳤다는 것을 몰랐어요!

임신 8개월 검진에서 절박조산이라는 진단을 받았습니다. 이전부터 배가 자주 뭉쳤지만, 뭉친다는 감각을 잘 알 수 없어서 의사 선생님의 지적을 받을 때까지 그게 정상이라고 생각했습니다. 자택 안정을 권유받았지만 절박조산을 대수롭지 않게 생각하는 남편이 아무것도 도와주지 않아 집안일을 이전처럼 해야만 했습니다.

육아용품을 만들며 불안함을 해소했습니다

임신 22주 때 배 뭉침과 함께 소량의 피가 나와 절박조산으로 자택 안정을 했습니다. 아이가 걱정스러웠지만 가급적 긍정적인 생각을 하려 노력했고 육아용품을 만들며 시간을 보냈습니다. 아이를 생각하면 즐겁고 용품도 많이 만들어 일석이조!

의료진의 따뜻한 말 한마디가 고마웠습니다

임신 31주 무렵, 장시간에 걸쳐 배에 통증을 느꼈습니다. 절박조산이라는 진단을 받았지만 심한 상태는 아니어서 약을 처방 받고 자택에서 안정을 취했습니다. "신경을 곤두세우지 말고 마음을 편히 먹어요"라는 의사의 말을 듣고 왠지 마음이 놓였습니다.

임신성 고혈압 증후군

임신성 고혈압 증후군은 치료가 쉽지 않고 태아에게도 영향을 미치므로 무엇보다 예방이 중요합니다.

고혈압과 단백뇨가 2대 증상

임신 중에는 생리적으로 혈압이 낮아지는데, 이와 반대로 혈압이 상승한다면 임신성 고혈압 증후군입니다. 임신 전에는 정상이던 혈압이 임신 20주 이후 처음으로 고혈압(기준치는 오른쪽 박스 참조)이 된 경우에 진단을 받습니다.

고혈압이 된다는 것은 혈압을 높여야 혈액이 흐른다는 뜻입니다. 또한 단백뇨는 신장 기능이 저하되었다는 신호. 이렇게 되면 심장과 혈관에 부담을 주어 모체에 문제가 생기기 쉽고 태반에 충분한 혈액이 안 돌아 아이 발육에 악영향을 미칩니다. 태반도 떨어지기 쉽고 조산할 위험이 보통 혈압의 임신부에 비해 2배 높으며, 모체와 태아 상태가 나빠져 인공적으로 조산시키는 경우도 있습니다. 더욱이 중증이 되면 임산부 경련 발작, 뇌출혈을 일으키기도 합니다.

임신성 고혈압 증후군은 임신부의 7~8%에서 일어나며, 걸리기 쉬운 경향의 사람이 있기는 하지만 누구에게나 일어날 가능성이 있습니다. 또한 계속 순조롭다가도 임신 말기에 고혈압이 되는 경우도 있으므로 방심은 금물입니다.

자각 증상이 없으므로 검진 시 제대로 혈압 체크를

고혈압은 초기 단계에 자각 증상이 없다는 게 또한 무섭습니다. 따라서 할 수 있는 일은 제대로 임신 검진을 받고 혈압을 체크하는 것입니다. 두통, 이명, 눈 따끔거림 등의 자각 증상이 나타났을 때는 이미 상당히 진행된 상태이기 때문에 큰 문제가 될 수 있습니다. 조금이라도 임신 중독증 증상(고혈압, 두통, 부종 등)이 보일 때는 무조건 병원에 방문하여 검진을 받아보는 것이 좋습니다.

또한 생활 습관을 점검하는 것도 중요합니다. 특히 임신성 고혈압 증후군에 걸리기 쉬운 조건인 사람은 더욱 주의해야 합니다.

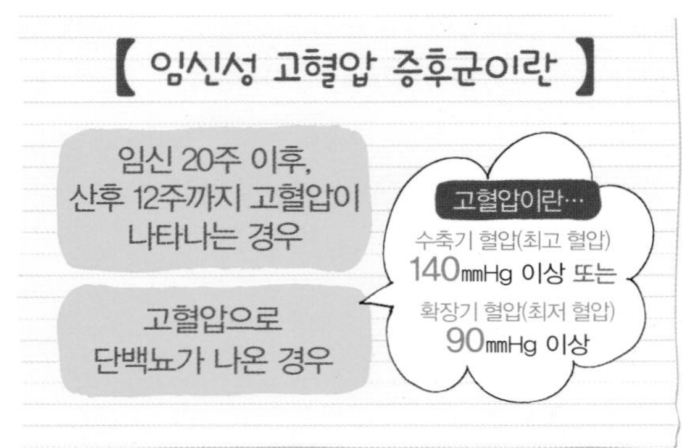

임신성 고혈압 증후군에 걸리기 쉬운 사람

- 비만 경향인 사람, 임신 중 체중 증가가 현저한 사람
- 고령 출산
- 원래 혈압이 높았던 사람
- 헤마토크리트 수치(혈액 농도)가 높은 사람
- 다태 임신
- 지병이 있는 사람

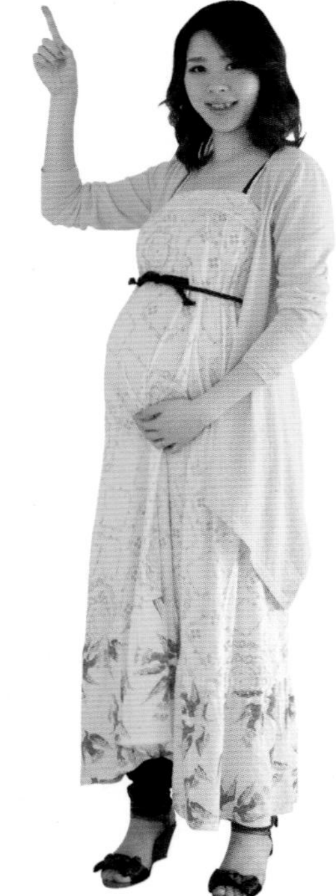

중증이라면 입원하는 경우도

임신성 고혈압 증후군의 가장 큰 원인은 임신 그 자체라고 할 수 있습니다. 따라서 임신성 고혈압 증후군의 치료책은 바로 출산입니다.

출산을 하게 되면 증상이 현저히 좋아지지만 완치가 된 것은 아닙니다. 다음 임신 시 재발 가능성이 높으며 일반 고혈압이 될 수 있으므로 산후에도 꾸준한 관리가 필요합니다.

임신성 고혈압 증후군에 걸린 경우에는 혈압이 올라가지 않도록 식사와 일상생활을 관리해야 합니다. 관리가 잘 안 된다면 입원하여 철저한 식사 관리와 안정, 강압제로 혈압이 올라가지 않도록 합니다. 관리가 어렵거나 중증이 된 경우 37주 미만이라도 출산을 유도하는데 이때 분만의 방법은 산모의 상태(자궁의 상태, 혈압 등)와 태아의 상태에 따라 결정합니다.

모자 모두 건강하고 경증이라면 자연 분만도 가능

임신 중 관리가 제대로 되어 혈압이 정상치에 가깝고 아이도 건강하게 발육한다면 자연 분만이 가능합니다. 다만 진통 중에 혈압이 오르기 쉬우므로 상황에 따라 제왕 절개로 변경할 수도 있습니다.

혈압이 높은 경우에는 뇌출혈을 일으키는 등 모체가 위험해질 가능성이 높아 강압제나 항경련제를 쓰며 출산을 진행합니다. 혈압이 지나치게 높아지면 마취 분만으로 전환하기도 합니다. 중증이라면 조기에 제왕 절개를 하는 경우가 많습니다.

임신성 고혈압 증후군에 걸리지 않도록 하는 생활 습관

담백한 식사로 염분 섭취를 줄이자

염분을 과다 섭취하면 혈압이 오르는데 이는 혈액 내의 염분 농도를 일정하게 유지하려고 혈액 중 수분량이 늘어 심장과 신장에 부담을 주기 때문이라고 합니다. 간을 담백하게 해서 맛있게 먹으려 힘써보세요.

조미료는 적정량을 계량해 쓴다

저염 간장을 쓴다

국물을 우려낸다

면 종류는 스프를 남긴다

식초, 레몬, 향신료로 맛을 보충한다

체중이 급격히 늘지 않도록 관리하자

임신 중 체중 증가의 적당한 수치는 임신 전 체중에 따라 다르지만(106쪽 참고), 이는 일반적인 수치. 조금씩 늘어나는 것이 이상적이고 한 달에 2kg 이상 급격히 늘지 않게 관리해야 해요. 산달에 들어서도 긴장을 풀지 마세요.

스트레스는 그때그때 풀자

스트레스를 느끼면 혈관이 수축되고 혈압이 상승합니다. 가급적 스트레스를 줄이거나 해소하도록 노력하세요. 심신 모두 긴장이 풀리면 혈액 순환이 좋아지며 혈압도 내려갑니다.

피로를 쌓지 말고 생활 리듬을 만든다

생활 리듬이 흐트러지면 수면이 얕아지고 소화 기관에 부담을 주어 몸이 피곤합니다. 몸이 피곤하면 혈압이 오르기 쉽기 때문에 일찍 자고 일찍 일어나며 세끼를 잘 챙겨 먹는 등 생활 리듬을 만듭니다.

몸을 차게 하는 등 혈액 순환이 나빠지는 것을 피한다

체온이 떨어지거나 장시간 같은 자세를 유지하면 혈액 순환이 나빠지는데 이로 인해 혈압이 올라가게 됩니다. 배나 하반신을 차게 하지 않도록 하고 적당히 몸을 움직이며 피곤하면 눕는 등 혈액 순환을 좋게 하도록 힘씁니다.

고혈당은 조기 발견과 관리가 중요!

임신성 당뇨병과 소화 기관의 병

임신 중에는 호르몬 때문에 누구나 혈당치가 높아지기 쉬운 상태가 되므로 주의해야 합니다.

임신 중에는 누구나 고혈당이 되기 쉬운 상태

임신성 당뇨병이란 임신 중에 처음 발견된 '당뇨병에는 이르지 않지만 당 대사에 이상이 있는' 상태를 말합니다. 임신하면 식사량도 늘고 혈당치가 올라가기 쉬워집니다.

임신 중에는 인슐린 분해 효소가 나오지만, 태반이 완성되면 태반에서 생성되는 물질의 영향으로 인슐린 작용이 충분하지 못해 혈당치가 쉽게 떨어지지 않습니다. 따라서 임신부는 누구나 고혈당이 되기 쉽습니다. 원래 비만 증세가 있거나 가족 중에 당뇨 환자가 있는 사람, 고령 출산인 사람은 임신성 당뇨병에 더 걸리기 쉬우므로 특히 주의를 요합니다.

증상이 나타나면 임신성 고혈압 증후군이나 요로 감염증, 양수 과다증, 조산 등이 일어날 가능성이 늘어납니다. 또한 거대아가 되거나 출생 후 저혈당을 일으킬 가능성이 높아지는 등 아이에게 영향을 미치기도 합니다. 엄마와 아이를 지키기 위해 조기 발견과 관리가 중요합니다.

치료는 식이 요법과 운동이 기본. 고단백, 저칼로리 식사를 권장하며 한 번에 많이 먹으면 혈당치가 높아지기 쉬우므로 소량씩 횟수를 늘려 먹도록 합니다. 그 외 걱정되는 증상이 없다면 적당한 운동을 계속하는 것도 중요합니다.

산후에 당뇨병으로 이행 가능성 크므로 주의 필요

임신성 당뇨병은 대부분 출산을 하면서 좋아지지만 다음 임신 때 다시 임신성 당뇨병에 걸릴 확률이 30~60%나 된다는 데이터가 있습니다. 더욱이 임신성 당뇨병에서 산후에 당뇨병으로 50%나 이행한다고 합니다. 그 때문에 임신성 당뇨병을 앓았다면 산후 검진 시 당 부하 검사를 받는 것이 좋고 주치의와 상의하여 당뇨병으로 이행되지 않도록 주의를 기울여야 합니다.

또 식사할 때 주의 사항, 운동 습관도 지키는 게 좋습니다.

임신성 당뇨병을 예방하는 생활 습관

고단백, 저칼로리 식사

아이 발육에 필요한 영양을 섭취하면서 에너지는 많이 섭취하지 않도록 주의합니다. 혈당치가 급격히 올라가지 않는 식품, 공복감을 억제하는 작용이 있는 식이 섬유를 포함한 식재료를 활용하여 균형 잡힌 식사를 합니다.

적당한 운동을

적당한 운동이란 '약간 맥박이 빨라질 정도로 충분히 호흡하면서 전신 근육을 사용하는 워킹, 수영 등 유산소 운동'을 말하며, 에너지 대사가 원활한 몸 만들기를 목표로 합니다.

임신 중에는 호르몬 작용으로 위장 기능이 떨어지기 쉬운 법

임신하면 호르몬 작용으로 위장 기능이 나빠지므로 소화 불량 등 위장병을 일으키기 쉽습니다.

임신 초기에는 입덧에 의한 구토 등으로, 또한 임신 중·후기에는 커진 자궁에 위가 압박을 받으므로 '역류성 식도염'이 생기기 쉽습니다. 역류성 식도염이란 위 속에 있는 것이 빈번하게 식도로 역류하여 속 쓰림과 위산이 올라오는 증상을 일으키는 병입니다. 예방을 위해서는 소화가 잘되는 것을 소량씩 잘 씹어 먹습니다.

또한 호르몬 영향으로 면역력이 저하하므로 감염성 위장염 등에도 걸리기 쉬워집니다. 구역질, 구토, 설사, 복통 등이 주요 증상인 급성 위장염은 바이러스성인 것과 세균성인 것으로 나눌 수 있습니다. 원인에 따라 치료법이 약간 다르므로 증상이 나타나면 빨리 진찰을 받을 필요가 있습니다.

임신 중에 배가 아프면 아이가 괜찮은지 걱정이 되겠지만 다소의 복통과 설사가 아이에게 악영향을 미치지는 않습니다. 다만 탈수 증상을 일으킬 만큼 구토와 설사가 심하다면 위험합니다. 증상이 강하다면 무리해서 식사를 할 필요는 없지만 수분만큼은 자주 섭취합시다. 흡수가 잘되는 경구 수액제 등이 좋습니다.

설사를 하면 유산, 조산 위험이 증가하나요

지나치게 걱정하지 않아도 됩니다

심한 설사로 인해 강한 복압이 생기면 임신부에게는 좋지 않습니다. 장을 움직이는 근육과 자궁을 수축시키는 근육은 같은 자율 신경이 컨트롤하므로 서로 영향을 미칠 가능성이 있습니다. 다만 설사나 구토가 원인이 되어 유산, 조산에까지 이를 만큼 자궁 수축이 강하게 작용할 가능성은 거의 없으므로 너무 걱정하지 않아도 됩니다.

【 임신 중에 걸리기 쉬운 소화 기관의 병 】

역류성 식도염

입덧으로 구토를 반복하거나 커진 자궁에 위가 압박을 받아 위의 내용물과 위액이 식도로 역류하여 일어납니다. 속 쓰림, 목의 이질감, 트림, 복부 팽창 등이 주요 증상. 누울 때에는 상체를 조금 일으켜 자면 증상이 완화되기도 합니다.

세균성 위장염

O157이나 살모넬라균 등 세균이 일으키는 위장염입니다. 복통, 설사, 구토, 혈변, 발열 등의 증상이 나타나며 치료에는 항생 물질과 정장제가 처방됩니다. 세균성 위장염에는 지사제를 사용하면 증상이 악화하는 경우가 있으므로 주의가 필요합니다. 수분 보충이 중요합니다.

바이러스성 위장염

노로 바이러스나 로타 바이러스 등 바이러스가 원인으로 일어나는 위장염입니다. 위장염에 효능이 있는 항바이러스 약은 없으며 치료에는 대증 요법으로 정장제가 처방됩니다. 탈수증 예방을 위해 자주 수분을 보충하고, 탈수 증상을 일으킨 경우에는 수액으로 보충하기도 합니다.

소화 불량

호르몬 작용으로 위장 기능이 약해져 더부룩함, 위의 불쾌감, 복통 등이 일어나곤 합니다. 기름진 음식, 자극성 있는 음식을 과다 섭취하거나 과식, 빨리 먹는 습관 등을 피하고 가급적 소화에 좋은 음식을 조금씩 먹도록 하면 좋습니다.

주의 충수염

임신 중이라고 충수염에 걸리기 쉬운 것은 아니지만 충수염의 증상이 다르게 나타날 수 있으므로 주의해야 합니다. 본래 충수는 맹장 끝에 위치하기 때문에 오른쪽 하복부가 아픈 것이 특징이지만 임신 중에는 자궁이 커져 아픈 위치가 위쪽 혹은 바깥쪽으로 이동해 다른 질병으로 오인하기 쉽습니다. 발견이 늦어지면 복막염을 일으켜 생명이 위험해지기도 하므로 조금이라도 의심이 되면 병원을 방문하여 바른 진단을 받을 필요가 있습니다.

철분 부족이 되지 않도록 주의!

빈혈 예방하기

임신 중에는 철분 부족에 의한 철분 결핍성 빈혈이 많이 생기는데 심하면 출산에 영향을 미치므로 조심해야 합니다.

임신 중 빈혈이 생기는 것은 혈액량이 늘기 때문

임신 초기와 말기에는 혈액 검사로 빈혈 유무를 체크합니다. 임신 전에는 빈혈이 없었는데 임신이 진행되면서 빈혈이 생기는 사람도 적지 않다고 합니다. 왜 그럴까요?
아이와 자궁이 커지면 체내 혈액량이 급격히 느는데 이것은 자궁에 많은 혈액을 보내기 위해서입니다. 그때 혈장 성분(수분)은 빠르게 느는 데 반해 적혈구 증가가 따라가지 못해 '혈액이 묽은 상태'가 됩니다. 물론 태아의 성장에도 철분이 필요합니다. 이것이 임신 중에 생기는 철분 결핍성 빈혈의 주요 원인입니다.
철분은 평소에도 부족하기 쉬운 미네랄이지만, 임신 중에는 태아의 혈액을 만들기 위해서도 평소 이상으로 철분이 필요합니다. 성인 여성이 하루에 필요한 철분량은 14mg이나 임신 중기 이후에는 2배인 24mg이 필요합니다.
그 때문에 매일 식사로 철분을 보충하도록 힘써야 합니다. 체내에 흡수되기 쉬운 것은 어패류, 살코기, 돼지와 닭 간 등 동물성 식품에 함유된 '헴철'. 한편 순무, 톳 등 식물성 식품에 함유된 '비헴철'은 흡수율은 낮지만 각종 비타민 등 영양소를 섭취할 수 있으므로 매력적인 식품입니다.
헴철과 비헴철, 둘 다 잘 흡수율이 낮은 미네랄이지만 비타민 C, 식초와 함께 섭취하면 흡수율이 다소 높아지는 특징을 가지므로 다양한 식재료를 조합해 균형 잡힌 식사를 합시다.

왜 임신하면 빈혈이 쉽게 생길까요

아이를 키우려면 자궁, 태반으로 혈액을 보낼 필요가 있어 체내 혈액량이 최고 시기에는 평소 1.4배가 됩니다. 다만 혈장(수분)이 큰 폭으로 느는 데 반해 적혈구, 백혈구 등은 그다지 늘지 않아 피가 묽어집니다.

피가 옅어지는 군요

임신하지 않았을 때의 혈액

1.4배

임신 중의 혈액

헤모글로빈

수분이 크게 늘어 혈액이 묽어지므로 쉽게 빈혈이 생긴다.

'빈혈'이라고 진단하는 기준

	헤모글로빈 농도	헤마토크리트 수치
임신 중인 여성	11g /dl 미만	33% 미만
비임신 시기의 여성	12g /dl 미만	35% 미만

※ 헤모글로빈 농도란 혈액 1dl당 적혈구 색소 성분인 헤모글로빈의 무게

※ 헤마토크리트 수치란 혈중 적혈구 용적의 비율

중증 빈혈이 생기면 출산 시 출혈량이 늘기도

빈혈이 급격히 진행된 경우에는 호흡 곤란, 어지러움, 두근거림, 현기증 등의 증상이 나타나기도 합니다. 다만 서서히 빈혈이 생기는 경우나 임신 전부터 월경 때 출혈량이 많아 빈혈이었던 사람은 몸이 빈혈 상태에 익숙해져버려 특별히 자각 증상을 느끼지 못하기도 합니다.

체내 철분은 혈액 속뿐 아니라 간에도 저장됩니다. 적혈구의 철이 부족하면 몸 전체에 충분히 산소가 공급되지 못해 혈액이나 간에 저장된 철로 보충됩니다. 그 결과, 임신이 진행되면서 점점 더 빈혈이 악화됩니다.

엄마가 빈혈이어도 아주 중증이 아닌 경우에는 배 속 아이에게는 영향을 미치지 않습니다. 그러나 모체에는 여러 영향을 미칩니다. 빈혈이 심해지면 출산 시의 출혈량이 늘거나 산후 회복이 늦어지기도 합니다. 또한 모유가 잘 나오지 않는 등의 문제가 생기기도 합니다. 가급적 출산 전에 빈혈을 개선해둡시다.

식사만으로 빈혈 상태가 개선되지 않는 경우에는 철분을 처방받기도 합니다. 철분을 먹으면 변이 검어지는데, 이는 흡수되지 않은 철이 배출되기 때문이므로 걱정할 필요는 없습니다. 빈혈을 개선하기 위해 필요한 약이므로 처방을 받았다면 거르지 말고 먹도록 합시다.

다만 철분제를 먹으면 메슥거림, 변비 등의 증상이 나타나기도 합니다. 괴롭다고 자신의 판단으로 복용을 그만두지 말고 반드시 의사와 상담하세요. 부작용이 괴로운 경우나 중증 빈혈인 경우에는 철분제 주사를 맞기도 합니다.

철분을 잘 섭취하기 위해서는

동물성 단백질 + 비타민 C

동물성 단백질, 특히 살코기에는 헴철이 가득. 헴철의 흡수율을 올리기 위해 비타민 C를 함께 섭취합시다.

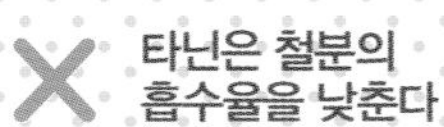

철은 타닌과 결합하면 장에서 소화되기 힘들어집니다. 녹차와 홍차 등은 식후 바로 마시지 않도록 합니다.

철분제를 처방받았을 때 주의할 점

복용 후 불쾌 증상이 있다면 의사와 상담하세요

철분제는 반드시 물과 함께 먹어야 해요. 특히 녹차와 함께 먹으면 녹차에 함유된 타닌이 철과 결합해 흡수율이 떨어집니다. 그러므로 철분제를 먹기 1시간 전후에는 녹차를 마시지 않는 것이 좋아요.

또 철분제를 복용하고 메슥거림, 변비 등 불쾌한 증상이 나타날 경우 약의 종류를 바꾸거나 먹는 약 대신 주사로 투여 방법을 변경할 수도 있으므로 조속히 의사와 의논하세요.

빈혈 Q & A

Q 가끔 일어설 때 현기증을 느낍니다. 빈혈 때문일까요

A 빈혈 때문일 수도 있으나 대부분은 기립성 저혈압입니다. 임신 중에는 호르몬과 자율 신경이 불균형을 일으켜 저혈압이 되기도 합니다. 임신 중에는 자궁에 많은 혈액이 모이므로 저혈압인 사람은 갑자기 일어설 때 뇌에 충분한 혈액이 공급되지 못해 현기증(뇌빈혈)을 일으키는 경우가 있습니다. 빈혈인지 여부는 혈액 검사를 하면 알 수 있습니다.

Q 임신부용 영양제로 철분을 섭취하면 충분한가요

A 임신부용 영양제는 임신 중에 필요한 영양을 손쉽게 섭취할 수 있다는 것이 장점이나 철분 함유량은 그리 많지 않습니다. 영양제를 필요 이상으로 섭취해 간 기능 장애를 일으키는 경우도 있으므로 의사에게 처방받는 것이 안심할 수 있습니다. 빈혈 상태도 의사에게 확인을 받도록 합시다.

Q 철분을 보충하려면 싫어도 간이나 시금치를 먹어야 하나요

A 철분이 함유된 음식은 간이나 시금치만이 아닙니다. 바지락이나 굴 등 조개류, 다랑어 등 어류, 유부, 낫토 등 대두 식품, 톳, 김 등 해조류에도 철분이 많이 함유되어 있습니다(110쪽 참조).

임신 중 주의해야 할 질환

임신부가 병에 걸리면 태아에게 어떤 영향을 미칠까요? 임신 중에 걸릴 가능성이 있는 병과 대처법을 알아둡시다.

감기와 독감

임신 중에는 면역력이 떨어지므로 감기 등에 잘 걸려요

임신하면 호르몬 작용으로 면역력이 저하되고, 그 때문에 감기나 독감 등에 잘 걸립니다.

바이러스에 의한 감기의 경우 콧물, 코 막힘, 재채기 등이 주요 증상. 발열이 있어도 37℃ 정도이고 안정하면 2~3일에 낫습니다. 다만 세균 감염이 병행되면 증상이 오래가고 중증을 보이는 경우가 있습니다. 고열, 인후통, 기침 등의 증상이 생기면 빨리 진찰을 받으세요.

독감은 갑작스런 고열, 두통, 관절통 등 전신 증상을 동반하며 감기보다 훨씬 중증으로 폐렴에 걸리기 쉬운 질환입니다. 독감 바이러스 그 자체가 태반을 통해 태아에게 악영향을 미칠 우려는 없으나, 때로는 생명을 위협하기도 하므로 빨리 진찰을 받습니다.

가장 중요한 것은 감기에도 독감에도 걸리지 않도록 예방하는 것. 손 씻기, 물로 가글하기, 혼잡한 곳 피하기, 스트레스 쌓지 않기, 균형 잡힌 식사, 충분한 수면, 실내 가습이 예방에 좋습니다. 독감 백신은 독감에 걸리는 것보다 훨씬 위험성이 낮아 임신 중 언제든 접종할 수 있습니다.

만약 이미 걸려버린 경우에는 조속히 산부인과에서 진찰을 받고 충분히 수분을 보충하면서 쉬도록 합니다.

임신 중에는 예방이 중요하군요

임신부 독감&감기 예방

엄마의 예방법

- ☐ 균형 잡힌 식사와 수분 보충하기
- ☐ 충분한 수면 취하기
- ☐ 적당한 습도는 50~60%

가족 모두의 예방법

- ☐ 귀가하면 손 씻기, 물로 가글하기
- ☐ 혼잡한 곳은 가급적 피하기

걸려버렸다면…

엄마가 할 일

- ☐ 빨리 병원 가기
- ☐ 충분한 수분 보충하기
- ☐ 충분한 수면을 취해 체력을 유지하기

가족들이 할 일

- ☐ 집 안에서도 마스크 쓰기
- ☐ 감염된 사람은 임신부 곁에 가지 말기

풍진

임신 초기에 걸리면 아이에게도 영향이

풍진 바이러스가 일으키는 병으로 발열, 발진, 관절염, 림프부종 등이 주요 증상. 간혹 감염되었지만 증상이 없는 경우도 있습니다. 임신 중에 엄마가 감염되면 배 속 아이에게 옮아 '선천성 풍진 증후군'에 걸리기도 합니다. 임신 초기일수록 영향이 크고 심장병이나 난청, 백내장 등을 일으키기도 합니다. 임신 초기에 반드시 풍진 항체 수치 검사로 면역 여부를 살펴봅니다. 항체가 없는 경우에는 임신 20주까지는 혼잡한 곳을 피하는 등 감염되지 않도록 주의해야 합니다.

수두

많은 사람이 면역을 갖고 있어 임신 중에 감염되는 일은 드물어

수두 대상 포진 바이러스로 인한 병으로 가려움을 동반하는 발진이 주요 증상입니다. 임신 초기에 감염되면 아이가 선천성 수두 증후군에 걸릴 가능성이 있습니다. 출산 직전에 감염되면 아이가 생후 신생아 수두증에 걸려 중증으로 발전하는 경우도 있습니다. 다만 이 병은 한 번 감염되면 두 번 다시 걸리지 않기 때문에 성인의 95%는 면역을 가지고 있어 임신 중 감염되는 경우는 극히 드뭅니다. 걱정이 된다면 혈액 검사로 면역 여부를 체크할 수 있습니다.

전염성 홍반

태아에게 빈혈이나 수종이 생길 수도

전염성 홍반은 파르보 바이러스로 인해 일어납니다. 발열, 관절통, 손발 홍반 등의 증상이 나타나며 뺨이 사과처럼 빨개집니다. 치료하지 않아도 자연히 낫지만, 임신 20주 미만에 처음 감염되면 배 속 아이에게 중증 빈혈이나 수종이 나타나거나 유산, 조산의 원인이 될 가능성이 있습니다. 예방 접종은 없으며 어린이가 걸리기 쉬운 병이므로 어린이가 많은 장소나 소아과 외래, 혼잡한 곳은 피하는 것이 좋습니다.

B군 연쇄상구균 감염증

산도에서 아이에게 감염되면 중증의 병에 걸리기도

B군 연쇄상구균(GBS)은 평상시 질이나 외음부에 있는 상재균으로, 감염되어도 자각 증상이나 임신에 영향을 미치지 않습니다. 다만 산도를 통과할 때 아이가 감염되면 신생아 GBS 감염증에 걸려 호흡 곤란, 뇌수막염, 폐렴 등을 일으킬 가능성이 있습니다. 처치가 늦어지면 생명이 위험해지기도 하므로 임신 중기나 말기에는 반드시 검사를 합니다. GBS가 있음이 판명되면 진통, 파수가 일어날 때부터 출산이 끝날 때까지 항생 물질을 정기적으로 수액을 통해 투여합니다.

톡소플라스마

태아에 영향은 적으나 반려동물을 돌볼 때에는 주의를

'톡소플라스마'란 고양이 등에 있는 기생충으로, 대변 등을 매개로 감염되는 경우가 있습니다. 또한 최근에는 날고기를 먹으면 감염된다는 사실도 알려졌습니다. 임신 초기, 중기에 처음 감염되면 유산, 조산을 일으키거나 배 속 아이의 뇌나 눈에 장애를 일으킬 가능성이 있습니다. 다만 확률이 매우 낮고 드물기 때문에 지나치게 걱정할 필요는 없습니다. 또한 임신 전부터 키워온 반려동물로 인해 감염되는 경우는 없습니다. 만약을 위해 임신 중에는 날고기를 먹지 않도록 합니다.

아기는 건강할까

태동으로 아기의 상태를 짐작할 수 있어요. 아기가 보내는 신호에 주목하세요!

태동은 배 속 아이가 건강한지 알 수 있는 신호

배 속 아이가 건강한지, 잘 자라는지를 알 수 있는 방법은 두 가지입니다. 하나는 아이의 움직임을 확인하는 '태동', 다른 하나는 아이의 추정 체중을 통한 '크기'입니다.
임신부가 배 속 아이의 움직임, 즉 '태동'을 느낄 수 있는 것은 빠른 경우 임신 16주 정도부터. 18~20주가 되면 많은 임신부가 느끼게 되고, 늦어도 22주에는 대부분이 태동을 느낍니다. 첫 태동을 느끼는 시기는 개인차가 크므로 너무 초조해하지 말고 태동을 느낄 날을 즐겁게 기다려주세요.
임신 30주 정도가 되면 아이는 밤낮없이 주기적으로 자고 일어나기를 반복합니다. 다만 엄마 자신이 바쁘게 돌아다니는 낮에는 태동을 느끼기 어렵고, 밤에 조용히 지내는 시간에는 태동을 느끼기 쉽습니다. 따라서 임신 30주를 지나면 매일 시간을 정해 편안한 상태에서 태동을 확인해봅시다.
아이에게도 개성이 있어서 움직임에도 성격이 드러납니다. 격렬하게 움직이는 아이가 있는가 하면, 천천히 얌전하게 움직이는 아이도 있습니다. 태동이 강하든 약하든 움직임을 느낄 수 있다면 걱정 없습니다.

【 10 카운트법으로 태아 건강 체크! 】

- 움직임이 극단적으로 둔할 때
- 가만히 있어도 움직임이 느껴지지 않을 때

↓

곧바로 의사에게 물어보세요

태동을 10회 느낄 때까지 시간을 기록합니다

임신 30주 이후에 매일 시간을 정해 편안한 상태로 누워 실시합니다. 태동을 세어 10회 느끼는 데 몇 분 걸렸는지 기록합니다. 계속 움직일 때에는 멈출 때까지 1회로 계산합니다. 10회 세는 데 30분 이상 걸릴 때에는 하루에 2~3회 측정합니다. 그래도 30분 이상 걸리면 의사에게 상의하세요.

태아 상태 Q & A

Q 태동이 갑자기 약해진 느낌이 들어요

A 일률적으로 말할 수는 없지만, 합병증으로 태반 기능이 저하되면 태동이 이전에 비해 약해지는 일이 있을지도 모릅니다. 태동 변화의 원인을 임신부 자신이 판단하기는 어려우므로 걱정이 된다면 빨리 의사에게 물어보세요.

Q 움직이는 위치가 바뀌었어요! 역아인가요

A 임신 30주 정도까지는 아이가 자유롭게 배 속을 빙글빙글 돌기 때문에 일시적으로 움직이는 위치가 바뀌기도 합니다. 임신 31주를 넘길 무렵부터 위치가 정해지므로 그 이후에 위치가 바뀐 경우에는 역아일 가능성도 있습니다. 역아 여부는 초음파 검사로 알 수 있습니다.

Q 산달이 되면 움직이지 않는다던데 그런가요

A 임신 38주가 지나면 아이가 내려와 골반 안에 들어가기 때문에 움직임이 둔해지는 경우도 있습니다. 반면 태어나기 직전까지 활발히 움직이는 아이도 있습니다. 태동이 전혀 느껴지지 않는 경우에는 문제 발생 가능성도 있으므로 곧바로 진찰을 받으세요.

아이가 크고 작은 것은 대체로 체격 차이

아이의 크기는 초음파로 아이 머리나 몸길이 등을 재고 그 수치로 산출하는 '추정 체중'으로 판단합니다. 임신 주수별 '표준 체중'이 정해져 있으나 특별히 문제가 없으면 임신 중에 2~3회만 측정하는 경우도 있습니다. 추정 체중이 표준 범위보다 위나 아래일 경우 '큰 편' 혹은 '작은 편'이라는 말을 합니다. 다만 추정 체중은 어디까지나 '추정'이므로 실제 체중과는 15% 정도 오차가 있습니다. 어른도 체구가 큰 사람이 있는가 하면, 작은 사람이 있듯이 아이도 큰 아이, 작은 아이가 있는 게 자연스러운 일입니다. 태아의 신체 계측 지수가 성장하고 있다면 크게 걱정할 필요는 없습니다.

아이가 너무 작으면 걱정되는 것은 발육

아이가 작은 경우 극히 드물게 아이 심장과 뇌신경 장애, 염색체 이상 등으로 발육 지연을 일으키기도 합니다. 또한 임신부가 임신성 고혈압 증후군으로 혈압이 높아지면 자궁에 혈액이 모이지 않게 되고, 그러면 아이에게 영양과 산소가 충분히 가지 않으므로 발육이 나빠지는 경우가 있습니다. 모체로부터 아이에게 영양을 나르는 역할을 하는 태반 기능이 악화된 경우에도 아이가 순조롭게 자랄 수 없습니다. 표준 범위를 크게 밑돌거나 임신 주수가 진행될수록 표준치와의 차이가 벌어질 경우에는 입원이나 정밀 검사가 필요한지 주치의와 상의하는 것이 좋습니다.

아이가 너무 크면 걱정되는 것은 출산

아이가 큰 경우에는 임신부의 칼로리 과다 섭취나 당뇨병 등의 병 이외에 유전이 원인일 수 있습니다. 체격이 큰 엄마와 아빠의 유전자를 물려받은 아이가 커지는 건 자연스러운 일. 추정 체중에 오차가 생기는 경우도 있으므로 표준 체중+2주일 정도라면 정상 범위 내라고 볼 수 있습니다. 또한 둘째 이후에는 자궁이 늘어나기 쉽고 아이가 커지기 쉬운 경향이 있습니다. 아이가 너무 크면 난산이 되기 쉬우니 엄마의 골반 형태나 크기, 아이의 추정 체중 등을 고려해 안전하게 자연 분만을 할 수 있을지 없을지를 판단합니다.
주치의가 여러 가지 상황을 고려해보고 자연 분만이 어렵다 판단될 때는 제왕 절개를 권하기도 합니다.

태아 성장 Q & A

Q 아이가 너무 크면 식사량을 줄이는 게 좋나요

A 엄마의 병 등이 원인이라면 치료와 대응이 필요합니다. 하지만 의사가 특별히 지시하지 않았다면 문제는 없습니다. 임신 중의 다이어트는 금물. 식사량에만 신경 쓸 게 아니라 질 좋은 영양을 섭취하도록 힘쓰세요.

Q 아이가 작은 편이 출산하기 쉽나요

A 정상 출산(37주 이후)인데도 주수에 비해 아이가 작다면 엄마의 태반 기능이 좋지 않은 경우도 있습니다. 진통을 참지 못하고 제왕 절개를 할 가능성도 생기므로, 아이가 작다고 해서 출산이 꼭 편한 것은 아닙니다.

Q 아이가 작을 때에는 많이 먹으면 되나요

A 걱정될 만큼 작은 경우 엄마가 해야 할 일이 있을 땐 의사가 지시를 할 터. 균형 잡힌 식사와 충분한 수면을 취하고 가급적 편안히 지내도록 하세요. 엄마가 스트레스를 느끼지 않는 게 가장 좋습니다.

태반·제대·양수의 기능

태반·제대·양수는 어떤 역할을 하는지 알아봅시다.

아이에게 영양을 보내고 지키는 역할을 하는 태반, 제대, 양수

태반, 제대(탯줄), 양수는 배 속 아이가 성장하기 위해 없어서는 안 될 것입니다.

'태반'은 엄마의 혈액을 타고 운반되는 산소와 영양을 제대를 통해 아이에게 보냅니다. 아이의 정맥으로부터 이산화탄소와 노폐물 등이 태반으로 모이고 태만을 거쳐 엄마 몸으로 보내집니다. 이처럼 태반은 필요한 것과 불필요한 것을 거르는 필터 역할을 합니다.

'제대'(탯줄)는 태반과 아이 몸을 연결하는 파이프라인. 제대 안에는 두 개의 제대 동맥과 1개의 제대 정맥이 들어 있습니다. 이 혈관을 통과하는 혈액이 아이에게 산소와 영양을 나르고 이산화탄소와 노폐물을 엄마 몸으로 보냅니다.

'양수'는 20주 이후에는 주로 태아의 소변, 일부 양막에서 나온 수분으로 된 액체로 양막 안을 채워 밖의 충격으로부터 태아를 보호합니다.

태반, 제대, 양수에 이상이 생기는 경우도 있습니다. 모두 아이를 지키는 중요한 기능을 하므로 문제가 생기면 조속한 조치가 필요합니다.

태반, 제대, 양수에 이상이 생겨 발생할 수 있는 문제점을 알아봅시다.

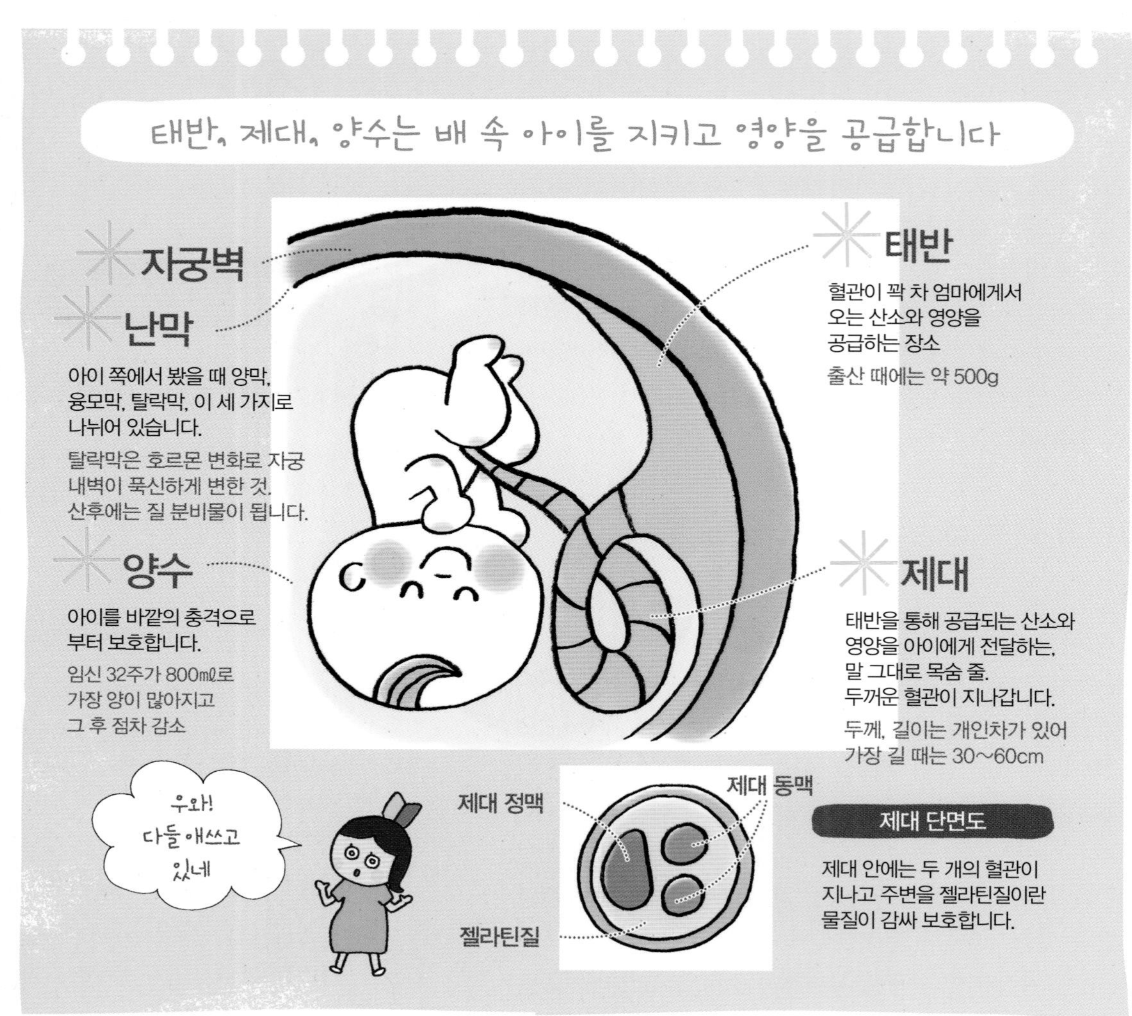

태반 이상

출산 전에 태반이 떨어진다면 한시라도 빨리 조처해야

태반이 자궁 출구의 속구멍 일부 또는 전부를 막는 것이 '전치태반'이며 정도에 따라 완전히 덮고 있다면 '완전 전치 태반', 일부만 덮고 있다면 '부분 전치 태반', 입구 경계에 있으면 '경계 전치 태반', 자궁 입구에서 약 2cm 정도 떨어져 있으면 '하위 태반'이라 부릅니다.

태반 조기 박리의 원인은 정확히는 알 수 없으나 태반이 떨어지면 아이에게 산소를 공급할 수 없고 자궁 내 출혈이 심해지므로 임신부와 태아가 모두 위험한 상태가 됩니다.이런 경우는 응급 제왕 절개를 해야합니다. 갑자기 심한 복통 등 증상이 나타날 때에는 참지 말고 곧장 병원에 가세요.

제대 이상

제대가 먼저 나오거나 끼면 위험

태아가 힘차게 움직이다가 제대(탯줄)가 머리나 몸통에 감기는 경우가 있습니다. 이런 경우는 25% 정도 발생하는데, 보통은 탯줄이 감긴 상태로 무사히 출산됩니다. 한편 드물기는 하지만, 출산 시 아이보다 뒤에 나와야 할 탯줄이 먼저 나와버리는 '제대 탈출'이 있습니다.

제대 탈출은 역아나 양수 과다, 아두 골반 불균형, 협골반 등으로 조기 파수한 경우에 일어나기 쉬운데 이럴 때는 응급 제왕 절개가 필요합니다.

양수 이상

양수의 양, 파수 시기에 따라 문제가 발생하기도

양수의 양은 초음파 검사로 계측합니다. 양수의 양은 사람마다 다르지만 일반적으로 30주 전후에 가장 많다고 합니다. '양수 과다'인 경우에는 아이의 소화관 폐쇄나 근육 질환이, '양수 과소'인 경우에는 신장, 비뇨기 계통이나 태반에 문제가 있을 가능성이 있지만, 비교적 드문 경우이므로 걱정하지 않아도 좋습니다.

양막이 터지고 양수가 흘러나오는 것을 '파수'라고 합니다. 원래는 출산이 진행되고 자궁구가 완전히 벌어질 무렵에 일어나지만, 진통이 시작되기 전에 일어나는 경우도 있습니다(조기 파수). 조기 파수를 하면 자궁 내에 세균 감염, 탯줄 압박 등의 위험이 있으므로 지체하지 말고 병원에 가야 합니다.

태반•제대•양수 Q & A

Q 탯줄이 목에 감기면 태아가 괴롭나요

A 탯줄은 혈관 바깥쪽에 젤라틴질 물질이 감싸고 있어 탄력이 있습니다. 목에 감겨도 대체로 괴롭지 않으므로 그다지 걱정할 필요가 없습니다. 다만 몇 겹으로 감긴 경우나 세게 잡아당겨질 때에는 괴로울지도 모릅니다. 아이의 심박을 살펴보며 건강한지를 확인합니다.

탯줄이 짧으면 출산이 힘드나요

A 탯줄이 짧으면 아이가 내려오기 힘들어 출산이 오래 걸리거나 잡아당겨져서 괴로워질지도 모릅니다. 길이가 15~20cm 이하일 경우에는 자연 분만을 할 수 없습니다. 만약 출산할 수 있더라도 태반까지 잡아당기게 되므로 자궁내반증을 일으켜 심한 출혈을 일으키기도 합니다.

양수가 많으면 문제가 생기나요

A 임신성 당뇨병, 다태 임신, 태아 소화관 폐쇄가 일어나면 양수량이 많아지는 경우가 있습니다. 양수가 너무 많으면 역아가 되기 쉽고 엄마는 배가 빵빵해지거나 자궁수축이 일어나는 증상이 나타나는 등 조산의 원인이 될 수도 있으므로 주치의와 상의해야 합니다.

제자리로 돌리는 방법은 없을까?

역아일 때는 어떻게 하나요

역아라도 대부분 출산 때까지 제자리로 돌아옵니다. 또 바뀌지 않더라도 안전하게 출산할 수 있으니 걱정하지 마세요.

임신 8개월까지는 경과를 지켜보세요

배 속 아이는 머리가 크고 무거워 보통 양수 안에서 머리를 아래로 향하고 있습니다(두위). 머리를 위로 한 자세로 있는 경우를 '역아'라고 합니다.

역아에는 몇 가지 형태가 있습니다. 주요 포즈로는 엉덩이가 아래에 있고 양발을 들어올린 '단전위', 양 무릎을 꺾어 엉덩이와 다리가 아래에 있는 '복전위', 양 무릎이 아래에 있는 '슬위', 양발이 아래에 있는 '족위' 등인데, 가장 많은 케이스는 단전위와 복전위라고 합니다. 옆으로 눕거나 기울인 '횡위'나 '사위'도 있습니다.

역아인 상태로도 아이가 괴롭다거나 발육이 나빠지는 경우는 없으므로 걱정할 필요는 없습니다.

임신 8개월 정도까지는 아이가 아직 작고 양수 안을 자유롭게 빙글빙글 돌고 있어서 역아가 되는 경우도 많습니다. 하지만 대부분이 출산 직전에 제자리를 찾게 되므로 크게 걱정하지 말고 상태를 지켜봅니다.

아이가 커짐에 따라 자궁 안 공간에 점점 여유가 없어지면 자궁 안에서 방향을 바꾸기가 어려워 자세가 고정됩니다.

역아가 되는 원인은 제각각, 아이가 편안해서 그럴지도

역아의 원인은 제각각입니다. 전치태반, 자궁 근종, 자궁 기형 등 태반 위치나 자궁 형태, 골반 형태로 인한 경우도 있습니다. 아이에게 편안하고 취하기 편한 자세일 테죠.

쌍둥이나 세 쌍둥이 등 다태일 경우 공간이 좁아 역아가 되기도 합니다. 또한 아이 머리가 작거나 제대가 짧아서 아래로 향하기 힘들다거나 양수가 많아 아이가 움직이기 쉬워 역아가 될 수도 있습니다.

【 역아가 되기 쉬운 케이스 】

다태아	전치태반
쌍둥이, 세 쌍둥이 등 다태인 경우 좁은 공간을 공유해야 하므로 편안한 자세를 찾아 역아가 되는 경우가 있습니다.	태반이 자궁 아래쪽에 자궁구를 막듯이 위치하고 있다면 아이 머리가 아래쪽으로 내려오기 쉬운 경우가 있습니다.
자궁 근종	**자궁 기형**
자궁 근종, 난소 낭종 등 골반 내에 종양이 있다면 아이의 자세에 영향을 주는 경우가 있습니다.	쌍각 자궁 등 선천적으로 자궁 기형일 때 머리를 위로 향하는 편이 편안하다는 이유 등으로 역아가 되는 경우가 있습니다.

역아가 자세를 바꾸기 쉬운 시기는 언제?

임신 25~26주까지 — 태위는 아직 불확정

임신 초기에는 아이도 작고 양수 속에서 잘 움직입니다. 20주에 들어서면 아이의 움직임이 더욱 격해지며 태아 자세는 자꾸 바뀝니다.

임신 27~28주 무렵 — 역아라 진단을 받는 시기

임신 27~28주 무렵에는 아이가 너무 커져서 위치를 바꾸지 않게 되어 '역아'라는 말을 듣기도 하는데 아직은 자연히 바뀌는 경우가 많으므로 걱정하지 마세요.

임신 29~34주 무렵 — 역아를 돌릴 기회

28주를 지나도 역아가 정상으로 돌아가지 않으면 역아 체조 등에 도전해보세요. 다만 무리하지 말고 의사의 지시를 따르세요.

임신 35주 이후 — 돌리기 힘든 시기

양수가 줄어 태아가 움직이기 힘들어지는 35주 이후에는 정상 위치로 돌리기 어렵습니다.

출산 직전에도 역아가 돌아가지 않으면 대부분 제왕 절개를

역아 대부분은 출산 때까지 저절로 제자리로 돌아옵니다. 다만 가끔 바뀌지 않고 역아인 채로 출산하게 되는 케이스도 있는데, 최종적으로 역아인 채로 출산하는 경우는 3~5%라고 합니다.

역아 출산 방법은 역아의 형태와 아이의 크기, 임신부의 골반 너비, 초산인지 경산인지에 따라 다르지만 38주 무렵에 제왕 절개를 하는 경우가 많습니다. 역아인 상태에서 자연 분만을 시도할 때는 자궁구가 충분히 벌어지기 전에 파수해버리는 조기 파수가 일어나거나 마지막에 가장 큰 머리가 걸려 위험하기도 합니다. 특히 다리가 먼저 나오는 '족위'인 경우에는 아이 몸보다 먼저 탯줄이 나오는 제대 탈출이 일어나기 쉽기 때문에 위험 부담이 높습니다. 한편 엄마가 경산부이고 아이 엉덩이가 먼저 내려온다면 자연 분만을 하는 경우도 있습니다. 아이와 모체의 상태에 따라 주치의와 충분히 의논하여 결정하세요.

너무 무리해서 역아 돌리기를 하지 마세요

임신 28주 이후에 역아라고 진단을 받은 경우 역아 체조 등을 통해 '역아 돌리기'에 도전해도 좋습니다. 다만 의사의 지시를 따르고 무리하지는 마세요. 배가 뭉치면 그만둡니다. 절박유산이나 임신성 고혈압 증후군 등으로 안정을 취하라는 지시를 받은 사람은 해서는 안 됩니다.

역아 돌리기 방법

심스 체위

잘 때 자세를 바꾸어 자궁 안에 약간 여유가 생기면 아이 방향이 바뀌기도 합니다.

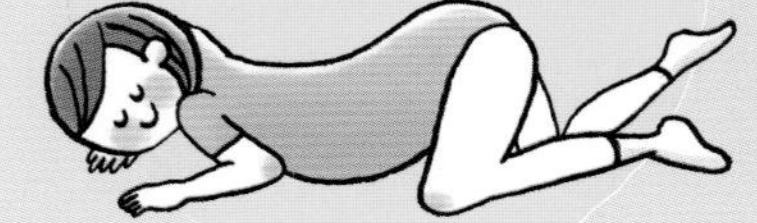

역아 돌리기 체조

몇 가지 방법이 있으므로 주치의와 상담하여 지시를 받으세요. 배가 뭉치면 중지합니다.

허리 높여 눕기

1. 똑바로 누워 허리와 엉덩이 사이에 쿠션을 받친다. 쿠션 높이는 30~50cm가 적당하다.
2. 무릎을 세우고 어깨와 발바닥은 바닥에 붙인다. 천장을 바라보며 5~10분 정도 자세를 유지한다.

고양이 자세

1. 바닥에 무릎을 꿇고 다리를 벌려 앉는다.
2. 고개를 숙이면서 상체를 앞으로 내린다.
3. 두 팔을 쭉 뻗고, 엉덩이를 높이 치켜들고 5~10분 정도 자세를 유지한다.

체험담 역아를 경험한 출산은 어땠나요

제왕 절개 예정이었지만 수술 직전에 바뀌어 자연 분만으로

역아 돌리기 체조도 해봤지만 역아인 채로 임신 9개월이 되었습니다. 제왕 절개 입원 예약을 하기 직전에 자연 분만을 하고 싶다는 생각이 들었는데 35주에 갑자기 역아 위치가 바뀌었습니다. 직전에 돌아가는 경우도 있다고 들었지만 설마 내가 그럴 줄은! 그로부터 3주 후 무사히 출산했습니다.

아이를 생각해서 예정 제왕 절개로 출산

역아 돌리기 체조도 외회전술도 해봤지만 아이가 역아 자세를 바꾸지 않았습니다. 의사 선생님도 탯줄이 감겨 있어서 돌아가지 않을 것 같다고 말씀하셔서 제왕 절개로 출산했습니다. 주변에 제왕 절개 경험자가 없어 불안했는데, 문제 없이 무사히 출산할 수 있어 안심했습니다.

아이 등이 위쪽이 되도록 옆으로 취침

25주에 역아라는 말을 들었지만 의사 선생님 지시대로 아이의 등이 위쪽으로 가도록 오른쪽을 아래(제 경우는 이 방향이었습니다)로 해 잤더니 29주에는 두위로 바뀌었습니다. 베개를 무릎에 끼고 자니 배의 무게가 분산되어 무척 편안했습니다.

임신 중 자주 겪는 불쾌 증상

불쾌 증상의 원인을 알아보고 해결의 실마리를 찾아봅시다.

불쾌 증상의 가장 큰 원인은 커진 자궁에 내장이 압박을 받기 때문

임신 중의 불쾌한 증상은 호르몬 균형의 변화나 커진 자궁에 의해 생깁니다. 임신 초기에는 호르몬 균형의 변화에 의한 증상이 많고, 임신 중기 이후에는 커진 자궁에 내장이 압박을 받아 생기는 경우가 많습니다. 특히 위장과 방광은 좁은 배 속에서 출산이 끝날 때까지 압박을 받습니다. 하반신 혈액 순환도 나빠집니다.

출산에는 영향이 없어도 괴로울 땐 의사와 상담을

출산에 직접적인 영향은 없더라도 불쾌한 증상은 괴롭기 마련입니다. 출산할 때까지 어찌 할 수 없는 경우도 있지만, 몸을 움직이거나 수면 등에 주의하면 증상이 완화되기도 합니다. 다만 너무 괴롭다면 정기 검진 때 의논을 해보세요.

변비와 치질

커진 자궁의 압박으로 대장 활동에 방해를 받아 변비가 되기도 해요

원래 변비는 여성이 많이 앓는다고 하지만, 임신하면 더욱 변비가 심해집니다. 그 이유는 두 가지입니다. 하나는 임신에 의해 황체 호르몬 분비가 활발해지기 때문. 이 호르몬은 근육을 이완시켜 대장 움직임을 둔화시키는 작용을 합니다. 또 하나는 자궁이 점점 커져 골반 안에 들어가 대장을 압박하기 때문. 압박을 받은 대장의 움직임이 둔해지며 변이 잘 나오지 않게 됩니다.

임신 중 변비를 예방하려면

- 식이 섬유가 많은 식사를 한다.
- 적당한 운동으로 혈액 순환을 좋게 한다.
- 매일 정해진 시간에 화장실에 간다.
- 하루 약 2리터의 물을 조금씩 자주 마신다.

이러한 방법으로도 개선되지 않을 경우에는 병원에서 태아에게 영향을 주지 않는 변비약을 처방받는 것이 좋아요. 또한 변비가 심해지면 항문이 압박을 받아 치질에 걸리기도 합니다. 해결책은 청결히 할 것, 항문 주변을 따뜻하게 해서 혈액 순환을 좋게 할 것. 임신 중 흔한 증상이므로 부끄러워하지 말고 의사와 상의하여 외용약을 처방 받습니다.

변비와 치질 Q & A

Q 변비약을 써도 되나요

A 산부인과에서 처방을 받은 약은 안심하고 복용할 수 있습니다. 시판 약을 쓰는 경우에도 배 속 아이에게 직접 영향을 주지는 않지만, 비교적 강한 변비약인 경우 자궁 수축을 촉진하는 것도 있으며 이 자극으로 배가 뭉치기도 합니다.

Q 이틀에 한 번밖에 안 나옵니다만……

A 배변 리듬은 개인마다 다릅니다. 이틀에 한 번이 주기라 하더라도 배와 항문이 아프지 않고 쉽게 나오며 배변 후에 상쾌한 느낌이라면 괜찮습니다. 다만 대장에 가스가 차서 괴롭거나 통증이 있을 때, 혹은 3~4일 나오지 않는 경우에는 병원에 가는 것이 좋습니다.

Q 치질이 되어버렸다면 어떤 케어를 해야 하나요

A 임신 중의 치질은 치핵과 치열이 많습니다. 두 종류 모두 변비가 생기지 않도록 조심하는 것이 우선입니다. 그리고 환부를 자주 씻어 청결을 유지해야 합니다.(비데가 있으면 편리합니다.) 또한 항문 주변을 따뜻하게 해 혈액 순환을 촉진하고 울혈이 생기지 않도록 합니다.

전신 증상

임신하면 다양한 증상이 전신에 나타나요

임신한 몸은 호르몬 균형뿐만 아니라 혈류량, 혈압 등도 변화해 전신에 여러 가지 문제를 일으키기도 합니다. 편히 쉬거나 간단한 케어를 통해 증상이 완화되기도 하지만 너무 힘든 경우에는 검진 때 의사와 상담해보세요.

부종

정강이를 눌러 되돌아오는 게 느리면 부종. 손가락이 붓는 경우도

임신 검진 항목 중 하나이기도 한 부종. 그러나 혈압이 높거나 단백뇨 수치에 이상이 없으면 임신 중 생리적인 현상이므로 크게 걱정하지 않아도 됩니다. 커진 배 때문에 정맥이 압박을 받아서인데, 누울 때 다리를 좀 위로 올리면 한결 나아질 거예요. 또 압박 양말이나 탄성 스타킹을 신으면 효과적입니다.

압박 양말은 종아리부터 발끝까지의 정맥 혈액 순환을 도와줍니다.

현기증(뇌빈혈)

배에 혈액이 집중되면서 일어났을 때 현기증이

뇌빈혈은 갑자기 일어났을 때 머리가 어질어질한 증상으로, 철분 결핍성 빈혈과 달리 자궁에 많은 혈액을 보내느라 머리에 혈액이 모자라 일어납니다. 일시적인 현기증이므로 걱정하지 않아도 되지만, 순간적으로 균형을 잡지 못해 넘어질 우려가 있습니다. 임신 중에는 천천히 일어나도록 하며 급격한 동작을 하지 않도록 합니다.

두근거림

혈류량이 늘어나는 임신 말기. 두근거림을 느끼면 휴식을

임신 말기에는 혈류량이 임신 전보다 1.4배나 늘어납니다. 심장에도 부담이 되며 자주 두근거림을 느끼곤 합니다. 이럴 경우에는 두근거림이 없어질 때까지 안정을 취하세요. 잠시 안정을 취해 증상이 사라진다면 걱정 없습니다. 빈혈이 심한 사람이나 자궁 수축 억제제를 먹는 사람은 검진 때 의사에게 알려 대책을 세웁니다. 너무 심한 경우에는 갑상샘 병이 숨어 있을지도 모르니 검사를 받으세요.

머리에 피가 몰림

자율 신경 불균형이 원인. 혈액 순환을 좋게 하여 해소를

호르몬 불균형과 스트레스로 자율 신경이 불균형을 일으켜 혈관 확장과 수축이 잘 이루어지지 않아 머리에 피가 몰리는 경우가 있습니다. 하반신을 따뜻하게 해서 전신의 혈액 순환을 좋게 하고 가급적 편안히 쉬도록 합니다.

나른함

임신 초기와 말기에 일어나기 쉬운 증상, 쉬라는 신호라 생각을

임신 초기에는 체내 환경이 급격히 변화하므로 피곤해지기 십상입니다. 말기 역시 몸에 대한 부하가 커 쉽게 지칩니다. 태아가 쉬라고 신호를 보낸다고 생각하고 가능하면 누워 쉽시다. 눈을 감고 편안히 있으면 좋아집니다. 상태가 좋을 때에는 적당히 몸을 움직여 기분 전환을 하는 것도 중요합니다.

불안

호르몬 변화는 정신에도 영향을, 산후 불안도 해소합시다

임신 초기에는 급격한 호르몬 변화로 정신적으로도 불안정해지지만 중기 이후에는 안정됩니다. 중기 이후에도 초조하고 예민하다면 출산 및 산후에 대한 불안감 때문인지도 모릅니다. 부부가 함께 얘기를 나누고 무엇이 불안한지를 분명히 밝혀 해결하는 것이 첫걸음입니다. 건강한 산후를 위해서라도 임신 기간 동안 스트레스에 대처할 수 있는 방법을 익혀둡시다.

불면

편한 수면 자세, 아로마 등으로 긴장을 풀고 말기에는 단시간에 깊게 자는 연습을

배가 불러올수록 천장을 향해 눕는 게 힘들어집니다. 베개나 쿠션으로 허리 주변을 지탱하고 편한 자세를 찾으세요(121쪽). 출산이 가까워지면 아이의 수면 리듬에 맞춰 엄마도 밤중에 몇 번이나 잠이 깨기도 합니다. 좋아하는 향기 등을 활용해 단시간이라도 깊게 잠드는 습관을 들이도록 하세요.

부분적인 증상

몸의 균형이 바뀌고 자세 변화로 일어나는 증상

커진 자궁은 골격에도 영향을 미쳐 여기저기 통증을 유발합니다. 자세를 바르게 하고 체중이 급격히 늘지 않도록 주의 하세요. 통증 해소를 위한 가벼운 마사지는 임신 중이라도 괜찮습니다. 평상시 틈틈히 스트레칭을 하여 근육이 뭉치는 것을 방지해 주세요.

서서 일하든, 책상에서 일하든 간에 오랜 시간 같은 자세를 유지하면 부담이 됩니다. 워킹맘은 직장에 얘기해 오랜 시간 앉아 있거나 서 있는 등 같은 자세로 있지 않도록 합시다. 일 사이사이에 스트레칭 등을 하며 몸을 움직이도록 하세요.

어깨 결림

유방이 크고 무거워져 생기는 어깨 결림도

어깨 결림은 구부정한 자세, 눈의 혹사로도 생기지만, 임신부는 커진 유방 때문인 경우가 많다고 합니다. 임신 초기~중기에는 배보다 먼저 유방이 커지는 사람도 있습니다. 유방을 편안하게 감싸 잘 받쳐주는 임산부용 브래지어를 착용합시다.

요통

배를 내밀지 않는 자세를 취해 예방

임신 중 요통은 커다란 배를 지탱하려고 자세를 뒤로 젖히는 게 큰 원인. 배를 앞으로 내밀지 말고 골반을 곧바로 세워 머리와 등뼈를 위로 잡아당기는 이미지로 자세를 유지합시다(86쪽 참고).

허리 혈액 순환을 좋게 하기 위해 몸을 따뜻하게 하는 방법도 좋습니다. 급격한 체중 증가도 허리 부담의 원인이 되므로 주의합시다.

다리 경련

밤중에 많이 일어나는 증상. 냉증, 칼슘 부족이 원인

다리에 경련을 생기는 원인은 몸이 차서 혈액 순환이 안 좋거나 칼슘이 부족하기 때문이라고도 하며, 피곤할 때 생기기 쉬운 증상입니다. 밤중에 일어나기 쉬우므로 자기 전에 종아리를 늘이는 스트레칭을 합시다. 경련을 일으켰을 때 천천히 발끝을 위로 향하게 하여 종아리를 쭉 폅니다. 또한 수분 부족이 원인이 되기도 하므로 충분히 수분을 보충하세요.

두통

임신 중에는 피로하기 쉽다는 자각을 하고 눈을 혹사하지 않도록

임신 중에는 일상생활을 하는 것만으로도 몸에 부담이 됩니다. 피로가 원인이기도 하고, 숙면을 취하지 못해도 두통이 생깁니다. 자기 몇 시간 전부터 휴대전화나 컴퓨터를 보지 않도록 하여 눈과 뇌를 쉬게 하고 숙면을 취하도록 합시다. 특히 혈압이 높은 임신부는 두통에 주의할 필요가 있으며 검진 때 반드시 의사에게 전달하세요.

이명, 귀가 멍멍한 느낌

자율 신경 실조로 들리는 방법이 바뀌기도

비행기 이착륙 때처럼 귀가 멍멍하고 날카로운 이명이 들리기도 합니다. 이는 이관 개방증이라 하여 임신 중 호르몬 불균형과 자율 신경 실조로 일어납니다. 몸에 부담을 주지 않도록 하며 정신면으로도 스트레스가 쌓이지 않도록 하세요. 또한 목 근육을 데우는 등 혈액 순환을 좋게 합니다.

미저골 · 치골 통증

출산이 가까워지면 골반 아래쪽에 통증을 느끼기도

산월이 다가오면 아이 머리가 점점 골반 쪽으로 내려와 등 아래쪽이 아니라 골반을 눌러 벌리는 듯한 통증이 느껴집니다. 특히 치골 부위는 좌우에서 잡아당기는 듯한 통증이 생기기도 합니다. 몸을 너무 차지 않게 하고 스트레칭 등으로 혈액 순환을 좋게 하며 출산이 끝날 때까지 견뎌내봅시다.

요실금, 빈뇨

방광은 자궁 바로 앞. 압박을 받아 화장실 출입이 잦아지기도

방광은 자궁과 가까이에 있어 자궁이 커지면 방광이 압박을 받으며, 특히 임신 말기에 아이 머리가 내려오면 화장실 출입이 잦아집니다. 하지만 화장실에 가는 게 귀찮아 물을 적게 마시는 것은 금물. 체내 노폐물을 내보내기 위해서도 수분을 잘 섭취해야 합니다. 요실금이 생기면 생리대나 요실금 전용 패드를 써보세요.

피부 등의 변화

피부와 털 등의 변화

임신부의 피부에는 임신선만 생기는 게 아닙니다. 태반은 출산을 준비하며 대량의 호르몬을 방출하는데, 특히 에스트로겐 등 여성 호르몬이 멜라닌 색소 침착을 일으킵니다. 유두, 유륜, 외륜부가 검게 변하는 것은 이 때문입니다. 이러한 변화는 사람에 따라 다르고 산후에 해소되므로 지나치게 걱정할 필요는 없습니다.

유두가 크고 검어진다

호르몬 영향 때문입니다

임신 중에는 호르몬 변화로 유두나 유륜의 색이 짙어지지만 산후에 차차 옅어집니다. 또한 임신 중부터 유방의 유관이 발달하므로 유두도 커집니다.

가려움, 두드러기

신진대사가 활발해져 여기저기 가려움이

임신선이 생기려는 전조 증상인 경우도 있지만, 임신 중에는 신진대사가 활발해져 몸 여기저기가 가려워집니다. 피부가 건조하면 더욱 가려워지므로 자주 보습을 하는 게 중요합니다. 또한 원인을 잘 알 수 없는 두드러기가 나기도 합니다. 임의로 판단해 약을 쓰지 말고 주치의에게 얘기해 임신 중에도 쓸 수 있는 약으로 가려움을 억제합시다.

기미, 주근깨

임신 중에는 태반에서 대량으로 나오는 호르몬 자극으로 멜라닌 색소가 많이 만들어져 기미가 생기기 쉽습니다. 산후에는 옅어지지만 완전히 사라진다는 보장은 없습니다. 흐린 날이나 실내에서도 자외선 대책을 소홀히 하지 마세요. 빨래를 너는 등 단시간 밖에 나올 때라도 선크림과 모자로 보호합시다(124쪽).

정중선의 변화

정중선이란 배꼽을 중심으로 한 배 쪽 상반신 세로선을 말합니다. 평소에는 별로 의식하지 않지만 임신해 멜라닌 색소가 활성화되면 정중선의 체모가 검어지는 경우도 있습니다. 산후 옅어지므로 걱정 없습니다.

머리카락, 손톱, 발톱의 변화

임신하고 나서 머리카락이 가늘어지거나 옅어지거나, 손톱 발톱이 잘 갈라지는 사람도 있습니다. 이는 호르몬의 균형 변화에 따른 것으로 개인에 따라 크게 다릅니다. 그동안 불균형한 식사를 하다가 임신을 계기로 균형 잡힌 식생활을 하게 되면 머리카락과 손톱 발톱이 튼튼해지는 경우도 있습니다.

돌출 배꼽

배가 불러서 생기며 출산 후 원래 상태로 되므로 안심을

특히 배가 앞으로 불룩 나온 사람은 피부가 땅겨지면서 산달이 될 무렵에는 배꼽이 평평해지거나 돌출하는 경우가 있습니다. 배꼽을 청소할 기회이기도 하지만, 배꼽 안쪽 피부가 약하므로 너무 심하게 만지지 않도록 합시다. 산후에 배가 들어가면 원 상태로 돌아옵니다.

정맥류

혹 같은 것이 다리나 외음부에 생기는 경우도

자궁이 커지면서 하지의 정맥에 부담을 주면 정맥이 구불구불 부풀거나 혹처럼 생기는 '정맥류' 증상이 나타나기도 합니다. 정맥류는 발이나 외음부, 항문 내부에 생기기 쉬우며 통증을 동반하는 경우도 있지만, 특별히 치료할 필요는 없습니다. 보통 산후에 사라지므로 임신 중에는 탄성 스타킹을 신는 등 케어를 합니다. 다만 외음부에 생긴 정맥류는 출산 시에 터져 출혈할 우려가 있으므로 하반신을 따뜻하게 유지해 혈액 순환을 좋게 하며, 장시간 같은 자세를 취하지 않도록 하세요.

털의 짙어짐

호르몬 균형 변화로 머리카락과 마찬가지로 체모도 변화

체모나 피부는 호르몬 밸런스의 영향을 받기 쉬운 부분. 이 때문에 등과 손발 털이 임신 중 짙어지는 경우도 있고 또 털이 많았던 사람은 줄어들기도 합니다. 산후에는 차츰 원래의 상태로 돌아옵니다.

고령 출산, 다태아,
난임 치료를 통한 임신 등

상황별 임신 생활의 주의점

임신이라고 통칭하더라도 임신부의 연령과 환경은 다 다릅니다. 어떤 점에 주의해야 할지 알아둡시다.

고령 초산

임신했다는 것은 출산할 체력도 있다는 뜻

35세 이상 고령 초산에서는 아이 염색체 이상과 기형이 생기기 쉽다고 합니다. 또한 임신성 고혈압 증후군이나 임신성 당뇨병에 걸리기 쉽고 자궁 근종 등 자궁 관련 합병증이 생기기 쉬우며 산도 신축성이 나빠 출산 시 시간이 더 걸리기도 합니다. 그러나 고혈압이나 난산에는 다양한 요인이 있으며 고령이 아니더라도 일어납니다.

고령이라도 임신했다는 것은 출산할 수 있는 힘도 있다는 뜻. 합병증 예방과 체력 만들기 등 준비를 해두는 것은 중요하지만, 너무 걱정하지 않도록 합시다. 다양한 경험을 한 다음 나이가 들어 출산하면 정신적인 여유를 가지고 육아를 할 수 있는 장점도 있습니다. 고령 초산이더라도 자신 있게 임신 생활을 즐기세요.

난임 치료를 통한 임신 시 주의해야 할 점은?

난임 치료를 통해 임신했더라도 난임 치료가 원인으로 임신 경과나 아이에게 영향을 미치는 경우는 적다고 합니다. 자연 임신에 비해 생활 면에서 특별히 주의해야 할 점은 없습니다.

다만 난임 치료를 한 사람은 비교적 고령인 경우가 많고, 자궁 근종이나 자궁 기형 등 여성 자궁에 난임의 원인이 있었다면 근종 크기나 위치, 자궁 형태에 따라서 유산이나 역아 가능성이 높거나 출산에 영향을 미치는 경우가 있을지도 모릅니다. 어쨌든 혼자서 불안해 하지 말고 주치의와 상의해 해소하도록 합시다.

주의할 점

- 혈압 관리
- 체력 유지
- 의지할 사람 찾기

고령 초산 Q & A

Q 고령 초산인 경우 태아의 염색체 이상 여부를 검사해야 하나요

A 35세 이상 임신부의 경우 태아에게 다운증후군 같은 염색체 이상에 따른 문제가 발생할 확률이 증가합니다. 35세 이하 임신부는 모체 혈청 마커 검사로 염색체 이상 여부를 검사하나 35세 이상이 되면 더 확실한 임신 10~13주 '융모막 검사'나 임신 16주경 '양수 검사'를 권합니다. 하지만 아주 드물게 파수나 감염으로 유산, 조산을 일으킬 위험성이 있어 최근에는 임신부의 혈액으로 태아의 염색체 이상 가능성을 진단합니다. 임신 10~13주부터 받을 수 있는데 연령이 35세 이상이거나 염색체 이상의 가족력이 있는 등 고위험군 임신부라면 양수 검사 대용으로 의사와 상의해서 시행할 수 있습니다

Q 산후 주의해야 할 점은

A 순조롭게 출산했더라도 몸이 회복될 때까지 충분히 휴식을 취해야 합니다. 미리 산후 조리를 도와줄 사람을 찾아두면 안심할 수 있습니다. 임신성 고혈압 증후군이나 임신성 당뇨병에 걸린 사람은 사후에도 혈압과 혈당치를 체크하며 경과를 관찰할 필요가 있습니다.

Q 출산 연령이 높으면 제왕 절개율이 높나요

A 고령 초산인 경우 일반적으로 난산이 될 요소가 많으므로 제왕 절개를 할 확률이 높은 것도 사실. 다만 사람마다 몸 상태가 다르므로 생활에 주의해 문제없이 출산하는 사람도 많습니다. 긍정적인 마음을 갖고 건강 관리에 힘씁시다.

다태아 임신

모체에 부담이 커지므로 관리 입원을 하기도

쌍둥이 등 다태인 경우 임신 6~7주 이후에 초음파 검사를 통해 알 수 있습니다. 임신 초기에는 하나인 경우와 특별히 다를 게 없지만, 임신 6개월 무렵부터 갑자기 배가 커집니다. 그 때문에 빈혈이나 배의 뭉침, 부종, 요통 등이 일어나기 쉽습니다. 모체에 대한 부담이 커져 절박유산, 조산, 임신성 당뇨병, 임신성 고혈압 증후군 등에 걸릴 위험도 높아집니다. 따라서 경과에 따라서는 임신 28~30주 무렵부터 관리 입원을 권장하는 경우도 있습니다.
출산은 모자 상태가 양호하고 먼저 태어나는 아이의 머리가 아래에 위치한 상태라면 자연 분만이 가능하기도 하지만, 대부분 제왕 절개를 합니다.

- 절대 무리하지 않는다
- 합병증 (임신성 고혈압 증후군, 임신성 당뇨병)
- 제왕 절개에 대해 잘 알아둔다

일란성과 이란성은 어떻게 다른가요

일란성
하나의 수정란이 두 개로 나뉜 타입. 태반 수, 같은 난막 안에 들어 있는지 여부에 따라 몇 가지 종류로 나뉩니다.

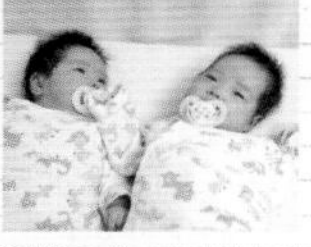

이란성
두 개의 난자가 각기 다른 정자와 수정한 타입. 얼굴은 일란성처럼 똑같지는 않고 성별, 혈액형, 성격이 다른 경우도 있습니다.

임신 중에는 다태아가 일란성인지 이란성인지 구별할 수 없습니다. 그보다 태아 성장에 영향을 미치는 태반과 융모막, 양막 수가 중요합니다. '단일 융모막성'인 경우에는 입원해 관리해야 합니다.

다태아 임신 Q & A

Q 체중 관리는 어떻게 하나요

A 다태 임신은 그렇지 않은 경우보다 엄마가 섭취해야 할 에너지량이 더 많습니다. 체중 면에서는 개인에 따라 다르므로 한마디로 '몇 ㎏까지'라고 하기는 어렵지만 너무 늘어도 좋지 않습니다. '적정 체중 증가량(108쪽)+아이 1명분(2~3㎏)'으로 보고 13~15㎏이라고 생각하세요.

Q '쌍태아 수혈 증후군'이란 무엇인가요

A 두 아이가 한 태반을 공유하는 중에 어느 한쪽에만 혈액이 공급되는 경우가 있는데 그 상태를 '쌍태아 수혈 증후군'이라고 합니다. 혈액 공급이 적은 아이의 발육은 늦어지고, 혈류량이 많은 아이에게는 심장에 부담을 가는 경우가 있어 신중하게 경과를 관찰해야 합니다.

Q 쌍둥이면 산후 회복이 늦나요

A 다태 임신인 경우 자궁이 비교적 더 커지므로 산후에는 자궁 수축이 어려워지고 출혈량이 늘어나는 경향이 있습니다. 또한 임신 중에도 출산 시에도 모체에 보다 큰 부담을 주므로 회복에 시간이 걸리기도 합니다. 산후 푹 쉬도록 합시다.

둘째 아이 임신

익숙하다고 방심하지 말고 준비를 빨리 하는 게 중요

둘째를 임신하면 이미 출산한 경험이 있어 불안감이 적다는 장점이 있습니다. 그러나 첫째 때 문제가 없었다고 둘째도 그럴 거라는 보장은 없습니다. 또한 이전 출산 때보다 높아진 엄마의 연령으로 인한 문제도 생기며, 첫째 육아 때문에 무리를 하는 경향도 있습니다. '이 정도면 괜찮겠지' 하고 방심하지 말고 정기 검진은 매회 반드시 받도록 합시다.
또한 일반적으로 초산보다 경산이 출산 진행이 빠릅니다. 첫째를 순산했다면 둘째는 눈 깜짝할 새에 낳기도 하니 진통이 시작되면 서둘러 병원에 가도록 합시다.

주의할 점

- 자기 몸을 과신하지 말고 검진을 꼬박꼬박 받는다
- 이전 임신보다 연령이 높아졌음을 염두에 둔다
- 이전에 '순산'했던 사람은 진통이 시작되면 빨리 행동으로 옮긴다

각 과의 의사와 산부인과 의사의 연계가 중요!

지병이 있는 사람의 임신 생활

병이 있는 상태에서 임신을 했다면 주치의와 산부인과의의 관리를 받습니다.

지병 주치의와 산부인과의 양쪽과 잘 상담해 연계를

오늘날에는 의료 기술의 진보로 병을 갖고 있는 사람이라도 임신을 지속하여 건강한 아이를 낳는 것이 가능해졌습니다. 임신 기간은 아이를 만나기 위한 행복한 기다림이지만 건강한 여성도 그 몸과 마음에는 부담이 가중됩니다. 더욱이 지병이 있다면 많은 위험이 동반되므로 한층 더 주의할 필요가 있습니다.

배 속 아이를 지키는 것도 중요하지만, 엄마의 병이 악화되지 않도록 치료를 지속할 필요가 있습니다. 이를 위해서는 병을 관리하는 주치의와 산부인과 의사의 연계를 빼놓을 수 없습니다. 임신임을 알았다면 양쪽 의사로부터 어떤 치료를 할지, 약 복용을 어떻게 할지, 치료에 따라 아이에게 영향을 미치지는 않는지, 임신 생활에서 어떤 점을 주의해야 하는지 충분히 설명을 듣고 지시에 따르도록 합니다.

또한 병으로 인해 저체중아를 출산하거나 아이에게 후유증이 생기기 쉬우므로 신생아 집중 치료실(NICU) 등 설비가 갖춰진 병원에서 출산하는 것이 바람직합니다.

임신부는 방광염, 신우염에 주의

건강한 사람이라도 임신 중에는 저항력이 떨어지기 쉽고 호르몬 작용으로 요도를 조이는 근육이 이완되어 세균이 방광에 들어가 방광염을 일으키곤 합니다. 커진 자궁 때문에 방광이 압박을 받는 것도 요인 중 하나입니다. 방광염이 악화되면 세균이 요관에서 신장에 들어가 신우염을 일으키기도 합니다. 소변을 참지 말고 배뇨통을 느낀다면 빨리 병원에 가서 진찰을 받습니다.

신장병

정기적으로 검사를 받고 안정과 식이 요법을 지속

임신하면 평소보다 신장에 부담이 커집니다. 그 때문에 만성 신염 등 신장병이 있는 사람은 사전에 검사를 받아 임신, 출산으로 인한 위험 부담 정도를 확인하고 임신할지 말지 판단할 필요가 있습니다.

임신 중에 신장 기능이 저하되면 고혈압에 걸려 임신성 고혈압 증후군 등이 생기거나 태반 기능에 이상이 생기는 경우가 있어 태아 발육에 영향을 미치기도 합니다. 따라서 정기적으로 검사와 의사 지시를 받아 가급적 안정을 취하도록 합시다. 감염 등 식사에도 주의할 필요가 있습니다.

심 질환

만일을 위해 신속한 대처가 가능한 병원 선택

임신, 출산으로 심장에 대한 부담이 늘어납니다. 특히 임신 중기~말기에는 체내 혈액량이 늘고 커진 자궁의 영향을 받아 건강한 임신부도 두근거림과 숨참 증상이 나타납니다. 심장병에는 몇 가지 종류가 있고 병의 경중도 사람마다 다르므로 심 질환이 있는 사람은 임신 전에 전문의와 잘 상담해 임신, 출산이 가능한지 여부를 확인하는 것이 중요합니다.

임신한 경우 정기적으로 심장 전문의에게 진찰을 받고, 만일을 위해 신속한 대응을 할 수 있는 의사와 설비가 갖춰진 병원을 고릅니다. 임신 중에는 과로와 수면 부족에 주의합니다. 출산은 무통 분만, 겸자, 흡인 분만 등 가급적 심장에 부담을 주지 않는 방법을 검토합니다. 출산 후 상태에도 주의를 요합니다.

자궁과 난소의 병

정기적으로 갑상샘 호르몬을 확인하고 경과 관찰을

자궁과 난소 병에는 자궁 근종과 난소 낭종, 자궁 기형 등 몇 가지 종류가 있습니다. 임신, 출산과 관계가 깊은 기관이므로 걱정도 커지기 마련이나 필요한 치료를 받고 제대로 경과를 관찰한다면 무사히 출산할 수 있는 경우도 많습니다. 지나치게 걱정하지 말고 의사의 지시를 따릅시다.

자궁 근종

위치에 따라서는 출산에 영향을 미치기도

자궁 근육에 생기는 양성 혹이 '자궁 근종'입니다. 생긴 부위나 크기에 따라 유산이나 조산의 원인이 되기도 하지만, 큰 근종이 몇 개나 있는 경우를 제외하고 아이 발육에 영향을 미치는 일은 별로 없습니다. 생긴 부위에 따라서는 아이가 역아가 되거나 근종이 변성을 일으켜 통증이 발생하기도 합니다. 자연 분만이 가능한 경우도 있으나 자궁 출구 근처에 생겼다면 아이가 통과하는 데 방해가 되므로 제왕 절개를 할 확률이 높아집니다.

난소 낭종

황체낭을 난소 낭종으로 오인하기도 난소 낭종은 대개 분만 후 수술

임신 초에 자연적으로 생기는 황체낭은 난소 낭종으로 오인할 수 있으나 저절로 없어집니다. 만약 황체낭이 아니라 난소 낭종으로 진단되었을 경우라도 대개는 분만 후 수술합니다. 하지만 악성 종양이 의심되는 경우 혹은 드물게 황체낭이라도 낭종이 생긴 부위가 꼬이거나 낭종이 파열되는 등의 응급 상황이라면 임신 중에도 수술을 합니다.

자궁 내막증

산후에 개선하는 경우 많아

자궁 내측에 있는 점막(자궁 내막)과 같은 조직이 자궁 이외의 장소에 증식하는 병입니다. 자궁 내막증은 가볍더라도 난임의 원인이 되는 경우가 있습니다. 임신하면 경과가 대체로 순조롭지만 난소 초콜릿 낭종이나 유착이 있는 경우에는 임신, 출산 시에 위험 부담이 있습니다. 임신 중에는 월경이 없어 자궁 내막증이 개선됩니다.

자궁 경부암

임신과 동시에 발견되기도

자궁 경부암은 자궁 출구 근처에 생기는 암으로 HPV라는 바이러스에 감염되어 일어납니다. 임신 초기에 검사를 하므로 그때 발견되는 경우도 있습니다. 초기 암이면 임신 중에는 아이를 지키기 위해 치료하지 않고 경과 관찰을 하며 출산은 제왕 절개를 합니다. 출산 후에 본격적으로 치료 방침을 세웁니다.

자궁 기형

형태에 따라서는 조산 가능성도

선천적인 자궁 기형에는 자궁부가 뿔처럼 나뉘는 '쌍각 자궁', 자궁과 질이 둘씩 있는 '중복 자궁' 등 몇 가지가 있습니다. 자궁 내부가 좁아 유산이나 조산을 하기 쉽고 아이 방향이나 발육에 영향을 미치기도 하므로 안정과 경과 관찰이 중요합니다. 출혈이나 배의 뭉침이 있으면 바로 진찰을 받으세요.

정상적인 자궁

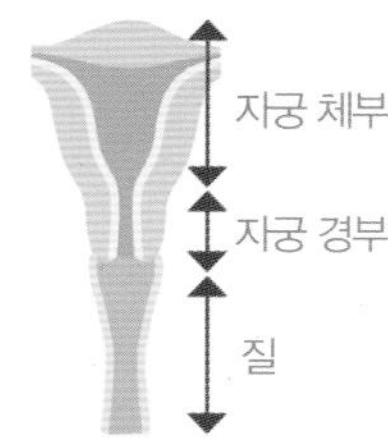

쌍각 자궁

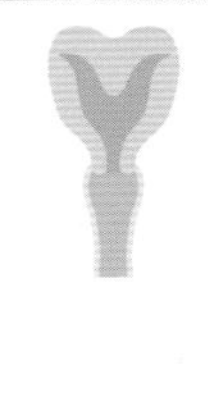

전신 홍반성 낭창

증상이 안정된 상태라면 임신, 출산도 가능

20~30대 여성에게 많이 나타나는 전신 홍반성 낭창(루푸스)은 발열, 관절통, 피부 증상 등 전신에 여러 염증을 일으키는 병입니다. 치료로 증상이 안정된다면 임신, 출산도 가능하나 유산, 조산 위험은 커집니다. 또한 전신 홍반성 낭창에 고혈압이나 신증 등을 합병하면 아이에 대한 영향이 더 커지므로 주치의와 산부인과 의가 연계해 관리할 필요가 있습니다.

갑상샘 병

임신 중에는 감상샘 호르몬 농도를 체크

목에 있는 갑상샘에서 분비되는 갑상샘 호르몬이 과잉 분비되거나 반대로 적게 분비되는 갑상샘 기능 이상이 있는 경우 유산, 조산이 될 가능성이 높아집니다. 갑상샘 병의 종류와 치료약에 따라서 배 속 아이의 발육에 영향을 미치기도 합니다. 임신 중에는 정기적으로 혈액 검사를 하여 갑상샘 호르몬 농도를 체크하고 이상이 있으면 약으로 관리하면서 동시에 태아와 엄마의 상태를 신중히 관찰할 필요가 있습니다.

알레르기 체질

아이를 위해서도 필요한 치료를 지속

임신해서 알레르기 증상이 악화되는 경우도 있습니다. 임신 중 약 사용에 불안을 느끼는 임신부도 많으나, 치료하지 않고 증상이 악화되어 오히려 태아에게 악영향을 미치는 경우도 있습니다. 임신 7주까지는 아이 기관이 형성되는 중요한 시기이므로 약 사용에는 주의가 필요하지만, 임신 중에 사용해도 문제없는 약도 있습니다. 혼자서 판단하지 말고 필요한 치료를 계속 받으세요.

천식

임신 중에 강한 천식 발작이 일어나면 태아에게 산소가 충분히 공급되지 않아 발육에 악영향을 미치기도 합니다. 천식 치료에 사용되는 흡입 스테로이드제는 임신 중에도 안전히 사용할 수 있으므로 약을 제대로 사용해 증상을 관리합시다.

아토피성 피부염

아토피성 피부염 치료에 쓰이는 외용 스테로이드제는 임신 중에 사용해도 임신부나 태아에 악영향을 미치지 않습니다. 약을 쓰지 않고 피부 증상이 악화되는 게 엄마와 태아에게 더 좋지 않습니다.

꽃가루 알레르기

꽃가루 알레르기로 괴로운 사람은 산부인과 의사에게 상담하거나 이비인후과에 임신 중임을 알리고 안전한 약을 처방 받아 사용합니다. 일반적으로 임신 중에는 점안약이나 점비약을 이용한 치료를 주로 하고 태아가 약의 영향을 적게 받는 중기 이후에는 먹는 약을 병용하기도 합니다.
또한 외출 시에는 마스크와 모자를 착용하고, 귀가하면 옷을 꼭 갈아입습니다. 또 손 씻기와 가글을 자주 하고, 빨래는 실내에서 말리는 등 일상생활에서 예방과 셀프케어도 잊지 않도록 합니다. 피로, 수면 부족, 스트레스가 있으면 증상이 악화되기도 하므로 충분한 수면과 휴식을 취하고 기분 전환 등 몸 상태를 좋게 유지하는 것도 중요합니다.

알레르기 Q & A

Q 엄마가 아토피성 피부염이면 아이도 걸리나요

A 엄마가 알레르기 체질이면 아이에게 그 '체질'이 유전되는 경우가 있습니다. 다만 반드시 유전하는 것은 아니며 유전하더라도 꼭 증상이 발생하는 것은 아닙니다. 그리고 증상이 발생하더라도 알레르기성 질환은 아토피성 피부염만 있는 게 아니므로 미리 걱정할 필요는 없습니다.

Q 출산할 때 천식 발작이 일어나지 않나요

A 천식 발작은 언제 일어날지 알 수 없으므로 출산 시 위험이 없다고는 할 수 없습니다. 출산 방법은 주치의와 의논해 천식의 정도와 모자 상태에 따라 정하지만, 만약을 위해 신속히 대응할 수 있도록 알레르기과와 호흡기과가 있는 병원에서 출산하는 편이 안심할 수 있습니다. 어렸을 때 천식을 앓았거나 천식 관련 문제가 있는 사람은 반드시 주치의에게 알리세요.

Q 임신 중에는 달걀과 우유를 피하는 게 좋나요

A 아이의 알레르기를 걱정한 나머지 임신 중에 달걀과 우유를 먹지 않는 사람도 있으나 그것이 아이의 알레르기를 예방하지는 않습니다. 물론 어떤 식품을 극단적으로 너무 먹거나 마시는 것은 좋지 않으므로 균형 잡힌 다양한 식품을 섭취하도록 합니다.

PART

5

알아두면 진통도 무섭지 않다

출산의 두려움을 극복하는 요령

아이를 만나는 순간은 신비하고 감동적입니다.
출산은 사람마다 다 달라서 미리 어떨지 예측할 수는 없습니다.
하지만 어떤 식으로 출산이 진행되는지 기본적인 지식을 알아두면
두려움도 줄어드는 법. 자, 이제 당신 차례입니다!
곧 고대하던 아이를 만나는 순간이 시작됩니다.

선배 맘들의 출산 다큐멘터리

손꼽아 기다려온 아이를 만나는 감동의 순간, 선배 맘들은 어땠나요?

DOCUMENT 01
선배 맘의 출산기

양수 파수로 시작

TOTAL 13시간 30분

생각보다 오래 걸렸던 출산, 가족의 응원으로 극복할 수 있었습니다

결혼 11년째, 고대하던 아이를 맞이하게 되었습니다. 임신 경과는 순조로웠고 예정일이 이틀 지난 아침, 출산은 파수로 시작되었습니다. 입원을 했으나 출산 진행이 더디어 진통 촉진제를 맞은 후 본격적인 진통이 시작되었습니다. 병원 안을 걷거나 스쿼트를 하는 등의 노력 끝에 저녁 무렵 겨우 분만대에 올랐습니다. 하지만 아무리 힘을 줘도 아이가 나오지 않습니다. 기나긴 여정 끝, 양수 파수로부터 13시간 후에 아이가 태어났습니다! 곁을 지켜준 남편도 감동의 눈물을 흘렸습니다.
아이에게 탯줄이 감겨 있어 출산에 하루가 걸렸지만, 산후 경과는 산모와 아이 모두 순조로운, 좋은 출산이었습니다.

출산까지의 몸 상태

8일 전	검진. 아이는 약 3kg. 출산은 좀 더 있어야 할 것 같다는 선생님 말씀.
6일 전	마음 편히 1시간 산책 & 아침 목욕으로 긴장 풀기.
5일 전	임신부 요가 교실. 몸 상태에 큰 변화 없음.
3일 전	하루 종일 취미인 빵 만들기. 배 뭉침을 빈번하게 느낌.
2일 전	산책 1시간. 아침에 다리 근육 경련을 자주 느낌.
2일 전	검진. 자궁구 1cm 열림. 자기 전 약간 출혈.

AM 8:00
양수 파수, 병원으로

소변이 흘렀나 싶어 화장실에 갔는데 양수 파수! 그 후에도 물이 질질 흘러나와 곧바로 병원에 연락해 입원. 하지만 진통은 시작되지 않고, 선생님 지시로 병원 안을 걸어 다녔습니다.

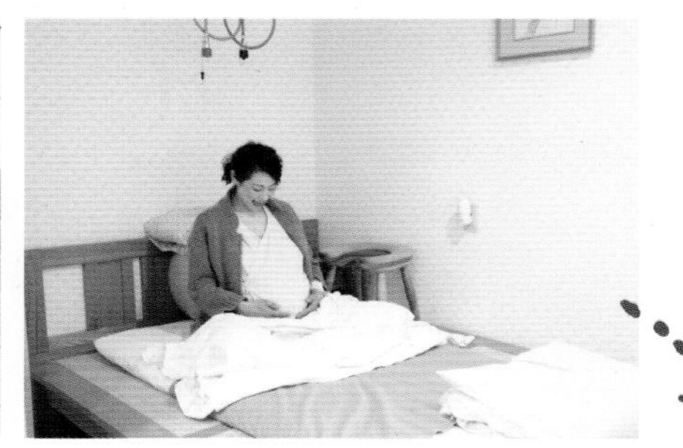

AM 11:50
점심 식사로 힘을 보충

식욕은 없었지만 먹지 않으면 힘이 안 난다고 해서 점심 식사를. 남편이 곁에 있어줘서 웃으며 여유 있게 식사했습니다. 출산 전 식사는 소화가 잘되는 것으로 가볍게.

PM 1:00
자궁구가 3cm 열림, 진통 촉진제를 맞다

파수 이후 5시간 경과. 때때로 배가 뭉치지만 출산 진행이 더디어 진통 촉진제를 맞음. 잠시 후 비정기적이기는 하나 강한 진통. 마음을 편히 하기 위해 족욕 & 마사지.

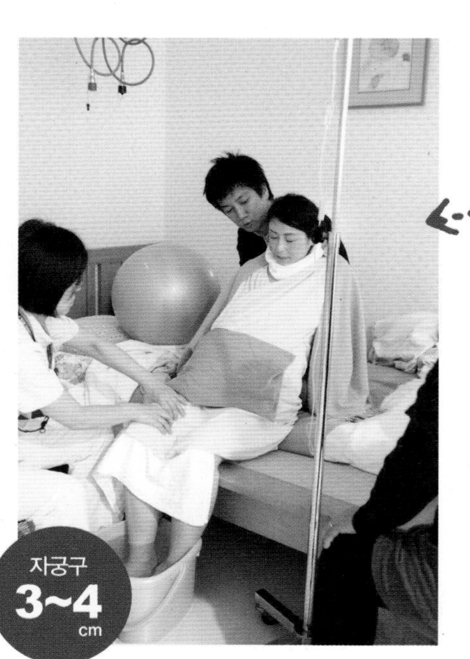

자궁구 3~4 cm

진행이 더디어 불안했지만 무사히 태어나 모두가 눈물을!

PM 4:00

출산을 촉진하기 위해 몸을 움직이다

진통 촉진제를 맞은 후 꽤 강한 진통이 왔지만 가급적 걸으라는 의사의 지시에 따라 남편과 함께 병원 복도를 몇 번이나 왕복. 스쿼트와 허리 돌리기도 병행.

PM 5:30

강한 진통 사이에 왠지 졸음이

체력을 상당히 소모했는지 1분 간격의 진통이 오는 사이 꾸벅꾸벅 졸음이. 그건 아이가 주는 휴식. 잔다고 진행이 더디어지는 것은 아니니 자도 괜찮다는 간호사의 말.

자궁구 4~5 cm

PM 6:00

분만대로 이동

자궁구는 아직 8cm 정도 열렸지만 분만대로. 통증이 상당히 심해 토할 정도. 괴로워하는 아내를 걱정스러운 눈빛으로 바라보는 남편. 아내의 손을 잡고 허리를 주무르는 등 계속 옆에 있습니다. 괴로운 시간은 이제 곧 끝나요!

자궁구 8~9 cm

PM 7:30

전력을 다해 힘을 주다

분만대로 옮기고 나서 1시간 반. 자궁구가 전부 열리고 힘주기 개시. 진통에 맞춰 의료진의 목소리에 따라 전력으로 힘을 줍니다. 하지만 아이는 좀처럼 나오지 않습니다.

자궁구 전부 열림

PM 9:30

탄생!

힘주기를 2시간. 귀여운 여자아이 탄생! 마지막에는 체력 승부인 힘주기가 힘들었지만 계속 옆에 있어 준 남편의 눈에서 눈물이.

DATA
- 예정일 이틀 후에 출산
- 출산에 걸린 시간 약 13시간
- 아이 체중 2.9kg
- 아이 키 48cm

모녀의 노력에 감동의 눈물

출산 내내 통증과 괴로움으로 소리를 지른 아내. 그 모습을 지켜보는 것이 안타까웠지만 끝까지 함께해 준 가족의 응원에 힘입어 새 생명을 맞이했습니다.

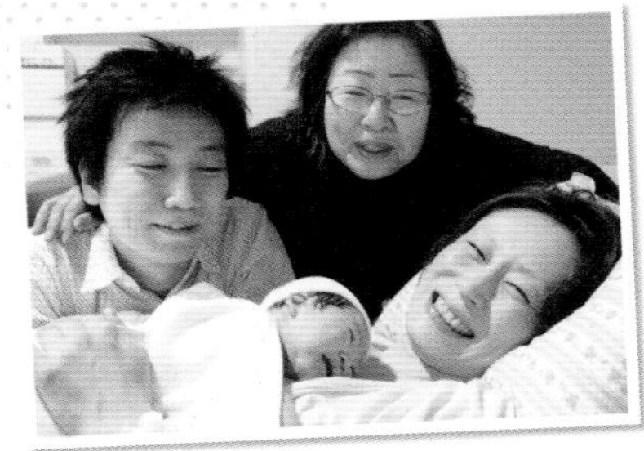

DOCUMENT 02
선배 맘의 출산기

빠르다!

총 4시간

병원에 도착한 지 1시간 만에 의사가 오기도 전에 출산

평소와는 다른 통증이 10분 간격인 시점에 이미 자궁구가 7cm 개방!

예정일 다음 날부터 심한 생리통 같은 통증이 있었지만 아직 진통은 아닐 것이라고 생각하고 집에서 상황을 지켜봤습니다. 이틀이 더 지나자 이전과는 확실히 다른 통증이 10분 간격으로 오기 시작했습니다. 병원에 연락 후 가보니 자궁구가 이미 7cm나 열려 있었습니다.

20분 정도 병실에서 대기하고 있는 동안에도 진통 간격이 점점 짧아지고 통증도 강해져 그대로 분만실에 들어가 30분 만에 출산했어요. 남편은 아이 탄생 직전에 겨우 도착했고, 일요일이라 시간에 못 맞춰 오신 의사 선생님은 "정말 빠르네요!"라고 말씀하셨습니다.

DATA 02
- 예정일 3일 후에 출산
- 아이 체중 2.5kg
- 초산

한마디

못 견딜 정도의 통증은 아니었습니다.

출산 시 통증을 확실히 기억하지는 못하지만, 그렇게 못 참을 정도는 아니었던 것 같습니다. 통증보다는 빨리 힘을 주고 싶어 혼났습니다.

DOCUMENT 03
선배 맘의 출산기

길었다!

총 31시간

5분 간격 진통이 10시간 이상! 불안했지만 무사히 출산

분만대에 오르고 2시간 반이 지나서야 겨우 출산

임신 중에는 입덧도 없이 순조로웠습니다. 하지만 출산은 오래 시간이 걸렸습니다. 10분 간격의 진통이 시작되어 입원했지만 자궁구는 1cm 개방 상태에서 더 이상 진행되지 않아 일단 귀가한 다음 진통이 8분 간격이 되었을 때 재입원했습니다. 그때 역시 자궁구는 변함없이 1cm 그대로였으나 진통은 5분 간격으로 짧아졌습니다.

이후 다시 10시간 이상이 지났는데도 자궁구는 겨우 3cm 정도 열렸고 점점 마음이 불안해졌습니다. 이어 1분 간격의 진통이 3시간 계속되었고, 재입원한 지 15시간 만에 자궁구가 전부 열렸습니다. 오랜 시간 진통을 겪은 탓에 너무 힘이 없어 힘주기를 원활히 할 수 없어 분만대에 오르고 2시간 반이 지나서야 겨우 출산을 했습니다.

DATA 03
- 예정일 2일 후에 출산
- 아이 체중 3.3kg
- 초산

한마디

통증보다 힘주지 말아야 하는 게 괴로웠습니다!

진통 통증보다 힘주고 싶은데 그걸 참아야 하는 게 괴로웠습니다. 자궁구가 빨리 열리지 않아 마음속으로 '힘주게 해줘요!' 하고 외쳤습니다!

DOCUMENT 04
선배 맘의 출산기

진통이 약해서 총 3시간

진통이 미약해서 진척되지 않아 사흘 걸려 출산

자궁구 2cm 개방 후 하룻밤 지나도 진척되지 않아 일단 귀가

예정일 5일 전부터 배가 자주 뭉친다 싶었습니다. 4일 전, 아침부터 5~10분 간격으로 뭉치더니 저녁에 자궁구가 2cm 정도 열렸어요. 그래서 입원했지만 하룻밤이 지나도 진척이 없어 일단 다시 귀가했습니다. 많이 움직이라는 의사의 말에 따라 계속 걸어 다녔습니다. 뭉침이 상당히 강해졌지만 병원에 갔다가 다시 귀가하는 게 싫어 일단 참고 버텼어요. 배 뭉침 간격은 변함없이 들쭉날쭉했지만, 밤 10시 무렵 자려고 하는데 양수가 터져서 병원에 갔습니다. 점점 진통이 강해지고 파수한 지 3시간 후에 자궁구가 전부 열렸고 분만실에 들어간 지 1시간 만에 순조롭게 출산했습니다.

DATA 04
- 예정일 9일 전에 출산
- 아이 체중 3.3kg
- 초산

한마디

진통 간격은 순조롭다 싶었는데…

'진통이 10분 간격이 되면 출산 시작'이라고 들었는데, 그 후 진통 간격이 순조롭게 짧아진다는 보장은 없군요.

DATA 05
- 예정일 2일째에 수술
- 아이 체중 2.8kg
- 초산

한마디

출산 상황을 확실히 알 수 있습니다!

한창 수술 중에도 머리는 완전히 깨어 있어 아무것도 모르는 사이에 끝나는 일은 없었습니다. 선생님도 상황을 설명해주시고 아이가 태어나는 모습을 잘 볼 수 있었습니다.

DOCUMENT 05
선배 맘의 출산기

제왕 절개 수술은 20분

역아여서 제왕 절개를 했지만 출산의 기쁨은 확실히 만끽

태어나자마자 아이와 대면!

역아인 채 산월에 들어갔기 때문에 예정일 2주 전에 제왕 절개를 하기로 했습니다. 배를 가른다는 사실에 불안감은 있었지만 긴급 사태 때문에 수술하는 게 아니라는 점, 아이를 위해서도 필요하다는 점을 이해하고 지나치게 걱정하지 않으려 애썼습니다.

하반신만 마취했기 때문에 수술 경과도 알 수 있었고 아들의 첫 울음소리도 들을 수 있어서 기뻤습니다! 태어나자마자 아이를 제 곁으로 데려와주셔서 얼굴도 볼 수 있었습니다. 출산의 기쁨과 감동을 확실히 맛볼 수 있었습니다.

마취가 풀리면서 상처가 아프기는 했지만, 제왕 절개로 무사히 출산할 수 있어 다행이라 생각합니다.

출산
시뮬레이션 보기

진통에서 분만까지

앞으로 진행될 출산의 순서를 이해하는 것부터 시작하자!

	분만 제1기 자궁구가 서서히 열리다 전부 열릴 때까지의 시기	
평균 시간	초산부 10~12시간 경산부 4~6시간	
아이의 모습	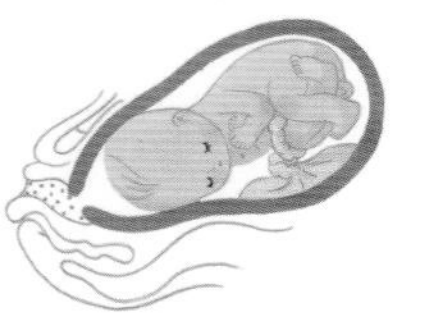	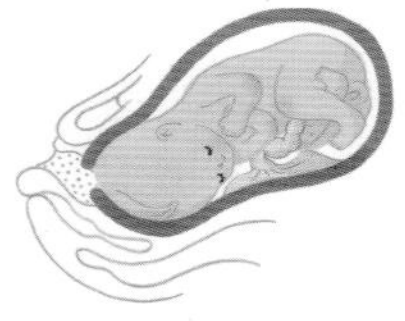
엄마 몸과 경과 방식	**출산 시작은 진통으로부터** • 진통 개시는 월경통 정도의 통증으로부터. 10분 간격이 되면 시작입니다. 우선 병원에 연락을. • 파수로 시작한 경우에도 우선 병원에 연락을. 12~24시간 이내에 진통이 없으면 진통 촉진제를 사용하는 경우도. • 쉼 없이 계속되는 복통이나 심한 출혈을 동반하는 경우에는 위험 신호.	**자궁구가 4cm 열리면 반은 지난 것** • 강한 월경통 같은 통증과 요통이 3~5분마다. 간헐기 통증은 없다. • 자궁구가 열리기까지는 다소 시간이 걸리지만 4~5cm 정도 열린 후부터는 속도가 빨라지는 경우가 많다. • 진통 간헐기에는 몸과 마음을 편안히 하여 아이에게 산소를 충분히 보낸다.
진통 이미지	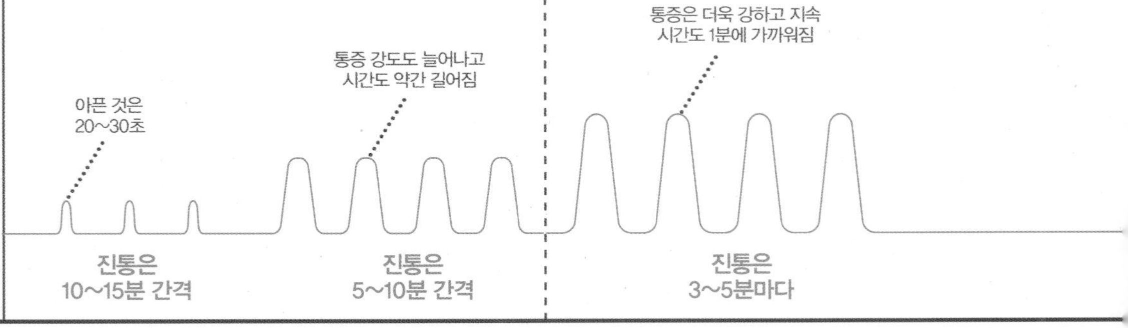 아픈 것은 20~30초 통증 강도도 늘어나고 시간도 약간 길어짐 진통은 10~15분 간격 진통은 5~10분 간격	통증은 더욱 강하고 지속 시간도 1분에 가까워짐 진통은 3~5분마다

출산은 이렇게 진행됩니다

진통은 그저 계속 아픈 것이 아닙니다. 지속 시간도 간격도 서서히 변화하면서 몇 가지 단계를 밟습니다. 출산 시작은 10분 간격 진통이나 파수. 파수인 경우에는 진통이 생기기를 기다리거나 진통을 유발해 진행됩니다. 월경통 정도의 통증에서 시작됩니다.

자궁구 '4cm 개방'은 숫자상으로는 목표치 '10cm 개방'의 반에도 못 미치지만, 실제로는 출산의 반 이상이 경과한 지점이랍니다. 어느 정도까지 자궁구가 열리면 갑자기 속도가 빨라집니다. 다만 체력 부족이나 긴장 때문에 그 후 미약 진통이 되어 길어지는 경우도 있습니다.

자궁구 7~8cm 무렵에는 힘을 주고 싶지만 힘을 줘서는 안 되는 시기. 힘을 줘도 아이가 힘들어질 뿐 산도에도 부담이 되기 때문에 참아야 합니다.

더욱 진행되어 자궁구가 완전히 열리면 이제 힘을 줍니다. 엄청난 통증이 느껴지지만 아이를 만날 수 있다는 기쁨으로 이겨냅니다. 그리고 아이 탄생, 첫 울음소리가 나면 일단 안심. 둘째부터는 각 시기의 시간이 훨씬 짧아집니다.

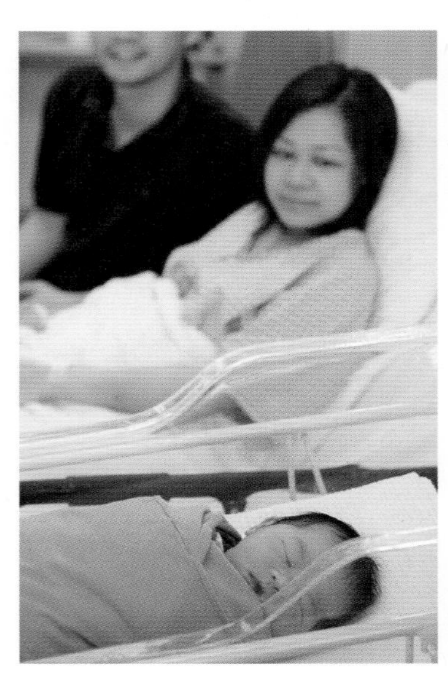

분만 제2기

자궁구가 완전히 열리고 아이가 나옴

초산부 **2~3**시간
경산부 **1~1.5**시간

분만 제3기

태반이 나올 때까지

초산부 **15~30**분
경산부 **10~20**분

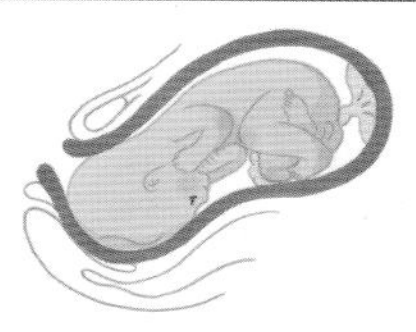

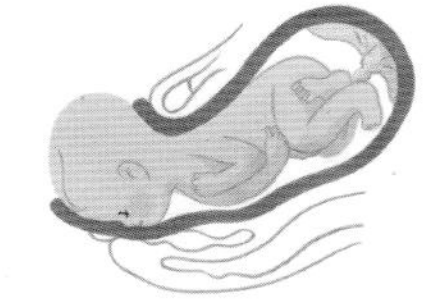

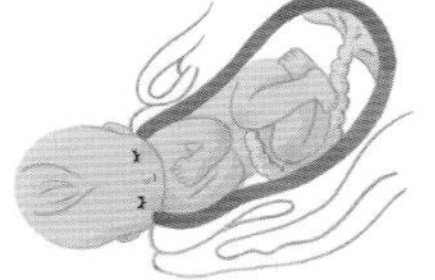

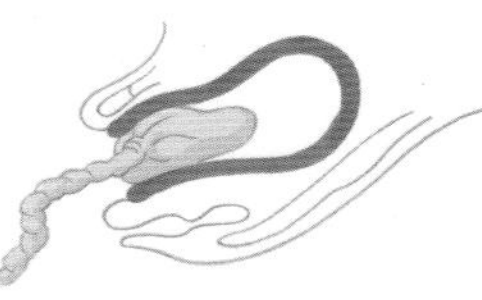

힘주는 것을 참아야 하는 가장 괴로운 시간

- 자궁구 7~8cm 무렵에는 아직 힘을 줘서는 안 될 시기. 이때가 괴롭다.
- 진통은 2~3분 간격. 진통 지속 시간도 1분 전후로 길어진다.
- 허리를 주무르거나 항문을 누르는 등 옆에 있는 사람이 가장 활약할 시기.

온몸의 힘을 주어 빼낸다!

- 자궁구가 전체 개방되면 힘을 주기 시작해도 좋다. 혈관을 확보한다.
- 하복부에 힘을 꽉 주고 몸을 젖히지 않고 힘을 주는 게 요령.
- 짧은 간헐기에 제대로 호흡을 해서 아이에게 산소를.

아이 머리가 나오면 힘을 뺀다

- 머리가 나온 후에는 더 이상 힘을 주지 않아도 OK.
- 대체로 몸이 머리보다 작으므로 힘을 주지 않아도 나온다.
- 아이를 빼내기 위해 복압을 주기도.

다시 진통이 생기며 태반이 나온다

- 아이가 완전히 나온 다음 태반을 내보내는 후진통이 일어난다.
- 아이가 완전히 나온 다음 태반을 내보내는 후진통이 일어난다.
- 상태가 급변할 가능성이 있으므로 2시간은 분만대에서 대기. 혈압과 출혈 체크.

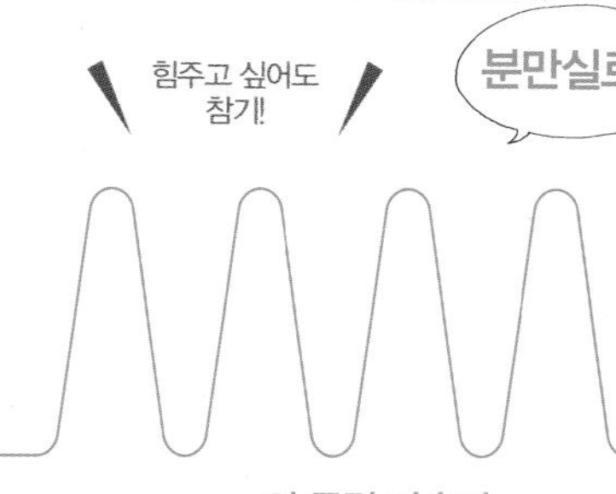

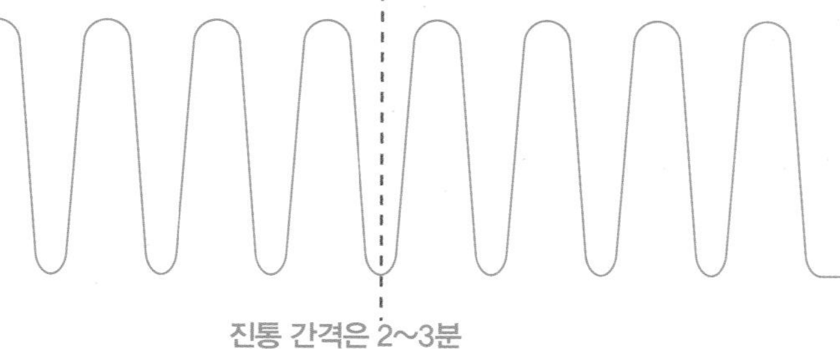

태반이 나올 때 가벼운 진통
태반이 나옴

이 무렵 파수가 일어남

진통 간격은 2~3분

출산 Q & A

Q 출산 시간은 짧은 편이 수월할까요

A 단시간에 낳는 편이 최종적으로 체력을 덜 소모한다는 의미에서는 수월하다고 할 수 있습니다. 다만 진통을 어떻게 이겨내는지 익숙해질 틈도 없이 점점 통증이 강해져 생각으로는 십수 시간이 걸려 분만하는 것과 비슷하게 힘들지도 모릅니다. 또 너무 빠른 출산은 산도 열상과 출혈을 일으키기도 하고 분만 시설에 도착하기 전에 낳아버리는 경우 역시 위험이 따르므로 좋다고만 보기 어렵습니다.

Q 출산 도중 쉴 수 있는 시간이 있을까요

A 한 번 진통이 시작되면 몇십 분씩 쉴 수 있는 시간은 없습니다. 하지만 진통과 진통 사이의 통증이 없는 간헐기가 있습니다. 간헐기는 짧아 몇 분이기는 하지만 이때 확실히 호흡을 진정시키고 한순간이라도 푹 잘 수 있다면 체력이 회복되어 다음 진통을 극복할 수 있습니다. 출산은 체력으로 승부합니다. 임신 중일 때부터 체력을 유지합시다.

Q 진통을 못 견디면 어떻게 되나요

A 진통은 다른 통증과 전혀 다릅니다. 외부로부터 공격을 받는 통증이 아닙니다. 아이를 낳는다는 긍정적인 통증입니다. 진통이 강해질수록 목표에 가까워지고 있다는 증거이며 통증은 조금씩 강해지므로 그러는 사이 몸도 통증을 견뎌나갑니다.통증이 무서워 견딜 수 없다면 처음부터 마취 분만(무통 분만)을 선택해도 되지만 통증이 전혀 없지는 않습니다.

Q 제왕 절개가 부담이 덜한가요

A 예정 제왕 절개는 진통이 일어나기 전에 시행되므로 분명 진통의 통증은 없고 수술 그 자체는 1시간에 끝납니다. 하지만 모체에 대한 부담은 자연분만보다 훨씬 큽니다. 자궁과 배에 크게 상처를 내면서 아이를 위해 엄마가 몸 바쳐 낳는 출산 방법이라 할 수 있습니다.

출산의 시작은 '10분 간격 진통'이나 '파수'

출산 시작과 호흡의 기본

임신 37주에 들어서면 출산을 해도 안심, 출산 준비 완료!

출산 시작은 '진통'이나 '파수'입니다

출산은 규칙적인 배의 뭉침, 통증 혹은 파수에서 시작됩니다. 그 전에 난막이 떨어져 징조라 불리는 출혈이 나타나는 사람도 있지만, 이는 출산 시작 신호라고 할 수 없습니다.

초산인 임신부에게 종종 듣는 질문이 진통을 모르고 지나치면 어쩌지 하는 것입니다. 하지만 모르고 지나치는 통증은 진통이 아니므로 괜찮습니다.

파수는 소량의 경우에는 소변과 구분하기 어렵지만, 소변이 아닌 듯한 액체가 나오면 반드시 병원에 연락하세요. 진통이 시작되자마자 아이가 태어나는 경우는 없습니다. 침착하게 행동합시다.

'징조'는 출산 시작이 아닙니다

출산이 가까워지면 '징조'라 불리는 출혈이 일어나는 경우가 있습니다. 출산이 가까웠다는 증거이기는 하지만 그 후 1주일 이상 지나서 진통이 시작되거나, 징조가 없기도 합니다. 통증은 동반하지 않습니다.

이 존이 쓸려서 출혈이 일어난다

자궁구가 넓어지면 난막과 자궁벽 사이가 쓸려 출혈이. 양이 월경처럼 많은 경우도, 병원에는 출혈이 있을 때 연락을.

진통일지도!? 싶을 땐

1 진통 간격을 재어본다

START

통증이 옴!	0분 0초
진통이 멈춤 (진통 지속 시간)	0분 40초
다시 진통 시작	10분 0초
다음 진통이 올 때까지 잰다.	

통증이 온 순간부터 다음 통증까지 간격을 잽니다. 이 간격이 규칙적이고 10분 이내가 되면 출산 시작입니다. 전구 진통일 때에는 간격이 들쑥날쑥하여 10분 이상입니다.

'0분 간격'이라는 것은 수축이 시작된 시간부터 다음 수축이 시작되기까지를 말합니다. '진통 지속 시간'은 수축이 끝날 때까지를 말합니다.

2 10분 간격이 되면 산부인과에 연락한다

여유가 있을 때 하면 좋은 일

- 천천히 목욕(파수가 있다면 금지)
- 마지막 정리를 한다
- 소화가 잘되는 음식을 먹어둔다
- 출산 흐름을 다시 한번 복습한다

파수일지도!? 싶을 땐

1 우선 스스로 처치

생리대나 청결한 타월을 댄다

흐르는 양수를 캐치하기 위해 크고 흡수력이 좋은 나이트용 생리대를 사용합니다. 생리대가 없을 때나 양이 많아 생리대로는 막을 수 없을 때에는 청결한 타월 등을 써도 OK.

목욕 타월을 허리에 두른다

양이 많을 경우 몸을 움직이면 양수가 점점 더 나오므로 이동할 때에는 생리대와 더불어 목욕 타월을 두릅니다.

2 산부인과에 연락을 한다

해서는 안 되는 일

- **욕조 안에 들어가서는 안 된다**
  파수 시 가장 염려되는 것이 태아의 세균 감염입니다. 욕조 안에 들어가면 감염 위험성이 있으므로 욕조에 들어가는 것은 금물입니다.
- **가급적 걷지 않는다**
  몸을 움직이면 양수가 점점 더 나오므로 병원에 갈 때에도 가급적 걷지 않는 것이 좋아요. 비록 산부인과가 가깝더라도 차를 타고 누운 상태로 이동합니다.

파수한 양수의 종류

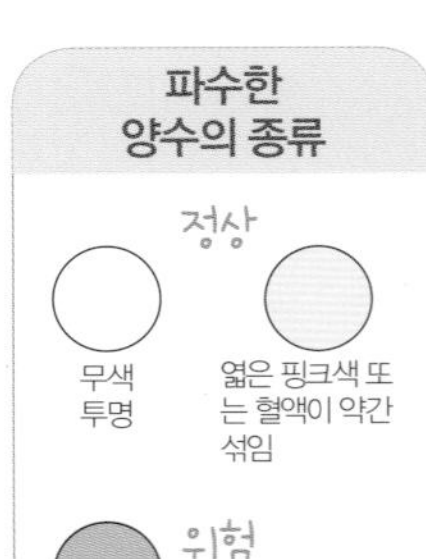

지시에 따라 입원

진통이 오면 '내쉬는 숨'에 집중

점점 강해지는 진통을 이겨내는 방법은 여러 가지가 있지만(170쪽 참고), 가장 기본은 호흡입니다. 몸은 숨을 내쉴 때 편안해지면서 이완됩니다. 편해지면 자궁구도 열리기 쉽고 출산도 순조롭게 진행됩니다. 또한 몸이 긴장해 힘이 들어가면 통증에 더욱 민감해지므로 진통이 오면 숨을 내쉬는 데 집중하는 것이 좋습니다.
호흡은 숨을 내쉬면 자연히 숨을 들이마시게 됩니다. 아이에게 신선한 산소를 공급해야 하므로 들이마시는 게 중요하다고 생각하기 쉬운데, 숨을 잘 내쉬어야 호흡을 깊게 해 들이마시는 산소량도 풍부해집니다. 이 점을 기억해둔다면 진통이 피크에 달했을 때에도 호흡이 얕아져 일어나는 과호흡도 방지할 수 있습니다.

능숙한 호흡 요령

1 길게 천천히 숨을 내쉰다

가급적 등 근육을 세우고 늑골을 닫는 느낌으로 폐 안의 공기를 전부 내쉽니다. 한꺼번에 숨을 내쉬는 게 아니라 천천히 '후~' 하면서 호흡합니다.

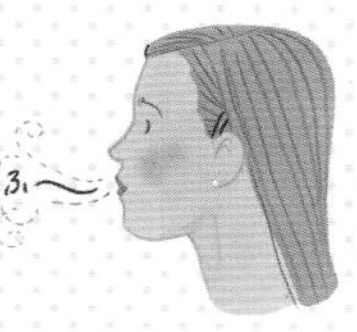

2 배에 힘을 주지 않는다

배에 힘을 주면 근육이 긴장되어 편안한 상태에서 점점 더 멀어져 버립니다. 늑골을 벌렸다 닫는 느낌으로.

출산 시작, 이럴 때 어떻게 하나요

구급차를 불러야 할 상황

우선 출산 예정 병원에 전화해 통증, 출혈 상황 등을 전한 후 상담을 받으세요. 혼자 판단해 구급차를 부르는 건 금물입니다.

케이스 1 진통이 간격 없이 계속된다

매우 강한 진통이 간격을 두지 않고 계속되거나 출혈이 있는 경우에는 상위 태반 조기 박리일 가능성이 있습니다. 태반이 떨어져 나가면 태아에게 산소가 공급되지 않게 되므로 매우 위험. 병원에 연락해 한시라도 빨리 입원을.

케이스 2 대량 출혈

원인을 모르더라도 출혈이 멈추지 않을 경우나 대량 출혈, 통증을 동반하는 출혈은 이상 증세. 구급차를 불러 병원에 가야 합니다. 다만 징조인 출혈 양이 많은 경우도 있으므로 우선 병원에 연락을.

케이스 3 전치태반이라는 진단을 받았다

태반이 자궁구에 걸려 있는 상태라 자궁구가 열려 태반이 떨어져 나가면 대량 출혈을 하여 매우 위험합니다. 예정 제왕절개 전에 진통, 파수가 일어난 경우에는 구급차를 불러 병원에 가야 합니다.

혼자 집에 있을 때

가족에게 연락을 취해 입원이 정해지면 침착하게 이동을. 출발 전에 불조심, 문단속을 할 것.

혼자서 외출 중

병원에 연락해 병원으로 직행할지 일단 귀가할지를 물어봅니다. 그 후 가족에게 연락해 이동합니다.

밤중

출산은 밤중이나 새벽에 시작되는 경우가 많습니다. 우선 병원에 연락을. 밤중에도 연락할 수 있는 택시 등을 미리 알아 두면 안심.

병원에 전화해 이야기할 것

- 이름 & 임신 주수
- 출산이 시작되었다는 것
- 진통 유무, 간격
- 출혈, 파수 등

그 외
병원에 전화할 때에는 언제 어떤 증상이 있었는지를 정확히 얘기하세요. 이런 일로 전화해서 화내는 건 아닐까 싶은 걱정은 하지 마세요. 의료진의 지시를 들으면 안심이 됩니다.

진통은 대체 어떤 통증?

진통과 일반적인 통증의 다른 점은 생명의 탄생이 기다리고 있다는 것입니다.

진통은 아이를 밀어내는 자궁의 수축하는 힘입니다

아이가 태어나기 위해서는 아이를 밀어내는 힘=자궁 수축이 불가결합니다. '진통'이라는 말 그대로 아이를 낳는다는 행위는 나름의 통증을 동반합니다. 다만 아이를 만나기 위한 것이라고 생각하면 그 통증이 무섭지만은 않을 터. 통증을 괴로움이 아니라 낳기 위한 힘이라 생각하고 좋은 진통을 생기게 하기 위해 자신이 할 수 있는 것을 합시다. 몸을 움직이는 편이 진척되기 쉽고 진통할 때 편한 자세를 취하는 것이 출산을 진행시키는 지름길입니다.

진통 도중 반드시 있는 '휴식 시간'에 편히 쉬세요

출산이 진행되면서 진통은 점점 강해지지만 반드시 '휴식'이 있습니다. 길게 느껴지더라도 기껏해야 30초~1분입니다. 통증이 오면 천천히 30까지 세거나, 진통을 파도라고 머릿속에 그리고 파도를 타는 식으로 자기만의 방식을 찾아보세요. 출산까지 시간이 오래 걸리기 때문에 휴식 시간을 능숙하게 이용해 체력을 유지하세요.

진통의 특징을 알고 이겨낸다!

1 반드시 '휴식'이 있다

진통은 반드시 휴식 시간이 있습니다. 처음에는 10분 간격, 최종적으로는 약 2분 간격. 간헐기에는 통증이 없으므로 그 사이에 호흡을 가다듬거나 에너지를 보충하여 체력 회복을 합시다.

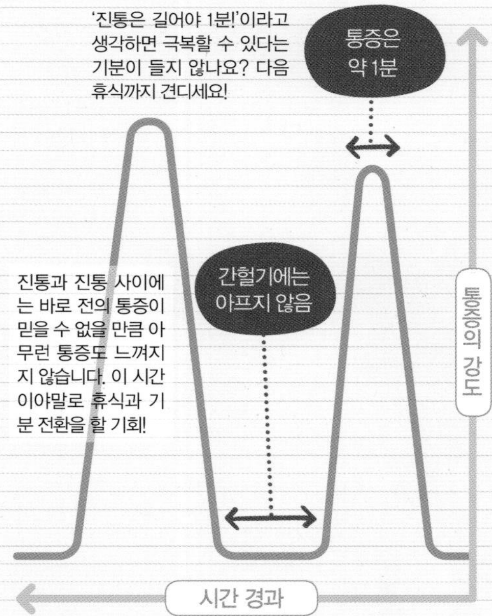

2 아픈 것은 배뿐만이 아니다

골반이 안쪽에서 벌어지는 통증도 있어 등 아래쪽, 허리, 선골 주위, 치골에도 통증을 느낍니다. 진통 시작 시 배보다 허리가 아팠다는 사람도 있을 정도입니다.

3 체력과 휴식으로 출산은 진행된다

피곤해 체력이 떨어지면 자궁 수축이 약해지고 출산이 진척되지 않습니다. 또한 몸이 긴장하면 자궁구가 열리지 않습니다. 긴장을 완화시키기 위해 향기, 소리, 조명도 바꿔봅니다.

4 아플 때에는 아이도 노력 중이다

자궁이 수축할 때 아이의 심박은 약간 내려갑니다. 이는 수축하면 제대의 혈류량이 줄어들기 때문입니다. 통증을 느끼면 함께 애쓰는 아이에게 산소를 보낸다는 생각으로 심호흡을 합시다.

자궁구는 전체 개방 크기인 10cm까지 점점 벌어집니다

임신 중 꼭 닫혔던 자궁구가 진통이 시작될 무렵에는 1~2cm 벌어진 상태가 됩니다. 출산이 시작되면 조금씩 벌어져 마지막에 전체가 열리면 10cm가 됩니다. 다만 10cm에 도달할 때까지 일정한 스피드로 진행되는 것은 아닙니다. 자궁구의 벌어지는 방식, 출산 진척 방식은 개인마다 다르지만 일반적으로 '처음에는 천천히, 후반에 점점 빨리' 진행됩니다. 특히 8cm~전체 개방은 단시간에 진행되는 경우가 많다고 합니다.

전체 개방 10cm

7~8cm

4cm

1~2 cm

출산이 시작될 무렵

약 10~5분 간격의 **진통**

통증이라기보다는 배가 강하게 뭉치는 경우도. 규칙적인 자궁 수축에 맞춰 자궁구가 조금씩 벌어지기 시작합니다.

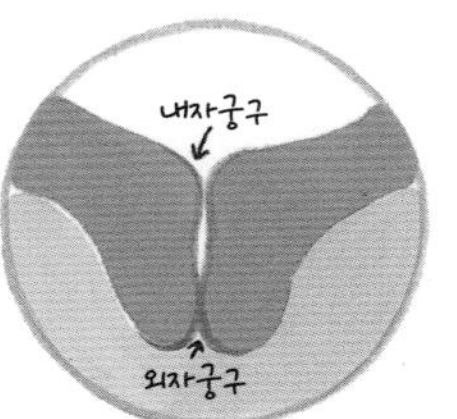

여기까지 오는 데 시간이 걸림

약 3~5분 간격의 **진통**

자궁 수축을 '통증'으로 강하게 느끼게 됩니다. 가장 시간이 걸리는 시기로 여기까지 벌어지면 자궁구가 열리는 속도에 탄력이 붙습니다.

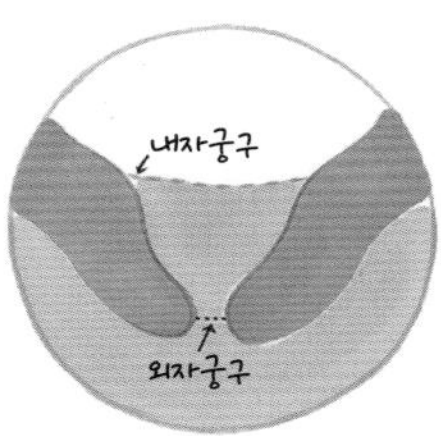

드디어 탄생!

약 2분 간격의 **진통**

자궁구가 완전히 열리고 힘을 주고 싶은 마음도 최대치에 다다르면 드디어 분만대로.

힘을 주고 싶은데 힘을 줄 수 없는 시기

약 2~3분 간격의 **진통**

통증이 더욱 강해지고 힘을 주고 싶은데 참아야 하는 괴로운 시기. 힘을 안 주도록 노력을!

내자궁구

외자궁구

무통 분만은 정말로 아프지 않나요

전혀 아프지 않은 것은 아니지만, 체력을 유지할 만한 통증입니다

무통 분만이란 일반적으로는 경막외 마취를 사용해 출산의 통증을 경감시키는 방법입니다. 고혈압 임신부 등 의학적인 이유로 의사가 권하는 경우와 본인이 희망하는 경우가 있습니다. 경막외 마취는 마취과의가 시행해야 하므로 무통 분만을 원한다면 분만할 병원이 시행 가능한 곳인지를 확인해야 합니다.

국소 마취이므로 의식이 있으며 스스로 힘을 줘 아이가 태어나는 순간을 체험할 수 있도록 조절할 수 있습니다. 전혀 통증이 없는 경우는 적지만 체력을 소모하지 않고 출산을 할 수 있는 것이 장점입니다.

무통 분만 시 일반적인 출산 흐름

1 등 피하에 부분 마취 후 전용 바늘을 찔러 경막외강이라는 틈에 카테터(마취제를 넣는 가는 관)을 유치

2 스스로 진통이 없으면 진통 유발, 촉진제로 출산을 촉진

3 자궁구가 열리고 진통이 강해지면 카테터에 마취제 삽입

4 자궁구가 완전히 열리면 힘을 준다. 여기서부터 보통 출산과 동일

5 아기 탄생

아이가 나오는 메커니즘

산도는 매우 좁고 복잡한 길. 아이는 본능적으로 그 길을 지나갈지 알고 있답니다!

아이는 회전하면서 태어납니다

출산에는 산도(골반 크기와 형태), 강한 진통, 아이(크기와 회전 방법), 이 세 가지의 균형이 필요합니다. 골반 안까지 내려온 아이는 그저 자궁 수축으로 눌려 나오는 것이 아니라 머리를 밀어 넣듯이 해서 산도를 빠져나오는 것입니다.

산도는 골반 뼈 사이가 복잡하게 뒤얽힌 형태이지 곧바른 원통형이 아닙니다. 이 길을 통과해야 하는 아이는 길의 형태에 조금이라도 맞추기 위해 몸을 몇 번이나 비틀며 빠져나옵니다. 그리고 부드러운 두개골을 겹치게 하고, 몸에서 가장 큰 머리를 가급적 작게 만드는 기술을 구사합니다. 엄마만 진통을 견뎌내는 것이 아니라 아이도 함께 태어나려고 애쓰는 것이죠!

이때 제대로 회전이 이루어지지 않으면 출산이 진행되지 않게 됩니다. 그 원인은 진통이 약하거나, 골반 형태가 좋지 않거나 아이가 너무 크거나 제대가 짧거나 등 다양합니다. 경과를 관찰하여 너무 진척되지 않을 경우에는 제왕 절개를 해 아이를 인위적으로 꺼내기도 합니다.

아이의 회전 모습

1 턱을 당기고 가슴을 붙여 몸을 둥글게 말아 골반 안에 들어가 있습니다(제1회전).

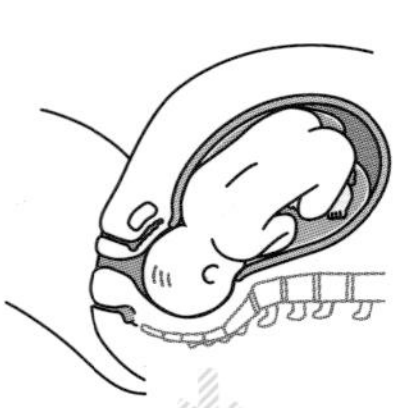

2 골반 입구는 가로로 깁니다. 처음에는 모체에 대해 머리 방향이 옆으로 향하도록 들어갑니다.

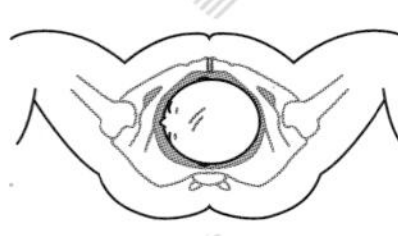

3 골반 안에 들어가면 이번에는 세로로 길게 맞추기 위해 얼굴을 모체 등 쪽으로 향합니다(제2회전).

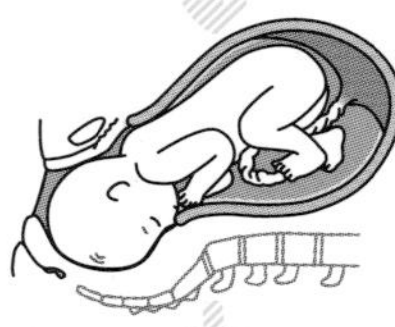

4 머리가 산도를 빠져나가면 산도의 커브에 맞추기 위해 턱을 가슴에서 떼어 드디어 밖으로 나갈 태세를 갖춥니다.

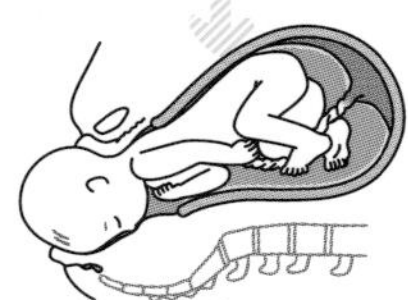

5 머리가 산도에서 빠져나오면 목을 젖히듯 해서 나옵니다(제3회전).

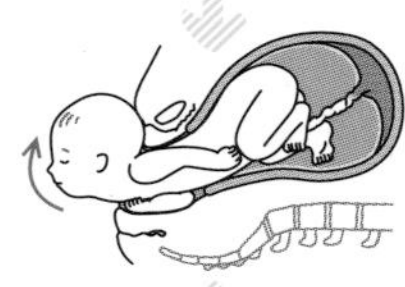

6 다시 90도 회전. 다시 머리를 옆으로 향하게 해 어깨를 한 쪽씩 꺼냅니다(제4회전). 그다음 다시 한 번 가벼운 진통이 있고 태반이 나옵니다.

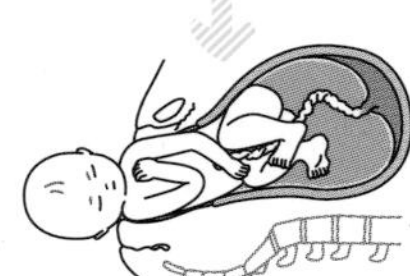

아이 머리뼈는 부드러워 겹쳐지며 나온다!

두개골은 둥근 접시 같은 뼈가 몇 장 합쳐진 모양입니다. 아이의 두개골은 부드럽고 조금씩 틈이 있습니다. 좁은 산도를 빠져나올 때 이 틈을 좁히고 더 겹치듯 해서 크기를 줄입니다.

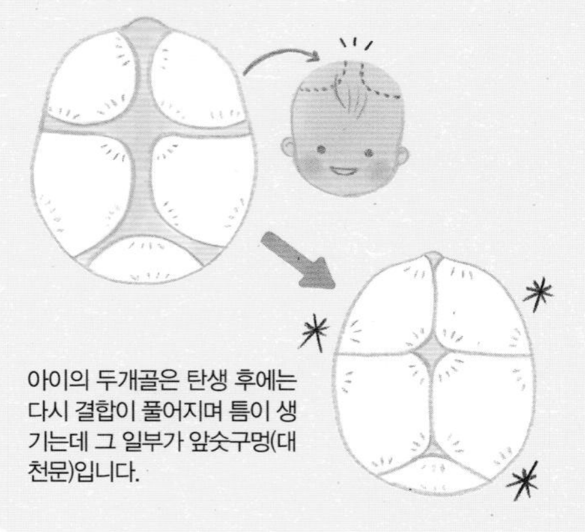

아이의 두개골은 탄생 후에는 다시 결합이 풀어지며 틈이 생기는데 그 일부가 앞숫구멍(대천문)입니다.

몸이 큰 아이는 어깨가 걸리기도

특히 임신성 당뇨병 등일 때에는 배 속에서 아이가 커져 난산이 되기도 합니다. 아이에게 피하 지방이 대량 붙어서 어깨 주위가 머리보다 커지는 등 머리는 빠져나와도 어깨가 걸리는 경우가 있습니다. 초산인데 아이가 4kg 이상으로 예상될 경우에는 예정 제왕 절개를 권장하기도 합니다. 다만 산도가 되는 골반강 형태와 아이 몸의 궁합이 좋으면 커도 쑥 나오는 경우가 있습니다.

출산 Q & A

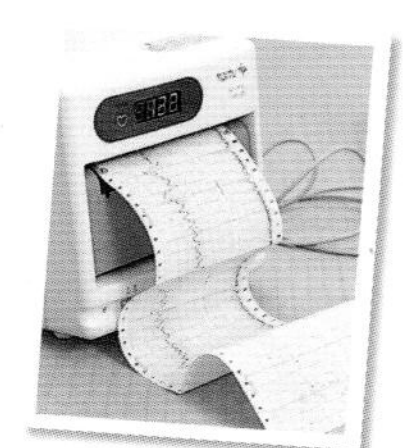

Q '분만 감시 장치'란 무엇인가요

A 아이의 심박과 엄마의 자궁 수축을 동시에 관찰하여 수치를 그래프로 만들어 알 수 있게 만든 것이 분만 감시 장치(NST). 두 센서를 벨트로 엄마 배에 고정해 계측합니다. 자궁 수축의 강도와 계속 시간, 수축 시에 아이에게 보내지는 산소량이 줄어 괴로운지 아닌지 등을 객관적인 그래프로 볼 수 있습니다.

Q 진통으로 압박을 받아 아이가 괴롭지 않은가요

A 진통이 일어나도 양수가 외부 충격으로부터 아이를 보호합니다. 파수해도 아직 양수가 남아 있어 아이는 마지막까지 양수의 보호를 받으므로 자궁 수축 때문에 직접 몸이 압박을 받는 일은 없습니다.

Q 탯줄이 아이를 감고 있으면 출산은 어떻게 되나요

A 아이가 자궁 밖으로 나와 첫 호흡을 시작하는 순간까지는 제대(탯줄)을 통한 산소 공급이 필요합니다. 따라서 제대가 몸과 자궁벽 사이에 끼이거나 잡아당겨지지 않으면 괴롭지는 않습니다. 머리가 나온 다음에 의사와 간호사가 감긴 제대를 풀거나 기구를 써서 꺼냅니다.

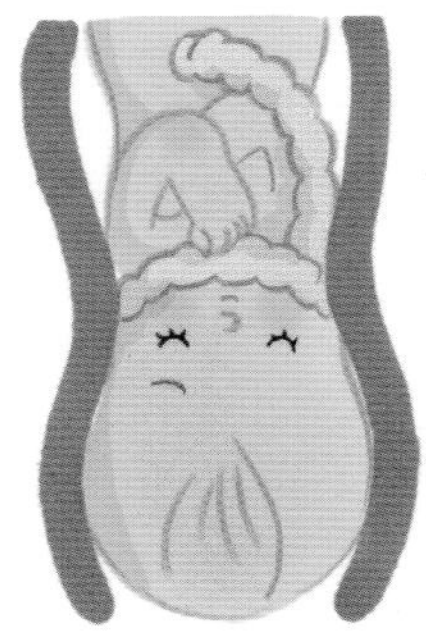

탯줄이 목에 감겨 있어도 질식하는 일은 없습니다.

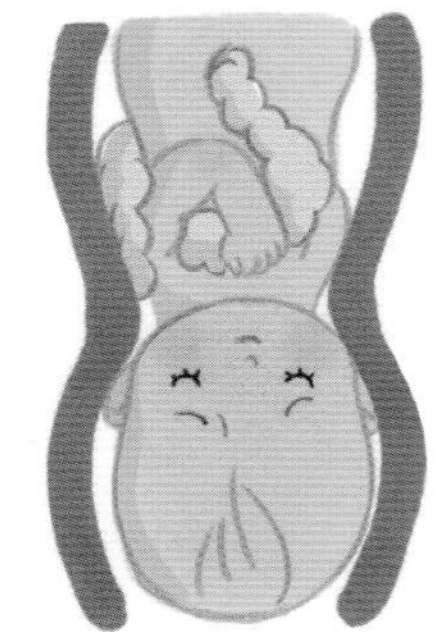

탯줄이 아이의 어깨 등 몸과 자궁 사이에 끼어 있으면 혈관이 압박을 받아 혈류가 멈추거나 괴로워지는 경우가 있습니다.

Q 아이가 회전하지 않을 때는 어떤 상태인가요

A 아이의 머리 형태와 모체의 골반강 형태의 궁합이 맞지 않아 아이 얼굴이 엄마 엉덩이 쪽을 향하지 않고 배 쪽을 향해 버리는 경우, 제대가 짧거나 몸에 감고 있는 경우에는 회전에 이상이 생겨 출산이 진행되지 않습니다. 그 외 자궁 근종이 있어 형태가 비뚤어진 경우, 진통이 약한 경우에도 일어납니다. 엄마가 자세를 여러모로 바꾸면서 골반강 상태를 바꾸면 아이의 방향을 바꿀 수도 있습니다.

Q '배림', '발로'는 무슨 뜻인가요

A 아이가 태어나는 최종 단계의 전문 용어로 '배림(排臨)'은 힘을 줬을 때 질구에 아이 머리가 보이는 상태, '발로(發露)'는 힘을 주지 않는데도 머리가 안으로 들어가지 않는 상태. 그 후 아이 머리가 나오고 어깨가 나오면 몸도 다리도 쑥 빠져나와 아이가 탄생하게 됩니다.

배림

엄마가 힘을 줬을 때 산도 출구에서 아이 머리가 보이기 시작하는 상태. 의료진에게 머리가 보이기 시작했다는 말을 듣는 경우가 많을 터.

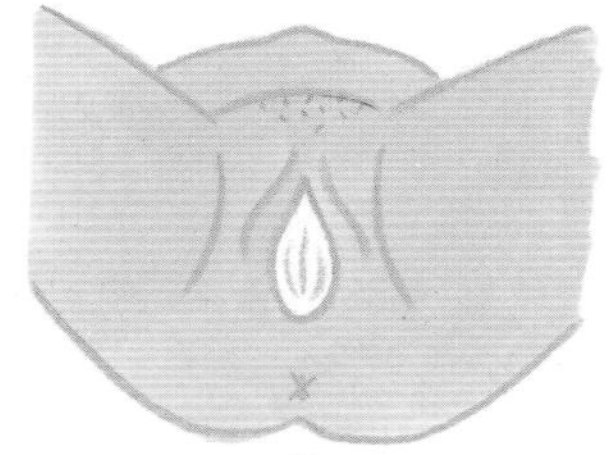

발로

진통이 오지 않을 때에도 아이 머리가 보이고 안으로 들어가지 않게 된 상태. 엄마에게는 치골에 걸린 듯한 느낌이 있습니다. 몇 번만 더 힘을 주면 머리가 나옵니다.

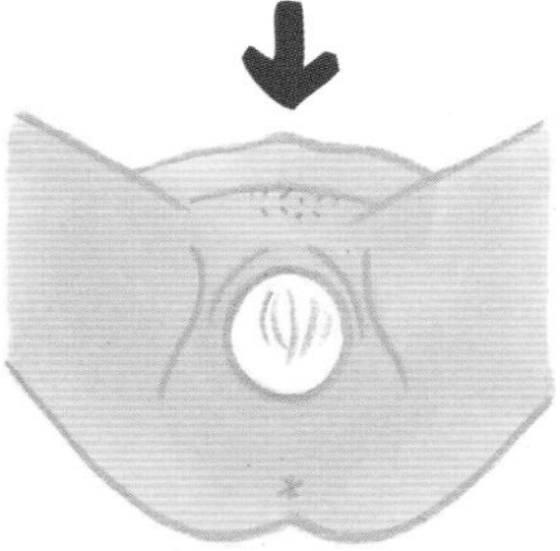

머리가 나옴

발로 후에 곧 머리 전체가 나옵니다. 이때 얼굴은 아직 엄마 엉덩이 쪽을 향하고 있으나 그다음에 다시 몸을 돌려 한 쪽씩 어깨를 빼듯이 해서 나옵니다.

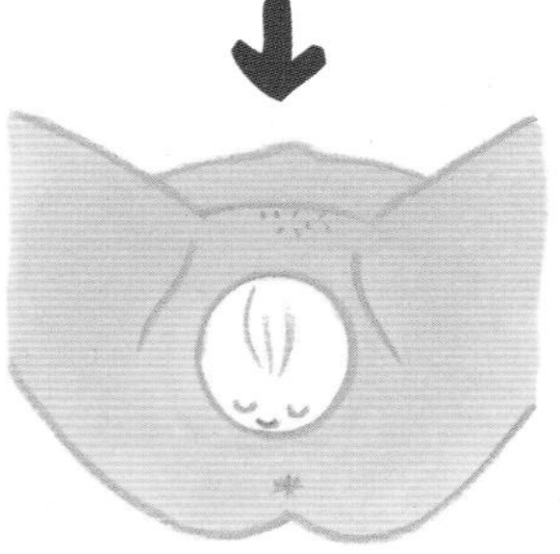

강한 진통을 넘기는 요령

자궁구가 열리고 진통도 심해지고 시간도 길어집니다. 호흡을 가다듬고 견뎌내세요!

강한 진통=출산이 진행된다는 것, 아프지만 긍정적으로 생각하세요!

통증은 몸이 긴장하면 더욱 강하게 느껴집니다. 진통 역시 마찬가지로 몸이 편안하고 느긋하면 통증을 가볍게 만들 수 있습니다. 그 때문에 우선 중요한 것이 호흡. 숨을 내쉬면 몸이 이완되면서 편안해집니다(165쪽 참고).

또 하나, 혈액 순환을 좋게 하는 것도 중요합니다. 혈액 순환이 좋지 않으면 통증을 강하게 느끼므로 마사지를 하거나 몸을 따뜻하게 하세요. 진통은 자궁이 수축하여 일어나는 통증과 아이의 머리가 골반을 안쪽에서 벌리며 나오는 통증이 합쳐진 것입니다. 이 때문에 배뿐만 아니라 허리가 극심히 아팠다는 의견도 많습니다. 허리 마사지가 효과를 나타내는 것도 이 때문입니다.

또한 마음이 편안하지 않으면 아무리 호흡을 가다듬고 몸을 데워도 몸이 편안하지 않습니다. 뇌에 작용하는 아로마 향기를 이용한다든가, 좋아하는 음악을 들으며 정신적으로도 긴장을 풉니다. 가장 권장하는 방법은 신뢰하며 좋아하는 사람과 이야기를 나누는 것입니다. 말하다 보면 숨을 내쉬게 됩니다. 어떻게 해야 할지 모르겠다고 느꼈을 때에는 의사의 조언을 받도록 합시다.

진통이 강할 때 견뎌내는 방법

1 자세를 바꾼다

진통을 견디기 위해서는 중력을 활용합시다. 상반신을 일으킨 자세는 진통을 불러오고 반대로 누우면 아이가 천천히 내려옵니다. 편안한 자세를 취해보세요.

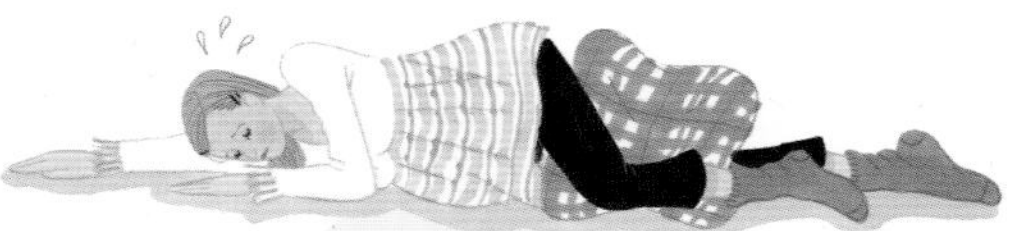

옆으로 눕기

진통이 강해 힘들면 옆으로 누워 무릎 사이에 쿠션을 끼우면 허리가 편합니다. 몸의 힘을 빼기 쉬운 포즈.

네발 포즈

양 무릎을 벌려 바닥에 대고 쿠션 등을 놓고 상체를 눕힙니다. 통증을 줄이고 아이가 천천히 내려오는 효과가 있습니다.

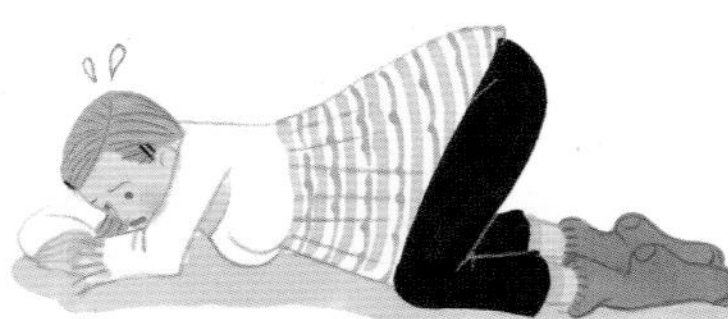

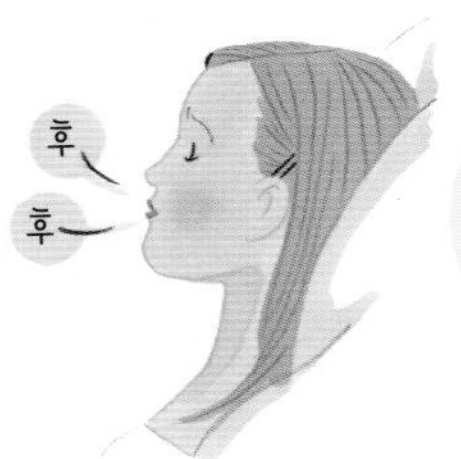

기대어 눕기

체력을 비축하기 위해서라도 진통 사이 '휴식 시간'에는 어딘가에 기대어 쉽니다.

2 마사지를 한다

마사지를 하면 통증을 완화시키는 효과가 있습니다. 손을 대기만 해도 치유가 됩니다.

허리부터 등

아픈 부분을 집중적으로 만져주는 것도 좋지만, 허리부터 등 전체를 가볍게 문지르는 것도 좋습니다.

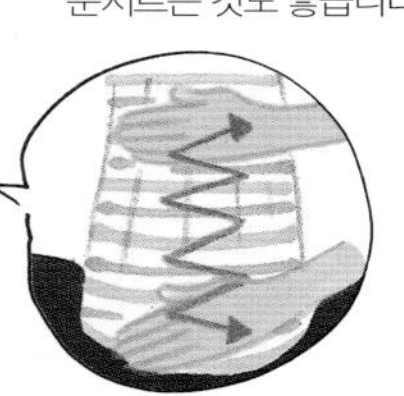

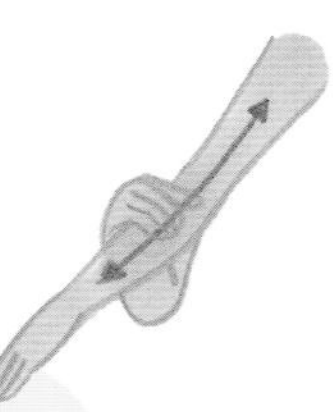

어깨·팔

의외로 힘이 들어가 굳어지기 쉬운 곳이 어깨부터 팔. 부드럽게 주무르면 긴장을 푸는 효과도 있습니다.

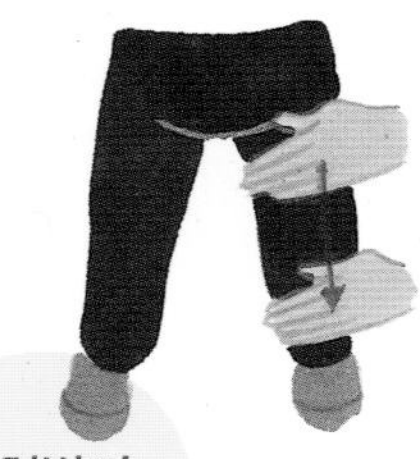

허벅지

몸에서 가장 큰 근육이 허벅지입니다. 여기가 긴장되면 몸도 경직되므로 긴장을 풀도록 가볍게 문지릅니다.

괴로운 것은 힘을 주지 말아야 할 시간, 엉덩이를 누르고 호흡으로 힘을 뺀다

진통이 진행되면 아랫배에 그만 힘이 들어가면서 힘을 주고 싶은 느낌이 강해집니다. 하지만 자궁구가 아직 7~8cm 정도밖에 열리지 않은 경우에는 힘을 줘도 아이는 나올 수 없고 회음이나 산도에 크게 부하가 걸려 찢어지기 쉬워집니다. 감각적으로는 배변하고 싶어도 참아야 할 때와 비슷한 상황으로 매우 괴로운 시기입니다.

이때 힘주기를 참는 가장 유효한 방법은 항문 부분을 꾹 눌러 압박하는 것. 숨을 내쉬고 몸의 힘을 빼거나 중력의 힘을 반대로 이용해 옆으로 눕거나 네발 자세를 취하는 것도(170쪽 참고) 유효합니다.

3 몸도 마음도 냉정하게

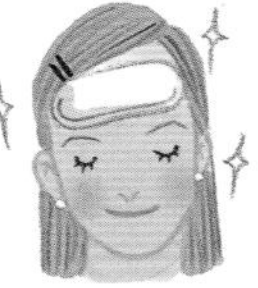

통증으로 패닉 상태가 되면 더욱 통증을 강하게 느끼는 법입니다. 머리를 식히고 냉정해집시다. 또한 눈을 감기보다 뜨는 편이 주의를 딴 데로 분산시킬 수 있습니다.

잡담을 한다

얘기를 하면 숨을 내쉬기 쉬워집니다. 아이가 태어나는 즐거움에 대해 얘기해보세요.

긴장을 푼다

산도는 이완하면 벌어집니다. 기본은 숨을 내쉬는 것이지만, 남편 손이나 타월을 꼭 잡거나 물을 마시거나 손발을 따뜻하게 하는 것도 효과가 있습니다.

음악을 듣는다

클래식 음악뿐만 아니라 기분이 좋아지는 자기만의 음악을 들으세요. 소리를 내어 노래를 부르는 것도 좋습니다.

아로마로 기분 전환

좋아하는 아로마 오일을 준비해서 타월에 한두 방울 떨어뜨리고 향기를 맡으면 간편해요.

힘주는 것을 참는 테크닉

항문 주변을 강하게 누른다

회음부부터 항문 주변을 강하게 누르면 편해집니다. 친정엄마든 남편이든 도와줄 사람이 있으면 주먹이나 테니스공을 써서 눌러달라고 합니다. 테니스공을 엉덩이 밑에 깔고 앉는 방법도 있습니다. 아이 머리를 눌러 위로 되돌린다는 감각으로 눌러보세요.

테니스공으로 누른다

눌러줄 사람이 없으면 테니스공을 엉덩이 밑에 두고 꾹 누르듯 무릎을 꿇고 앉습니다. 엉덩이가 강하게 압박을 받으면 안심할 수 있고 힘을 주지 않게 됩니다.

강하게 눌러달라고 부탁한다

친정엄마나 남편에게 공이나 손으로 눌러달라고 부탁합시다. 손을 쓴다면 주먹을 쥐거나 손바닥 아래쪽을 써서 누르면 힘을 주기 쉽고 힘들지 않습니다.

호흡법으로 참기

힘주기를 참기 위해 '후–응' 호흡을 권합니다. '후–'로 숨을 내쉬고 '응'으로 가볍게 배에 힘을 줍니다. 이 한순간의 '응'으로 힘주는 것을 피할 수 있습니다.

주의를 딴 곳으로 돌린다

옆에 있는 사람과 가급적 웃을 수 있는 즐거운 이야기를 해봅시다. 이야기를 하면서 숨을 내쉬면 힘주기를 피할 수 있게 됩니다. 즐거운 상상을 하며 딴생각을 했다는 사람도 있습니다.

진통, 이렇게 이겨냈다!

괴로웠던 허리 통증은 따뜻하게 해서 이겨냈습니다

원래부터 요통이 있어 탕파와 핫팩 등 찜질 용품을 지참하기는 했지만 생각보다 훨씬 더 허리가 아팠습니다. 어머니가 허리를 쓸어주시거나 뜨거운 물에 담갔다가 짠 타월로 몸을 닦아주시는 등 간호사가 무색해질 만큼 크게 활약해주었습니다! 배보다는 허리가 너무나 아팠습니다.

샤워로 몸을 데웠더니 진통이 약간 편해졌어요

본격적인 진통을 알 수 없어 집에서 참고 있었더니 병원에 도착한 지 두 시간 만에 출산! 네발 자세 등 여러 가지 자세를 취하거나 아플 때에는 이불이나 타월을 꼭 잡고 통증을 견뎌냈습니다. 샤워로 몸을 따뜻하게 데웠더니 좀 편해졌습니다.

힘을 주면 안 되는 그 시간대가 괴로웠어요

출산하기까지는 낳는 순간이 강렬하게 아플 것이라는 생각에 두려웠습니다. 하지만 실제로 괴로웠던 것은 힘을 주면 안 되는 시간대. 남편에게 항문을 주먹으로 꼭 눌러달라고 하면서 나올 것 같은 느낌을 견뎌냈습니다. 힘을 줘도 된다는 말을 들었을 때에는 정말 기뻐서 있는 힘껏 힘을 줬습니다!

통증이 약해지면
체력 재충전!

출산이 진행되지 않을 때 할 수 있는 일

진통이 약한 것은 아이를 낳을 힘이 떨어졌다는 뜻. 에너지를 충전하고 목표를 향해 출발!

'미약 진통'이 되면 체력 회복, 몸을 움직이세요

강한 진통이 계속 밀려오는 것도 힘들지만, 체력을 소모하는 건 출산이 길어졌을 때. '미약 진통'은 자궁 수축이 약해져 자궁구도 잘 열리지 않는 상태를 말합니다. 미약하다고는 하나 자궁구가 열릴 만큼 유효한 강도가 아닐 뿐 결코 통증이 없는 게 아닙니다. 진통을 다시 강하게 만들어 목표 지점을 향해 나아가기 위해서는 우선 체력이 필요합니다. 에너지를 보충하고 체력을 회복하는 것이 중요합니다. 그리고 아이가 문제없이 내려오도록 하기 위해 중력을 자기편으로 만드세요. 침대 위에서 가만히 있는 것보다 서거나 의자에 앉거나 쭈그려 앉는 등 상체를 일으킵니다. 걷거나 스쿼트를 하거나 허리를 돌리는 등 움직일 수 있으면 더욱 좋습니다. 가만히 있는 것보다 훨씬 마음을 분산시킬 수 있습니다. 몸을 따뜻하게 해서 혈액 순환을 좋게 하는 방법도 효과가 있습니다.

또한 정신적인 이유로 진통이 강해지지 않는 경우도 있습니다. 좋은 진통이 오면 아이를 만날 수 있다고 긍정적으로 생각합시다. 마음이 진통에 대해 긍정적으로 변하면 출산이 빨리 진행되는 경우도 있습니다.

진통이 약해졌을 때 출산을 촉진시키는 방법

방법 1 서기, 걷기

중력으로 아이가 내려오도록 몸을 일으키는 게 중요합니다. 병원 복도를 걷거나 손잡이를 잘 잡고 계단을 오르내리는 것도 좋습니다.

방법 2 쭈그려 앉기

천천히 앉고 일어나기, 즉 스쿼트 자세를 반복하면 아이가 내려오기 쉽고 좋은 진통을 불러옵니다. 잡을 곳을 확보하고 시도해보세요. 양발을 벌리면 고관절이 열리기 쉽게 하는 효과가 있습니다.

방법 3 에너지 보충

수분 보충과 더불어 젤리 음료, 바나나, 주먹밥, 요구르트 등 소화가 잘되고 목넘김이 좋은 것을 먹어 에너지를 보충하세요. 식욕이 없다면 한입만 먹어도 상관없습니다.

방법 4 몸을 따뜻하게 하기

몸을 따뜻하게 하면 혈액 순환이 좋아져 몸의 경직이 풀리면서 출산이 진척되기 쉽습니다. 특히 발이 차면 몸 전체가 차가워지므로 양말을 신거나 족욕을 하는 등 발을 따뜻하게 하세요.

방법 5 자기

수면은 체력 회복의 지름길. 몇 분씩 조각 잠을 자더라도 체력이 회복됩니다. 꾸벅꾸벅 졸리면 그대로 자는 것도 좋습니다.

방법 6 자궁구 자극하기

진통 도중의 내진으로 진통이 진행되는 경우도 자주 있습니다. 의사나 간호사에게 손으로 자궁구를 자극해달라고 요청하는 방법도 있습니다.

진통 촉진제를 써서 출산을 진행시키기도

체력과 마음 문제뿐만 아니라 출산 자체가 진행되지 않는 경우도 있습니다. 초산부가 30시간, 경산부가 15시간 이상 걸리는 경우를 '천연(遷延) 분만'이라고 합니다. 이때에는 진통 촉진제를 쓰거나, 그 외에 인공적으로 파수를 일으키기도 합니다. 천연 분만이 되면 엄마의 체력이 떨어져 산소가 아이에게 전달되지 않거나 파수 후 시간이 지난 경우에는 감염증을 일으키는 등 위험성이 있습니다. 그 위험을 피하기 위해 최종적으로 제왕 절개를 하는 경우도 있습니다.

진통 촉진제는 위험하지 않은가요

진통 촉진은 신중히 관리하면서 진행시키는 처치입니다

진통 촉진제를 쓸 때에는 반드시 분만 감시 장치로 자궁 수축 상태와 태아의 건강 상태를 관찰하면서 수액 양도 매우 섬세하게 컨트롤해 진통을 촉진시킵니다. 안심하고 받을 수 있는 처치이며, 진통 촉진을 해야 할 경우 의사가 반드시 설명을 해주므로 이를 잘 듣고 필요성을 이해한 후 받도록 합시다.

좀 더 신경 써요

궁금한 진통 중의 의료 처치

안전한 출산을 위해, 또한 엄마의 몸을 지키기 위해 이루어지는 의료 처치가 있습니다. 반드시 해야 하는 것은 아니지만 필요성을 알아둡시다.

-1- 도뇨

진통이 강해지면서 화장실에 갈 수 없게 될 무렵 도뇨 카테터라는 관을 요도에 넣고 소변을 빼냅니다. 이질감은 들겠지만 통증은 별로 없습니다. 방광을 비워 방광 마취를 막는 효과가 있습니다.

-2- 관장

가는 튜브를 항문에 넣어 관장액을 주입합니다. 관장을 하면 대장의 움직임이 활발해지면서 출산이 진행되기 쉬워지는 효과가 있습니다. 이를 위해 입원 시 관장을 시행하는 병원도 있고, 산도를 넓히는 처치로써 시행하는 경우도 있습니다.

-3- 제모

회음 절개 시 감염증을 예방하기 위해 음모를 깎는 처치. 전부 깎지는 않고 회음부 주변만 깎으므로 나중에 보아도 잘 알 수 없습니다. 최근에는 제모하지 않는 병원이 더 많다고 합니다.

-4- 혈관 확보

만일 긴급 제왕 절개 등 촌각을 다투는 사태가 벌어졌을 때 수액을 놓기 위해 혈관을 확보해두는 경우가 있습니다. 특별히 문제가 없으면 포도당을 넣기만 합니다. 갑자기 수혈이 필요해질 경우에도 도움이 됩니다.

미약 진통이었던 출산

사흘 걸려 출산. 진통이 멀어져 가는 것을 경험!

자궁구 3cm 크기에 입원. 그 후에도 진통 간격이 7~10분으로 줄어들지 않고 그 상태가 계속되었습니다. 입원해서 20시간 후에 파수도 했는데 진통이 줄어들면서 진행은 되지 않고……. 결국 진통 촉진제를 쓰고 나서야 진통 시작 3일 만에 출산! 절박조산으로 약까지 먹었는데 예상 외였습니다.

진통이 왔으나 일단 귀가. 22시간 진통이었습니다

진통 직전의 몸 상태가 매우 좋아 집안일도 산책도 하며 건강히 지내고 있었습니다. 진통이 시작되어 한 번 병원에 갔으나 진통이 약하고 자궁구도 열리지 않아 일단 귀가. 진통이 5분 간격이 되어 재입원했더니 자궁구는 4cm. 그 후에도 진척이 더디었으나 진통 시작부터 22시간 만에 무사히 출산. 정말 오래 걸렸습니다!

잠들었더니 진통이 진행되지 않아 간호사가 흔들어 깨웠습니다

진통이 새벽 3시에 시작돼 수면 부족인 채로 입원. 자궁구가 5~6cm일 무렵 진통도 약해지고 5분 간격이던 것이 6~7분 간격으로 멀어지며 간헐기에는 정신이 혼미해지듯 꾸벅꾸벅. 간호사가 흔들어 깨우며 주먹밥을 하나 주었습니다. 그걸 먹었더니 그때부터 진행이 되었습니다.

몸을 둥글게 말아
최대한 힘주기!

힘을 줄 때도 요령이 필요해요

힘을 주어도 된다고 하면 마지막으로 최선을 다할 때, 세상 밖으로 나오려고 애쓰는 아이를 도와주세요!

호흡을 가다듬으며 진통의 파도에 맞춰 힘을 줍니다

2분 간격으로 진통이 계속되고 자궁구가 10cm, 최대치까지 열리면 드디어 힘을 줍니다. 이때가 가장 아프고 괴롭다는 이미지가 있지만 힘주고 싶을 때 계속 참고 있다가 힘을 주어도 된다는 말을 들으면 오히려 힘이 솟는 법입니다.

중요한 것은 타이밍과 힘을 주는 방향

힘을 줄 때 양발을 크게 벌리고 턱을 내리고 엉덩이와 허리는 등받이에 꼭 붙입니다. 자궁 수축에 맞추는 게 무척 중요한데 진통 피크가 왔을 때 힘을 줍니다. 힘주는 순간은 숨을 멈추고 하복부에 힘을 꽉 줍니다.

힘을 넣는 방향은 아이 머리를 출구 쪽으로 밀어내는 느낌입니다. 몸을 비틀거나 허리를 위로 올려버리면 힘의 방향이 틀어져 아무리 힘을 줘도 아이를 밖으로 밀어낼 수 없습니다. 처음에는 힘을 주는 타이밍을 알 수 없어도 괜찮습니다. 의사의 지시대로 따르면 분명 잘할 수 있습니다.

분만대에서 힘을 줄 때의 포인트

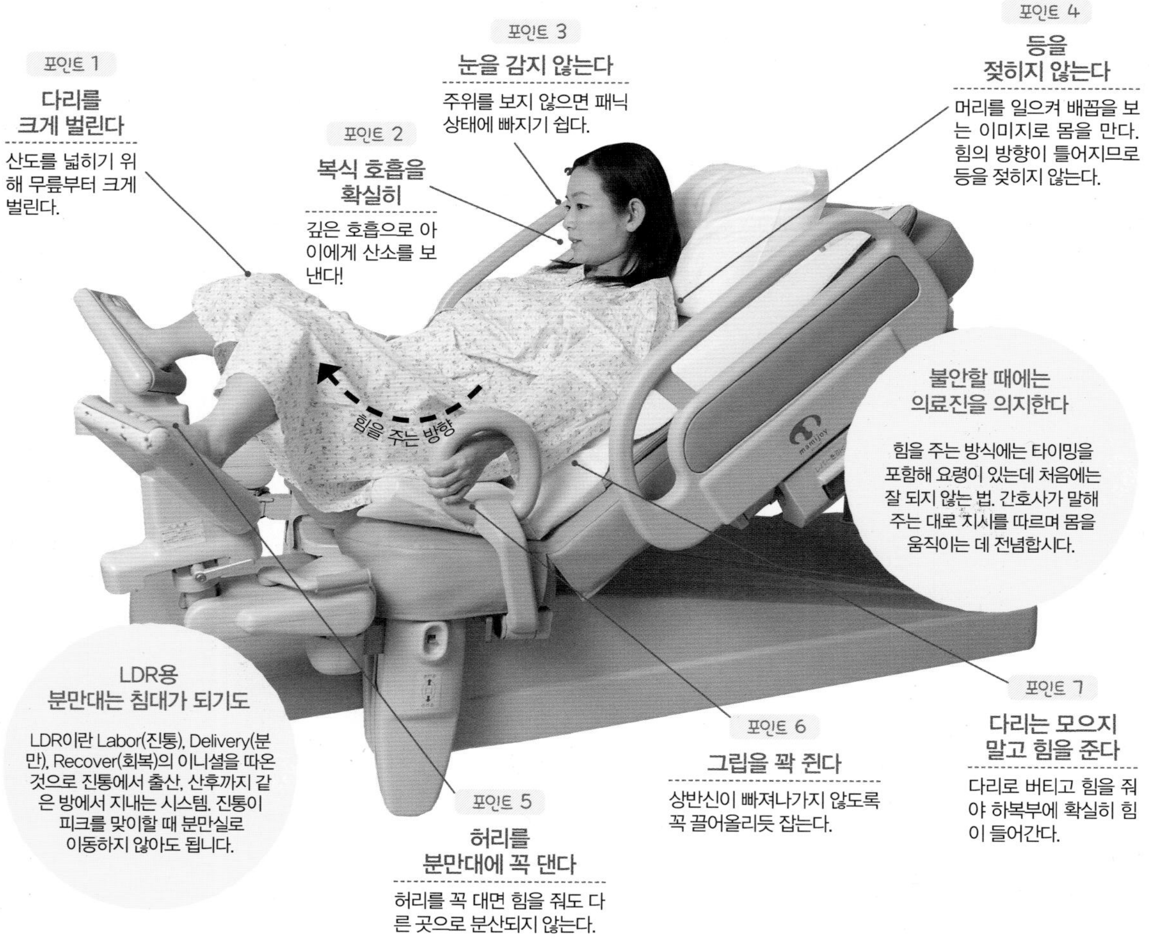

아이가 나오는 순간에는 힘을 주지 마세요

의사나 간호사가 이제 힘을 주지 않아도 된다고 하면 몸에서 힘을 빼고 호흡도 멈추는 게 아니라 짧게 숨을 내쉬도록 합니다. 그러면 곧 산도에 끼인 커다란 것이 빠져나오는 듯한 감각과 함께 아이의 머리가 나옵니다. 더 나아가 어깨에서부터 몸이 쑥 빠져나와 아이가 탄생합니다.

전신이 나온 뒤에는 몇 분~30분 이내에 다시 가벼운 진통이 일어나 태반이 나옵니다. 이로써 출산 완료입니다.

다양한 힘을 주는 자세

쭈그려 앉기

허벅지로 배를 압박하므로 낳는 힘이 강하며 아이가 내려오는 것을 촉진할 수 있습니다. 다리가 피곤해지기 쉽고 나오는 힘이 너무 세 회음 열상의 우려가 있다는 단점도 있습니다.

무릎 세우기

양 무릎을 세우고 다리를 벌린 체위로 출산하면 태어난 직후 아이를 안을 수 있습니다. 남편을 잡거나 뒤에서 안아주면 안정감이 있어 정신적으로 안심할 수 있습니다.

옆으로 향해 힘주기

자궁 아래에 있는 대동맥이 압박을 받지 않아 아이에게 산소를 공급하기 쉬운 측좌위. 회음부 열상을 막기 쉽고 천장을 보고 눕는 것보다 호흡하기 쉽다는 장점도 있습니다.

출산 시 시행되는 처치에 대해 알아둡시다

회음 절개

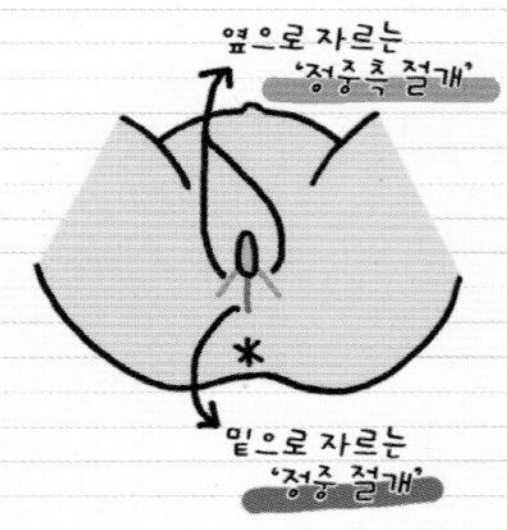

자연히 찢어지는 것보다 자르는 게 더 좋은 경우도

회음(질 출구와 항문 사이)은 호르몬 작용으로 출산 순간에는 훨씬 얇고 부드럽게 늘어나는 부분. 그러나 회음 신축성이 나쁜 경우나 아이의 심박 수가 저하될 때 등에는 회음 절개를 할 필요가 있습니다. 절개하지 않으면 자연히 열상이 생기는데 가벼운 정도라면 문제없이 봉합할 수 있지만, 심한 경우에는 항문과 직장까지 찢겨 나중에 힘들어집니다. 초산에서는 회음 절개를 하는 경우가 많은데 경산부는 하지 않는 경우가 많습니다.

의료용 가위로 3~5cm 자릅니다

절개를 결정하면 국소 마취를 합니다. 절개할 때에는 의사가 손으로 아이의 머리를 보호하므로 아이가 상처를 입을 우려는 없습니다. 절개 방법 중 일반적인 것은 질구 바로 아래에서 옆으로 자르는 '정중측 절개'. 마취 상태이기 때문에 통증은 없습니다.

출산이 끝나면 봉합

아이가 태어나 태반이 나오면 절개한 부분과 자연히 찢긴 상처를 봉합합니다. 녹는 실로 봉합하는 경우가 많으며, 이때는 실을 뽑지 않아도 됩니다. 마취하므로 대개 아프지는 않지만 통증을 느낀다면 의사에게 말하세요.

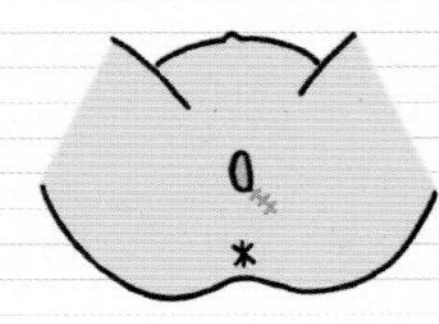

겸자 분만, 흡인 분만

아이가 잘 나오지 않을 때 끄집어내는 방법

조금만 더 있으면 나올 것처럼 아이 머리가 내려와도 출산이 장시간 진척되지 않거나 아이 상태가 나빠졌을 때 머리를 조금 끄집어내 아이를 도와줍니다. 흡인 분만이나 겸자 분만 모두 산도 출구의 저항을 줄이기 위해 회음 절개를 시행하는 것이 일반적입니다. 당기는 타이밍은 진통의 피크에 맞춥니다. 아이의 두개골은 부드러워 당기는 힘으로 머리가 길게 늘어나거나 혹이 생기는 경우도 있으나, 생후 조금 지나면 자연히 나오므로 걱정할 필요는 없습니다.

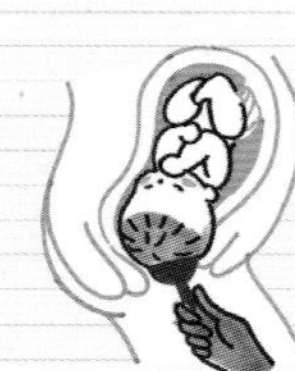

흡인 분만
아이의 머리에 실리콘 컵을 대고 컵 안을 진공 상태로 밀착시켜 꺼냅니다.

겸자 분만
큰 숟가락 같은 기구(겸자)를 좌우로 하나씩 넣어 머리를 끼우고 꺼내는 방법. 고도의 기술이 필요합니다.

배를 누른다

진통 타이밍에 맞춰 누릅니다

아이의 큰 머리가 나오는 순간, 돌파구를 열기 위한 복압이 모자라면 의사나 간호사가 배를 눌러 미는 경우가 있습니다. 자궁 수축의 피크 순간에 맞춰 힘을 줌과 동시에 타이밍에 맞춰 누르므로 '크리스텔레르 태아 압출법'이라고 부릅니다. 겸자 분만, 흡인 분만일 때 함께 시행하기도 합니다.

출산 직후의 엄마와 아기

아기가 태어나면 출산이 완료되었다고 생각하기 쉽지만 산모의 몸이 격변하는 시간은 계속됩니다.

분만대에서 2시간은 쉬고 산모의 몸 상태를 지켜봅니다

아기가 무사히 태어나 첫 울음소리가 힘차게 들려온다면 일단 안심입니다. 그 후 잠시 동안 다시 가벼운 진통이 일어나 태반이 나오면 출산이 완료됩니다.

그러나 출산하고 나서 2시간 정도는 아직 모체가 급변할 가능성이 높은 시기. 곧바로 병실로 옮기지 않고 그대로 등받이를 젖힌 분만대(LDR인 경우에는 침대 상태로 변형)에 누워 있는 까닭은 단순히 몸을 쉬게 하기 위해서가 아닙니다. 급격한 대량 출혈, 혈압 급상승 또는 급강하 등 무슨 일이 일어나면 바로 대처하기 위한 것이기도 합니다.

한편 제대를 자른 아이는 피와 체액 등을 닦고 폐에 남은 양수를 뽑습니다. 그 후 인펀트 워머(보온을 위한 침대) 위에서 호흡 상태와 피부색, 심박에 잡음이 없는지 확인합니다.

아이가 건강하다는 것이 확인된 후에는 자고 있는 엄마 옆에 아이를 뉘어 캥거루 케어를 하거나 첫 수유를 시도하는 등 모자의 유대 관계 만들기가 분만대 위에서 시작됩니다.

출산 직후에 받는 케어와 검사

Mom

태반이 나오면 회음 절개한 경우에는 봉합하고 큰 변화가 없는지 분만대 위에서 경과를 관찰합니다. 산모와 아이 모두 건강하다면 첫 안기, 첫 수유 등 감동적인 첫 장면도 분만대에서 연출됩니다.

몸 상태 체크

- 출혈 정도
- 회음 상처 상황
- 자궁 수축 정도 등

초유 물리기

아이의 입을 엄마 유두 근처에 가까이 대면 흡철 반사라 하여 아이는 본능적으로 유두를 빱니다.

몸 닦고 옷 갈아입기

출산 시 땀에 흠뻑 젖고 피와 체액이 묻은 분만복을 누운 채 벗고 몸을 타월로 닦은 다음 파자마나 입원복으로 갈아입습니다.

Q 아이스 팩 케어는 뭔가요

A 자궁이 잘 수축하지 않을 때 배 위에 아이스 팩을 올려놓고 수축을 촉진하는 경우가 있습니다. 자궁이 수축하는 것은 지혈을 위해 매우 중요하기 때문입니다. 산모의 저체온을 우려해 이를 실시하지 않는 병원도 있습니다.

Baby

엄마의 따뜻한 태내에 있다가 체온 조절력도 발달하지 않은 채 15℃ 정도 낮은 외부로 나온 아이. 몸을 따뜻하게 하는 것이 무엇보다 중요합니다. 호흡 상태, 심박 수 등을 재빨리 체크하고 따뜻한 인펀트 워머 위에 누입니다.

탯줄 자르기

아이 몸이 완전히 밖으로 나와 제대 박동이 가라앉으면 제대를 클립으로 끼워 지혈한 다음 가위로 자릅니다.

양수 빼내기

폐 안에 가득 찬 양수는 첫 호흡과 더불어 토해내지만, 아직 남아 있는 양수는 입을 통해 카테터로 빼냅니다.

몸 닦기

몸에 붙은 엄마의 혈액과 체액을 타월로 닦습니다. 체지가 많은 경우에는 이것도 닦아내지만 피부를 지키기 위해 필요하므로 남겨놓기도 합니다.

키, 체중 측정

아이의 키와 체중을 재고 나중에 어느 정도 성장했는지 기준으로 삼습니다.

Q 아프가(Apgar) 점수는 뭔가요

A 신생아의 건강함을 객관적으로 재는 지수입니다. 피부색, 심박 수, 자극에 의한 반사, 근 긴장, 호흡 수 각각 0~2점씩 주어 만점은 10점. 이 다섯 개의 판단 기준으로 문제가 있으면 곧 치료와 케어가 시작됩니다.

병실로 옮기면 엄마로서 새로운 생활을

출산이 끝나고 2시간은 분만실에서 안정을 취합니다. 자궁 수축이 불충분하면 이상 출혈이 일어나는 경우도 있으므로 자궁 수축제를 사용하기도 합니다. 그 사이에 이상이 일어나지 않으면 스트레처나 휠체어를 타거나 혹은 스스로 걸어서 병실로 이동합니다.
방에 돌아가서도 피로를 없애기 위해 푹 쉽시다. 사람에 따라서는 흥분해서 잠을 못 자거나 산후 통증이 심해서 괴롭기도 합니다. 그럴 때에는 병원 의료진에게 말을 합시다.
출산 후 6~8시간 지나면 혈압, 맥박, 체온을 다시 한번 잽니다. 그 후에는 체력 회복을 위해 힘쓰면서 수유 등 육아도 조금씩 시작되고 엄마로서의 생활이 시작됩니다.

캥거루 케어란 무엇인가요

엄마와 아이의 피부가 닿아 유대 관계가 긴밀해집니다

산후에 엄마가 직접 가슴에 아이를 안고 피부를 밀착시키는 것이 캥거루 케어. 원래는 생후 아이의 몸을 차게 하지 않기 위해 보육기가 모자라던 의료 후진국에서 시작된 것. 안은 상태에서 아이 몸을 부드럽게 만지고 젖을 물립니다. 초유가 많이 나오지 않아도 괜찮습니다. 아이는 엄마 냄새를 맡고 젖을 빨아 모유 맛을 기억하게 됩니다.

출산 직후 Q & A

Q 신생아 황달은 뭔가요

A 피부가 노랗게 되는 신생아 황달은 생후 2~3일에 생겨나는 경우가 많고, 1주일~10일 정도면 피부색으로 돌아옵니다. 대개는 생리적으로 걱정하지 않아도 되지만 황달이 심한 경우에는 입원 중에 인공적으로 자외선을 쬐는 광선 요법이 시행됩니다.

Q 후진통이 뭐예요

A 아이가 나온 다음에도 자궁 수축이 계속되는데, 이를 '후진통'이라고 합니다. 태반을 내보내기 위해 일어나며 그 후에도 자궁이 원래 크기로 돌아오기 위해 수축합니다. 일반적으로 경산부가 후진통이 강하고 제왕 절개인 경우에는 자궁에 상처가 있어 더 강한 통증을 느낍니다. 시간이 지날수록 점점 약해지지만 산후 잠시 동안 수유할 때마다 느끼는 경우도 있습니다.

Q 만약 미숙아로 태어났다면 어떻게 해야 하나요

A 미숙아인 경우는 체온 조절을 잘할 수 없어 저체온이 되기 쉽습니다. 호흡 운동도 약하고 세균 감염을 일으키기 쉬우므로 태어나면 곧바로 보육기에 넣습니다. 그래서 태어나도 바로 안을 수 없는 경우가 많습니다. 의사의 허락을 받으면 아이를 안거나 말을 걸으며 애정을 쏟아 상호 작용을 합시다.

나의 출산과 산후

3일째에 편해진 상처의 통증, '출산도 해보면 쉬운 법'입니다

회음 절개는 가급적 하기 싫었습니다. 따라서 출산 때 의사 선생님이 나오기 힘든 것 같으니 절개를 하겠다고 했을 때 충격이었지만, 마취를 해서 그 순간의 통증은 없었고 이튿날까지 회음부 방석을 쓰고 3일째부터 통증이 거의 없었습니다. 출산 전에는 그렇게 무서웠는데 거짓말 같았습니다!

빈혈이 심해져 기대지 않으면 설 수 없었어요

진통을 못 느낄 정도로 남편과 잡담을 하느라 정신이 없었습니다. 알아챘을 때에는 바로 입원해야 할 타이밍! 입원하고 나서 4시간 만에 순산했습니다. 산후에는 빈혈이 심해 혼자서 움직일 수 없었고 자리에서 일어날 때 어머니의 부축을 받을 정도라 모유 수유할 때 외에는 모두 어머니에게 부탁해 도움을 받았습니다.

"오로가 이런 거야?" 하던 중에 쓰러져 구급차에 실려 갔어요

산후에는 어머니가 오셔서 집안일 등을 도와주셨는데 내가 열심히 해야지 하고 긴장했었나 봅니다. 오로가 많다는 생각을 했지만, 아이 돌보는 게 우선이라 진찰도 받지 않다가 어느 날 화장실에서 쓰러져 구급차로 병원에 실려 갔습니다. 산후 무리는 금물. 자기 몸을 소중히 해야겠다고 통감했습니다.

10명 중 3명은
제왕 절개 출산!

제왕 절개를 해야 하는 경우

임신 중에 문제가 없어도 제왕 절개를 해야 하는 경우가 있습니다. 만약을 위해 수술의 흐름을 알아두면 안심할 수 있습니다.

아이와 엄마의 안전을 최우선으로 하는 수술

자연 분만이라면 아이는 진통의 파도를 타고 엄마의 자궁구에서 질을 통해 세상에 나옵니다. 그러나 아이가 나오지 못하는 경우에는 엄마의 배를 절개해 아이를 꺼내는 수술을 시행합니다. 이 수술이 '제왕 절개'입니다.

출산 때에는 언제 어떤 일이 일어날지 알 수 없습니다. 임신 중에 아무런 문제가 없어도 출산 때 예기치 못한 문제가 발생할 수도 있습니다. 출산 때에 가장 중요한 것은 엄마와 아이의 생명을 지키는 것. 제왕 절개는 아이를 안전하게 낳기 위한 출산 방법의 하나로, 현재 임신부 중 약 30% 이상이 제왕 절개로 출산합니다.

제왕 절개에는 임신 중에 이미 정해져 계획적으로 시행하는 '예정 제왕 절개'와 출산 도중에 결정되는 '긴급 제왕 절개'가 있습니다. 임신 중에 아이 머리가 커서 골반을 빠져나오지 못하는 '아두 골반 불균형'이나 태반이 자궁 출구를 막는 위치에 있는 '전치태반' 등임을 알게 된 경우에는 예정 제왕 절개를 실시합니다.

그 외에 역아, 다태아(쌍둥이, 세 쌍둥이 등), 산도를 막는 자궁 근종이 있는 경우, 자궁 기형이 있는 경우, 이전 출산 때 제왕 절개를 했던 경우 등도 예정 제왕 절개를 합니다. 지금은 초음파 검사 등으로 자궁 속 상황과 배 속 아이 상태를 잘 알 수 있습니다. 이에 따라 사전에 제왕 절개를 선택하는 경우가 늘고 있습니다.

수술은 충분한 설명을 듣고 결정하세요

임신 중에 제왕 절개가 필요하다고 판단한 경우에는 왜 수술을 해야 하는지, 자연 분만이 가능한 상황이라면 어느 정도 위험한지 등을 의사에게 충분히 설명을 듣고 납득한 다음 수술을 받아들이는 게 중요합니다. 불안한 점, 의문 나는 점이 있으면 어떤 것이든 의사에게 물어 걱정을 남기지 않도록 합시다.

또한 출산 때가 되어 긴장하지 않기 위해 수술 전 처치와 실제 수술의 흐름, 수술 후 몸 상태와 입원 중 지내는 방식 등 제왕 절개에 대한 일련의 흐름을 예습하고 마음의 준비를 해 두는 것도 중요합니다.

제왕 절개의 주요 이유

자궁 수술을 한 적이 있다

이전 출산 시에 제왕 절개를 했던 사람이나 자궁 근종 등으로 자궁 수술을 받은 적이 있는 사람은 자궁의 상처 부분이 얇아져 진통으로 자궁 파열을 일으킬 가능성이 있습니다.

전치태반

전치태반은 태반이 자궁구를 막는 위치에 있어 아이가 나올 수 없으므로 예정 제왕 절개를 합니다.

역아

역아일 경우 가장 큰 머리가 마지막에 나와야 하므로 분만에 어려움이 있고 탯줄 압박의 가능성이 높아 아이에게 산소와 영양을 제대로 공급하지 못할 수도 있기 때문에 제왕 절개를 선택하는 경우가 많습니다.

다태

쌍둥이나 세 쌍둥이인 경우 출산 중에 둘째 이후의 아이 상태가 나빠지기 쉽고 후유증이 남는 경우가 있어 제왕 절개를 하는 게 대부분입니다.

모자 둘 중 하나에 병이 있다

엄마나 아이에게 중대한 병이 있다면 몸의 부담을 덜기 위해 미리 제왕 절개로 출산을 선택하는 경우가 있습니다.

자궁 근종

자궁 출구 부근에 근종이 있으면 산도를 통과할 수 없어 아이가 잘 빠져나오지 못하는 경우가 있습니다. 근종의 크기와 생긴 장소에 따라 제왕 절개를 하기도 합니다.

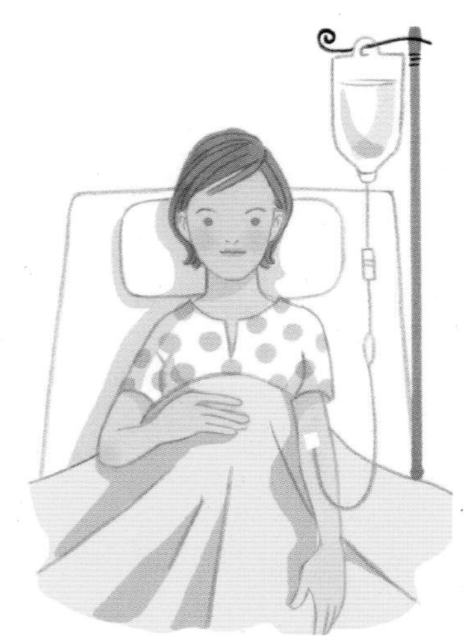

출산 중 제왕 절개를 해야 하는 경우

임신 중에 특별한 문제가 없었던 사람이라도 진통이 오고 출산이 시작되고 나서 문제가 생기는 경우도 있습니다. 그때에 시행하는 것이 '긴급 제왕 절개'입니다.

긴급 제왕 절개가 되는 이유는 출산 전에 갑자기 태반이 떨어지는 '상위 태반 조기 박리'나 '제대 압박' 등으로 아이가 괴로워하는 경우가 있습니다. 이 상태가 되면 아이에게 산소가 공급되지 않으므로 최대한 빨리 아이를 꺼내야 합니다.

또한 자궁구가 열리지 않아 아이가 내려오지 않는 '연산도강인'이나 아이가 회전하면서 산도를 통해 내려오지 않는 '회전 이상', 아두 골반 불균형이나 원인 불명으로 출산 진행이 멈춰버리는 '분만 정지', 아이 상태가 악화된 경우에도 제왕 절개로 전환합니다. 언제 수술로 전환할지는 엄마와 아이 상태를 보고 의사가 판단합니다.

긴급 제왕 절개를 해야 하는데 의료진과 수술 설비가 불충분한 병원이라면 곧바로 수술을 시행할 수 있는 시설을 갖춘 병원에 구급차로 이송하는 경우도 있습니다.

보통 제왕 절개 때는 하반신 통증만을 제거하는 요추 마취를 시행합니다. 산모의 의식도 분명하고 아이의 첫 울음소리를 듣고 얼굴을 볼 수도 있습니다. 다만 일각을 다투는 긴급 제왕 절개라면 전신 마취를 시행하는 경우도 있습니다.

긴급 제왕 절개의 주요 이유

분만 정지, 연산도강인

진통 개시 후 출산 진행이 멈춘 경우로 흡인 분만이나 겸자 분만이 불가능한 상황에서는 제왕 절개를 선택합니다.

태반 조기 박리

원래는 아이가 태어난 다음에 떨어지는 태반이 아이가 배 속에 있는 동안 떨어져 버리면 모자 모두 위험한 상태가 되므로 한시라도 빨리 처치가 필요합니다.

아이 상태가 나빠졌을 때

아이에게 문제가 생겼을 때 더 이상의 출산 진행이 어렵다는 의사의 판단이 있을 경우에 제왕 절개를 합니다.

출산이 길어져 모체가 위험할 때

장시간의 진통으로 산모의 체력이 더이상의 출산을 진행하기 어렵다고 판된되면 제왕 절개를 선택합니다.

아이의 회전이 잘되지 않을 때

역아라고 무조건 제왕 절개를 하지는 않지만 자연 분만이 어렵다고 판단되면 제왕 절개를 합니다.

나의 제왕 절개 출산기

상처가 아팠지만 아이를 만난 것으로 모두 OK

자궁 근종 때문에 제왕 절개를 하기로 결정. 자연 분만을 해볼까 고민한 시기도 있었지만 아이가 건강하게 태어나는 것이 제일 중요한다고 판단했어요. 산후에 수술 부위가 아팠지만 기다리던 아들을 만나 한없이 행복합니다.

약한 진통이 오래가고 자궁문이 열리지 않아 출산 중 긴급 제왕 절개

임신 25주 때 역아로 진단되어 역아 돌리기에 좋다는 체조 등 여러 가지를 시도해서 30주 즈음에 제자리를 찾아서 한시름 놓았었죠. 그런데 출산 중 자궁 입구가 좀처럼 열리지 않고 미약 진통만 거듭되어 긴급 제왕 절개를 하였습니다. 힘든 출산이었지만 아이가 무사히 태어나줘서 감사합니다.

마지막에 자궁 입구가 더 이상 열리지 않아 긴급 제왕 절개

자궁 입구가 9cm까지는 열렸는데 그 이상은 열리지 않고 아이가 나오지 못해서 더 이상은 무리라고 생각하고 진통이 시작된 지 2일째 긴급 제왕 절개를 결정. 체력이 모두 소진되어 기절하다시피 수술대로 이동. 하지만 아이가 매우 건강하게 태어나서 다행입니다.

긴장하지 않도록 수술의 흐름을 알아두세요

제왕 절개로 출산할 경우 일반적으로는 전날 입원해서 검사를 받고 저녁 식사 후에는 절식을 합니다. 당일은 수술 전에 태아 상태를 체크하고 수액 등 필요한 처치를 받습니다. 수술이 시작되고 나서 평균 5분이면 아이를 꺼냅니다.

제왕 절개에 의한 출산에서도 산모의 건강에 문제가 없으면 출산 후 바로 아이와 함께 지내도록 하는 병원이 늘고 있습니다. 아이가 나오면 태반 등을 꺼내는 처치를 한 다음, 자궁과 복벽을 봉합함으로써 수술은 종료됩니다. 수술 개시부터 종료까지 1시간 정도 걸립니다.

산후에는 자궁 수축제와 항생 물질, 진통제 등을 투여해 안정을 취하게 합니다. 다만 수술 후에는 하지 혈류가 나빠져 혈관이 막히기 쉬우므로 예방을 위해 안정 기간에는 발 마사지를 자주 하고 이튿날부터 조금씩 보행 연습을 시작합니다. 산모의 회복 정도를 봐서 수술 이튿날부터 죽을 섭취하고 아이를 돌보기 시작합니다. 수술 경과에 문제가 없으면 수술 1주일 정도 후에 퇴원합니다.

수술 흐름 등은 의사가 사전에 설명을 하지만, 입원부터 퇴원까지 일련의 과정을 알아두면 안심할 수 있습니다.

제왕 절개 과정

제왕 절개의 흐름

1 설명과 동의
수술 흐름과 주의점 등의 설명을 듣고 동의서에 사인을 합니다. 모르는 부분이나 걱정되는 부분이 있으면 무엇이든 의사나 의료진에게 물어 불안을 남기지 말도록 합시다.

2 수술 준비
혈액 검사와 심전도 등 수술하기 위해 필요한 검사를 합니다. 금속이나 라텍스(고무)에 알레르기가 있는 경우에는 의사에게 제대로 보고해야 합니다.

3 수액 투여 개시
수술복으로 갈아입고 혈관을 확보하기 위해 수액을 투여합니다. 그 후 수술실로 가서 아이 상태를 체크합니다.

4 마취 시작
허리에 바늘을 찔러 마취제를 주입합니다(요추 마취). 배를 절개할 부위를 제모 및 소독하고 청결한 천으로 수술할 부위 이외를 덮고 수술을 시작합니다.

5 수술 시작
처음에 복벽을 10~15㎝ 절개하고 다음으로 자궁을 절개한 뒤 의사가 배를 가볍게 눌러 서포트하면서 아이를 꺼냅니다. 배를 절개할 때에는 세로로 자르는 방법과 가로로 자르는 방법이 있습니다.

아이 탄생
태반을 꺼냅니다.

6 자궁과 복벽 봉합

수술 후 몸과 생활

이튿날부터 서서 걷는다
수술 후 긴 시간 움직이지 않으면 하지 혈류가 나빠져 혈관이 막힐 우려가 있습니다. 그 때문에 수술 이튿날부터 조금씩 움직이고 걷는 연습을 시작합니다. 아이를 돌보는 일도 개시합니다.

식사도 이튿날부터
수술 이튿날 정도부터 대장이 움직이기 시작하므로 처음에는 수분을 섭취하고 그 후 유동식, 죽으로 단계를 밟아 일반 식사로 전환합니다.

아이 돌보기
수유와 아이 돌보기는 수술 이튿날부터 시작(첫 수유는 당일 또는 이튿날부터 OK. 간호사의 도움을 받아 초유를 먹입니다). 엄마 몸 상태를 보면서 무리하지 않도록 조금씩 시작합니다.

샤워, 목욕
샤워는 의사의 허락을 받으면 수술 3~4일 후부터 가능합니다. 잡균 등이 들어가지 않게 상처에 방수 반창고를 붙입니다. 욕조 안에 들어가는 것은 1개월 검진이 끝나고 나서.

제왕 절개 Q & A

Q 수술 예정일보다 먼저 진통이 시작되면

A 전치태반이나 아두 골반 불균형 등 자연 분만이 불가능한 경우에는 진통과 파수가 시작되면 긴급 제왕 절개를 합니다. 긴급 제왕 절개인 경우 그 이유에 따라 수술의 긴급도가 다르며 매우 급박(15분 이내), 30분~1시간 이내, 3~4시간 이내 등 수술 개시까지 시간이 다릅니다.

Q 출산 통증이 무섭다면 제왕 절개를 해도 되나요

A 원칙적으로 제왕 절개는 '자연 분만으로는 아이를 안전하게 낳기 어렵다'고 진단을 받은 경우에 시행하는 것입니다. 의학적으로 제왕 절개를 할 필요성이 없는 경우에는 시행하지 않습니다. 통증이 너무 무섭다면 마취 분만을 고려하세요.

Q 제왕 절개 시 세로 절개와 가로 절개는 어떻게 다른가요

A 가로로 자를 경우 치골 조금 위를 자르고 상처가 눈에 띄지 않는다는 장점이 있습니다. 한편 세로로 자르면 수술하는 시야를 넓게 확보할 수 있어 안전성이 높아지므로 긴급 제왕 절개라면 세로로 자르는 경우가 많습니다. 배를 세로, 가로 어느 쪽으로 자르든 자궁은 옆으로 자르는 게 원칙.

Q 첫째를 제왕 절개로 낳았다면 둘째도 제왕 절개를 해야 하나요

A 이전 출산 시 제왕 절개를 한 원인에 따릅니다. 자궁 기형이나 좁은 골반 등 모체 쪽에 원인이 있었다면 다음 출산에서도 제왕 절개를 할 가능성이 높습니다. 한편 역아나 태아 상태가 좋지 않아 제왕 절개를 했으나 다음 출산에서는 아이 상태나 임신 경과에 문제가 없다면 드물기는 하지만 자연 분만에 도전하는 경우도 있습니다. 다만 자궁 파열 위험이 높아 지금은 거의 시행하지 않습니다.

Q 자연 분만과 제왕 절개, 아이의 성장에 영향을 미치나요

A 분만 방법의 차이로 인해 아이 성장에 차이가 생기는 등 장래에 영향을 주지는 않습니다. 수술 시 마취의 영향도 걱정할 필요는 없습니다. 다만 조산인 경우 제왕 절개와 자연 분만 어느 쪽이든 생후 잠시 동안 아이의 호흡과 상태가 불안정할 수도 있습니다.

Q 제왕 절개가 출산이 편한가요

A 예정 제왕 절개는 진통으로 힘들지는 않습니다. 하지만 개복 수술이라 수술 후 상처 부위의 통증이 있어 곧바로 움직이거나 식사를 할 수 없습니다. 몸에 주는 부담은 자연 분만보다 크고 입원 기간이 2~3일 더 깁니다. 사람에 따라 다 다르므로 어느 쪽이 더 편하다고는 할 수 없습니다.

Q 역아라도 제왕 절개를 하지 않는 경우가 있나요

A 역아일 경우 제왕 절개를 하는 것이 대부분입니다. 역아인데도 자연 분만을 할 경우 파수가 일어날 때 먼저 제대가 나와 버리는 '제대 탈출'이 일어날 가능성이나 마지막에 머리가 걸려 나오기 힘든 위험이 있을 수 있어요. 다만 경산부라면 자연 분만에 도전하는 경우도 있으니 주치의와 상담해보세요.

column4

알고 싶어요! 다양한 출산 방법

분만실 입회

곁에 있어주는 사람의 격려로 통증을 이겨내는 출산

진통부터 아이 탄생 때까지 남편(혹은 어머니 등)이 곁에서 입회하는 출산. 그저 서서 지켜보고 있는 것이 아닙니다. 진통 중 조금이라도 편안해지도록 등을 쓸어주거나 힘을 주면 안 될 때 항문 주변을 강한 힘으로 눌러주기도 합니다. 통증을 느끼지 않더라도 거의 함께 낳는 것과 마찬가지. 따라서 입회하는 사람은 출산 흐름을 잘 이해해두세요. 그리고 가장 중요한 것은 애정. 애쓰는 아내를 있는 힘껏 돌봐주세요.

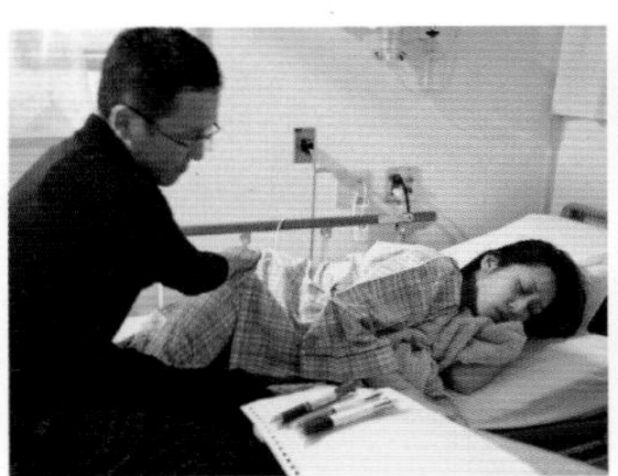

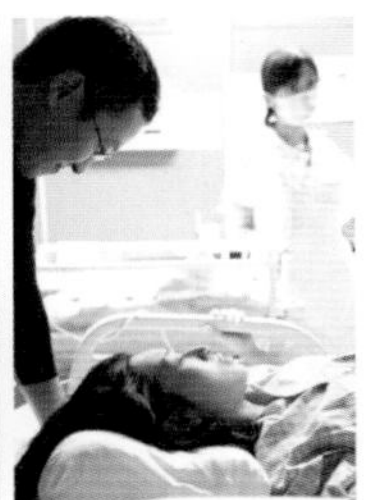

땀을 닦거나 마실 것을 챙겨 주는 등 아내가 스스로 할 수 없는 것을 돕는 것이 남편이 해야 할 일입니다.

남편의 마음가짐 다섯 가지

1 출산 동안에는 아내의 말을 듣는다

진통 중 여성은 그때까지 경험하지 못한 통증과 싸웁니다. 평소에는 하지 않던 투정을 할지도 모릅니다. 이때만큼은 거스르지 말고 모두 받아줍시다.

2 출산 흐름을 파악해둔다

지금 모체가 어떤 상태인지, 아이는 어떻게 되는지 이해해두면 도움을 주는 방식도 달라질 터. 처음 가는 장소의 지도를 봐두는 것이나 마찬가지입니다.

3 체력을 유지하고 몸 상태를 조절해둔다

입회하는 남편이 출산 도중에 몸 상태가 나빠지면 아내도 병원 의료진도 곤란해집니다. 출산 예정일이 가까워오면 아내뿐 아니라 자신의 몸 상태도 조절해둡니다.

4 입회하지 못하더라도 육아에 힘쓴다

시간이 맞지 않아 입회하지 못할 수도 있습니다. 그러나 그다음에 해야 하는 육아 기간이 훨씬 더 깁니다. 태어난 아이를 한껏 안아주고 아내를 위로해줍니다.

5 아내와 아이를 사랑하는 마음을 표현한다

엄마가 된 아내와 태어난 아이를 사랑하는 마음이 저절로 솟아난다면 정직하게 말과 태도로 이를 표현하세요. 분만실 입회는 이벤트가 아니라 유대 관계를 끈끈하게 만드는 시간입니다.

프리스타일 출산

천장을 향해 눕는 게 아니라 자유로운 자세로 낳는 방법

분만대에서 천장을 향해 누워 낳는 것만이 출산 방법이 아닙니다. 네발 자세나 서서 누군가를 잡거나 혹은 옆으로 향해 눕는 등 낳을 때 본인이 가장 편한 자세로 낳는 것이 프리스타일 출산입니다. 다만 아이 상태가 악화되었을 때의 발견과 처치가 늦어질 위험성이 있습니다. 병원에서는 안전상의 이유나 시설 제약 때문에 희망하더라도 할 수 없는 경우도 있으니 탄생 플랜 상담을 할 때 가능 여부를 물어보도록 합시다.

액티브 분만

낳는 순간의 자세를 정하지 않고 변화해가는 자기 몸 상황에 맞춰 자세를 바꿔 낳는 스타일.

수중 분만

전용 온수 욕조에 하반신을 담그고 물속에서 출산하는 방식. 온수와 수압으로 이완할 수 있습니다. 다만 모자 양쪽에 감염 리스크가 있으므로 주의.

호흡법 등

이미지 트레이닝이나 호흡법을 이용하여 분만 통증을 완화

호흡 방법이나 이미지 트레이닝 등으로 통증을 완화시키는 방법이 있습니다. 대표적인 것이 소프롤로지 분만으로, 통증을 아이를 맞이하기 위한 감각으로 파악하고 깊이 명상하며 진통을 이겨냅니다. '히히후' 호흡으로 알려진 라마즈법은 호흡에 집중하여 통증을 컨트롤하는 방법. 이미지 트레이닝도 몇 가지 방법이 있습니다. 물론 이것만으로 통증이 사라지는 것은 아니지만 몸과 마음을 이완함으로써 통증을 완화시킵니다.

PART

6

엄마에게도 아이에게도 중요한 시기

산모의 몸과 마음 가꾸기

출산은 목표 지점이 아니라 새로운 생활의 시작. 아이를 낳은 후에는 정신없는 나날이 시작됩니다. 행복하지만 조금 힘든 산후 생활을 안심하고 지낼 수 있도록 임신 중에 예습하고, 또 산후에도 걱정이 된다면 이 책을 열어보세요.

출산 직후의 엄마 몸과 마음

출산을 마친 산모의 몸은 상상 이상으로 지친 상태입니다. 퇴원할 때까지 짧은 기간이지만 가급적 회복할 수 있게 하세요.

산후 직후에는 무조건 쉬어야 합니다. 무리하지 말고 의사에게 물어보세요

아이가 태어나고 태반이 나온 다음 처치를 하면 2시간 정도는 분만대에서 안정을 취하고 상태를 지켜봅니다. 출혈이나 몸 상태에 변화가 없는 경우에는 입원실로 옮깁니다. 출산 당일에는 신생아실에서 아이를 맡아주는 경우가 많고, 모자 동실인 경우에도 아이는 아직 자고 있는 시간이 대부분. 이때 엄마는 몸을 푹 쉬어야 합니다.

산후 6~8시간이 지나면 배뇨가 잘 안 되더라도 서서히 감각이 되돌아오므로 문제없지만, 출산할 때 방광이나 요도, 골반저근 등이 다치지는 않았는지 체크하기 위해 자기 힘으로 배뇨하는 것이 중요합니다.

산후 자궁 수축인 '후진통'은 필요하지만, 모유 수유를 하면 수축하므로 수유할 때 배가 아프기도 합니다. 일반적으로 초산부보다 경산부가 통증이 심하며 아파서 괴로운 경우에는 자궁 수축제 투여를 중지할 수 있으므로 의사에게 문의해보세요.

가급적 입원 중에 출산의 피로를 푸세요

출산을 끝낸 산모의 몸은 흥분 상태입니다. 새빨간 오로가 나오고 여기저기 근육통을 느낄지도 모릅니다.

또한 지금까지 태반에서 대량으로 나오던 '임신을 유지하기 위한 호르몬'이 급격히 멈춰 몸 상태도 바뀝니다. 산후 몸은 출산에 의한 소모를 회복함과 동시에 육아를 할 수 있는 몸이 되려고 굉장한 속도로 변화해갑니다.

그런 변화에 쫓아가기 위해서도 입원 중에는 아무튼 몸을 쉬게 하여 체력을 회복시킵시다. 다만 출산 시의 흥분이 가라앉지 않아 잠을 이룰 수 없거나 모자 동실인 경우에는 아이가 울어 잘 쉴 수 없을 수도 있습니다. 의사에게 어떻게 하면 쉴 수 있을지 상담해보는 것도 좋습니다. 입원 중에는 육아에 지나치게 힘쓰지 말고 몸의 회복을 우선하여 지냅니다.

출산 직후 Q & A

Q 회음 절개 부위가 볼일 볼 때 벌어지지 않을까요

A 봉합을 잘하므로 상처가 벌어지지 않습니다. 다만 변비이거나 변이 딱딱한 경우에는 두려움을 느낄지도 모르니 이런 경우에는 의사에게 상담해 약을 처방 받읍시다.

Q 모유는 출산 이후 금방 나오나요

A 임신 중부터 모유를 만들기 위한 프로락틴이라는 호르몬이 분비되어 산후에 태반이 나오면서 분비량이 늘어 모유가 만들어집니다. 하지만 처음에는 조금씩만 나옵니다. 아이가 젖을 빠는 자극으로 점점 많이 나오게 됩니다. 초조해하지 말고 아이가 울면 수유하는 것에 익숙해집시다.

Q 출산 후에도 움직이는 편이 회복 속도가 빠르다는 게 정말인가요

A 산후에는 충분히 몸을 쉬게 해줍니다. 하지만 적당히 몸을 움직이면 자궁 회복이 빠르고 혈전증을 예방할 수 있습니다. 어떤 출산이었는지에 따라 피로 정도는 사람마다 다릅니다. 산부인과에 입원해 있는 동안이라도 확실히 쉬어두도록 합시다.

산후 몸은 이런 상태

행복하지만 좀 힘들어요

자궁 상태

아직 안쪽에는 상처가 가득

태반은 혈관 덩어리와 같습니다. 태반이 떨어진 후에는 많은 출혈점이 노출되어 자궁 안쪽에는 커다란 상처를 입은 상태입니다. 산도가 되는 자궁 경관부터 질에 거쳐 작은 상처가 남아 있으므로 그곳에서도 출혈이 잠시 지속됩니다.

전신 상태

변화가 격심하므로 혈압, 소변을 체크

출산 후에는 자궁과 유방 같은 부위만이 아니라 혈압 등도 변화하는 경우가 있습니다. 출산 시간이 길어진 경우 등은 방광이 강하게 압박을 받아 방광 마비가 일어날 수도 있으므로 혈압과 배뇨 상태도 체크합니다.

정신

행복이 가득하지만 불안정

아이를 맞이한다는 환경 변화와 더불어 호르몬 균형이 급격히 변화하므로 눈물이 멈추지 않거나 불안감이 갑자기 강해지는 경우도 있습니다. 이는 원래 성격과는 별로 관계없이 일어나는 경우도 있습니다. 남편과 조산사와 얘기를 나눠 감정을 억누르지 않도록 합니다.

유방, 유두

급격히 부풀지만 출구가 열려 있지 않은 경우도

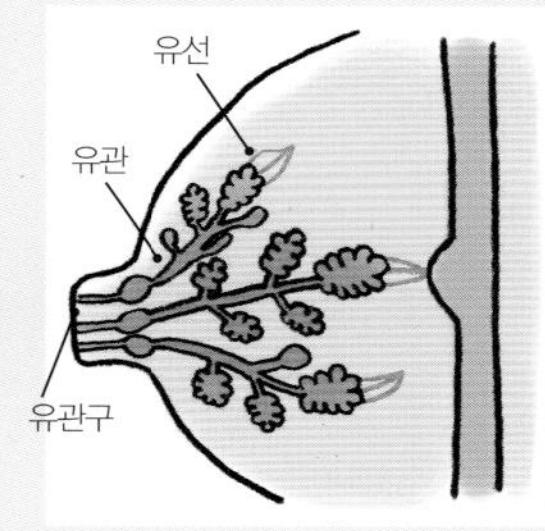

출산이 끝나면 동시에 유선에서는 모유가 만들어지기 시작해 유방이 부푼 상태가 됩니다. 다만 초산이라면 출구가 되는 유관구가 모두 열려 있지 않아 금방 많은 젖이 나오지 않는 경우가 많습니다. 아이가 엄마의 젖을 빠는 자극으로 모유를 만드는 호르몬이 나오므로 적극적인 수유를 통해 모유가 잘 나오는 사이클을 만들어가세요.

회음 절개 후

통증은 있지만 상처는 급속도로 치유

회음 절개 후 봉합을 하고 상처를 청결히 유지한다면 3일 정도 지나 치유됩니다. 첫 며칠간은 통증이 있을지도 모르나 서서히 좋아집니다. 봉합은 자연히 녹는 실로 하는 경우가 많아 따로 실을 뽑지 않아도 되지만, 이질감이 계속 남아 있는 것 같으면 의사에게 상태를 봐 달라고 요청하세요. 배변 시 조금 힘을 주더라도 큰 문제는 없으니 안심하세요.

제왕 절개 후

통증이 심할 때에는 진통제를

제왕 절개의 경우 통상적인 후진통과 더불어 몸을 앞으로 숙일 때 복벽 통증을 강하게 느끼기도 합니다. 통증이 강하면 체력이 소모되므로 아플 때에는 너무 참지 말고 진통제로 통증을 완화시킵시다.

출산 입원 중에는 무엇을 하나요

퇴원하면 아이와의 본격적인 생활이 기다리고 있습니다. 입원 중에 아이 돌보기도 조금씩 배워갑시다.

의외로 바쁜 입원 생활

출산 당일에는 편안히 쉬고 그 이튿날부터 입원 생활이 시작됩니다. 출산 입원에서는 몸의 회복과 더불어 아이를 돌보는 방법을 익혀야 할 중요한 시기입니다. 안기, 수유, 기저귀 갈기, 목욕시키기 등 아이를 돌보는 기본적인 방법은 입원 기간 동안 마스터해둡시다.

모유 수유를 권장하는 산부인과에서는 수유나 가슴 마사지를 통해 유선구를 여는 방법을 알려줄 거예요. 하지만 아직 모유 분비량이 많지 않고 아기도 엄마 젖을 빠는 데 서투르기 때문에 생각만큼 잘되지 않을지도 모릅니다. 하지만 아기가 엄마 젖을 빨면 빨수록 모유의 흐름이 좋아지고 아기도 차츰 잘 빨게 되므로 입원 중에 엄마도 아기도 모유 수유에 익숙해지도록 합시다.

아기와 함께 병실에서 지내는 경우는 밤낮으로 아기를 돌봐야 하므로 산모는 제대로 회복하기 힘듭니다. 하지만 지금은 출산으로 지친 산모의 몸을 회복하는 것이 더 중요합니다. 충분히 수면을 취할 수 없으면 간호사나 가족과 상의해 아기를 맡기고 잠자는 시간을 갖도록 하세요. "엄마가 되었으니까"라며 처음부터 혼자서 다 하려고 하지 않아도 됩니다. 앞으로의 성공적인 육아를 위해서는 엄마의 건강이 무엇보다 중요하기 때문입니다.

출산 입원 시의 스케줄

출산 당일

충분히 휴식을 취하자

몸이 급격히 변화하는 2시간을 분만실에서 보낸 뒤 병실 침대로 이동. 모자 동반실의 경우도 그날만큼은 산모가 체력 회복에 전념하기 위해 별실을 쓰기도.

"산후, 신경 쓸 것은?"

1일째

아기 돌보기 시작

출산 다음 날부터 수유나 기저귀 갈기 등 육아 학습이 시작됩니다. 산모의 회복 상태는 내진을 포함한 진찰과 혈압, 체온을 체크하며 지켜봅니다.

"안는 것도 두근두근!"

"목욕 방법, 기억하네!"

2~4일째

샤워, 샴푸 가능

출산 2일째부터 샤워는 OK. 욕조에서의 목욕은 감염 예방을 위해 산후 1개월까지는 삼가는 것이 좋습니다. 아기 목욕 방법도 배웁니다. 아기 목욕시키기는 생각보다 힘이 드므로 아빠가 많은 역할을 해야 할 듯. 아빠도 함께 배우세요.

"퇴원 축하합니다!"

퇴원일

건강 진단 및 병원비 정산 후 퇴원

※제왕 절개의 경우는 자연 분만에 비해 2~3일 정도 더 입원하므로 대체로 출산 1주 후에 퇴원.

퇴원 전까지 아이 건강도를 체크합니다

엄마 몸과 마찬가지로 갓 태어난 아이도 나날이 변화해가므로 매일 몇 번씩 진찰을 받습니다. 아직 체온 조절을 잘하지 못하므로 체온을 자주 체크해야 합니다. 체중은 생리적 변화로 인해 생후 3일째 무렵에 한 번 줄어들지만, 그 후 다시 늘어난다면 일단 안심해도 됩니다.

또한 원시 반사도 체크합니다. 자극에 대해 의사와 관계없이 일어나는 반응으로 뇌의 기능을 보는 항목입니다. 생후 조금만 지나면 반응하지 않게 되는, 이 시기에만 볼 수 있는 귀여운 동작이기도 합니다.

●흡철 반사(빨기 반사, sucking reflex)

입술에 닿는 것을 빠는 반사. 본능적으로 엄마 젖을 빨아 영양을 섭취하기 위한 움직임입니다.

●파악 반사(쥐기 반사, grasping reflex)

손바닥과 발바닥을 만지면 만진 것을 잡으려는 움직임. 나무 등에서 떨어지지 않게 생활하던 기억이라는 설도 있습니다.

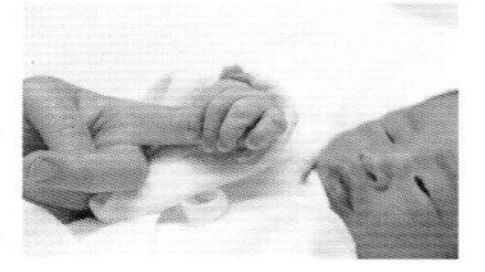

●바빈스키 반사(Babinski reflex)

신생아의 발바닥을 발꿈치에서 발가락 쪽으로 간질이면 엄지발가락을 구부리는 반면, 나머지 네 발가락은 부채처럼 쫙 펴는 반응을 보이는 것을 말하며 이것은 생후 1년 정도가 되면 사라집니다.

●보행 반사(걷기 반사 stepping reflex)

신생아의 발바닥을 평평한 바닥에 닿게 하면 걷듯이 발을 교대로 내미는 반사를 말합니다.

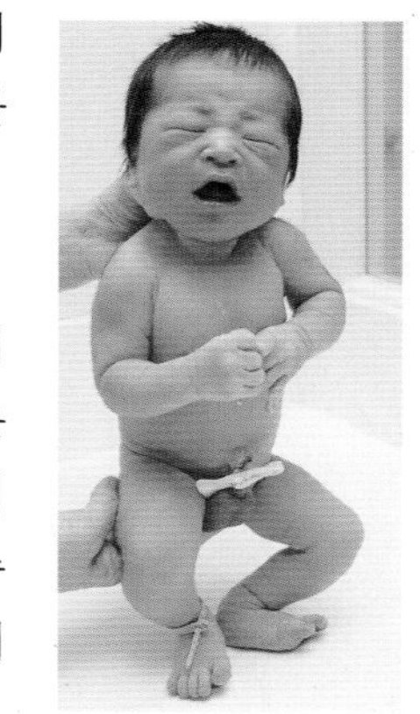

●긴장성 목 반사(tonik neck reflex)

신생아의 머리를 한쪽으로 갑자기 돌리면 머리의 뒤통수가 있는 쪽 팔, 다리는 오므리고, 턱이 있는 쪽 팔, 다리를 뻗치는 자세를 취하는 것을 말하며 생후 2주경부터 나타나기 시작해서 생후 6~8개월경 자연히 없어집니다.

●모로 반사(Moro reflex)

소리나 진동에 깜짝 반응하여 손발을 폈다가 무언가를 껴안으려는 움직임을 합니다.

입원 중 쓸모 있는 용품

담요

병실에서 개별적으로 에어컨 온도를 조절할 수 없을 경우 산모의 체온 조절 및 아기를 안을 때 편리하다.

화장품

방문 손님들과 기념사진을 찍을 때 맨얼굴도 좋다!? 아이브로와 블러셔만 발라도 건강한 인상을 준다.

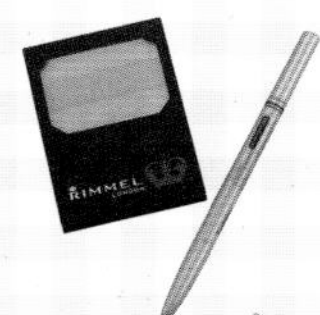

압박 스타킹

제왕 절개를 하지 않았더라도 출산 후에는 다리가 붓기 십상이다. 마사지 효과가 있는 압박 스타킹이 인기.

부채

진통 중이나 출산 후 수유 중 더운 느낌이 들 때 사용하면 몸도 기분도 편안해진다.

손톱깎이

어른용과 아기용 모두 준비해두면 안심. 갓 태어난 아기에게 손톱이 나 있다니 신기하기도.

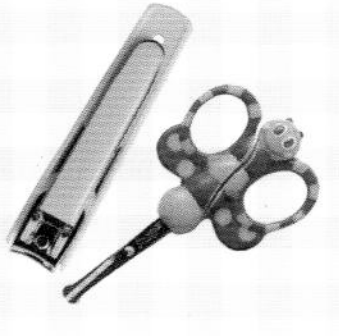

미니 토트백

입원 중에도 수유실, 진찰실, 산모교실 등 예상외로 이동이 잦으므로 소지품을 휴대하기 용이한 작은 가방을 준비한다.

카디건

문안 온 손님을 맞이할 때 환자복 위에 걸치거나 에어컨이 강한 실내라면 체온 조절 시 유용하다.

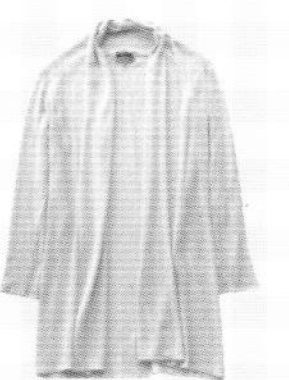

육아 일기

수유량, 아기의 대소변 날짜 등을 기록한다. 기념도 되고, 향후 육아에 참고도 된다.

입원 생활 Q & A

Q 출생 직후보다 아이의 체중이 주는 이유는 무엇인가요

A 출생 직후 아이는 모유와 분유를 마실 수 있는 양이 적은데 그 이상의 에너지를 소비하므로 생후 며칠 사이에는 태어났을 때보다 몇백 그램 정도 체중이 줍니다. 이는 생리적인 것이며, 그 후 체중이 계속 는다면 걱정 없습니다.

Q 청각 선별 검사는 무엇인가요

A 생후 이틀째 이후 시행하는 검사. 청각 선별 검사는 청각 장애가 있을 경우 보다 빨리 치료를 시작할 수 있는 장점이 있습니다. 자동 ABR이라는 기계로 아이에게 소리를 들려주고 뇌의 반응을 보아 진단하기 때문에 몸에 부담을 주지 않습니다.

퇴원 후 육아 24시간

신생아 육아는 24시간 대기 상태. 너무 무리하지 말고 건강한 육아 생활을 시작해봅시다.

오로지 수유, 안기, 기저귀 갈기로 24시간 준비 태세

퇴원하면 드디어 일상생활에서 육아가 시작됩니다. 많은 초보 맘들이 놀라는 것이 아이는 계속 쿨쿨 잠만 자는 게 아니라는 점. 안지 않으면 울거나 수유에 몇십 분이 걸리고 기저귀를 갈았다 싶으면 또 응가를 하고……. 아이를 돌보는 데 하루가 금방 지나간다고 느낄지도 모릅니다. 아이의 개성에 따라 차이는 있지만, 상상보다 훨씬 바쁜 게 신생아 육아입니다.

또한 수유는 '3시간마다' 하라고 하는데 모유 수유인 경우는 다릅니다. 아직 한 번에 많은 모유를 먹을 수 없어 조금씩 30분마다, 또 배가 고프면 먹는 식으로 반복되는 경우가 적지 않습니다. 하지만 이를 통해 아이는 능숙하게 먹을 수 있게 되고 모유도 많이 나오게 됩니다.

익숙하지 않을 때에는 돌보기뿐만 아니라 준비, 치우기, 기저귀 갈기, 옷 갈아입히기 등 모든 일에 시간이 걸리는 법. 그러므로 적어도 산후 1개월 동안은 육아 이외의 집안일은 다른 사람에게 맡기거나 최소한의 일만 하는 편이 좋습니다.

처음엔 아이를 안는 것조차 힘이 들기도 합니다. 아이도 엄마도 편안한 자세를 찾아보세요.

아이는 우는 게 일. 울어도 괜찮아요!

육아가 막 시작된 엄마들은 아이가 울면 무척 걱정이 되어 어찌할 바를 몰라 합니다. 하지만 우는 것은 아이가 자신의 감정을 표현하는 유일한 방법입니다. 조금쯤 울어도 괜찮습니다. 또한 엄마가 긴장하면 아이도 자주 운다고 합니다. 심호흡하여 마음을 편안히 하고 천천히 여유 있게 아이를 돌봅시다.

산후조리를 도와줄 사람이 없을 때는

갓난아기를 돌봐줄 사람을 찾자

퇴원 후 산모가 몸조리를 하면서 갓난아기까지 돌본다는 것은 상상 이상으로 힘든 일입니다. 아빠가 육아 휴가를 내어 함께 지내면 몰라도, 낮 육아를 엄마만 해야 한다면 도와줄 사람을 찾아야 합니다. 가족, 친구에게 부탁하거나 아기 돌봄이 서비스를 이용하세요.

산후조리원

산후조리 및 요양 등에 필요한 인력과 시설을 갖춘 곳으로, 산모나 영유아에게 급식 · 요양과 그 밖에 일상생활에 필요한 편의를 제공합니다. 우리나라에서는 핵가족 제도로 변화되는 가족 구조와 병행하여 1997년경부터 나타나기 시작했습니다.

산후 도우미

통상의 베이비시터는 아기 돌보기만 하고 집안일은 해주지 않지만, 산후 도우미는 쇼핑 대행, 빨래, 간단한 식사 준비 등도 해줍니다. 육아 경험자가 많아 육아 상담이 가능한 것도 큰 장점.

신생아·육아 24시간

모유 / 분유 / 기저귀 갈기

0:00 취침

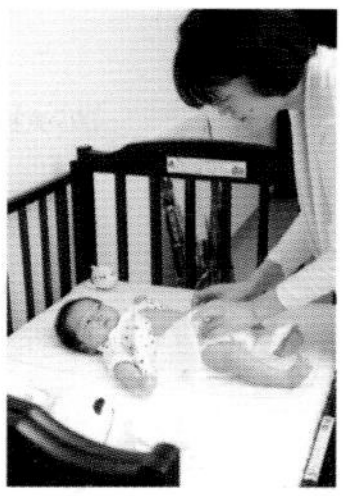

1:30 (모유·기저귀)

밤에도 2~3시간마다 수유

아직 위장이 작은 신생아. 한 번에 많이 마시지 못하고 아직 밤낮 구분이 없기 때문에 밤에도 낮과 마찬가지 사이클로 일어나 수유를 해야 하는 경우가 많습니다. 수유할 때마다 기저귀도 갈아주세요.

4:30 (모유·기저귀)

6:00

6:30 (모유·기저귀)

8:00 아침 식사 & 남편 출근

9:00 (모유·기저귀)

10:30 (모유·기저귀)

낮 동안 도와주러 올 사람을 확보하고 쉬어둡시다

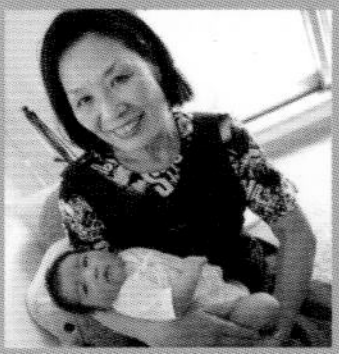

산후라도 신생아 육아는 쉴 틈이 없습니다. 친정어머니, 시어머니, 자매, 친구 등 누군가에게 도움을 청하세요. 누군가와 함께 이야기를 하는 것만으로도 긴장이 풀립니다.

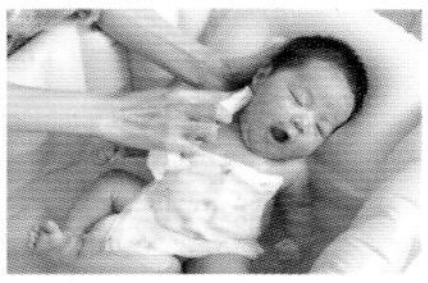

11:30 점심 식사

12:00 (모유·기저귀)

13:00 (모유·기저귀)

14:00 (모유·기저귀) ×2

15:30 (모유·기저귀)

16:00 (모유·기저귀)

17:00 (모유·기저귀·분유)

아이는 저녁부터 밤에 걸쳐 잘 보챕니다

어른도 저녁이 되면 하루의 피로가 쌓이는 것과 마찬가지로 아이도 저녁에는 잘 울며 계속 안아달라고 보채는 경우도 많습니다. 산후 몇 개월이 지나면 안정되므로 베란다에 나가 바람을 쐬는 등 기분 전환을 하며 이겨내세요.

18:00 (모유·기저귀)

19:00 (모유·기저귀·분유) 분유 50㎖를 플러스

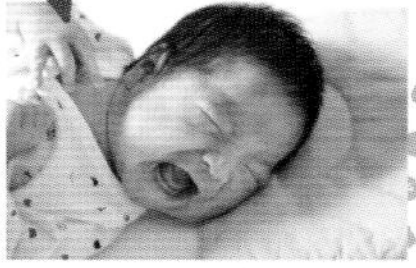

13시가 지나면 20시 무렵까지 계속 보채기

20:00 (분유) 분유 30㎖

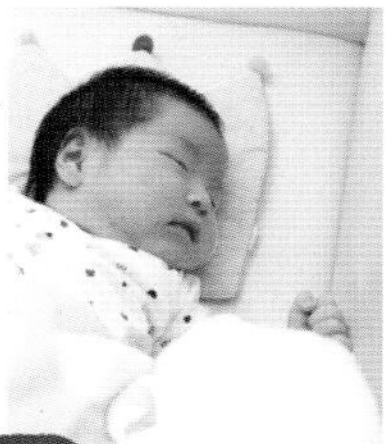

21:00 남편 귀가&저녁 식사

21:00 샤워

23:00 남편과 잡담. 마음이 놓이는 시간.

체험담 산후 1개월은 이런 생활

아기 돌보느라 죽을 맛 수유하면서 졸기도

문득 정신을 차려보면 '벌써 하루가 다 갔네……' 할 정도로 아기를 돌보느라 죽을 맛이었습니다. 처음 몇 주 동안은 아기가 별다른 표정도 짓지 않아 마음까지 힘들었지만 점점 웃기도 하고 반응을 보이니 '귀엽구나~'라고 느끼며 육아 피로가 덜어졌습니다. 너무 피곤할 때는 수유 중에 나도 모르게 꾸벅꾸벅 졸았습니다.

엄마가 먹은 것 때문? 아기가 모유를 먹지 않을 때도

모유를 먹이면서 엄마의 식습관이 아기에게 영향을 끼치지 않을까 걱정했습니다. 내가 먹은 음식 때문에 모유의 맛이 바뀌는 것인지 가끔 아기가 모유 먹는 것을 거부. 튀김과 만두를 먹은 다음에 수유를 하면 전혀 모유를 먹지 않고, 칭얼대며 자지 않았습니다. 수유 중인 엄마는 먹고 싶은 것도 참아야 하는 건가요.

친정에 있다가 집에 돌아오니 잠잘 시간이 부족

산후 3주 동안을 친정에서 보내고 집에 돌아오자마자 잠이 부족! 남편은 일 관계로 새벽 4시 기상, 첫째 딸은 오전 8시에 일어나서 오후 9시에 자고, 갓난아기는 수시로 자고 깨고…… 생활 리듬이 제각각이다 보니 정작 나는 제대로 잠잘 시간이 없었습니다. 앞으로 체력이 버틸 수 있을까 걱정하면서 지냈습니다.

출산 후 우울증에 걸리면

산후 우울증은 누구에게나 찾아올 수 있지만 원인과 해결책을 알아두면 적절히 대처할 수 있답니다.

호르몬 균형이 급격히 변해 무엇을 봐도 눈물이……

고대하던 아이와 만났으니 행복해야 할 시간. 그런데 툭하면 눈물이 나오고 아무것도 할 기력이 나지 않아 무력감에 휩싸인다면 '산후 우울감'(maternity blues)일지도 모릅니다.

산후에는 몸 상태와 더불어 호르몬 균형이 급변합니다. 이 변화는 자율 신경과 정신적인 면에도 크게 영향을 미쳐 가벼운 우울 상태가 되거나 마음이 불안정해지기도 합니다.

어떤 사람이라도 걸릴 가능성이 있으며, 당황스러울지도 모르나 시간이 지나면 사라지는 것이니 괜찮다고 생각하면 마음 편히 지낼 수 있을 것입니다.

산후 우울감이 심해지지 않도록 미리 병원에서 상담을

몸은 출산한 지 1주일 정도 지나면 새로운 호르몬 환경에 익숙해지지만, 수면 부족과 육아로 인한 피로가 풀리지 않는 등 악조건이 겹치다 보면 더욱 회복이 늦어지기도 합니다. 산후 10일이 지나도 마음이 우울하다면 출산한 병원 등에 조속히 상담을 받아보세요. 그대로 참고 있으면 본격적인 산후 우울증에 걸리는 경우도 있습니다.

아이가 귀찮다고 생각되면 위험 신호!

산후 우울감과 산후 우울증은 다른 것입니다. 산후 우울감은 어디까지나 호르몬 균형의 변화로 인한 일시적인 증상이며 출산 후 1주일 정도 생기는 것으로 호르몬이 정상화되면 없어집니다. 하지만 산후 우울증은 산후 우울감을 계기로 마음이 가라앉고 몸이 나른하고 하루 종일 졸리고 아무 일도 할 기운이 없는 등 본격적인 우울 상태가 되어버리는 것입니다. 아이에게 각별한 애정이 생기지 않는다면 위험 신호입니다. 산후 1개월 이상 지나도 개선되지 않을 때에는 병원 상담이 꼭 필요합니다.

산후 우울감이 산후 우울증으로 연결되지 않게 하려면 우선 영양식과 적절한 휴식으로 건강을 회복하는 것이 가장 중요합니다.

산후 우울감에서 탈출하는 방법

1 쉰다

수면은 가장 좋은 피로 해소제. 수유 이외의 일은 모두 가족에게 맡기고 쉬세요. 집안일은 내버려둬도 괜찮습니다.

2 누군가에게 털어놓는다

소리를 내서 말하면 숨을 내쉬어 긴장을 풀 수 있습니다. 말할 상대가 없을 때에는 혼잣말을 하거나 아이에게 말을 걸어도 좋습니다. 심호흡도 중요해요.

3 울어도 괜찮다고 편히 생각한다

무얼 봐도 눈물이 날 때에는 마음껏 울어도 좋습니다. 눈물에는 마음을 치료하는 작용이 있으며 울면 의외로 기분이 상쾌해집니다!

4 아이와 스킨십

무엇보다 중요한 것은 아이를 예쁘게 여기는 마음. 자주 안아주고 스킨십을 많이 해주세요.

주변의 도움이 중요, 마음을 긍정적으로 만드는 말을 하세요

심한 산후 우울감이나 산후 우울증에 빠지지 않으려면 가족이나 주변 사람들의 도움이 매우 중요합니다. 특히 남편의 도움이 가장 중요합니다. 육아 휴가를 내기 힘들다면 적어도 빨리 귀가할 수 있도록 회사 측에 양해를 구해봅시다. 집안일도 육아도 할 줄 모른다고만 생각하지 말고 쉬운 일부터 조금씩 해보려고 노력하세요.

만약 일이 너무 바빠 시간 여유가 없는 경우에는 애쓰는 아내를 정신적으로 지탱해줄 수 있어야 합니다. 고맙다는 말 한 마디로도 가족의 유대 관계가 더욱 끈끈해집니다.

가급적 임신 중부터 남편이나 친정어머니에게 산후에는 우울감에 빠지기 쉽다는 점을 설명하고 우울하게 만드는 언동을 삼가도록 얘기해 두세요.

- 부정적인 말은 하지 않는다
- "엄마가 됐으니"라는 말은 금물
- 애쓰는 모습을 인정해줄 것

아무렇지도 않게 한 얘기로 기운을 되찾기도 합니다. 또 하나 중요한 점은 힘이 들면 주변에 기댈 것. 긴 인류 역사 속에서 핵가족만으로 육아를 하게 된 것은 불과 몇십 년 전부터입니다. 주변 사람들에게 도움을 받으며 육아를 해나가세요.

친정부모도 시부모도 든든한 지원군입니다.

주위 사람이 해서는 안 되는 말, 좋은 말!

기운을 북돋울 생각으로 한 말이 의외로 상처를 주기도. 뜻은 같아도 조금 말을 바꿔 산모를 응원해주세요.

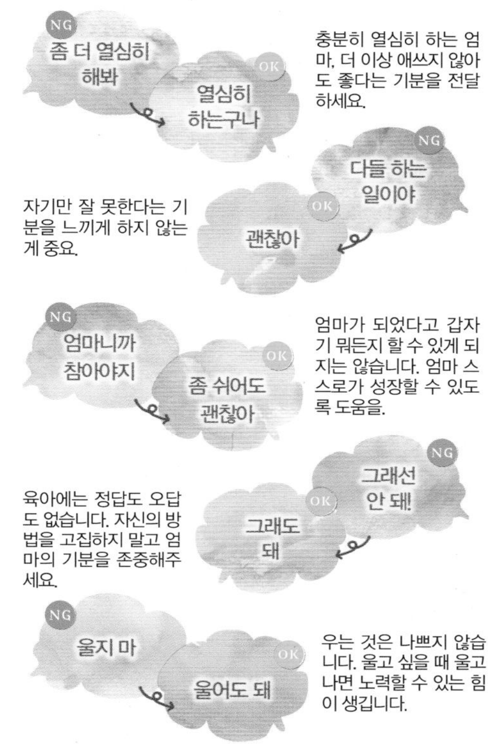

산후 우울증 자가 진단법

- ☐ 기분이 좋을 때와 나쁠 때의 차이가 심하다.
- ☐ 쉽게 울적해지고, 다른 사람과 얘기하고 싶지 않다.
- ☐ 모든 일에 관심과 의욕이 없다.
- ☐ 기쁜 일이 있어도 별로 즐겁지 않다.
- ☐ 뚜렷한 증상은 없지만 왠지 모르게 컨디션이 좋지 않다.
- ☐ 사소한 일에도 슬프고 눈물이 난다.
- ☐ 남편이나 가족들이 자신의 마음을 몰라주는 것 같아 우울하다.
- ☐ 쉽게 기분이 나빠지고, 좋아진다.
- ☐ 원인을 알 수 없는 막연한 불안감에 사로잡혀 항상 초조하다.
- ☐ 마음이 상하는 일이 있으면 자꾸 집착하고 끙끙 앓는다.

결과 확인

0~2개 이상 기분이 우울해져도 원래 상태로 금방 되돌아갑니다. 대부분 사람이 경험하는 것이므로 산후우울증을 걱정할 필요는 없어요.

3~5개 이상 초조하게 느껴지는 경우로 진지하게 고민하지 말고 음악을 듣거나 친구들과 이야기하면서 기분 전환을 해보세요.

6~8개 이상 사물을 비관적으로 생각하는 상태. 선배나 어머니 주위 사람들과 상담하거나 남편과 지내는 시간을 많이 가지고 자신도 마음을 밝게 하려는 자세가 중요합니다. 산후 우울증 극복은 자기 마음을 다스리는 것으로 출발합니다.

9~10개 이상 노이로제 증상을 가지고 있는 경우로 육아에도 자신이 없고 이유 없이 불안감을 느끼기도 합니다. 이런 경우 심신이 지쳐 있는 상태로 의사와 상담하여 원인을 찾고 극복하려는 노력이 필요합니다.

자궁의 회복과 걱정되는 오로

출산이 끝난 자궁은 어떤 상태일까요? 자궁의 회복 과정에서도 조심해야 할 증상이 있습니다.

산후 출혈은 자궁이 수축되면서 없어집니다

크게 부풀었던 자궁은 산후 태반이 나올 때 강하게 수축합니다. 그 후 자궁저는 일단 배꼽 높이까지 되돌아오고 약 8주에 걸쳐 임신 전 크기로 돌아갑니다. 이를 '자궁 복고'라고 합니다.
출산 때 자궁벽과 산도에 생긴 상처에서 나오는 출혈, 자궁 내막 단편 등이 섞인 분비물이 '오로'입니다.
출산 직후에는 새빨간 선혈이 커다란 생리대를 빈번히 갈아줄 필요가 있을 만큼 많이 나오지만, 서서히 양이 줄며 색도 붉은색에서 갈색, 황색, 투명한 상태로 변해갑니다. 일반적으로는 산후 1개월 정도에 사라지나 산후 6~8주까지 계속되는 사람도 있습니다.
오로가 나오는 동안에는 감염 예방을 위해 화장실에 갈 때마다 소독솜 등으로 앞쪽에서 뒤쪽으로 씻거나 비데로 세정하는 등 청결하게 유지해야 합니다. 또 욕조 안에 몸을 담그는 목욕 말고 샤워를 합니다.
줄어들었던 출혈량이 다시 늘고 평소 월경보다 많아지거나 선혈 덩어리가 나온다면 문제가 있다는 신호이므로 병원에 가서 진찰을 받으세요.

산욕열

세균 감염에 의한 산후 2~10일의 고열

상처가 난 산도 표면 등으로 세균이 들어가 38~39℃의 고열이 나는 것이 '산욕열'입니다. 치료에는 항균제를 쓰고 치료 중에는 모유 수유를 중단하기도 합니다. 현재는 위생 상태가 좋고 소독을 철저히 하므로 옛날에 비해 줄어들었습니다.
산후에는 출산 피로 때문에 몸의 저항력이 약해지고 산욕열이 아니더라도 발열하기 쉬운 상태입니다. 수분을 충분히 섭취하고 가급적 쉬는 등 몸을 아끼도록 합니다.

임신성 고혈압

산후 12주까지 원 상태로 돌아오지 않는다면 주의 필요

임신 중에 임신성 고혈압이라는 진단을 받은 경우, 보통 산후 12주(약 3개월)까지 원래 혈압으로 돌아옵니다. 다만 그 후에도 높은 혈압이 내리지 않는 산모도 있습니다. 임신을 계기로 고혈압증이 생기는 예도 있고 35세 이상 초산인 경우에는 특히 주의할 필요가 있습니다. 산후에는 안정을 취하면서 지나치게 살찌지 않도록 주의하세요. 다음 임신은 혈압이 정상으로 돌아온 후 하도록 지도를 받습니다.

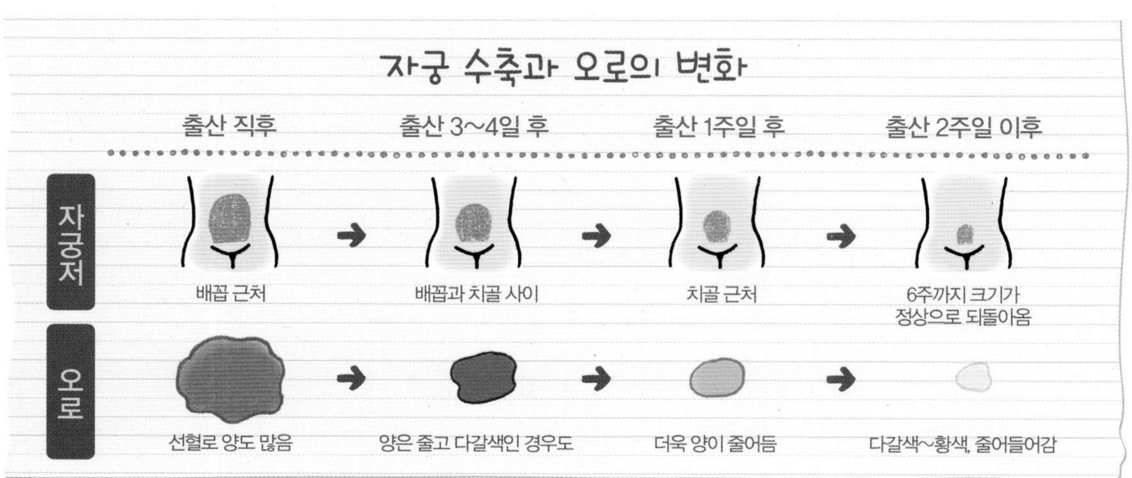

임신성 당뇨병

몇 년 후에 당뇨병 걸릴 확률이 높다

임신 중에 혈당치가 높아진 경우 산후에는 정상치로 돌아옵니다. 하지만 임신 중에 정상치였던 임신부에 비해 몇 년 후에 당뇨병 증상이 생길 확률이 약 7배나 됩니다. 당뇨병에 걸리기 쉬운 사람(136쪽 참고)인 경우에는 산후에도 주의가 필요합니다.

당뇨병은 대표적인 생활 습관병으로 여러 합병증을 일으키는 매우 무서운 병입니다. 당뇨병에 걸리지 않게 하기 위해서는 과식하지 않는 습관과 적당한 운동이 필요합니다. 출산이 끝나면 긴장을 풀지 말고 임신 중에 했던 균형 잡힌 식사를 지속시킵시다. 하루 세끼, 기름지지 않은 음식을 중심으로 먹는 것은 기본. 이는 유선염을 예방하는 식사이기도 합니다.

철 결핍성 빈혈

출산 시 다량 출혈이나 모유 수유로 인한 빈혈도

임신 중 대부분의 빈혈은 혈류량이 늘어나는 것이 원인입니다. 산후 빈혈이 걱정되는 것은 자궁 수축이 잘 이루어지지 않아 오로가 멈추지 않고 계속 나오는 경우나 출산 시에 대량으로 출혈한 경우로 이럴 땐 의사 지시에 따라 빈혈을 개선해야 합니다.

또한 육아로 바빠 식생활에 소홀해져 철분이 부족해 빈혈을 일으키는 경우도 있습니다. 특히 모유 수유를 한다면 아이를 위해서도 영양을 골고루 섭취할 필요가 있습니다. 출산이 끝났더라도 앞으로 육아를 하기 위해 엄마의 건강이 매우 중요합니다.

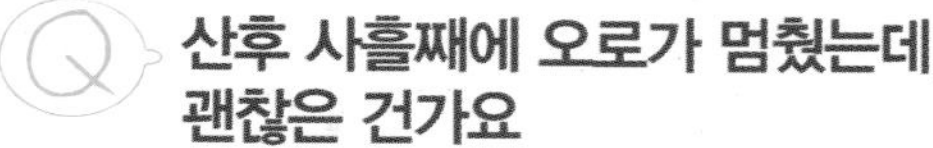

Q 산후 사흘째에 오로가 멈췄는데, 괜찮은 건가요

A 오로는 보통 산후 1주일까지 혈액이 섞인 상태로 나옵니다. 사흘 만에 멈춘다면 너무 빠르므로 자궁 안에 쌓인 상태(오로 체류)일 것입니다. 오로가 잘 배출되지 않는 원인은 피로와 스트레스. 가급적 쉬면서 마음을 편히 먹도록 합시다.

Q 오로가 좀처럼 멈추지 않습니다. 언제쯤 진찰을 받는 게 좋을까요

A 오로가 멈추지 않는 것은 난막 등이 남아 자궁 수축이 잘 안 되기 때문일지도 모릅니다. 산후 1주일이 지나도 생리대를 바로 바꿔야 할 정도로 출혈이 있다면 진찰을 받으세요. 그대로 출혈이 계속된다면 종종 빈혈을 일으키므로 내버려두어서는 안 됩니다.

Q 산후 2주일째에 덩어리로 된 피가 나왔습니다. 왜일까요

A 퇴원 검진 때 자세히 진찰을 하지만 그래도 태반이나 난막이 남아 있는지 여부는 알기 힘듭니다. 이런 것들이 자궁 수축과 함께 갑자기 핏덩어리로 나오는 경우도 있습니다. 그 후 출혈이 계속되지 않는다면 괜찮습니다. 출혈이 계속된다면 진찰을 받으세요.

Q 출산 후 언제까지 월경이 다시 시작되지 않으면 진찰을 받아야 할까요

A 모유 수유 상태에 따라서도 다르나, 모유 수유를 끊고 반년 이상 지나도 다시 시작하지 않는다면 진찰을 받아보세요. 또는 다음 임신을 한 것일 수도 있으니 몸 상태에도 변화가 있는 것 같으면 빨리 진찰을 받으세요.

조심해야 겠어요

산후 원치 않는 임신에 주의!

수유 중에는 배란을 하지 않게 하는 프로락틴이라는 호르몬이 나와 임신이 어려운 상태가 됩니다. 하지만 수유를 잘하고 있어도 배란이 일어나는 경우가 종종 발생하기도 합니다.

아직 다음 임신을 희망하지 않는 경우나 병 등의 상황 때문에 임신을 하지 않도록 지도를 받은 경우에는 월경이 재개하지 않더라도 반드시 피임을 해야 합니다. 단, 산후 6주까지는 피임약을 절대 먹어서는 안 되며, 이후에도 가급적이면 산후 6개월 동안에는 피임약보다는 콘돔이나 링을 사용합시다. 산후 6개월이 지나면 피임약을 써도 됩니다.

모유 수유를 하려면 알아두어야 해요!

모유 수유 성공 노하우

산모에게도 아이에게도 이로운 모유 수유이지만 제 궤도에 오르기까지 많은 노력이 필요합니다. 어떤 노력이 필요할까요?

모유에는 풍부한 영양과 면역 항체가 함유되어 있습니다

모유에는 단백질, 지방, 당분, 비타민 B군 같은 비타민, 철분 같은 미네랄 등 아이 성장에 필요한 영양소가 풍부하게 들어 있습니다. 특히 산후 1주일 이내에는 면역력을 강화하는 노란색이 섞인 '초유'가 나오는데 이 항체는 생후 6개월 때까지 아이의 몸에 남아 바이러스성 병원균으로부터 아이를 보호합니다. 따라서 초유는 꼭 먹이는 것이 좋습니다. 또 모유 수유를 하면 아이와의 스킨십을 통한 유대감이 더욱 강화된다는 장점이 있습니다.

하지만 약을 복용해야 하거나 직장 문제 등으로 모유와 분유를 혼합해 먹이거나 분유만 먹여야 하는 상황이 있을 수 있으므로 너무 모유 수유에 집착할 필요는 없습니다.

모유 수유가 불가능한 상황이라도 너무 스트레스를 받을 필요는 없습니다. 영양 면에서 분유도 뒤지지 않고 분유 수유 시에도 아이에게 다정하게 말을 건다든지 하면서 끈끈한 유대를 형성할 수 있답니다.

좋은 모유를 내는 요령

이것으로 케어! 1 유방 마사지

유방 안 혈류를 좋게 하는 마사지를 합니다. 기본은 유방을 부드럽고 혈류 상태를 좋게 하는 것. 유방의 가슴 쪽 부분인 '기저부'를 조이지 않는 게 중요합니다.

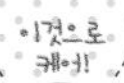

이것으로 케어! 2 균형 잡힌 식사

하루 세끼, 밥과 단백질, 채소를 균형 있게 섭취하는 식생활 습관을 갖는 것이 중요해요. 건더기가 많이 들어간 국은 모유를 위한 영양과 수분을 보충할 수 있어 일석이조.

이것으로 케어! 3 몸을 차게 하지 않는다

모유를 많이 만들기 위해서는 혈액 순환을 좋게 하는 게 중요합니다. 견갑골 주위를 스트레칭으로 풀어주거나 핫팩이나 탕파를 이용해 몸을 따뜻하게 하여 혈액 순환을 돕습니다.

이것으로 케어! 4 유선을 열어준다

아이에게 수시로 젖을 먹이는 게 가장 좋은 방법. 혹은 유선 케어로 열어줍니다.

이것으로 케어! 5 버터, 생크림을 피한다

동물성 지방을 많이 섭취하면 혈액 내의 콜레스테롤이 늘어 혈관이 막히기 쉽습니다. 혈관 = 유선이므로 유선염에 걸리기 쉬운 사람은 특히 주의하세요.

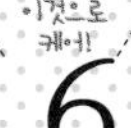

이것으로 케어! 6 긴장을 푼다

스트레스가 있으면 모유가 잘 나오지 않습니다. 긴장을 푸는 것이 매우 중요합니다. 눈을 혹사하면 목에서부터 머리까지 딱딱하게 굳어 긴장되므로 컴퓨터나 휴대 전화를 너무 많이 보는 것도 좋지 않습니다.

이것으로 케어! 7 단시간이라도 깊은 수면을

신생아는 길게 자도 2~3시간인데 엄마의 수면 시간도 이를 따를 수밖에 없습니다. 하지만 짧아도 질 좋은 수면을 취하면 몸이 이완되면서 모유가 잘 나오게 됩니다.

모유가 잘 나오게 하려면 자주 수유하는 것이 기본입니다

산후 유즙을 만드는 호르몬 작용으로 모유가 만들어지기 시작하지만, 유즙이 나오기 위한 유관구가 아직 열리지 않은 경우도 자주 있습니다. 유관구를 열려면 우선 아이에게 젖을 많이 물리도록 합니다.

처음에는 모유가 조금씩 만들어지는 데다가 아이도 체력이 없어 한꺼번에 먹을 수 없습니다. 조금 먹고 쉬고를 반복적으로 하는 것이 모유 수유를 궤도에 오르게 하는 지름길입니다.

아이가 빠는 힘은 의외로 강합니다. 엄마의 유두 상태 따라 다르지만 모유 수유를 시작할 무렵 유두에서 피가 나오는 경우도 자주 있습니다. 이런 경우에는 병원에서 아이가 먹어도 되는 연고를 처방받아 바르세요.

모유가 풍부한 상태에서 아이가 잘 빨지 못해서 유선이 막혀 유선염에 걸리거나, 거꾸로 아이가 매우 잘 먹는데도 모유가 부족한 일도 모유 수유가 궤도에 오르기까지 자주 발생합니다. 기본은 균형 잡힌 소화에 좋은 식사로 영양을 섭취하고 몸을 따뜻하게 해서 혈액 순환을 좋게 할 것.

그리고 무엇보다 엄마가 마음을 편안히 하는 것이 모유 수유에 성공하는 필요조건입니다.

모유 Q & A

Q 감기에 걸렸는데 모유를 줘도 되나요

A 모유를 통해 바이러스가 감염되는 경우는 없으므로 괜찮지만, 손을 깨끗이 씻고 기침이나 재채기가 나오면 마스크를 쓰세요. 또 무조건 참지 말고 병원에서 수유 중이라도 문제가 없는 약을 처방받아 치료하세요. 엄마가 무리하지 않는 범위 내에서 수유를 계속해도 됩니다.

Q 유두에서 피가 나 아플 때에는 수유를 쉬어도 되나요

A 모유는 아이가 빨아야 나오게 되어 있으므로 아프더라도 가급적 쉬지 않는 방법을 취해봅시다. 아이가 먹어도 괜찮은 연고를 바르거나 부드러운 실리콘 유두 보호기를 쓰거나 손으로 짜서 젖병으로 마시게 하는 방법으로 극복하세요.

Q 모유가 덜 나올 때 분유를 함께 먹이면 모유가 안 나오게 되나요

A 분유를 함께 먹이는 것 자체는 문제가 없습니다. 다만 가급적 젖을 물려야 모유가 나오게 되므로 분유와 모유를 한 번씩 교대로 마시게 하는 것이 아니라 모유를 먼저 먹이고 부족한 양을 분유로 먹이는 방법을 취합니다.

체험담

모유 수유, 나의 경우

산후 1개월에 유선염. 갑작스러운 고열에 놀랐습니다

출산하자마자 모유가 잘 나와서 순조롭게 수유를 진행했습니다. 그러나 연말연시에 과식을 했더니 가슴이 엄청나게 부풀고 갑자기 39℃의 고열이! 출산한 병원에 급히 가서 관리를 받고 많이 나아졌지만, 이후 유제품과 기름진 것을 먹고 싶어도 참아야 했습니다.

"젖 먹다가 자지 마!"라고 몇 번이나 아기에게 말했습니다

딸이 잠을 잘 자서 편하다면 편했는데, 수유할 때는 그게 오히려 힘들었습니다. 젖을 물리고 3분 정도 지나면 졸음을 참지 못하고 잠들어버렸거든요. 그러다 보니 먹는 양이 적어 자라는 속도도 늦고, 젖이 불어 자주 착유되는 통에 결국 산후 1개월부터 분유를 함께 먹이게 되었습니다.

아기가 울면 젖을 먹이다가 2개월 무렵부터 안정을 찾았습니다

3.6kg으로 태어난 아들. 아이는 젖을 빠는 힘이 강했지만 나는 젖꼭지가 작고 모유가 잘 나오지 않아 수유가 여의치 않았습니다. 병원에서 상담하였더니 "어쨌든 울면 먹이라"고 하기에 30분~1시간 간격으로 먹였습니다. 아이의 빠는 힘이 강해 젖꼭지가 덜렁거릴 지경까지 갔지만, 2개월경에는 익숙해졌습니다!

일어나기 쉬운 출산 후유증

병원 가기가 여의치 않은 상황에 처했을 때 도움이 되는 셀프 케어를 소개합니다.

아이를 우선한 나머지 지나치게 참는 것은 금물!

산후에는 아이를 우선하다 보면 자신의 몸은 뒷전이기 마련입니다. 육아를 열심히 하는 것은 좋지만 그러다 엄마가 쓰러진다면 아이를 돌볼 수 없겠죠. 산후 몸은 자신이 느끼는 것보다 훨씬 피곤한 상태이며, 그때까지 체험하지 못한 것들뿐입니다.

병원에 갈 정도는 아니라고 너무 참다 보면 어느 날 갑자기 몸이 무너지기도 합니다. 평소에 조금씩 불쾌 증상을 개선하도록 합시다.

- 푹 잘 수 있는 시간을 만든다.
- 혼자 천천히 목욕할 수 있는 시간을 만든다. (1개월 검진 이후)
- 몸을 차지 않게 한다.
- 스트레칭 등 적당히 운동을 한다.
- 소화에 좋고 영양가 있는 식사를 한다.

이 정도쯤 괜찮다며 자신을 과신하지 않는 것이 중요합니다. 또한 198쪽에도 썼듯이 출산 직후 과도한 다이어트를 해서는 안 됩니다. 육아는 체력으로 승부한다는 사실을 잊지 마세요.

회음 절개 상처가 아파요

2주 지나서도 아프면 상담을

회음 절개 상처는 봉합 후 2~3일 지나면 상처가 벌어지지 않게 되며 그 후에는 통증이 점점 줄어들 터. 2주가 지나도 얼얼한 통증이 지속된다면 상처에 화농이 생기거나 드물지만 혈종이 생겼을 가능성이 있으므로 진찰을 받으세요. 다만 이질감은 반년 이상 남는 경우도 있습니다.

진찰과 케어

1개월 검진 후에도 땅기는 느낌에 신경이 쓰인다면 보습크림이나 임신 중에 바르고 남은 임신선 예방 오일을 바르면 좋습니다. 회음 절개뿐만 아니라 상처는 몸이 차면 아픈 법. 산후 1개월이 지나면 욕조 목욕으로 몸을 데우고 혈액순환을 좋게 하는 입욕제를 넣어 오래 들어가 있어 봅니다.

수면 부족

단시간에 푹 잘 수 있도록 노력을

잘 자는 아이라도 신생아 때에는 3시간을 계속해서 자는 편이 오히려 드뭅니다. 아이가 자면 엄마도 자라는 말을 자주 들었겠지만, 실제로 그렇게 쉽게 잠들기 힘들 때도 있습니다. 피곤한데 머릿속이 깨어 있어 잘 수 없을 때에는 다음과 같은 방법을 시험해봅시다. 조각 잠이라도 전체적으로 하루 5~6시간 푹 잘 수 있다면 상쾌할 것입니다.

단시간이라도 숙면을 취하는 방법

휴대 전화를 보지 않는다
휴대 전화는 화면에서 빛이 나기 때문에 계속 눈이 빛을 받아 뇌가 각성해서 잠들기 힘들어집니다.

아이 곁에서 자면서 모유 수유를
재우려고 하면 우는 아이와는 항상 밀착하세요. 입과 코를 막지 않도록 아이 머리 아래에 타월을 받치세요.

발을 따뜻하게 한다
머리만 깨어 있을 때에는 발이 찰 경우가 있습니다. 양말이나 겨울에는 탕파 등을 써서 발을 데워주세요.

아로마 오일을 쓴다
좋아하는 향기의 아로마 오일을 베갯잇이나 타월에 한두 방울 떨어뜨립니다. 라벤더가 대표적.

어깨, 목의 스트레칭
익숙지 않은 상태에서 아이를 안고 모유 수유 등을 하면 근육이 긴장해 풀리지 않습니다. 스트레칭을 하세요.

변비

화장실 갈 시간을 확보하세요

산후에는 서거나 앉기도 괴롭고 회음 절개 상처가 신경이 쓰여 화장실에서 힘을 줄 수 없거나 모유 수유로 수분이 모자라거나 몸을 움직이지 않는 등 악조건이 겹치면서 변비에 걸리는 경우가 있습니다.

또한 임신 중에 걸린 치질이 출산 때 힘을 주다가 더 나빠지는 경우도 있습니다. 변비에 걸리면 치질도 더욱 악화합니다. 우선 섬유질이 많은 식사와 수분을 많이 섭취하고 적당한 운동을 하는 등 변비 해소를 위해 노력하세요.

아이를 돌보느라 바빠 화장실에 갈 시간을 확보하지 못해 변비에 걸리는 사람도 있는데, 가족의 협조를 받아 가급적 가고 싶을 때 가도록 하세요. 배설하기 위해서는 몸과 마음을 이완시킬 필요가 있습니다. 스트레스를 가급적 쌓지 말고 쾌변을 하도록 힘씁시다.

식이 섬유가 많은 채소와 버섯류, 해조류 등을 매일 의식적으로 섭취합시다(54쪽 참고). 치질은 증상이 가벼울 때 병원에서 상담을 하세요. 좌약이나 연고를 써서 치료하면 점차 낫습니다.

건초염·손목 통증

손목과 팔의 긴장으로 생겨나기도

출산 후에 건초염이 발생하기 쉬운 것은 산후 호르몬 균형 때문으로 관절이 이완되는 탓이지만, 익숙지 않은 상태에서 아이를 안고 있어서 생기는 긴장과 착유를 심하게 해서 일어나기도 합니다. 아이의 머리를 지탱하느라 손가락과 손목에 힘이 들어가기 쉬운데 손목에 부담이 되지 않는 방법으로 아이를 안도록 해보세요(206쪽 참고).

건초염이 될 징조로서 팔 근육 자체가 부어옵니다. 손목을 돌리거나 팔을 따뜻하게 한 다음 마사지합시다. 염증을 일으켜 통증이 생기면 손을 사용하지 않는 것이 제일 좋은 치료 방법입니다. 우선 안는 방식을 바꿔보는 것부터 시작하세요.

요실금·질 이완

골반 저근의 이완이 원인

산후에는 늘어난 질이 이완되거나 출산 때 힘을 줘 자궁과 방광을 지탱하는 골반 저근군이나 항문 괄약근이 늘어나는 것도 한 원인입니다. 이 때문에 약간만 움직여도 소변을 흘리는 일이 있습니다. 점차 좋아지니 너무 신경 쓰지 말고 생리대를 사용하는 방법으로 견뎌내세요.

골반 저근을 조이는 케겔 체조에 도전하세요. 항문과 질을 의식적으로 조이고 푸는 간단한 방법. 하루 몇 번을 해도 괜찮습니다.

탈모

산후 3~4개월 무렵에 최고로 발생

개인차는 있으나 대부분이 경험하는 산후 탈모는 출산 직후가 아니라 3~4개월 후에 시작되는 경우가 많습니다. 머리를 감거나 빗을 때마다 뭉텅이로 빠져 깜짝 놀라기도 하지만 호르몬 변화에 의한 일시적인 것입니다. 몇 주~몇 개월 후에 증상이 없어지면서 새로 생겨납니다.

요통

아이를 안아 올리는 자세에 주의를

임신 중 요통은 출산하면 편해지지만, 산후에도 아이를 안기 때문에 허리에 부담이 생기기 마련입니다. 개선하기 위해서는 자세가 중요합니다. 아이를 안아 올릴 때에는 허리를 밑으로 내리고 아이 침대 등 높은 곳에서 아이를 돌보는 등 허리에 부담을 주지 않는 방법을 써봅시다.

골반 벨트나 복대로 골반 주위의 근육을 지탱해주면 편합니다(199쪽 참고). 허리를 뒤로 젖히지 않고 곧바로 펴고 지내는 것이 중요합니다. 또한 복근이 약해지면 요통을 일으키기 쉬우므로 복근 운동으로 근력을 키우세요.

산후 체중·체형 가꾸기

아이를 낳았지만 예뻐지고 싶다. 어느 시대든 엄마들의 소원은 이것! 식단 조절과 효율 좋은 운동이 열쇠입니다.

과도한 다이어트는 금물, 적절한 영양을 균형 있게

임신 중 늘어난 체중은 출산 직후 이전 상태로 돌아가는 것이 아니라 일반적으로는 3~5kg 남아 있습니다. 하지만 육아를 하려면 체력이 중요하며 적절한 에너지 보급이 필요합니다. 다이어트라기보다는 건강하고 균형 잡힌 식사를 임신 중과 다름없이 지속하고, 무리하지 않는 범위 내에서 조금씩 운동을 하여 체중을 이전 상태로 되돌립시다.
건강하게 체중을 빼기 위해서는 1주일에 0.5kg, 한 달에 2kg의 속도가 적절합니다. 더 이상 체중을 빼려고 하면 몸에 부담을 주어 몸 상태가 안 좋아지고 훗날 체력 저하와 골다공증이 생길 확률도 있습니다.
모유 수유가 상당히 에너지를 소비하므로 이 기간에는 많이 먹어도 체중이 줄기도 합니다. 또한 산후 몸은 원 상태로 되돌아가려는 힘이 강하여 지방 조직에도 유동성이 있습니다. 산후 6개월까지는 몸이 원래 상태로 돌아오려는 힘이 강합니다. 이 기간을 이용해 무리 없이 체중과 체형을 되돌려 건강미 넘치는 맘이 됩시다.

산후 체중·체형 Q & A

Q 수유 중 하루 섭취 칼로리는

A 임신 전보다 350kcal 정도를 더 섭취하는 것이 좋아요. 밥 한 공기(200g 정도)가 300kcal이므로 한 공기보다 조금 더 먹는다고 생각하세요. 다만 영양의 질을 고려해 과자나 음료수로 에너지를 채우기보다 채소, 생선과 고기, 곡물을 균형 있게 먹읍시다.

Q 산후 특히 더 신경 써서 섭취해야 할 영양소는

A 산후 철분 섭취는 매우 중요합니다. 철분의 흡수율을 높이려면 채소의 비타민 C를 같이 섭취해야 합니다. 또 변비가 있는 사람은 식이 섬유가 많은 고구마류, 버섯류, 해조류를 의식적으로 섭취하세요. 가장 중요한 것은 영양소를 골고루 섭취하는 것입니다.

Q 다이어트 식품을 먹어도 되나요

A 먹어서 안 되는 것은 아니지만 무리하게 한두 끼니를 다이어트 식품으로 대용하는 방법은 오히려 공복감을 불러일으켜 폭식의 원인이 되기도 합니다. 또 저칼로리라고 해서 밤중 수유 사이에 많이 먹는 것도 소화 기관에 부담을 주므로 하지 맙시다.

Q 노 칼로리 간식은 아무리 먹어도 괜찮나요

A 칼로리 제로인 인공 감미료는 단맛을 느끼게 해도 혈당치는 올라가지 않습니다. 따라서 단맛은 있는데 혈당치가 올라가지 않는 모순에 뇌가 혼란을 느껴 만족감을 얻지 못하고 더욱 당분을 원하는 악순환에 빠지기 쉽습니다. 적당히 섭취하도록 합시다.

Q 분유만 먹이는 경우 다이어트를 하는 게 좋은가요

A 수유에 의한 에너지 소모가 없으므로 먹는 양을 관리해야 체중이 줄어듭니다. 다만 이 경우에도 극단적인 다이어트는 몸을 망치게 하는 원인이 되므로 균형 잡힌 식사와 운동이 기본 원칙임에는 변함이 없습니다.

Q 점점 체중이 줄어 걱정입니다. 어떻게 해야 하나요

A 체중 감소와 더불어 피로감을 느끼고 섰을 때 현기증이 온다든지, 기력이 딸리는 것 같은 몸이 힘든 신호가 오면 생활을 재검토합니다. 체력이 부족하면 영양이 잘 흡수되지 않는 악순환에 빠집니다. 조금이라도 쉬면서 병원에서 상담을 하는 것도 좋습니다.

문제는 체중보다 체형, 볼록 나온 배에는 복근 운동을

선배 맘들은 산후에 체중을 되돌리는 것보다 체형을 관리하는 것이 힘들다고 입을 모읍니다. 체중이 되돌아와도 늘어진 배는 좀처럼 이전으로 되돌아오지 않는 경우가 많습니다.

모유로 키우면 칼로리 소비가 커서 체중이 순조롭게 임신 전으로 되돌아오지만, 배는 그대로 불룩한 상태. 또한 아이를 돌보는 일은 대부분 몸을 앞으로 구부리기 때문에 구부정한 자세가 되기 쉽습니다. 이러면 등살이 빠지기 힘들고 아줌마 체형으로 진행되어버립니다.

하지만 산후 6개월까지는 골반 등 뼈 결합이 이완되어 있어 근육을 키워 조여가면서 몸을 확 바꿀 기회이기도 합니다.

이를 위해 식생활과 더불어 운동이 필요합니다. 특히 복근을 회복하면 바른 자세를 유지할 수 있어 효과적입니다. 우선 무리하지 않는 산욕 체조부터 시작하여 아이와 함께 자거나 안을 때 할 수 있는 복근 운동을 일상생활에서 활용합시다. 따로 운동 시간을 내지 않더라도 아이를 유모차에 태우거나 아기띠로 안고 산책할 때 배를 힘주어 조이기만 해도 근육이 붙습니다.

산후 권장할 만한 복근 운동

불룩한 배를 조이고 동시에 요통 방지에도 좋은 것이 복근을 단련하는 것입니다. 다음은 아이를 돌보면서도 복근을 단련할 수 있는 동작입니다.

볼 운동

1

몸을 둥글게 말고 뒤로 눕힌다

무릎을 잡고 앉아 발을 바닥에서 뗀다. 숨을 내쉬며 몸을 뒤로 천천히 눕힌다. 등뼈 하나하나를 바닥에 붙여가는 느낌으로.

2

굴렀다 일어난다

몸을 둥글게 말아 뒤로 눕히고 숨을 들이쉬고 배에 힘을 주면서 등을 들어 올린다. 반동이 아니라 복근 힘으로 되돌아오는 것이 포인트.

컬업

1

천장을 보고 누워 무릎을 접는다

천장을 보고 누워 양 무릎을 가볍게 꺾고 어깨너비로 벌린다. 숨을 크게 들이마시며 목과 어깨 힘을 빼 이완한다. 허리 쪽에 쿠션을 받치면 편하다.

2

숨을 내쉬며 상체를 일으킨다

배 전면의 복직근에 힘을 주고 숨을 내쉬며 천천히 머리를 들어 올린다. 턱을 너무 내리지 않도록 주의. 이를 네 번 반복한다.

골반 벨트와 복대 바르게 사용하기

골반은 출산 시에 벌어져 이완된 후에 잠시 동안 이 상태가 유지됩니다. 이때 골반 벨트를 매어 골반을 조여주면 살이 빠지기 쉬워집니다. 골반 벨트와 복대를 매는 포인트는 골반 장골 좌우의 꼭대기와 대퇴 상부(대전자)를 꽉 조이는 것입니다. 허리를 조이는 게 아닙니다. 배가 아니라 골반을 꽉 조이도록 합니다.

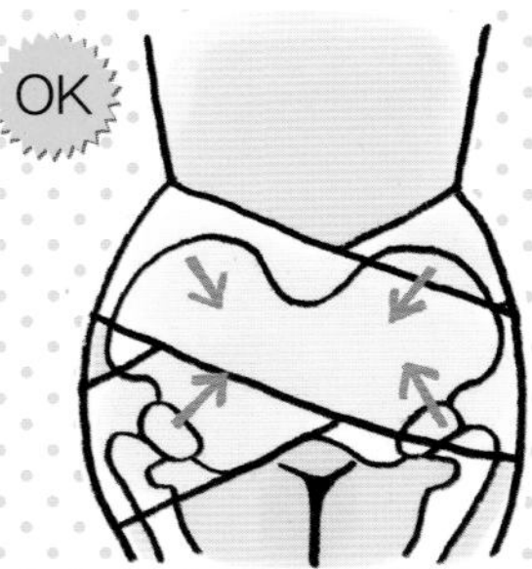

골반 가장 위, 장골 꼭대기를 감싸듯 조이는 게 정답.

허리를 조이려고 해도 살을 잡아당겨 위장이 괴로울 뿐, 골반을 조이는 효과가 없고 괴로워 역효과가 납니다.

column5

산후 섹스, 언제부터 해도 되나요

산후 1개월 검진이 끝나면 섹스를 해도 됩니다만……

산후 1개월 검진에서는 모체의 건강 상태도 체크합니다. 그때 문제가 없으면 의학적으로 섹스를 해도 됩니다. 다소 오로가 남아 있어도 섹스를 하는 데 문제는 없습니다. 그러나 여성 호르몬 균형이 급격한 변화를 겪은 산후에는 정신적으로도 불안정합니다. 잠이 부족한 상황에서 섹스할 정신이 없다는 사람도 적지 않을 테죠.

남성보다 훨씬 정신적 영향이 큰 여성의 섹스. 산후에는 마음이 아이에게 쏠려 남편에게 신경 쓸 여유가 없을지도 모릅니다. 그렇다고 해서 그대로 방치해서는 안 됩니다. 부부 사이가 원만하면 육아에도 좋은 영향을 미치고 부부 관계에는 역시 섹스가 영향을 미칩니다. 서로 기분을 잘 전달하고 서로의 몸을 아끼는 시간을 소중히 여깁시다.

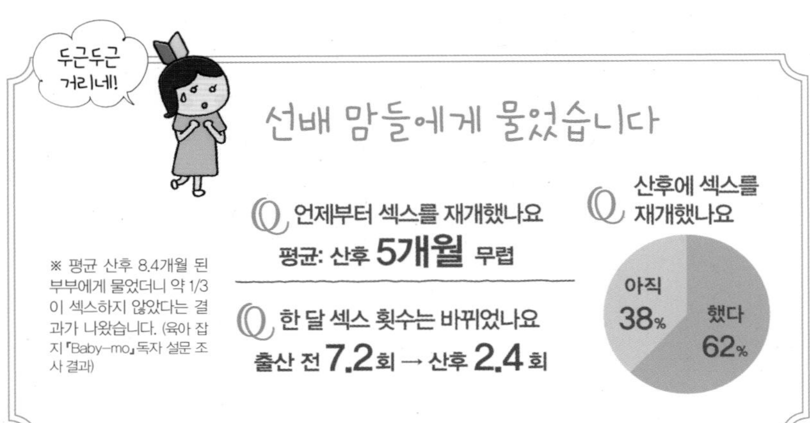

산후 섹스 Q & A

Q 산후 질이 헐거워진다는 건 사실인가요

A 아쉽게도 사실입니다. 직경 10cm의 아이 머리와 어깨가 지나가므로 질은 벌어진 상태가 됩니다. 욕탕에 들어간 다음 목욕물이 쑥 빠져나가는 경험을 한 사람도 있겠지요. 이는 골반 저근군을 조이는 체조를 하면 되돌릴 수 있습니다. 항문에 힘을 주고 힘을 빼는 체조입니다. 손쉽게 할 수 있으니 종종 하면 효과가 있습니다.

Q 산후 섹스로 회음 상처가 찢기지 않나요

A 괜찮습니다. 회음 봉합 상처는 3일이면 아물고 1주일쯤 지나면 다소 힘을 주어도 벌어지지 않게 되어 있습니다. 산후 1개월 검진에서 문제가 없으면 괜찮습니다. 이질감을 느끼거나 만지지 말았으면 할 때에는 그 마음을 전하세요.

Q 섹스하면 아파요 어떻게 하면 좋나요

A 회음 절개든 제왕 절개든 상처가 쑤시듯 아플 때도 있을 겁니다. 통증이 있을 때에는 산부인과에서 진찰을 받아 원인을 해결해갑니다. 또한 섹스하고 싶어도 젖지 않아 아픈 경우에는 시판하는 윤활제를 사용하는 방법도 있습니다.

산후 섹스, 우리 부부의 경우

남편은 자주 원하지만 나는 아무래도 젖지 않아요

딸 바보인 남편이지만 아기가 잠을 자면 나에게 바싹 다가옵니다. 나도 질 분비물이 멈추면서 '하고 싶다'는 마음은 있는데, 예전과 달리 왠지 아파서 윤활 젤리를 처음 사용했습니다. 딸만큼 남편도 소중하기에, 윤활제를 쓰지 않아도 되게끔 빨리 몸이 회복되면 좋겠습니다.

가사도 육아도 안 하는 남편, 섹스할 마음이 들지 않아요

출산 후 배 주변에 지방이 남아 있는 듯해 남편에게 그런 모습을 보이기 싫고…… 게다가 아기가 태어났는데도 남편은 가사도 육아도 아무것도 하지 않으니, '나를 소중하게 생각하지 않는구나'라는 슬픈 기분이 듭니다. 그래서 섹스할 마음도 생기지 않습니다.

산후는 수면 부족의 나날들 성욕보다 잠이 승리!

임신 전에는 자주 섹스를 했는데, 아기를 낳고 나서 성욕이 완전히 없어졌습니다. 한밤중에도 2~3시간마다 수유하기 위해 일어나니 잠이 부족! 성욕 이전에 지금은 식욕도 없는 느낌. 하지만 남편을 방치(?)할 수는 없으니까 졸린 눈을 부비고 겨우 일어나서 의무를 다하고 있습니다.

PART

7

필수 육아용품 고르기와 아기 돌보기 노하우

육아용품 알아보기 & 신생아 돌보기

아이를 건강히 잘 키우기 위해 필요한 육아용품에는 어떤 것이 있을까요? 갓 태어난 신생아의 특징과 어떤 것이 필요한지 예습을 한 뒤 필요한 아이템을 갖춥시다. 아이와 함께하는 생활이 기대되네요.

아이는 모든 가능성을 갖고 태어나요!

갓난아기의 신체적 특징 미리 보기

갓 태어난 아이는 아주 작고 연약해 선뜻 안기조차 불안한 느낌이 듭니다. 어떤 느낌인지 미리 알아봅시다!

아이의 오감은 태내에서 이미 발달하기 시작해요!

청각, 촉각, 후각, 미각, 시각의 오감이 태내에서 이미 발달하기 시작해 탄생 직후부터 기능을 합니다. 그중에서도 청각이 가장 빨리 갖춰지기 때문에 바로 엄마 목소리를 알아들을 수 있어요.

아이의 오감

청각

태내에 있을 때 들었던 엄마 목소리를 기억해 태어난 다음에도 아이는 엄마 목소리를 알아 들어요. 큰 소리에 깜짝 놀라 반응하는 원시 반사도 있습니다.

시각

태어나기 전부터 빛을 느낄 수 있지만, 갓 태어난 아이의 시력은 0.03 정도. 초점 거리는 25cm이므로 달랠 때에는 가까이서 달랩니다.

촉각

피부 감각은 태내에서부터 발달하며 태어나자마자 엄마의 젖을 입술로 찾아냅니다. 통증이나 가려움도 느끼며, 엄마가 안아주면 따스한 온기를 느낍니다.

미각

태아 때부터 맛의 차이를 압니다. 단맛을 좋아하고 쓴맛, 신맛은 싫어합니다. 분유 맛도 알기 때문에 종류를 바꾸면 먹지 않는 경우도 있습니다.

후각

태어나면서 모유와 엄마의 냄새를 구분할 정도로 매우 발달된 감각. 좋은 냄새, 나쁜 냄새는 성장하면서 학습합니다.

성기

남자아이도 여자아이도 갓 태어났을 때에는 성기가 부은 것처럼 보이는데 이는 생리적인 것. 좀 지나면 안정되므로 걱정할 필요 없습니다.

기저귀를 갈 때나 목욕할 때 오물을 확실히 없앱니다. 닦는 방법은 남녀가 다릅니다.

엉덩이와 등에 몽고반점이 보입니다. 5~6년 지나면 자연히 사라집니다.

기저귀를 갈 때는 물론 목욕할 때 대변이 남아 있으면 잘 씻어냅시다.

배꼽

탄생 직후에 짧게 잘라내고 남은 탯줄이 잠시 붙어 있습니다. 건어물 같은 모양의 탯줄이 일주일 정도 후에는 자연히 떨어집니다.

탯줄이 붙어 있는 동안에는 면봉으로 소독합니다. 떨어진 후에도 마를 때까지 소독이 필요합니다.

신생아는 이런 느낌!

손발

손바닥과 발바닥을 건드리면 꽉 붙잡는 '파악 반사'가 나타납니다. 다리는 M자형. 손톱과 발톱이 다 자라 있습니다.

표정

근육이 움직인 결과로 웃는 것처럼 보이는 '신생아 미소'는 원시 반사 중 하나. 진짜 웃는 게 아니라지만 역시 귀여워요!

명암은 알 수 있지만 주변은 막연히 보이는 정도. 보이는 범위는 25~30cm이므로 가까이 다가갑시다.

눈곱이 보일 때에는 가제나 깨끗한 면으로 닦아주세요. 목욕할 때에도 살짝 닦습니다.

엄마의 젖 냄새를 분명히 맡을 수 있습니다. 콧구멍은 작아서 막힌 듯한 소리를 내는 경우도 있습니다.

실제로 코가 막힐 때도 많습니다. 아이용 면봉이나 콧물 흡입기로 관리해주세요.

입

입 주위를 만지면 그쪽으로 향하는 반응이나 입술에 닿은 것을 빠는 '흡철 반사'가 나타납니다. 대부분의 아이는 치아가 생기지 않습니다.

치아가 나지 않은 상태라 양치할 필요는 없습니다. 수유 후에는 깨끗한 천으로 입 주변을 닦아줍니다.

피부

신생아는 신진대사가 활발해 피부가 여러 번 벗겨지면서 튼튼해집니다. 너덜너덜 벗겨지더라도 이상은 아닙니다.

거칠어도 피부에는 크림을 발라주면 좋아집니다. 붉은 습진이 생기면 병원에서 상담을 받아보세요.

태내에 있을 때도 귀는 들리므로 엄마의 목소리를 잘 알고 있습니다. 말을 걸어 안심시켜 주세요.

젖은 귀지로 인해 귓속이 막히는 경우가 있습니다. 목욕 후에 면봉으로 입구 근처를 닦아 청결히 하세요.

꼭 필요한 것부터!

신생아용품 알아보기

꼭 필요한 것부터 차근차근 아기용품을 고르는 요령을 알아봐요.

출산 전에는 최소한을 준비하고 출산 후에 필요한 것을 사는 것이 정답!

아기용품은 너무나 다양하여 무엇을 골라야 할지 망설이게 됩니다. 너무나 예쁘고 편리할 것 같은 수많은 아기용품 중 꼭 필요한 것을 고르려면 출산 후 수유나 목욕 등 아기를 돌보는 일과를 생각해보세요. 무엇이 가장 필요한지 우선순위를 정하는 데 도움이 될 것입니다.

최소한 필요한 것만 산전에 준비하고 이후에 하나씩 갖춰가는 것이 좋습니다. 특히 기저귀나 스킨케어 용품은 아기의 피부 타입에 맞춰야 하므로 소량을 구입한 다음 피부에 맞는지를 먼저 살펴봐야 합니다.

집에 오면 아기를 어디에 재울까. 아기 침대라면 이불도 세팅해놓으세요.

엄마가 "귀엽다"고 생각하는 옷을 고르기보다는 아기에게 편한 것을 고르세요.

우선 필요한 아기용품

1 속싸개, 겉싸개

속싸개는 아이의 알몸을 감싸는 용도로 사용하고 샤워 수건으로 쓰기 때문에 부드러운 소재로 여러 장 준비하는 게 좋아요. 겉싸개는 외출 시 필요한 것으로 생후 30일 이내 옷을 입히기 곤란한 신생아를 위해 내의 위에 속싸개, 겉싸개를 두르는 게 좋아요.

2 수유 패드, 수유 쿠션

수유 패드는 흐르는 모유를 흡수해 청결을 유지시켜주고 수유 쿠션은 엄마와 아이가 편안하게 수유를 할 수 있도록 도와줘요.

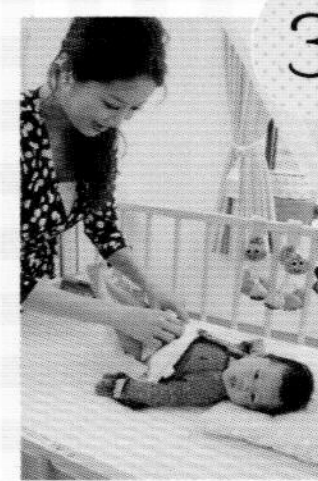

3 기저귀

통기성이 좋은 면 기저귀와 일회용 기저귀가 있어요. 일회용 기저귀를 사용할 경우 한 브랜드를 사용해보고 별다른 피부 문제가 발생하지 않으면 계속 같은 제품을 사용해 아이에게 적응시키는 게 좋아요.

4 욕조

신생아 크기에 알맞은 욕조로 너무 깊지 않고 표면과 가장자리가 매끄러운 제품이 안전해요. 온도 센서가 부착되어 있어 목욕물의 온도를 수시로 확인할 수 있는 제품도 있답니다.

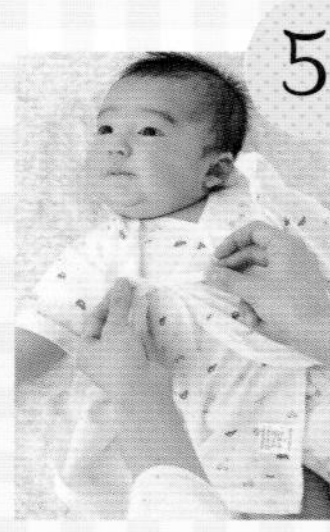

5 배냇저고리, 내의

신생아는 스스로 체온을 조절하기 힘들기 때문에 옷과 침구를 이용해 몸을 따뜻하게 유지시켜줘야 해요. 땀과 노폐물이 잘 배출되는 흡수성과 통기성이 좋은 순면 제품을 고르세요. 생후 한 달까지는 배냇저고리를 입히고 그 뒤에는 입히고 벗기기 편한 내의가 좋아요. 몸에 너무 달라붙지 않는 넉넉한 것을 입히면 아기가 더 편안해한답니다.

6 재우는 데 필요한 것

대부분 시간을 이불 위에서 지내는 신생아의 침구는 가볍고 통기성이 좋은 순면 제품이 좋아요. 이불 커버는 자주 세탁하고 이불솜은 햇볕에 주기적으로 말려주세요. 겨울에는 솜이 들어 있는 제품을, 여름에는 수건 느낌의 부드러운 제품을 구입해요.

※잠투정이 심하다면 흔들 침대를 사용해보는 것도 좋습니다.

돌보기별

아기용품 구매 목록

각각의 돌보기에서 사용할 물품 목록입니다. ◎는 꼭 필요한 것, ○은 준비해놓으면 유용한 것입니다.

■ 아이템	필요수량	필요도	조언
외출 아이템			
□ 겉싸개	1~2장	◎	신생아를 안을 때 감싸준다
□ 슬링	1개	○	산후 퇴원과 1개월 건강 진단 등으로 외출 시 필요
□ 유모차	1대	○	아이와 짐을 동시에 담을 수 있어 이동 시 편리하다
□ 신생아용 카시트	1대	○	자동차로 퇴원할 예정이라면 출산 전에 장착을
□ 수유 케이프	1장	○	어디서라도 모유를 먹일 수 있다
□ 기저귀통	1개	○	냄새가 덜 날 수 있는 밀폐형 기저귀 전용 쓰레기통
수유 아이템			
□ 수유용 브래지어	2~3장	○	너무 조이지 않고 가슴을 꺼내기 쉬워 수유하기 편하다
□ 수유 쿠션	1개	○	수유 시 아이와 엄마 모두에게 편안함을 준다
□ 수유 패드	1팩	○	흐르는 모유를 흡수해주는 종이 또는 헝겊 소재 패드
□ 유착기	1대	○	수유 리듬을 유지하는 데 필요, 모유를 저장해야 할 때 용이
□ 수유복	1~2장	○	가슴 부위만 열 수 있는 디자인으로 수유하기 편리하다
□ 젖병&젖꼭지	1~2개	◎	모유 수유 시에도 만일을 대비해 한 세트 정도는 준비한다
□ 분유	1통	◎	병원에서 먹이던 제품이 아이에겐 거부감이 적다
□ 분유 포트	1대	○	분유 탈 때 적정 온도를 유지해주므로 편리하다
□ 젖병 세척 용품	1세트	◎	젖병 솔과 전용 세제를 준비
□ 젖병 소독 장비	1세트	◎	소독과 건조를 한번에 해결해주므로 편리하다
기저귀 아이템			
□ 종이 기저귀	1~2팩	◎	아이의 성장 속도에 따라 크기를 맞춰야 하므로 소량씩 준비한다
□ 헝겊 기저귀	20~30장	○	면 등으로 직접 만들거나 유아용품 코너에서 구입한다
□ 헝겊 기저귀 커버	3~5장	○	천 기저귀 사용 시 필요, 소재는 면이나 울 등
□ 기저귀 라이너	1상자	○	기저귀 위에 얹어 쓰면 세탁이 편리하다
□ 엉덩이 티슈	1~2팩	◎	시판 아기 전용 물티슈나 면수건 등을 사용한다
□ 기저귀통	1개	○	냄새를 막아주는 밀폐형 기저귀 전용 쓰레기통

■ 아이템	필요수량	필요도	조언
목욕 아이템			
□ 아기 욕조	1대	◎	에어형이나 싱크 타입 등이 있다
□ 탕온계	1개	○	목욕물의 온도 체크에 유용하다
□ 아기 비누	1개	◎	자극이 적은 것, 펌핑 타입이 사용에 편리하다
□ 목욕 이불	2장	◎	목욕할 때 아기 몸에 걸쳐주면 안심
□ 목욕 수건	2장	◎	손으로 감싸기 쉬운 정방형의 가제 소재를 추천한다
□ 가제 손수건	10~20장	◎	아이의 얼굴을 닦아주거나 수유 시에도 필요하므로 넉넉히 준비한다
□ 면봉	1상자	◎	아기 전용의 머리가 작고 부드러운 것으로 귀와 코 관리 시 필요하다
□ 손톱깎이	1개	◎	신생아용 손톱 가위나 끝이 둥근 타입의 아기용 손톱깎이를 사용
□ 아기 빗	1개	○	모가 부드러운 아기 전용이 안심
□ 스킨케어 용품	1~2개	○	피부 상태에 따라 로션이나 오일로 보습
□ 아기용 체온계	1개	○	귀에 대고 재는 타입이 인기, 건강 체크에 사용
□ 콧물 제거기	1개	○	콧물이 많이 흐를 경우 엄마가 빨아서 제거
속옷 및 소품			
□ 배냇저고리	모두 3~5장	◎	속옷의 기본, 섶을 여미는 방식이라 입히기 쉽다
□ 내의 세트		◎	상의는 앞쪽에 단추가 있는 것으로, 배를 이중으로 커버.
□ 보디슈트		◎	밑아래는 스냅단추로, 상큼 스타일 완성
□ 겸용 드레스	모두 3~5장	◎	스냅단추로 고정하고, 양면으로 입힐 수 있다
□ 커버올		◎	상하의가 붙은 스타일의 옷으로 전신을 감싸준다
□ 모자	1개	○	햇빛을 가리고, 방한 및 머리를 보호하는 역할도
□ 양말	1~2켤레	○	발끝이 차가울 때 착용, 가을과 겨울에는 필수
잠재울 때 유용한 것			
□ 아기 이불	1세트	◎	세트 이불은 계절에 상관없이 사용할 수 있어 편리하다
□ 시트류	1~2장	◎	세탁 시 교체용을 준비해 항상 청결하게
□ 아기용 베개	1개	○	아기의 머리를 고정하고 안정되게 받쳐준다
□ 담요	1~2장	◎	낮잠이나 외출 시 사용, 집에서 물세탁이 가능한 것으로
□ 아기 침대	1대	○	손위 형제나 반려동물이 있는 집은 꼭 필요
□ 아기 의자	1대	○	바운서나 하이&로 체어로 조절 가능한 것

'안기'부터 시작해요!

돌보기 1 안기

꼭 안기는 모든 돌보기에 필요한 자세이며 상호 작용의 기본입니다. 편안한 마음으로 첫 스킨십을 즐겨봅시다.

부자연스러운 안기 방법은 어깨 결림과 건초염의 원인, 올바른 안기 자세를 익히세요

초보 엄마라면 갓 태어난 아이를 안는 데 불안하고 어깨와 팔에 힘이 들어가기 마련인데 부자연스러운 자세가 원인으로 어깨 결림과 건초염을 초래하는 경우도 있습니다. 아이 목을 잘 지탱하고 배를 엄마 쪽으로 붙이는 등 포인트를 잘 잡아 바른 안기 방법을 마스터합시다. 안기는 아이와의 중요한 상호 작용. 부드럽게 안아 올린 다음 눈과 눈을 마주치며 말을 걸어보세요.

기본 안기

1
아이의 목 아래에 손을 넣는다
신생아는 아직 스스로 목을 가누지 못합니다. 아이를 안아 올릴 때에는 우선 아이 목 밑에 손을 넣고 손바닥으로 목에서 후두부를 감싸 지탱합니다. 손바닥으로 받듯이 지탱하는 것이 포인트.

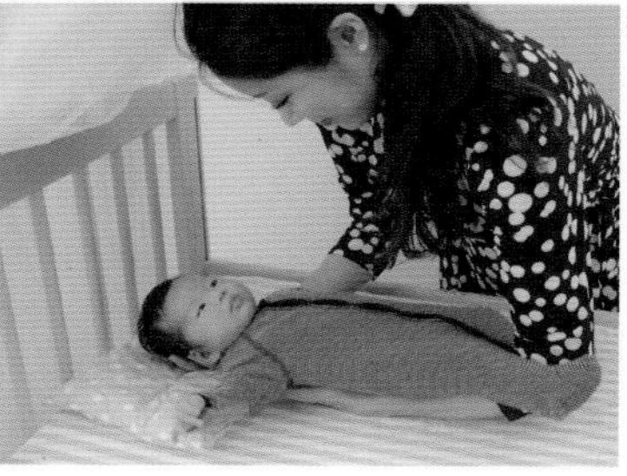

2
다른 한 손을 엉덩이 밑에
한 손으로 목과 후두부를 지탱하고 다른 한 손은 아이 엉덩이 밑에 넣습니다. 어른 팔을 아이 밑에 넣어 손바닥을 등에 대면 안정감이 더 좋아집니다.

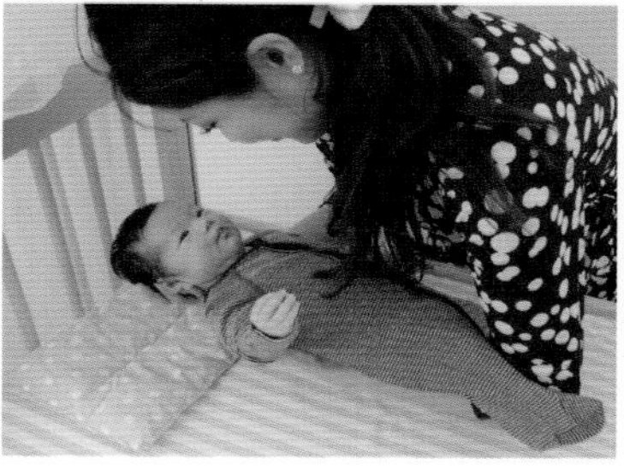

3
어른 몸을 아이에게 가져다 대세요
어른 자세가 안정되면 아이 몸 가까이로 몸을 붙여 부드럽게 들어 올립니다. 아이를 엄마 쪽으로 끌어오는 것보다 안전합니다. 안아 올릴 때의 자세가 좋지 않으면 요통의 원인이 되므로 주의하세요.

이런 안기는 NG!

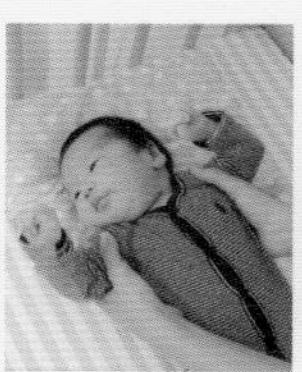

겨드랑이로 들어올리기
목을 가누기 전 아이에게는 위험해요. 목을 가누는 2개월 무렵까지는 목을 지탱하고 안으세요.

손목으로만 안기
손목을 써서 장시간 안고 있으면 건초염에 걸릴 우려가 있습니다. 팔 전체로 안으세요.

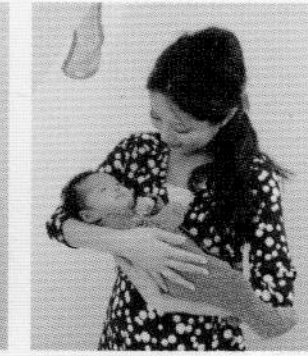

가슴으로 누르기
배만이 아니라 얼굴까지 어른 가슴에 붙이면 아이가 괴롭고 답답해 보여요.

옆으로 눕혀 안기

1
아이의 엉덩이를 축으로 회전

아이를 안은 상태에서 아이 상체를 가볍게 일으킵니다. 엉덩이를 지탱하던 손을 약간 움직여 엉덩이를 축으로 90도 회전.

2
목과 후두부를 지탱하여 어른과 마주 보게

아이의 엉덩이를 지탱하던 손을 움직여 목과 후두부를 지탱하면서 세로로 안습니다. 또 한 손은 아이 엉덩이를 지탱하세요.

바꿔 안기 성공!

아이 머리와 등, 허리를 지탱한 채 서로 마주 보는 자세가 된다면 대성공.

좌우로 바꿔 안기

1
옆으로 안기 스타일에서 시작

한쪽 팔 전체로 아이의 몸을 지탱하는 옆으로 안기 스타일에서 시작. 계속 같은 자세를 유지하면 지치므로 반대쪽 팔로 바꿔 안습니다.

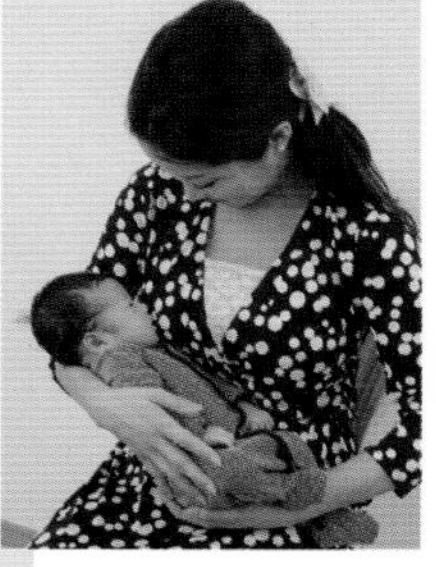

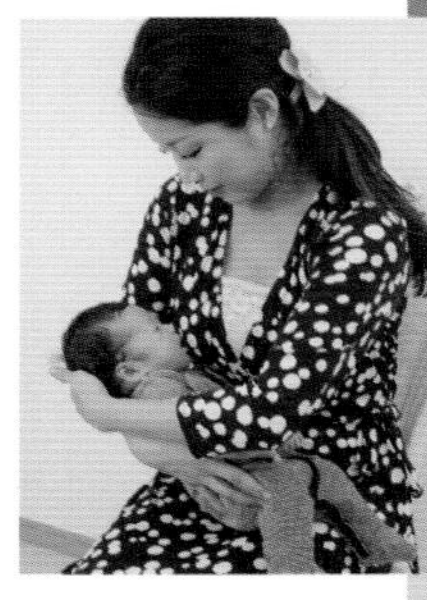

2
손을 목 뒤에 돌립니다

아이 엉덩이에 댔던 손을 목 뒤로 돌립니다. 목을 안정시키고 천천히 부드럽게 아이 몸을 정면으로 움직입니다.

3
엉덩이를 축으로 반대쪽으로 회전

아이 목을 지탱하면서 다른 쪽 손으로 엉덩이를 꽉 잡습니다. 그 엉덩이의 손을 축으로 아이 몸을 반대편으로 회전시킵니다.

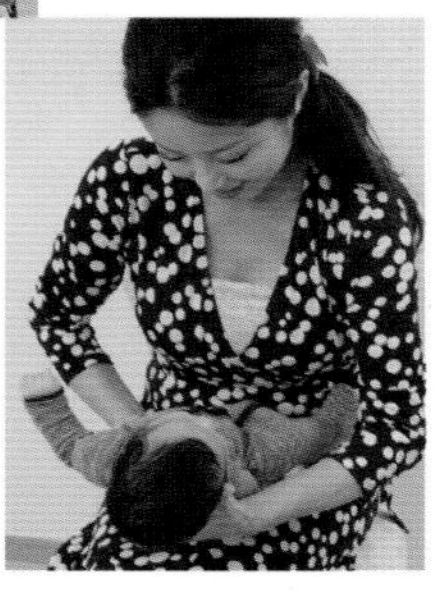

1
반대쪽 팔에 머리와 목을 놓습니다

아이 엉덩이를 지탱하던 손을 움직여 등에서 엉덩이까지 지탱합니다. 목 뒤 손도 움직여 반대쪽 팔꿈치 안쪽에 머리와 목을 놓습니다.

바꿔 안기 성공!

머리와 목을 받치던 팔 전체로 아이 몸을 지탱합니다. 다른 한 손으로 아이 엉덩이를 받치면 안정적인데 익숙해지면 아이 몸에 가볍게 대기만 해도 됩니다.

아기와 엄마를 위한 외출용품을 알아봐요

안는다면

아기띠와 슬링을 이용하면 고개 가누기 전의 아기도 안고 이동하기 쉽습니다. 생후 1개월부터 사용할 수 있는 것을 고르세요.

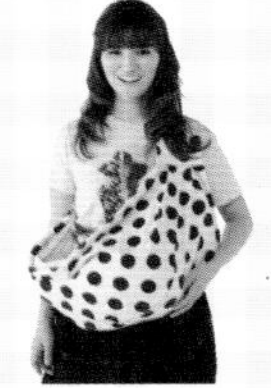

슬링
엄마 배 속에 있었을 때와 비슷한 자세를 취할 수 있어 아기도 편안해 합니다. 세로로 안거나 거꾸로 안는 방식으로 연출할 수 있습니다.

아기띠
목을 지탱해주는 서포트 기능이 있다면 신생아부터 사용 가능. 저연령대에는 엄마와 마주 보는 자세가 좋아요.

사이드 캐리 아기띠
눕힌 채 안을 수 있어 신생아도 안심. 마주 보고 앉을 수도 뒤로 업을 수도 있는 다기능 타입입니다.

수유 케이프
외출 때나 손님이 왔을 때 모유를 먹이는 모습을 가릴 수 있는 아이템. 무릎 덮개로도 사용 가능합니다.

기저귀 가방
기저귀나 아기 여벌 옷 등 짐이 많은 엄마를 위한 가방. 주머니가 많으면서도 가벼운 것이 좋습니다.

유모차라면

180도 리클라이닝 시트(등받이를 뒤로 젖히는 좌석)라면 신생아 때부터 사용할 수 있습니다. 시트 밑에 짐을 넣을 수 있어 쇼핑에도 OK.

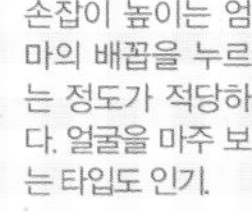

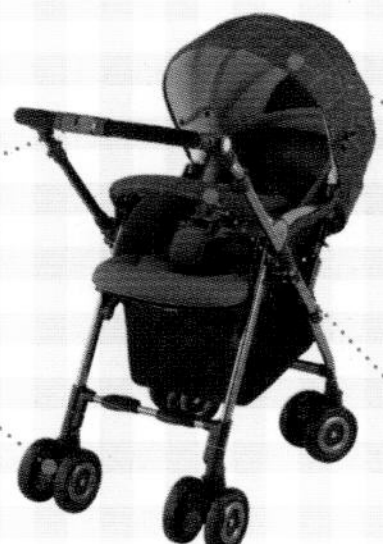

손잡이 높이는 엄마의 배꼽을 누르는 정도가 적당하다. 얼굴을 마주 보는 타입도 인기.

차양이 커서 자외선과 바람을 막는 데 용이. 투시창으로 아기 모습을 체크.

바퀴가 작으면 회전 반경이 작고, 크면 안정감이 있다. 사용 환경에 따라 선택.

벨트는 안전성이 높은 것은 물론 쉽게 조절할 수 있는 것이 좋다.

자동차라면

아기를 차에 태우려면 유아용(신생아용) 카시트가 필수입니다. 산후 퇴원 시 자동차를 이용하려면 출산 전부터 준비하세요.

벨트는 아이의 성장에 맞춰서 조절 가능한 것을 고르는 것이 좋다.

뒷좌석에 설치한다. 차양은 햇볕을 막아준다.

시트를 문 쪽으로 회전시킬 수 있으면 아기를 태울 때 편하다.

인내심을 갖고
꾸준히 시도해요!

돌보기 2

수유(모유·분유)

출산 직후부터 시작합니다. 처음에는 잘 안 되더라도 매일 계속하다 보면 엄마도 아이도 익숙해져 리듬이 생겨납니다.

모유

아이가 빨면 빨수록 잘 나옵니다

모유에는 아이에게 필요한 영양소가 균형 있게 들어 있고, 특히 산후 1주일쯤까지 나오는 '초유'에는 세균이나 바이러스에 대한 면역 물질이 많이 함유되어 아이를 병으로부터 지켜줍니다. 유방은 산후 2~3일부터 부풀지만, 개인차가 있습니다. 처음에는 잘 나오지 않더라도 반복해서 아이가 빨면 호르몬이 분비되어 모유가 안정적으로 나오게 됩니다. 또 아이도 처음부터 잘 빤다는 보장은 없습니다. 초조해하지 말고 꾸준히 계속하세요.

하루에 몇 번이나 같은 자세로 수유하면 모르는 사이에 엄마의 등과 허리에는 무리가 옵니다. 온몸의 힘을 빼고 이완시키도록 합니다. 수유 쿠션이나 베개를 사용하면 아이 위치를 조절할 수 있어 수유가 편해집니다.

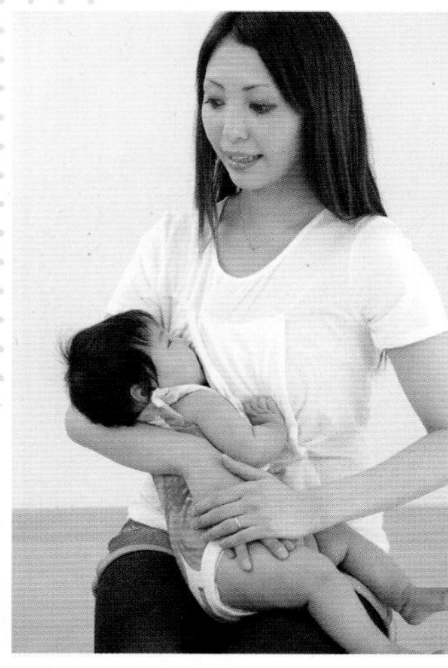

수유하기 전에

- 등을 곧바로 세우고 몸의 힘을 빼 이완한다.
- 의자에 앉을 경우 뒤꿈치를 바닥에 확실히 댄다.
- 유두와 아이와의 거리가 맞지 않는다면 쿠션이나 베개로 높이를 조절한다.

모유 수유하기

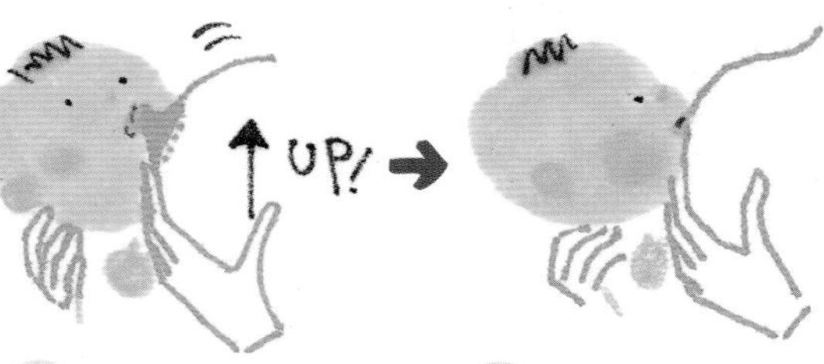

1
유방 전체를 들어 올려 높이를 조절
아이를 안고 한쪽 손으로 아이 머리를 지탱합니다. 다른 한쪽 손으로는 유방 아래를 감싸 유두가 아이 입 근처에 가도록 유방 전체를 들어 올립니다.

2
유륜이 감춰질 정도로 깊이 빨게 한다
유륜을 깊이 물어야 아이는 턱을 이용해 모유를 제대로 빨 수 있습니다. 아이가 입을 벌리고 젖꼭지 전체를 빨고 있는지 여부를 체크합니다.

모유 수유 필수 용품

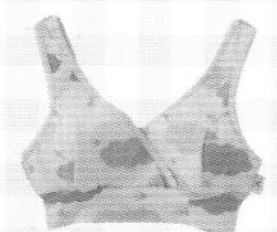

수유용 브래지어
가슴만 간단히 벌릴 수 있는 전용 브라로 가슴을 압박하지 않고 부드럽게 감싸줍니다.

수유 패드
가슴과 브래지어 사이에 넣어 흘러나오는 모유를 흡수합니다. 종이(일회용)와 헝겊 소재가 있어요.

모유 수유 편리 용품

유두 보호기
유두에 상처가 나서 아플 때, 유두에 덧씌우고 젖꼭지를 보호하면서 수유할 수 있습니다.

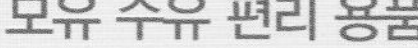

유두 케어 크림
수유로 인해 유두에 상처가 생기거나 건조할 때 바르는 크림으로 아기가 먹어도 괜찮습니다.

수유 쿠션
엄마 무릎에 놓고 아기를 누이면 가슴 높이에 안정되게 닿게 할 수 있습니다.

수유복
앞가슴 쪽에 슬릿이 있어 가슴을 살짝 빼내 수유할 수 있습니다. 외출 시 편리해요.

추천하는 안기 방법

3가지 중 엄마가 편한 방법을 찾아 선택하세요

수유할 때 안는 방법은 가로 안기, 세로 안기, 풋볼 안기 등 세 가지. 엄마의 유두 형태와 유방 크기에 따라 편한 자세가 다르므로 각각을 시험해보고 가장 편하게 수유할 수 있는 방법을 찾으세요. 자세가 나쁘면 어깨 결림과 요통의 원인이 되므로 주의하세요.

이런 포즈는 NG!

뒤로 젖히기

아이에게 젖을 먹이는 데 정신을 팔다 보면 몸에 힘이 들어가 뒤로 젖혀지기 쉽습니다. 엄마 등이나 허리에 부담이 되고 피곤해지게 됩니다. 몸에서 힘을 빼세요!

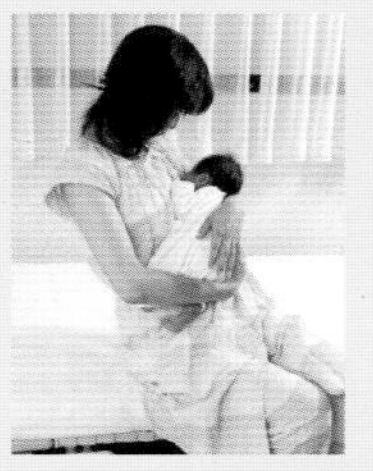

앞으로 숙이기

아이를 안은 채 앞으로 너무 숙이면 엄마 허리와 목에 부담을 줄 뿐만 아니라 아이가 압박을 받아 괴로워집니다. 등을 똑바로 펴도록 주의하세요.

방법 1 옆으로 안기

기본 안기 방법

아이 머리를 팔꿈치에 올려놓는 자세로 그대로 수유하는 가장 기본적 방법. 엄마 팔로 아이 머리를 확실히 지탱하고 엄마와 아이 몸을 가급적 꼭 밀착시켜 젖을 물립니다.

방법 2 세워 안기

유방과 젖꼭지가 작은 엄마에게 유리

아이를 세로로 안아 엄마와 아이 배가 맞닿은 자세는 아이가 젖을 물기 쉽고 유두와 유방이 작은 엄마에게 맞습니다. 아이가 목을 가누면 엄마 허벅지에 다리를 벌려 앉힙니다.

방법 3 풋볼 안기

유방이 크고 유두가 바깥쪽을 향한 엄마에게 유리

풋볼을 겨드랑이에 끼우듯 아이의 몸을 바깥쪽으로 안고 먹게 하는 방법. 유두가 바깥쪽을 향하거나 유방이 큰 경우 먹이기 쉬운 방법입니다. 신생아기에는 수유 쿠션으로 위치를 조절하면 좋습니다.

선배 맘들에게 인기 있는 옆으로 누워 먹이는 방법이란?

아이 옆에 누운 상태에서 젖을 물리는 방법. 아이가 그대로 잠들 수 있고 엄마에게도 편한 자세이지만, 신생아는 가급적 앉은 자세로 수유를 합시다. 수유에 익숙해지더라도 유방으로 아이 코를 막고 있지는 않은지 주의합시다.

수유를 끝낼 때의 요령

끝나면 살짝 빼세요

아이가 젖을 빨고 있는 도중에 무리하게 빼면 유두에 상처를 입기도 하므로 아이 상태를 보면서 뺄 타이밍을 살펴보세요. 너무 길게 물고 있으면 유두가 상처 입는 경우도 있으므로 한쪽에 5~10분 정도를 기본으로 좌우 균등하게 먹입니다. 수유가 끝나면 트림을 시킵니다.

1 유륜을 패이게 만든다

아이 입 근처 유방을 손가락으로 눌러 패이게 만듭니다. 배가 불러도 빠는 경우가 있으므로 유방을 패이게 만들어 끝을 알립니다.

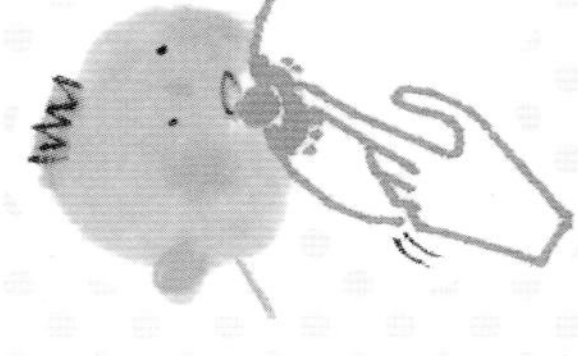

2 틈 사이로 엄마 손가락을 넣어 빼낸다

1에서 유방을 패이게 만들고 아이 입안에 살짝 엄마 손가락을 넣어 틈을 벌림으로써 자연히 아이 입을 떨어지게 만듭니다.

갑자기 빼면 유두에 상처가 생깁니다

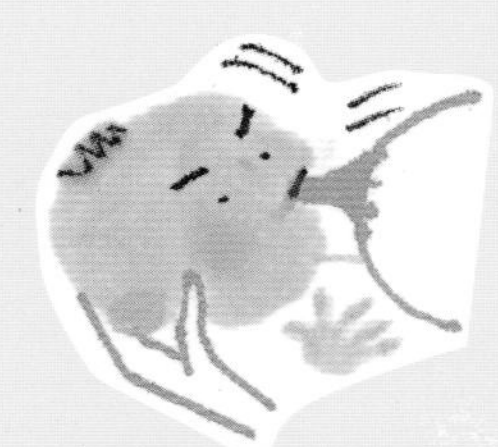

갑자기 빼려고 하면 아직 젖을 더 먹고 싶어 하는 아이가 유두를 놓지 않아 유두에 상처가 생길 수 있어요. 갑자기 빼지 말고 먼저 손가락을 넣어 살짝 떨어지게 하는 게 요령이에요.

트림시키는 방법

아이의 구토를 막기 위해 수유가 끝나면 등을 문질러줍니다

아이는 젖을 먹을 때 공기를 함께 마시므로 그대로 재우면 구토를 할 수도 있습니다. 수유가 끝나면 등을 문질러 트림을 시킵니다. 나오지 않으면 머리를 약간 높게 해 옆으로 재우세요.

방법 1 어깨에 메고

전통적이고 가장 나오기 쉬운 방법

엄마 어깨에 아이 머리를 얹히듯 아이를 세로로 안고 엄마 손으로 아이 등을 아래에서 위로 쓸어 올립니다. 이때 엄마 어깨에 수건을 놓아두면 아이가 토해도 젖지 않습니다.

방법 2 무릎에 앉히고

무릎 위에 앉히고 등을 톡톡

아이를 엄마 무릎 위에 앉히듯 해서 안고 상체를 엄마 팔에 기대게 합니다. 아이 등을 엄마 손으로 아래에서 위로 쓸어 올리거나 톡톡 두드려 트림을 시킵니다. 어깨에 메는 게 힘든 사람에게 권하고 싶은 방법.

방법 3 세워 안기로

초보 엄마를 위한 쉬운 방법

무릎에 앉히기보다 더 간단한 방법으로 아이와 마주 보며 엄마 허벅지에 앉혀 세로로 안고 한쪽 손으로 목을 받치고 다른 한 손으로 등을 쓰다듬는 방법. 아이 위가 바른 자세여서 트림이 나오기 쉽습니다.

수유, 이런 느낌!

유선염에 걸렸지만 식습관 개선과 마사지로 완치

신생아 때는 2시간마다 수유를 했지만, 산후 2주부터 유선염에 걸려 아기가 젖을 빨 때마다 너무 아팠습니다. 1개월 건강 진단에서 유방 마사지를 받은 뒤 "채식을 주로 하고 단것은 삼가라"는 조언에 따라 식습관을 바꾸고 스스로 마사지를 하면서 겨우 완치했습니다.

새벽 수유에는 보온 대책이 필요, 우유도 더하고 좀 편하게

겨울에 출산한 터라 한밤중에 수유할 때는 추워서 괴로웠습니다! 머리맡에 가운을 두고 수유 시간에 맞추어 알람을 설정해놓았습니다. 그런데 정작 아기는 젖을 물리면 바로 자고, 젖을 빼내면 울어버리고……. 고민 끝에 분유를 추가로 먹이기 시작했더니 좀 편해졌습니다.

모유 Q & A

Q 모유가 충분한지 알 수 없어요

A 꿀꺽꿀꺽 소리 내며 리드미컬하게 젖을 빨거나 먹은 다음 쿨쿨 잔다면 문제없습니다. 조금이라도 체중이 는다면 별로 걱정하지 말고 수유를 계속하면 됩니다. 체중이 전혀 늘지 않거나 무척 불안한 경우에는 1개월 검진을 기다리지 말고 먼저 진찰을 받으세요.

Q 젖을 물리는 게 어려워요

A 엄마의 유두 크기와 형태에 따라 아이가 잘 물어주지 않는 경우가 있습니다. 유두가 작거나 평평한 '편평 유두'라면 마사지로 충분히 늘리고, 큰 편이라면 유두를 부드럽게 만듭니다. 유두가 들어간 '함몰 유두'라면 유두 보호기를 써도 좋습니다.

Q 먹는 도중에 자버리면 어떻게 하나요

A 수유 시간은 한쪽 유방이 길어야 10분이 기준. 그 사이에 자버렸다면 아이 입이나 발바닥을 간질여 깨워 먹입니다. 먹기 시작한 지 5분이면 모유의 60%를 먹기 때문에 10분 정도면 유방을 눌러 패이게 만들고 자연히 입을 떨어지게 하세요. 한쪽만을 길게 먹이지 말고 타이밍을 보아 반대편 모유도 먹이세요.

Q 수유 간격이 제멋대로예요

A 모유는 시간에 관계없이 아이가 울 때마다 먹여도 좋습니다. 그렇지만 우는 원인이 기저귀 때문인지, 공복 때문인지 알 수 없으므로 우선 기저귀를 살펴보세요. 입 주위를 손가락으로 만졌을 때 빨면 수유 타이밍입니다. 반복하다 보면 리듬이 생깁니다.

분유 만약을 위해 최소한의 수유용품 준비를

엄마의 몸 상태와 직장 복귀 여부, 아이의 발육 정도 등 사정에 따라서는 분유를 먹여야 할 수도 있습니다. 만약을 위해 최소한의 분유 수유용품을 준비하고 분유 타는 방법을 알아둡시다. 분유는 규정량을 제대로 잘 지켜 적정한 농도로 타는 게 중요합니다. 온도가 너무 높으면 영양분이 파괴되므로 적정 온도를 지키세요. 또 아기가 먹다 남긴 분유는 잡균이 번식하므로 반드시 버리도록 하세요. 분유 수유인 경우 2~3시간 간격을 두고 먹입니다.

젖병은 어떤 것?

❶ 젖꼭지
냄새나 재질이 다른 소재가 3종류. 사이즈는 '구멍의 크기'를 말합니다.

❷ 재질
튼튼하고 안전성이 높은 유리와 가벼운 플라스틱 소재 등이 있습니다.

❸ 크기
첫달은 120~160ml. 마시는 양이 늘어나는 2개월 이후는 240ml짜리 사용.

젖꼭지의 구멍

둥근 모양
신생아용. 개월 수에 따라 S, M, L로 분류됩니다.

Y자
둥근 모양보다 많은 양이 나와서 생후 2~3개월 아기에게 적당합니다.

+자
빠는 힘에 따라 나오는 양이 조절됩니다.

※ 젖꼭지 제조 업체에 따라 젖꼭지 구멍의 모양이 다를 수 있습니다. 업체에서 제시하는 월령을 참고하여 선택하세요.

분유 타기 4단계

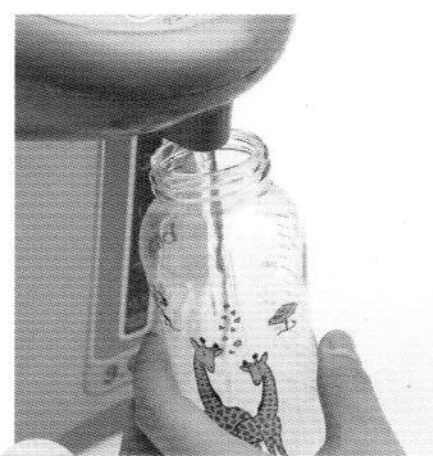

1 젖병에 뜨거운 물을 넣어요

분유를 탈 때는 맹물을 끓여 사용해요. 1분 이상 끓여 70℃ 이상 된 물을 식혀 사용해요. 목표량의 2/3 정도의 물을 먼저 넣어요.

2 정확한 양의 분유를 젖병에 넣어요

분유의 농도가 맞지 않으면 탈수나 변비의 원인이 되고, 너무 묽게 타면 영양이 부족할 수도 있으니 권장량을 지키세요.

3 우유병을 굴리듯 섞어요

분유를 섞을 때 위아래로 흔들면 거품이 생기므로 우유병을 양 손바닥 사이에 끼우고 좌우로 굴리듯 섞어요. 젖병이 너무 뜨거우면 수건 같은 걸로 감싸면 좋아요.

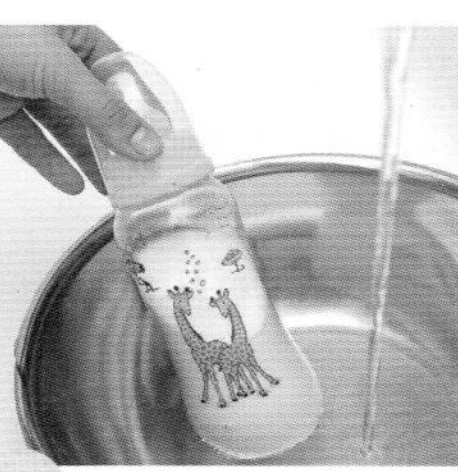

4 물을 마저 넣고 마개를 닫은 다음 40℃ 정도까지 식혀요

분유가 잘 섞이면 목표량까지 끓인 물을 마저 채우고 젖꼭지가 달린 마개로 닫고 찬물에 넣어 손목 안쪽에 분유를 떨어뜨렸을 때 따뜻하다고 느껴질 정도로 식혀요.

분유 먹이는 방법

1 옆으로 안고 말을 걸어주며 먹이세요

모유 수유할 때와 같이 옆으로 안은 자세로 아기에게 말을 걸면서 먹입시다.

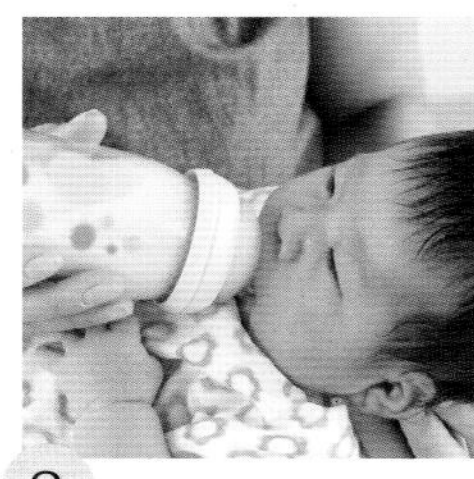

2 입을 크게 벌려 젖꼭지를 물게 하세요

위아래 양쪽 입술이 겉으로 보일 정도로 입을 크게 벌려 젖꼭지를 물게 합니다.

젖병 씻는 방법

1 젖병 재질에 따라 솔을 구분해 사용

유리병은 나일론 솔로, 플라스틱 병은 스펀지 솔로 구석구석 씻습니다.

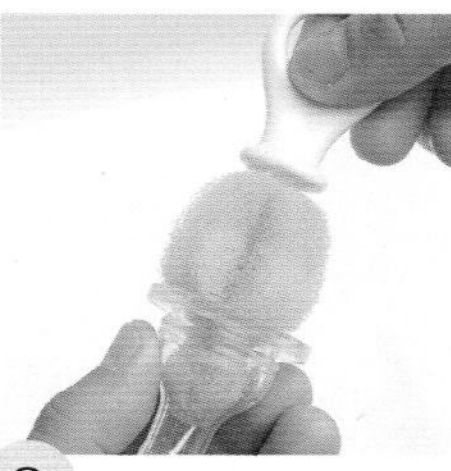

2 가느다란 전용 솔로 젖꼭지 안까지 꼼꼼히 세척

분유 찌꺼기나 침 등이 쌓이기 쉬운 젖꼭지 내부는 가느다란 솔로 끝부분까지 넣어 깨끗이 닦아냅니다.

분유 수유 필수 용품

젖병 세척 용품
전용 솔이라면 젖병 훼손없이 구석구석 세척할 수 있어요. 젖꼭지 세척도 잊지 마세요.

분유
캔과 큐브 형태, 스틱형 등이 있습니다.

젖병&젖꼭지
처음에는 유리 소재의 작은 사이즈, 월령과 먹는 양에 맞추어 교체합니다.

젖병 소독 용품
생후 1개월까지는 세척 후에 살균 소독도 필수예요. 전자레인지를 이용해 소독하거나 약물로 소독하는 등이 방법이 있습니다.

분유 수유 편리 용품

젖병 보관함
젖병을 위생적으로 관리할 수 있습니다. 살균 소독 후 그대로 보관할 수 있는 타입도 있습니다.

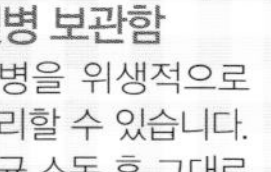

젖병 싸개
젖병을 충격으로부터 지켜줍니다. 보온 기능을 더한 제품도 있어요.

분유 포트
물을 조유에 적정한 온도로 유지시켜 매번 물을 끓이는 수고를 덜어줍니다.

자주 갈아서
늘 청결하게!

돌보기 3

기저귀 갈기

신생아는 방광이 작아 소변 횟수가 많고 대변도 묽습니다. 하루 10회 이상 기저귀를 갈 필요가 있습니다.

종이 기저귀 — 사용한 후 기저귀를 통째로 버릴 수 있어 편리

많은 엄마들이 한번 쓰고 더러워지면 그대로 버릴 수 있는 종이 기저귀를 사용합니다. 엄마 몸도 원상태로 돌아오지 않은 출산 직후에나 육아에 익숙하지 않을 때 특히 편리하지요.

종이 기저귀는 만든 회사에 따라 크기나 기능 면에서 많은 차이가 있으므로 아이의 성장 단계에 따라 꼼꼼히 따져보는 것이 좋습니다. 또 민감한 피부를 가진 아기라면 시트의 성분 등에 더 주의를 기울여야 합니다.

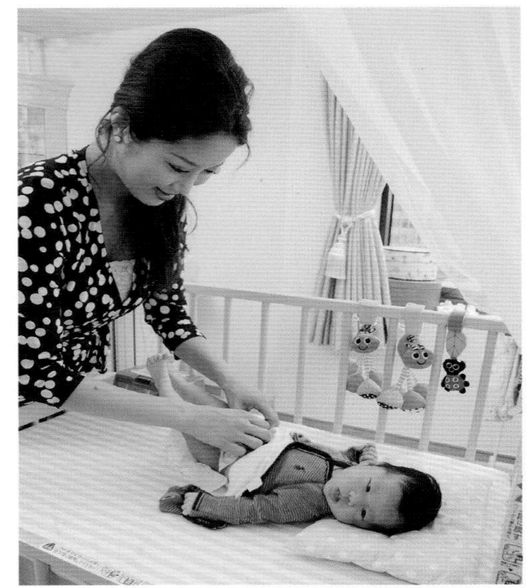

기저귀 가는 방법

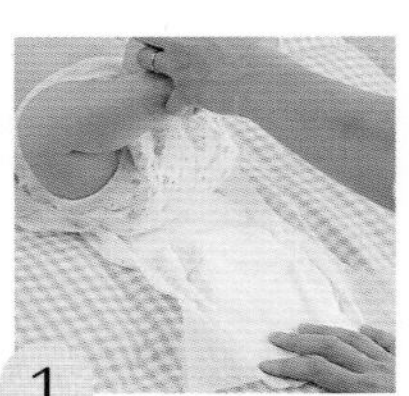

1 기저귀를 갈 때는 아이의 체온이 떨어지지 않도록 이불이나 두께가 있는 타월을 깔아주세요. 아기의 두 발을 잡고 엉덩이를 받쳐 들어 새 기저귀를 엉덩이 밑에 깝니다.

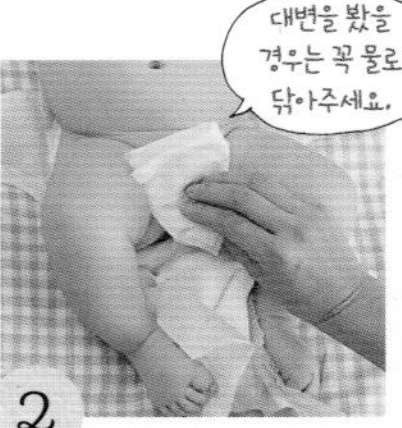

대변을 봤을 경우는 꼭 물로 닦아주세요.

2 사용한 기저귀를 풀고 물티슈나 물수건으로 닦아줍니다. 살이 접혀 주름진 부분은 세균에 감염되지 않도록 특히 신경 써서 깨끗하게 닦아줍니다.

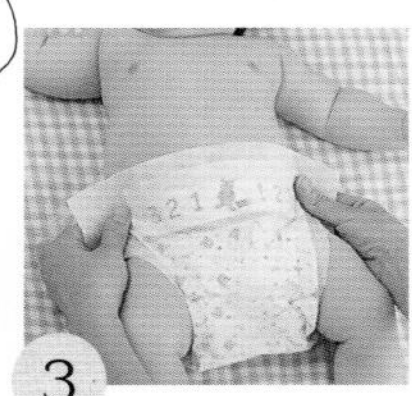

3 사용한 기저귀를 제거하고 피부에 물기가 남지 않도록 충분히 말린 후 파우더나 로션을 바르고 기저귀의 앞을 배까지 올려 잘 펴줍니다.

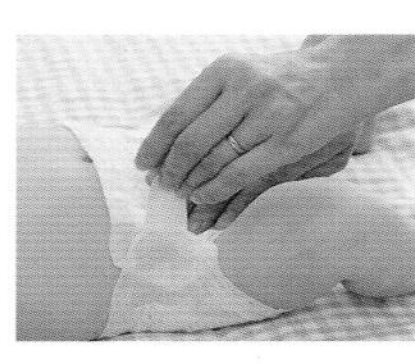

4 너무 조이거나 느슨하지 않게 허리 밴드를 붙여줍니다.

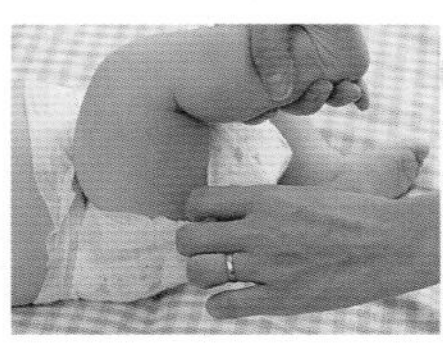

5 허벅지 부분의 밴드가 조이지 않는지 확인합니다.

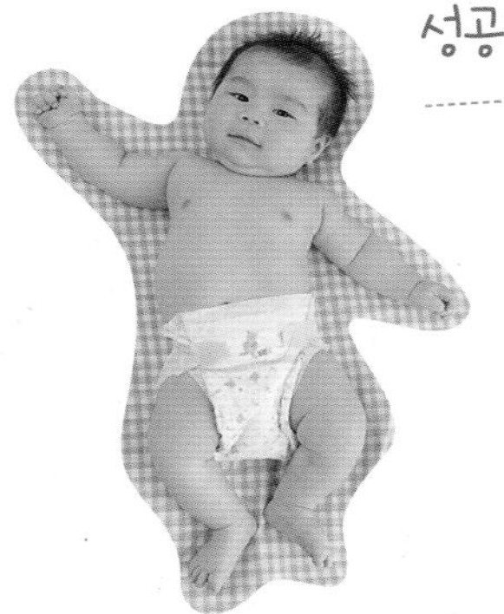

성공!

기저귀는 어떤 것?

시트
수분을 흡수하고 역류를 막는 구조, 통기성이 좋은 것이 특징입니다.

허리 밴드
아기의 체형에 맞게 조절이 가능해요.

오줌 알림 마크
흡수 부위가 젖으면 색이 바뀌며 교체 시기를 알려줍니다.

종이 기저귀 필수 용품

종이 기저귀
각 브랜드에 따라 다양한 크기로 출시됩니다. 신생아용은 금방 작아져 오래 쓸 수 없으므로 대량 구입할 필요가 없어요.

아기 물티슈
시중에서 판매하는 물티슈나 면 등. 피부에 맞지 않을지 모르니 상황을 보고 구입해요.

기저귀용 쓰레기통
기저귀 전용 쓰레기통은 냄새가 밖으로 나오지 않게 막아줍니다. 뚜껑 달린 쓰레기통으로도 OK.

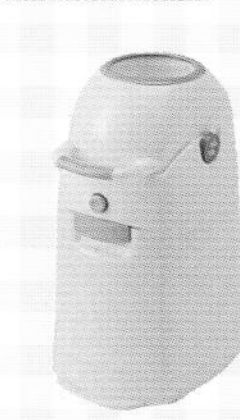

종이 기저귀 편리 용품

기저귀 교체 시트
외부에서 기저귀를 갈 때 주위를 더럽히지 않으며, 딱딱한 곳에 아기를 눕혀야 할 때도 좋아요.

기저귀 가방
기저귀나 아기 물티슈, 비닐봉지 등 기저귀 갈 때 필요한 물건을 수납하는 용도로 외출할 때 편리해요.

천 기저귀

낮에 집에서는 천 기저귀, 밤과 외출 시에는 종이 기저귀를 쓰기도

쓰레기 배출에 따른 환경 오염 문제 때문에 천 기저귀를 쓰는 엄마가 늘고 있습니다. 천 기저귀는 빨아서 계속 사용할 수 있으므로 기저귀 값을 절약할 수 있고 아기의 피부에도 좋다는 장점이 있습니다. 빨래하기 힘들겠다고 미리 겁먹는 사람도 있는데 요즘 나오는 천 기저귀는 기능성이 뛰어난 제품이 많아 종이 기저귀 못지않게 편리하고 세탁기로도 빨 수 있어 실제로 사용한 엄마들의 만족도가 상당히 높습니다.

낮 시간 집에 있을 때에는 천 기저귀, 외출할 때나 밤에 잘 때에는 종이 기저귀를 사용하는 엄마도 많습니다.

천 기저귀 가는 방법

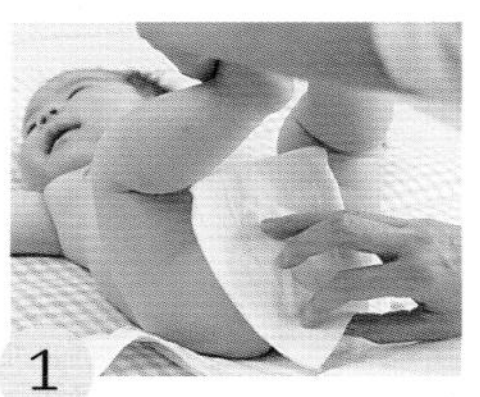

1
기저귀 커버를 댄 기저귀를 엉덩이 밑에 깐 다음 아기의 두 발을 잡고 엉덩이를 받쳐 들어 사용한 기저귀를 풀고 물티슈나 물수건으로 닦아줍니다. 살이 접혀 주름진 부분도 깨끗하게 닦아주세요.

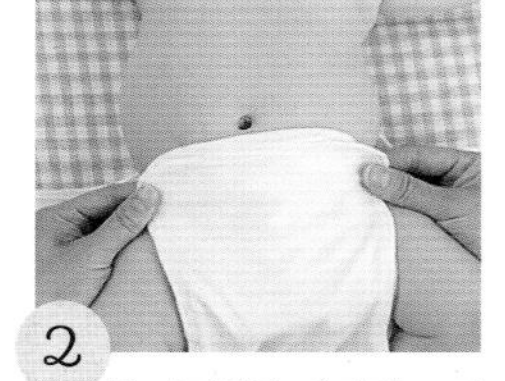

2
사용한 기저귀를 제거하고 피부에 물기가 남지 않도록 충분히 말린 후 파우더나 로션을 바르고 기저귀의 앞을 배까지 올려 잘 펴줍니다.

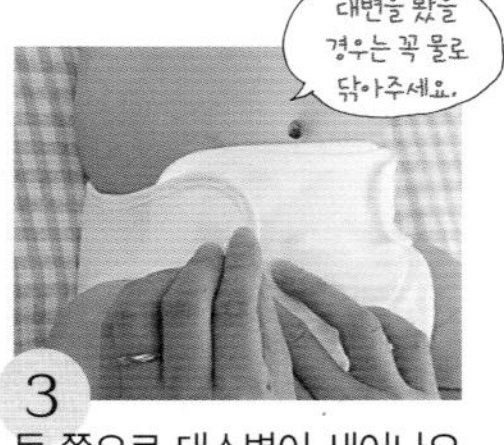

3
등 쪽으로 대소변이 새어나오지 않도록 딱 맞게 맞춘 다음 배와 기저귀 사이에 손가락이 서너 개 들어갈 정도의 여유를 주고 기저귀 커버를 여밉니다.

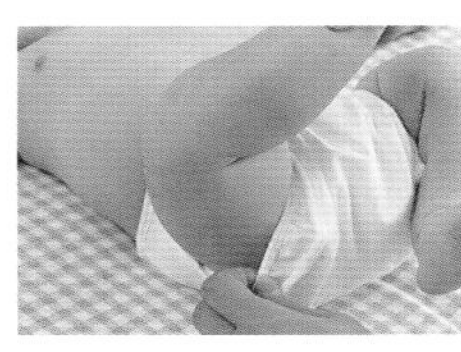

4
아이의 다리 사이에 기저귀를 잡아 주름이 잡히도록 만져줍니다.

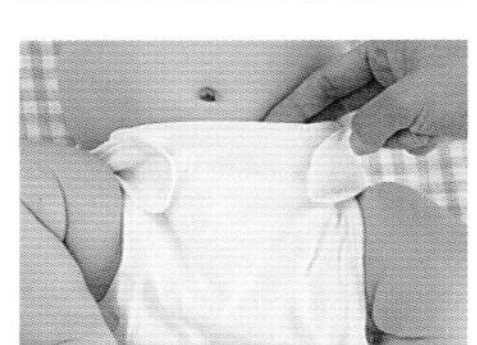

5
배가 너무 조이지 않는지 확인합니다.

신생아의 하루 배변 횟수

신생아의 하루 배변 횟수는 대략 15회 전후입니다. 따라서 기저귀도 15~20개가량을 사용한답니다. 한 번 수유하면 2~3번의 묽은 변을 싸는 것이 보통인데 신생아 때는 체온 조절에 어려움이 있으므로 바로 기저귀를 갈아줘야 해요. 생후 2주가 넘어가면서부터는 배변량이 많아지면서 점차 횟수는 줄어듭니다.

천 귀저귀 필수 용품

천 기저귀
초보자가 쓰기 쉬운 것은 접을 필요가 없이 기저귀 모양으로 만들어진 것이 좋아요.

천 기저귀 커버
면과 울 등의 소재. 저자극성 원단의 안감을 가진 것을 태어난 계절에 맞춰 선택합니다. 방수되는 것이 좋아요.

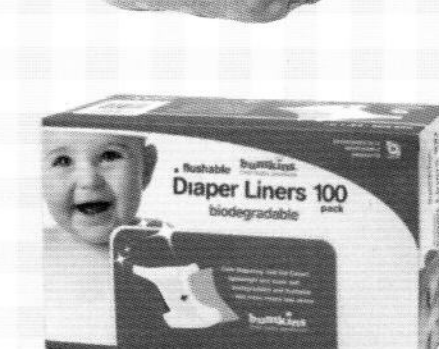

기저귀 라이너
1장만 깔아도 빨래 부담이 급감. 소변은 통과하여 천 기저기에 흡수되고 대변의 경우 이것만 걷어 버리면 OK. 자연 분해되는 성분으로 된 제품을 사용하면 변기에 그냥 버려도 되므로 더욱 편리합니다.

애벌 빨래용 양동이
세탁기에 넣기 전 사용한 기저귀는 전용 양동이에서 애벌 빨래를 하는 것이 좋습니다.

천 기저귀 편리 용품

천 기저귀 전용 비누와 세제
기저귀 세탁 시에는 자극이 덜한 유아 전용 비누와 세제를 사용하세요. 시판되는 기저귀용 세제도 있으므로 꼼꼼히 따져보고 고르세요.

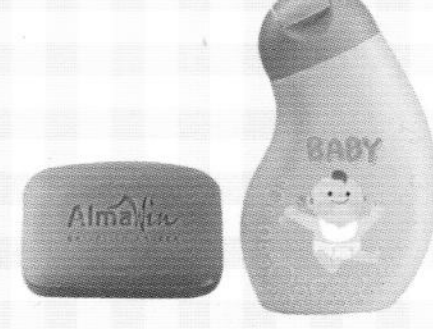

상쾌하게 목욕해요!

돌보기 4

목욕 & 부위별 관리

아기는 신진대사가 활발하므로 매일 목욕을 시켜 몸을 깨끗하게 해줘야 합니다.

보챌 때 목욕을 시키면 기분이 좋아지기도

생후 1개월 아기는 세균 등으로 인한 감염을 막기 위해 전용 욕조에서 목욕을 시킵니다. 아이는 신진대사와 피지 분비가 활발하므로 가제 손수건으로 잘록하거나 접힌 부분까지 꼼꼼하게 닦아줍니다. 너무 오래 씻기면 아이도 피곤해지므로 10분 정도를 기준으로 빨리 끝냅니다.
수유 전후나 심야는 피하고 수유와 수유 사이, 혹은 저녁과 밤 사이 아이가 보채기 쉬운 시간대에 목욕을 시키면 좋습니다.

목욕시키는 순서

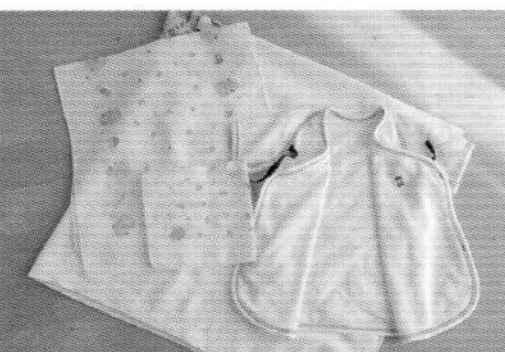

1 목욕에 필요한 용품 챙기기

목욕 수건과 세정제, 보습제, 기저귀, 갈아입힐 옷 등은 미리 준비해주세요.

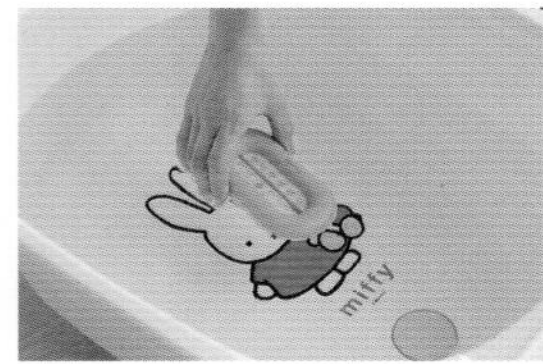

2 욕조에 물 채우기

욕조에 따뜻한 물을 20cm 정도만 채우고 수온을 확인해요.

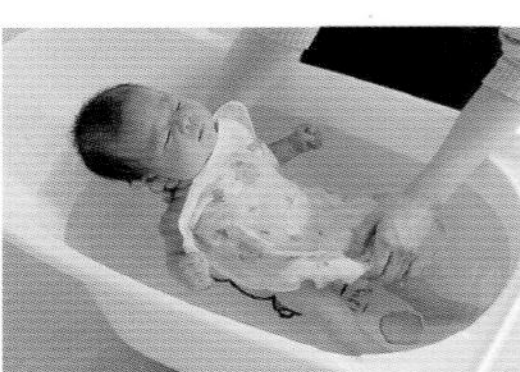

3 아기를 수건이나 가제 손수건으로 덮어줘요

목욕 중 체온이 떨어질 수 있으므로 아이를 수건이나 가제 손수건으로 감싸요.

4 가제 손수건으로 얼굴 닦기

가제 손수건을 따뜻한 물에 적셔 눈, 코, 입, 귀 순서로 닦아줘요. 이때 눈은 눈머리부터 눈꼬리를 향해 닦아주고, 귀는 겉만 살짝 닦아요.

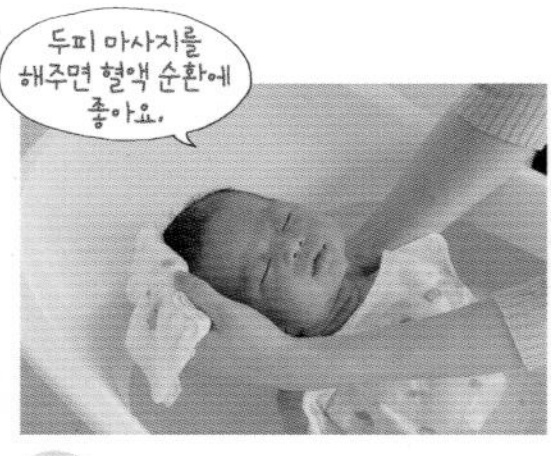

5 머리 감기기

생후 2~3주 동안은 2~3일에 한 번만 아기의 머리와 두피를 닦아 땀이나 먼지를 제거해주세요. 가제 손수건에 물을 묻혀 아기의 머리를 쓰다듬듯이 닦아줍니다.

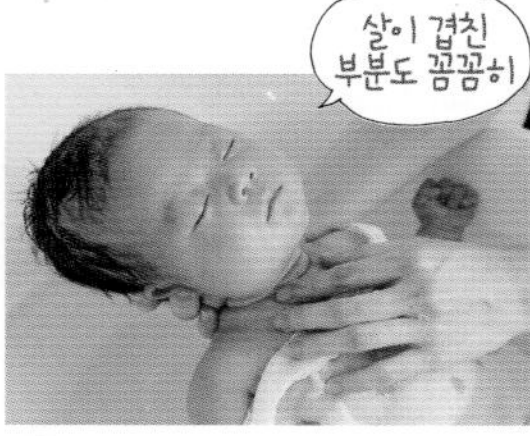

6 목 씻기기

한 손으로 아기의 목과 등을 받치고 반대쪽 손으로 아기의 엉덩이를 받친 다음 엉덩이부터 욕조에 내려놓아요. 목과 겨드랑이를 씻길 때는 엄마의 검지와 중지로 미끄러지듯 꼼꼼하게 씻깁니다.

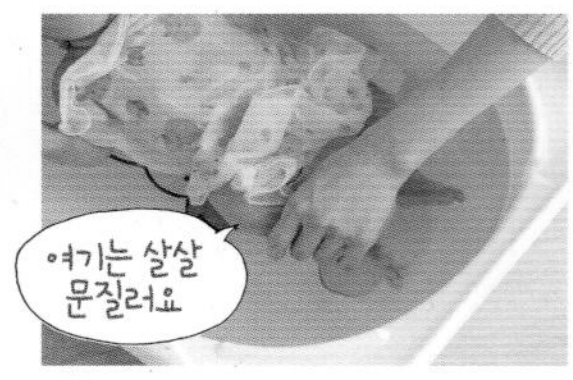

7 배와 다리 씻기기

한 손으로 머리와 어깨 뒤쪽을 계속 받치면서 다리를 씻긴 다음 가슴과 배 쪽에 물을 조금씩 끼얹어가며 가제 손수건으로 살살 문질러주세요.

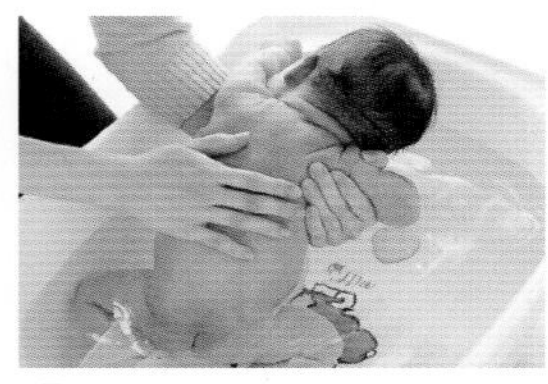

8 등 씻기기

등 위쪽과 뒷목을 씻길 때는 아기를 앉힌 다음 겨드랑이를 잡고 엄마의 팔로 아기의 가슴을 받치고 닦습니다. 가슴을 계속 받치면서 아기의 몸을 조금씩 앞으로 기울여 등 아래쪽과 엉덩이를 씻깁니다.

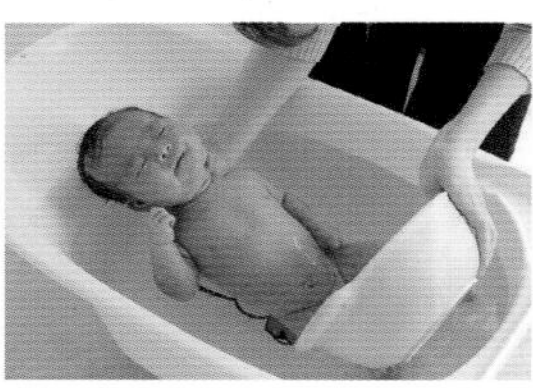

9 헹굼물에 담그기

목욕이 다 끝났으면 미리 준비한 헹굼물로 아기를 옮겨 몸 전체를 재빠르게 헹궈주세요.

10 말리기

아기를 욕조에서 꺼낸 뒤 수건으로 바로 감싸고 수건 한쪽 모서리로 아기의 머리를 덮어주세요. 수건으로 살살 두드려 머리와 몸의 물기를 제거하고 아기용 빗으로 머리를 빗깁니다.

목욕, 이런 느낌!

목 아래를 잘 씻어주지 않으면 토한 우유가 쌓여 발진이 생길 수 있어요. 그래서 목욕 때마다 고개를 받치고 정성스럽게 씻어주었습니다. 손바닥도 꼼꼼히 닦아주고요.

욕실이 추워서 방에 시트를 깔고 목욕을 시킵니다. 힘들었던 것은 목욕 중에 똥을 쌌을 때. 엄마는 당황스럽지만 아기는 시원하게 볼일을 봐서인지 기분이 좋아 보였어요.

부위별 관리는 건강 상태를 체크할 절호의 기회

목욕 후에는 눈, 배꼽 등을 케어합니다. 귀, 코는 1주일에 한 번 케어해주면 좋습니다. 또한 손톱 발톱이 자랐으면 잘라주고 피부가 건조하다면 유아용 로션을 발라 보습 케어를 합니다. 부위별 관리는 건강 상태를 체크하기 위한 기회입니다. 습진은 없는지, 평소와 다른 곳은 없는지 전신을 관찰합니다.
부위별 관리 용품은 아이의 작은 몸에 맞춘 전용 제품으로 준비합니다. 수납 주머니나 상자가 있으면 편리합니다.

부위별 관리 방법

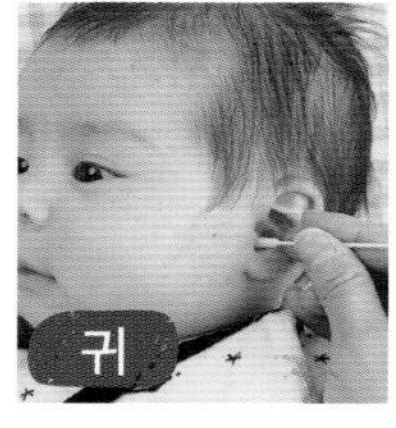

가는 전용 면봉으로 입구의 수분을 흡수

신생아용 면봉을 사용해 입구의 물을 닦아내세요. 귀 안쪽까지 넣는 것은 절대 안 돼요.

면봉이나 핀셋을 사용하여 제거

수증기로 불려서 코딱지나 콧물을 없앨 때는 전용의 가느다란 면봉을 아주 조금 콧구멍에 넣어 떼어낸다. 큰 코딱지는 집기 쉬운 핀셋으로.

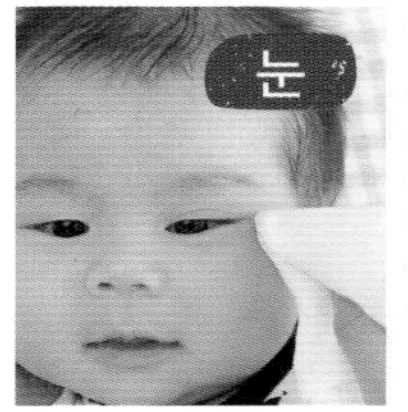

눈머리부터 눈꼬리 쪽으로 닦기

미지근한 물에 적신 가제나 탈지면을 꽉 짜서, 눈머리부터 눈초리 쪽을 향해 닦아주세요. 눈곱이 끼지 않으면 목욕 때만 해도 OK.

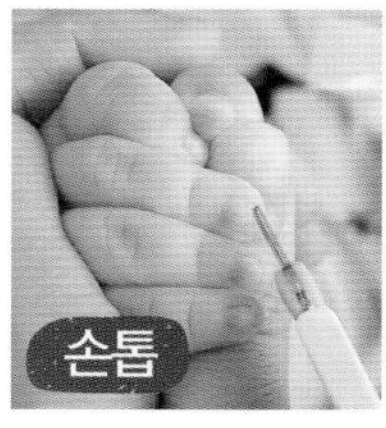

흰 부분이 1mm면 자르기

손톱이 길면 얼굴을 할퀴어 상처를 낼 수 있으므로 수시로 점검해 흰 부분이 1mm 정도가 되면 잘라줍니다. 목욕 후 손톱이 물러진 상태에서 자르는 게 좋아요.

아기 전용 빗으로 부드럽게

신생아는 가제 손수건으로 머리를 쓰다듬어 주는 것만으로 OK. 머리카락이 많은 아기는 아기 전용 빗으로 부드럽게 빗겨줍니다.

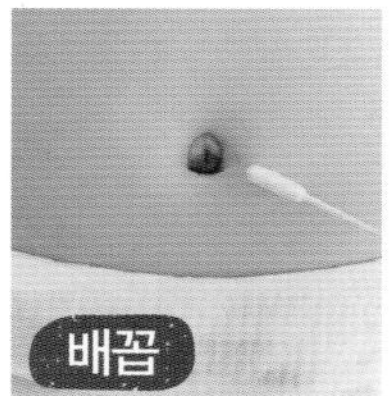

깨끗이 마를 때까지는 제대로 소독

배꼽은 면봉에 소독용 알코올을 묻혀 닦아주세요(약국에서 소독용 알코올을 묻힌 탈지면을 구입해 사용해도 돼요.). 기저귀가 배꼽에 닿지 않도록 조심하고 출혈이 계속되면 병원에 상담을.

목욕시키기 원칙

1 목욕물 온도는 30~40℃, 실내 온도는 24℃가 적당해요

엄마가 팔꿈치를 물에 넣었을 때 따뜻하다고 느끼는 정도인데 욕조용 온도계를 사용하면 편리합니다. 최근에 판매되는 아기 욕조에는 온도계가 붙어 있는 제품도 있어요.

2 매일 정해진 시간에 씻겨요

아기에게 규칙적인 습관을 길러주려면 목욕도 정해진 시간에 하는 게 좋아요. 보통 오전 10시에서 오후 2시 사이, 따뜻할 때가 좋지만 도와줄 사람이 없다면 남편 퇴근 이후에 하세요. 잠투정이 있는 아이는 저녁에 목욕을 시키는 게 좋아요.

3 목욕 후 수유해요

목욕은 아기가 깼을 때나 젖 먹이기 전에 시키는 게 좋아요. 수유를 하고 목욕을 하면 토하는 경우도 있어요. 목욕 후 수유를 하면 갈증을 없애는 데도 도움이 되지요. 아기의 체온이 높거나 예방 접종을 한 뒤에는 목욕을 시키지 말고 따뜻한 물로 얼굴이나 목덜미, 엉덩이, 다리 등을 닦아주세요.

4 물이 식지 않도록 뜨거운 물을 준비해요

신생아는 온도 변화에 민감하기 때문에 목욕을 할 때는 물이 식지 않도록 세숫대야에 뜨거운 물을 받아 옆에 두고 식으면 섞어서 온도를 유지해주세요. 단, 욕조에 바로 뜨거운 물을 붓는 것은 안 돼요. 아기를 수건 등으로 감싸 욕조에서 꺼낸 뒤 온도를 맞춘 다음 다시 씻기세요.

목욕 필수 용품

아기 비누
아기의 민감한 피부에 맞춘 저자극 제품을 고르세요. 머리부터 발끝까지 온몸에 사용 가능한 것도.

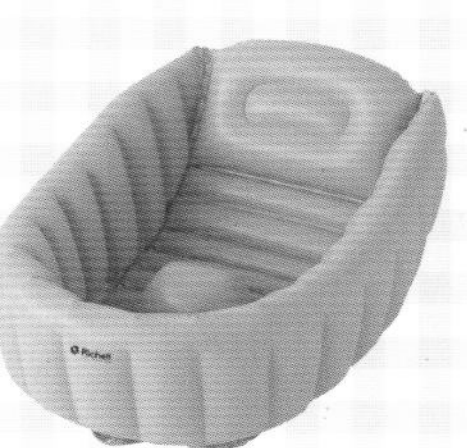

아기 욕조
공기를 넣어 부풀리는 에어 타입이나 플라스틱 제품 등 여러 가지 종류가 있습니다.

탕온계
욕조에 띄우고 목욕물 온도를 체크합니다. 타이머 기능과 실내 온도계 겸용 제품도 있어요.

바가지
아기를 목욕 시킬 때는 샤워기를 사용하기보다는 목욕물을 받아 바가지로 떠서 끼얹는 것이 좋아요.

목욕포 & 가제 손수건
아기의 몸을 덮어주는 천, 얼굴과 잘록한 부분을 씻는 데 사용하는 가제 손수건은 필수지요.

목욕 수건
아기의 온몸을 감싸기 쉬운 정방형, 구석구석의 물기까지 닦을 수 있는 가제 소재가 인기랍니다.

체험담

부위별 관리, 이런 느낌!

탯줄은 퇴원 전에 떨어졌지만 진물이 계속 나와서 목욕 후에 관리. 아이가 엄청 움직이는 바람에 배꼽을 소독할 때면 면봉이 너무 깊이 들어가지 않을까 조마조마했습니다.

손톱을 어디 정도 깎아야 좋을지 몰라 한 번은 피가 나게 자른 적도 있습니다. 깨어 있을 때 자르면 펑펑 울어서 잘 때를 틈타 잘랐습니다.

무엇을 어떻게 입혀야 할까요?

돌보기 5 옷 입히기

태어난 계절에 따라 준비해야 할 아이 옷과 옷 입히는 요령을 알아봅니다.

스타일링

0~2개월

체온 조절을 잘하지 못하는 갓난아이는 어른보다 1장 더 입힙니다. 봄·여름에는 내의 겹쳐 입기, 가을·겨울에는 내의+겉옷. 한여름에는 내의 1장으로 충분.

패턴 1

내의 세트 + 수면 조끼

가을·겨울 등 쌀쌀한 시기에는 내의 위에 수면 조끼를 입혀 따뜻하게 해 줍니다.

패턴 2

배냇저고리 + 베이비 드레스

짧은 속옷 위에 발끝까지 내려오는 베이비 드레스를 입힙니다.

패턴 3

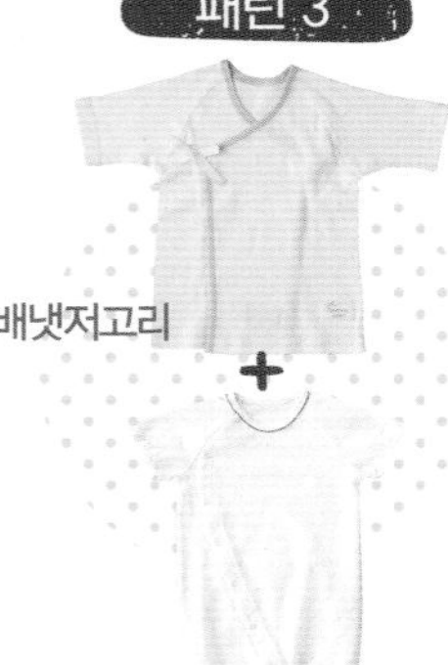

배냇저고리 + 겸용 드레스

배냇저고리 위에 겸용 드레스를 입힙니다. 겸용 드레스의 스냅단추를 잠그지 않고 원피스 타입으로 입혀도 충분합니다.

3개월이 지나면

손발의 움직임이 활발해지는 2~3개월경부터는 어른과 같거나 1장 적게. 몸의 움직임을 방해하지 않는 디자인을 고르세요. 추운 시기라면 방에서는 카디건이나 베스트, 외출할 때는 점프슈트를 추가하면 오케이.

패턴 1

배냇 저고리 + 겸용 드레스

더울 때도 땀을 흡수해주는 속옷은 필요. 배냇저고리를 입힌 뒤 위에 겸용 드레스를 레이어링. 스냅 단추를 채워 발을 자유롭게 움직일 수 있는 바지 스타일로.

패턴 2

보디슈트 + 커버올

냉기가 신경 쓰일 때는 보디슈트로 배를 커버. 그 위에 그날그날의 날씨에 맞는 커버올을 입힙니다.

패턴 3

멋쟁이 보디슈트 1장

여름에는 보디슈트 1장으로도 OK. 깜찍한 디자인이라면 외출 시 입혀도 괜찮습니다. 땀을 흘리면 바로 갈아입히기도 편합니다.

옷 입히기

신생아는 체온 조절이 어려우므로 옷을 갈아입힐 때도 빠르게 해야 합니다. 두 벌을 한꺼번에 입히는 것도 좋은 방법입니다.

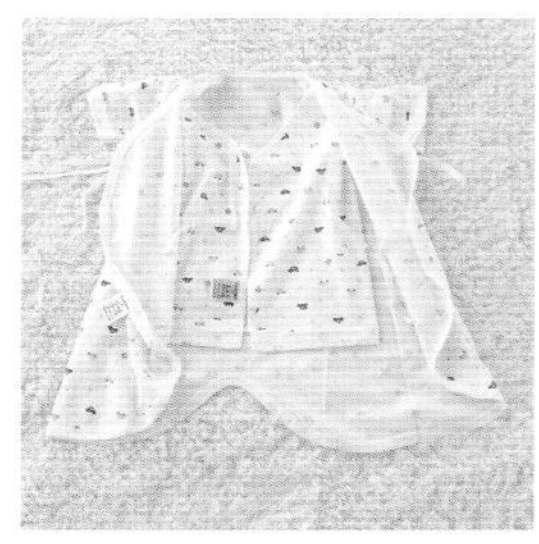

1 입힐 옷을 겹쳐서 소매를 빼둔다

한꺼번에 입힐 수 있도록 끈이나 스냅단추를 풀어 펼친 뒤 겉옷 위에 속옷을 얹고 소매를 빼내어놓습니다. 세탁 후 옷을 갤 때 미리 세팅해 놓으면 편합니다.

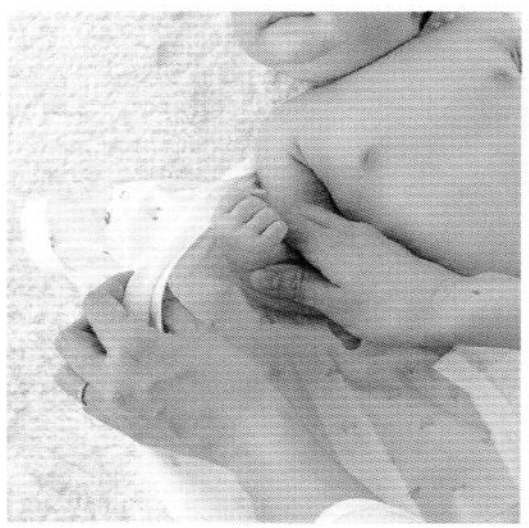

2 소매에 아기의 팔을 넣는다

펼쳐놓은 두 장의 옷 위에 아기를 누이고 한쪽 소매에 아기의 팔을 넣습니다. 엄마는 한 손으로 소매를 벌리고 다른 손으로는 아기의 팔을 잡습니다.

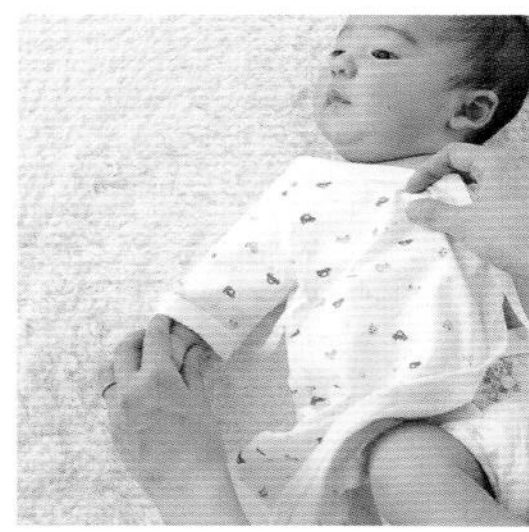

3 소맷부리 쪽에 엄마 손을 넣는다

소매에 아기의 팔을 넣고 엄마 손을 소맷부리 쪽에 넣어 아이의 손을 살며시 잡아 뺍니다. 이때 아기 팔을 너무 세게 잡아당기지 않도록 주의. 반대쪽도 같은 방법으로.

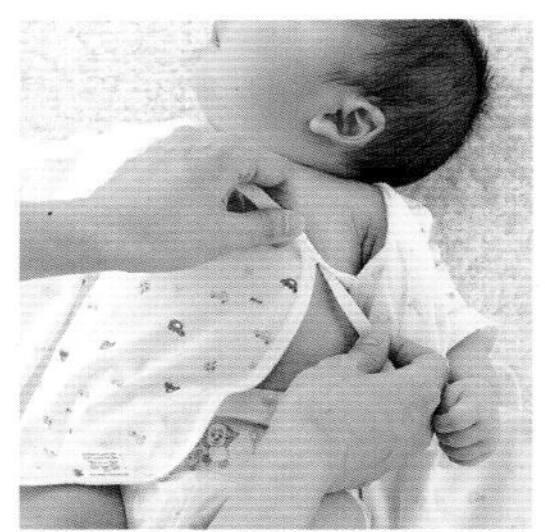

4 속옷의 안쪽 끈을 묶는다

양쪽 소매로 아기 손을 다 꺼낸 다음에는 안쪽의 속옷 끈을 묶으세요. 몸을 죄지 않도록 여유 있게 묶습니다.

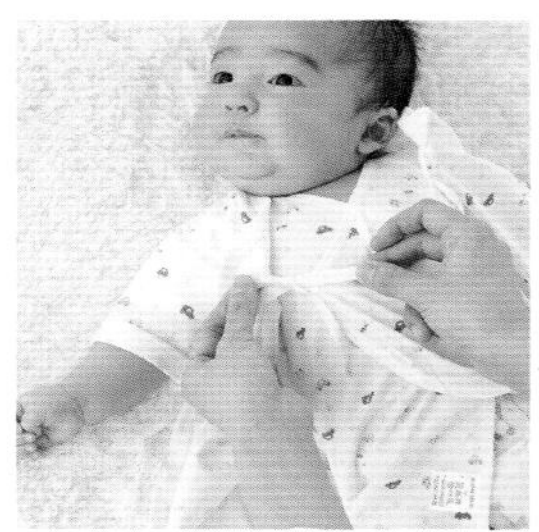

5 속옷의 겉쪽 매듭을 짓는다

옷을 벗길 때 풀기 쉽도록 매듭을 짓습니다. 꾸물거리다 아기가 움직이면 안 되니 재빨리!

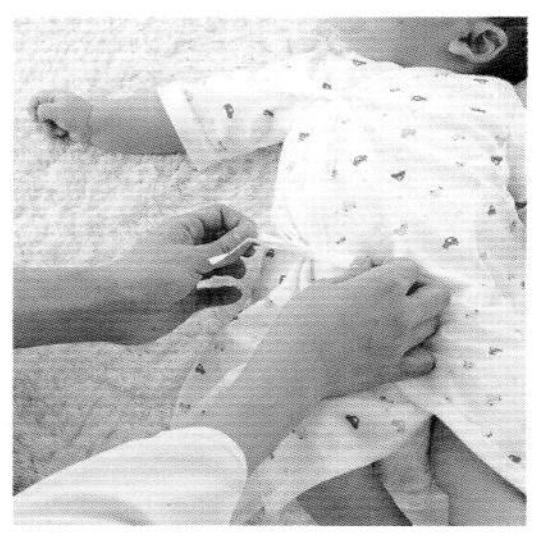

6 겉옷 끈을 묶으면 완성

겉옷 끈도 같은 방법으로 묶고 밑아래의 스냅단추를 채우면 끝. 배냇저고리 위에 상하 내의를 입힌다면 바지를 겉옷 위로 올려 입혀주면 됩니다.

쌀쌀할 때는 이런 아이템이 편리

조끼
배를 따뜻하게 보호할 수 있고 가볍게 입히기 좋습니다. 단색이 레이어링하기가 쉬워요.

레그 워머
발등과 종아리를 따뜻하게 해주는 아이템. 기저귀 갈기도 편하며 예쁜 디자인이 많아 정장과 매치하기 좋습니다.

모자
신생아는 대천문이 아직 닫혀 있지 않기 때문에 직사광선 등의 외부 자극으로부터 보호하고 보온을 해주는 모자가 필수 아이템.

카디건
칼라가 있는 디자인이면 정장 느낌의 훌륭한 외출복. 환절기에 태어난 아기에게 필수 아이템.

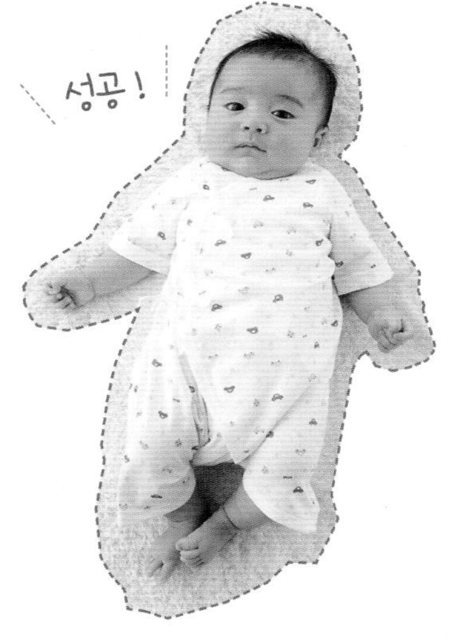

상황별 스타일링

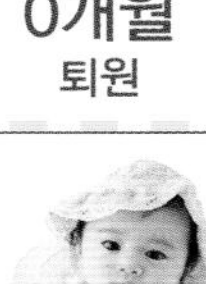
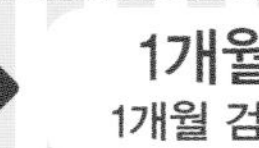

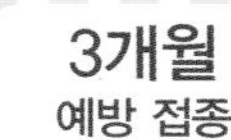
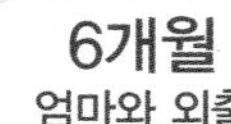

0개월	0개월	1개월	2개월	3개월	6개월
퇴원	평상복	1개월 검진	평상복	예방 접종	엄마와 외출

순백색 드레스+모자로 '처음 뵙겠습니다'

퇴원해 처음 집에 갈 때 하얀 드레스와 모자로 치장. 겹쳐 입을 수 있는 드레스는 날씨에 맞게 조절 가능.

잠자기 좋은 커버올 겸용 원피스

하루 종일 잠을 자는 시기에는 옷자락만 제치면 기저귀를 갈 수 있는 커버올 겸용 원피스와 베이비 원피스가 좋습니다.

앞여밈 커버올에 소품을 플러스

내의 위에 커버올을 입히고 건강 진단하러 갑니다. 신체 계측 및 진찰을 하기 때문에 앞여밈 옷이 편합니다. 추위 방지를 위해 레그 워머도.

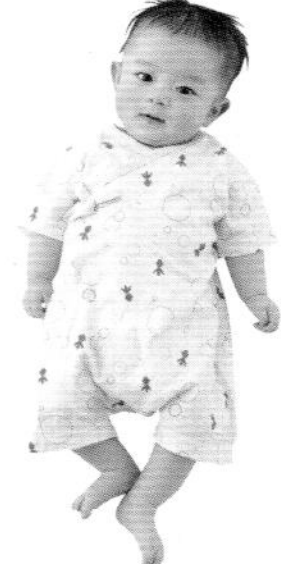

밑아래가 고정되는 아이템을

발장구를 쳐도 배가 드러나지 않도록 밑아래가 고정되는 보디슈트 등으로 체인지. 예쁜 무늬로 더 귀엽게!

앞여밈 옷에 카디건도 지참

예방 접종 시 검온이나 진료 등으로 옷을 벗어야 할 경우가 많으므로 앞여밈 옷을 입히세요. 추울지 모르니 카디건도 지참.

특별한 날처럼 세련되게

멋스런 디자인과 세련된 소재로 만든 커버올을 선택하면 특별한 느낌이 업! 여자아이라면 헤어 액세서리도!

재우기 & 달래기

초보 엄마·아빠에게 아이 재우기와 달래기는 난도가 높은 일. 포인트를 알면 훨씬 편해집니다.

재우기

아이는 우는 게 일, 초조해하지 말고 편하게 생각하세요

신생아는 짧은 주기로 잤다 일어나기를 반복합니다. 아이가 충분히 자지 않으면 엄마도 수면 부족으로 힘들기 마련. 하지만 신경이 곤두서면 그게 곧 아이에게 전해지고 더욱더 아이가 자지 않는 악순환이 반복됩니다. 그럴 때에는 목욕이나 바깥 공기를 쐬는 등 기분 전환을 시도해보세요. 아이는 우는 게 일이라고 가볍게 생각하면 마음이 편해집니다. 생후 2개월 무렵에는 낮과 밤의 리듬이 생기고 3~4개월 무렵부터는 밤에 몰아서 자는 경우가 많아집니다. 아이의 수면 시간에는 개인차가 있으므로 초조해하지 말고 대응하세요.

재우기 아이디어

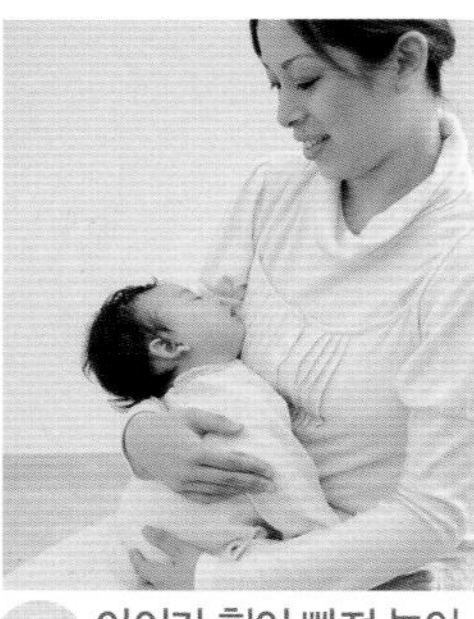

1 아이가 힘이 빠져 늘어지면 이불에 눕힌다

아이는 안고 흔들면 꾸벅꾸벅 졸다가도 내려놓으면 금방 눈을 뜹니다. 아이의 몸에서 힘이 빠지고 축 늘어지기를 기다렸다가 이불 위에 살짝 내려놓으세요. 이때 엉덩이부터 등, 머리 순서로 가만히 눕힙니다.

2 포대기로 돌돌 만다

아이는 엄마 배 속에 있었을 때처럼 무언가에 꼭 감싸여 있으면 더 안심합니다. 포대기나 큰 수건으로 몸이 조금 조이게 돌돌 말아 안으면 푹 잘 때가 많습니다.

3 임신 중에 들려주었던 노래를 부른다

배 속에서부터 들었던 엄마의 목소리로 노래를 들려주면 효과가 있을 때도 있습니다. 임신 중에 자주 불렀던 노래가 있다면 불러주세요.

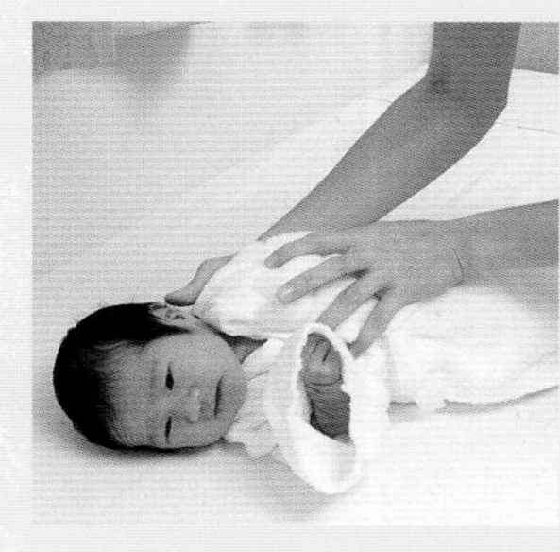

Point 천장을 향해 눕히거나 옆으로 눕혀 재우세요

재울 때에는 호흡이 편하도록 천장을 향해 누이는 것이 기본. 신생아는 막 먹은 모유나 분유를 게워내기도 하므로 머리를 약간 옆으로 돌려 재워도 좋습니다. 엎드려 재우면 SIDS(영아 돌연사 증후군) 발생과 관련이 있다고도 하므로 보호자가 곁에 있을 때만 엎드려 누이는 게 좋습니다.

잠재우기 필수 용품

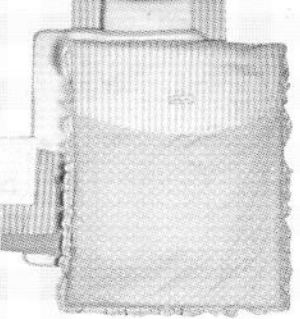

아기 이불
보통 요와 이불로 구성되며 1년 내내 사용하므로 1채 마련해 놓으면 편합니다.

시트류
요 위에 까는 시트는 2벌 정도 필요. 땀과 오줌을 커버해주는 방수 시트가 좋아요.

잠재우기 편리 용품

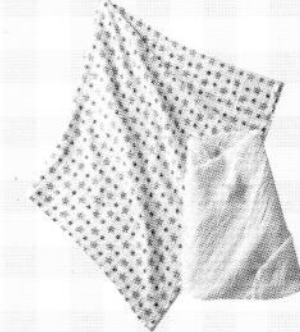

겉싸개
신생아를 안을 때 사용. 천으로 잘 감싸서 안으면 안심. 촉감이 좋은 소재를 선택.

오르골
부드러운 음과 살며시 움직이는 마스코트가 아기를 잠으로 이끕니다. 달랠 때에도 OK.

흔들 침대
슬슬 흔들어주는 동안 꿈속으로. 고정 장치가 있어 의자로 사용할 수 있는 것도.

달래기

엄마 · 아빠 목소리나 안기는 걸 좋아합니다

아이가 눈을 떴을 때에는 듬뿍 스킨십을 해주세요. 아이는 엄마 아빠가 부드럽게 안아주거나 목소리를 들려주면 안심합니다. 무엇을 하면 좋을지 당황스러울지는 모르겠으나 특별한 일을 할 필요는 없습니다. 귓전에다 대고 소리를 내거나 머리를 쓰다듬거나 오감을 자극하는 것만으로도 OK. 도구도 필요 없으면 언제 어디서든 가능합니다.
아이를 돌볼 때에도 "안을게", "젖 먹자" 등 행동을 말로 전하면 좋습니다. 아이 귀에는 확실히 전달되고 엄마·아빠도 묵묵히 하는 것보다 즐거울 터.
또 "안녕", "잘 자" 등 인사말이나 울 때 자장가나 동요를 불러주는 것도 좋습니다. 너무 애쓰지 말고 자연스러운 교감의 시간을 즐깁시다.

아이와 교감하기

가슴을 밀착시킨다

세워 안아 아이의 얼굴을 어른 가슴에 닿게 하면 밀착도가 높아지므로 아이는 보다 안심할 것입니다. 몸 전체를 흔들거나 조용히 노래를 불러주며 마음을 편안히 하는 시간을 보냅니다.

머리를 쓰다듬는다

눕혀 안든 세워 안든 안기 편한 자세로 아이를 안은 후 말을 걸면서 머리를 쓰다듬어줍니다. "귀여워라", "똑똑하네" 같은 긍정적인 말을 반복해주세요.

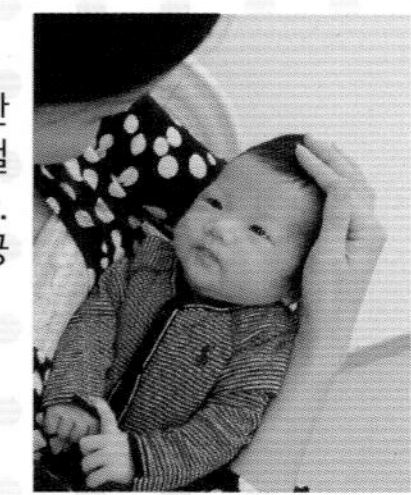

귀에 대고 이야기를 한다 & 소리를 낸다

아이를 세워 안은 다음 아이 귓가에 입을 갖다 대고 이야기하거나 입으로 소리를 내어봅니다. 귀에 대고 "츳" 하고 소리를 내는 놀이를 무척 기뻐합니다.

등을 손바닥으로 톡톡

한쪽 손은 아이의 엉덩이를 지탱하고 트림할 때와 같은 자세로 안은 다음 다른 한쪽 손으로 등을 톡톡. 노래나 말에 맞춰 톡톡 두드리면 아이는 어느새 꾸벅꾸벅.

눕혀 안고 다리를 살살

아이를 한쪽 팔에 눕혀 안고 다른 손으로 허벅지나 무릎을 부드럽게 만집니다. 엄마의 온기와 밀착감에 안도를 느껴 보채던 아이도 진정이 됩니다.

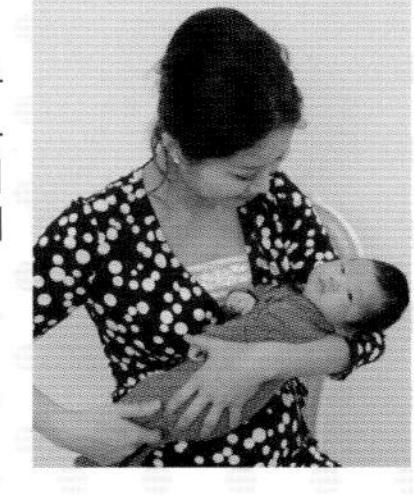

세워 안고 이야기한다

아이의 목과 허리를 지탱하여 세워 안으면 아이와 마주 보는 자세가 됩니다. 아이 눈을 보면서 부드럽게 이야기해보세요. 이름을 불러보는 것도, "안녕" 하고 인사를 해보는 것도 OK.

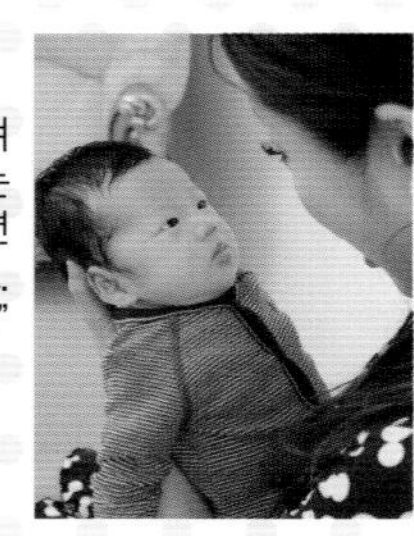

능숙하게 아이를 달래는 포인트

1 아이는 반복되는 말을 좋아해

'아-아-', '부-부-' 등 리드미컬하게 반복되는 말을 좋아합니다. 아이가 알아듣기 쉽도록 부드러운 목소리로 확실히 발음합니다.

2 눈을 맞추고 천천히 높은 톤의 목소리로

눈과 눈을 맞추는 것은 마음을 전달하는 상호 작용의 기본. 아이도 마찬가지입니다. 말을 걸 때 아이 눈을 들여다보면 아이 반응이 다릅니다.

3 소리 나는 것을 이용

모빌, 딸랑이 등 소리가 나는 장난감을 쓰는 것도 좋다. "예쁜 소리네" 하고 말을 걸거나 함께 노래를 하기도. 너무 시끄러운 소리는 NG.

4 눕히고 이야기를 하는 것도 OK

계속 안아서 피곤할 때에는 침대나 아기 의자에 눕혀 몸을 톡톡 두드리거나 흔들며 달래줍니다. 베이비 마사지도 좋습니다.

초보 엄마·아빠를 위한

임신·출산 INDEX

ㅂ

ㅅ

ㅇ

ㅈ

ㅊ

ㅋ ㅌ

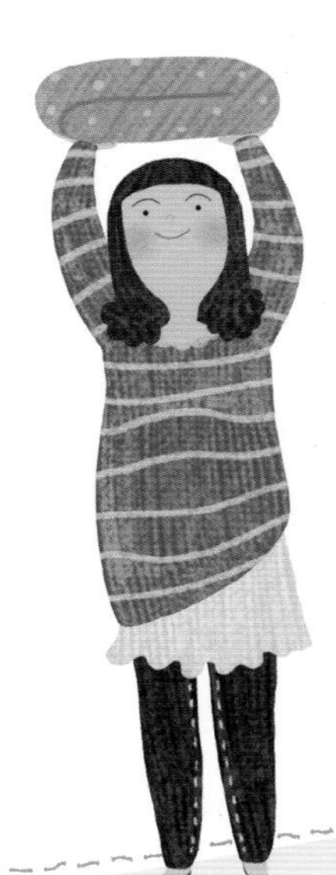

초보 엄마·아빠를 위한

임신·출산

초판 1쇄 2018년 6월 15일
초판 4쇄 2022년 4월 15일

지은이 Pre-Mo 편집부
옮긴이 황선종
감 수 전종식
펴낸이 이혜숙
펴낸곳 (주)스타리치북스

출판감수 이은희
출판책임 권대홍
출판진행 이은정 · 한송이
편집교정 신정진
본문편집 이성자

등록 2013년 6월 12일 제2013-000172호
주소 서울시 강남구 강남대로62길 3 한진빌딩 2~8층
전화 02-6969-8955

스타리치북스 페이스북 www.facebook.com/starrichbooks
스타리치북스 블로그 blog.naver.com/books_han
스타리치몰 www.starrichmall.co.kr
홈페이지 www.starrichbooks.co.kr

값 15,000원
ISBN 979-11-85982-45-8 13590

일본판 감수

아다치 도모코
(安達知子)

종합모자보건센터 아이이쿠(愛育)병원 부원장, 산부인과 부장. 1978년 도쿄여자의과대학 의학부 졸업 후 동 대학 산부인과학 교실에 들어갔다. 미국 존스홉킨스대학 연구원, 도쿄여자의과대학 산부인과 조교수를 거쳐 2004년부터 아이이쿠병원 산부인과 부장에 취임했다. 2013년부터 현직을 맡고 있다. 후생노동성, 문부과학성, 내각부 등 각종 위원회 위원을 맡는 등 일본 산과학계를 이끄는 중추적인 인재이다.

일본 스탭

커버 일러스트 100%ORANGE **엄마 캐릭터 일러스트** 나카가와 가나

본문 일러스트 aque | 이케모토 나오미 | 에비하라 아키라 | 오카모토 노리코 | 가네코 시오리 | 기시 요리코 | 사토 요코 | sayasans | 다카자와 사치코 | 다카타 게이코 | 다나카 유리 | 노다 세쓰미 | 후쿠이 노리코 | 후쿠치 마미 | 요시이 지히로 | 요네자와 요코

촬영 메구로 | 이시카와 마사카쓰 | 가토 시노부 | 가토 유키에 | 구스 세이코 | 곤도 마코토 | 소노다 아키히코 | 다카하시 스스무 · 다카미 유코 | 지바 미쓰루 | 도야마 료이치(Studio104) | 하야시 히로시 | 요시타케 메구미 | 주부의 벗 출판사 사진과

취재협력 스케나리 후타바 | 호리에 사와코 | 마키노 나오코 | 모리와키 준코 | 야마다 시즈에 | 야마모토 다에코